高等学校计算机类创新与应用型规划教材

计算机控制技术

傅永峰　张　聚　编著

U0423213

清華大学出版社
北京

内 容 简 介

本书系统地阐述了计算机控制系统的分析方法、设计方法和工程实现方法。本书共分 9 章，主要内容包括：计算机控制系统的组成及其典型形式、计算机控制系统的输入输出接口与过程通道、工业控制计算机的总线技术、计算机控制系统的数学描述及特性分析、计算机控制系统的常用设计技术、计算机控制系统的状态空间分析与设计方法、计算机控制系统的软件设计技术、计算机先进控制技术、三自由度直升机半实物仿真与实时控制。本书内容丰富、体系新颖，注重理论与应用、软件与硬件、设计与实现的有机结合，系统性和实践性强。为了便于教学和自学，本书每章都配有不同类型的习题。

本书可作为普通高等院校自动化类、电气工程类、电子信息类、仪器仪表类及其他相关专业的本科生教材，也可作为科研和工程技术人员的参考用书。

图书在版编目(CIP)数据

计算机控制技术/傅永峰，张聚编著. —北京：清华大学出版社，2019（2023.2 重印）
（高等学校计算机类创新与应用型规划教材）
ISBN 978-7-302-53089-3

Ⅰ. ①计… Ⅱ. ①傅… ②张… Ⅲ. ①计算机控制系统－高等学校－教材 Ⅳ. ①TP273

中国版本图书馆 CIP 数据核字(2019)第 102159 号

责任编辑：张　玥　常建丽
封面设计：常雪影
责任校对：焦丽丽
责任印制：宋　林

出版发行：清华大学出版社
网　　址：http://www.tup.com.cn，http://www.wqbook.com
地　　址：北京清华大学学研大厦 A 座　　**邮　　编**：100084
社 总 机：010-83470000　　**邮　　购**：010-62786544
投稿与读者服务：010-62776969，c-service@tup.tsinghua.edu.cn
质量反馈：010-62772015，zhiliang@tup.tsinghua.edu.cn
课件下载：http://www.tup.com.cn，010-62795954
印 装 者：三河市龙大印装有限公司
经　　销：全国新华书店
开　　本：185mm×260mm　　**印　　张**：20.75　　**字　　数**：472 千字
版　　次：2019 年 10 月第 1 版　　**印　　次**：2023 年 2月第 2 次印刷
定　　价：69.50 元

产品编号：072167-02

编审委员会

顾　问：李澎林　潘海涵
主　任：张　聚
副主任：宋国琴　蔡铁峰　赵端阳　朱新芬
编　委：（按姓氏笔画为序）
王　洁　王　荃　冯志林　成杏梅
刘　均　刘文程　刘勤贤　吕圣军
杜　丰　杜树旺　吴　艳　何文秀
应亚萍　张建奇　陈伟杰　郑利君
宗晓晓　赵建锋　郝　平　金海溶
姚晶晶　徐欧官　郭伟青　曹　平
曹　祁　傅永峰　鲍卫兵　潘　建

序言

电子信息技术和计算机软件等技术的快速发展，深刻地影响着人们的生产、生活、学习和思想观念。当前，以工业 4.0、两化深度融合、智能制造和互联网＋为代表的新一代产业和技术革命，把信息时代的发展推进到一个对于国家经济和社会发展影响更为深远的新阶段。

在新的产业和技术革命的背景下，社会对于高校人才的培养模式、教学改革以及高校的转型发展都提出了新的要求。2015 年，浙江省启动应用型高校示范学校建设。通过面向应用型高校的转型建设增强学生的就业创业和实践能力，提高学校服务区域经济社会发展和创新驱动发展的能力。通过坚持“面向需求、产教融合、开放办学、共同发展”的高校发展理念，围绕一流的应用型大学建设和一流的应用型人才培养目标，我们做了一系列的探索和实践，取得了明显实效。

作为应用型高校转型建设的重要举措之一和应用型人才培养的主要载体，本套规划教材着眼于应用型、工程型人才的培养和实践能力的提高，是在应用型高校建设中一系列人才培养工作的探索和实践的总结和提炼。在学校和学院领导的直接指导和关怀下，编委会依据社会对于电子信息和计算机学科人才素质和能力的需求，充分汲取国内外相关教材的优势和特点，组织具有丰富教学与实践经验的双师型高校教师成立编委会，编写了这套教材。

本套系列教材具有以下几个特点：

(1) 教材具有创新性。本系列教材内容体现了基本技术和近年来新技术的结合，注重技术方法、仿真例子和实际应用案例的结合。

(2) 教材注重应用性。避免复杂的理论推导，通俗易懂，便于学习、参考和应用。注重理论和实践的结合，加强应用型知识的讲解。

(3) 教材具有示范性。教材中体现的应用型教学理念、知识体系和实施方案,在电子信息类和计算机类人才的培养以及应用型高校相关专业人才的培养中具有广泛的辐射性和示范性。

(4) 教材具有多样性。本系列教材既包括基本理论和技术方法的课程,也包括相应的实验和技能课程,以及大型综合实践性学科竞赛方面的课程。注重课程之间的交叉和衔接,从不同角度培养学生的应用和实践能力。

(5) 本套教材的编著者具有丰富的教学和实践经验。他们大多是从事一线教学和指导的、具有丰富经验的双师型高校教师。他们多年的教学心得为本教材的高质量出版提供了有力保障。

本套系列教材的出版得到了浙江省教育厅相关部门、浙江工业大学教务处和之江学院领导以及清华大学出版社的大力支持和广大骨干教师的积极参与,得到了学校教学改革和重点教材建设项目的资助,在此一并表示衷心的感谢。

希望本套教材的出版能够在转变教学思想,推动教学改革,更新知识体系,增强学生实践能力,培养应用型人才等方面发挥重要作用,并且为应用型高校的转型建设提供课程支撑。由于电子信息技术和计算机技术的发展日新月异,以及各方面条件的限制,本套教材难免存在不足之处,敬请专家和广大师生批评指正。

高等学校计算机类创新与应用型规划教材编审委员会

2016 年 10 月

前言

计算机和控制技术的有机结合有力地推动了计算机控制理论和控制技术的飞速发展。计算机控制系统的应用也越来越广泛。计算机控制技术已经成为信息时代推动技术革命的重要动力，越来越显示出其无限的生命力。

本书系统地阐述了计算机控制系统的分析方法、设计方法和工程实现方法。全书共分9章。第1章是绪论，介绍了计算机控制系统及其组成、计算机在工业控制中的典型应用、计算机控制系统的发展概况及趋势；第2章介绍了计算机控制系统的输入输出接口与过程通道；第3章介绍了工业控制计算机的总线技术；第4章介绍了计算机控制系统的数学描述及系统分析，包括信号变换理论、序列和差分方程、z变换、脉冲传递函数、离散控制系统的稳态特性分析、动态特性分析和频率特性分析等；第5章介绍了计算机控制系统的常用设计技术，包括数字PID控制器设计方法、数字控制器的直接设计方法、纯滞后控制技术、串级控制技术、前馈-反馈控制技术、解耦控制技术等；第6章介绍了计算机控制系统的状态空间分析与设计方法，包括线性定常离散系统的状态空间描述、状态空间分析、采用状态空间的输出反馈设计法、极点配置设计法、最优化设计法；第7章介绍了计算机控制系统的软件设计技术；第8章介绍了计算机先进控制技术，包括动态矩阵控制、模型算法控制、模型预测控制、显式模型预测控制、基于凸优化的快速模型预测控制；第9章介绍了三自由度直升机半实物仿真与实时系统。本书注重理论与实际、软件与硬件、设计与实现的有机结合。本书内容丰富、体系新颖。为了便于教学和自学，本书每章都配有习题供选用。

本书的第1～7章由傅永峰编写，第8、9章由张聚编写，全书由张聚统稿。书中还参考并引用了所列参考文献中的部分内容，在此向有关作者表示衷心的感谢。本书在出版过程中，还得到清华大学出版社张玥编辑的大力支持，在此表示诚挚的感谢。

由于作者水平有限，书中难免有不妥和疏漏之处，恳请各位专家、同仁和读者批评指正，作者邮箱 fuyongfeng@zjut.edu.cn。

作　者

2019 年 2 月

目 录

目录

目 录

目 录

目录

目 录

目录

Chapter 1

第1章 绪论

随着计算机技术的迅速发展，计算机在自动控制领域的应用越来越广泛。在现代化的工、农、医、国防等领域，计算机控制技术正发挥着越来越重要的作用。计算机控制技术的应用极大地提高了生产和工作效率，保证了产品和服务的质量，节约了能源，减少了材料的损耗，减轻了劳动和工作强度，改善了人们的生活条件。计算机控制技术已经成为信息时代推动技术革命的重要动力。

随着互联网技术的发展，无论是德国的“工业 4.0”、美国的“工业互联网”，还是新一轮工业革命的“智能制造”，都体现了新一代信息技术与其他技术的深度融合，这使得计算机控制技术又获得了新的发展动力。

在计算机控制系统中，用计算机代替自动控制系统中的常规控制设备，对动态系统进行调节和控制，这一变动改变了自动控制系统的结构，也使得这类系统的分析和设计与传统的连续时间控制系统的分析和设计有了很大的不同。由于计算机控制的优越性及其良好的发展前景，掌握分析、设计这类系统的理论和方法，实现对实际对象或过程的控制就成为高等学校相关专业学生的必备知识。

本章主要介绍计算机控制系统概述、计算机在工业控制中的典型应用、计算机控制系统的发展概况及趋势。

1.1 计算机控制系统概述

1.1.1 自动控制系统

所谓自动控制，就是在没有人直接参与的情况下，通过控制器使生产过程自动地按照预定的规律运行。一般来说，自动控制系统随着控制对象、控制规律和执行机构的不同而具有不同的特点，但可归纳为图 1.1 所示的两种基本结构。

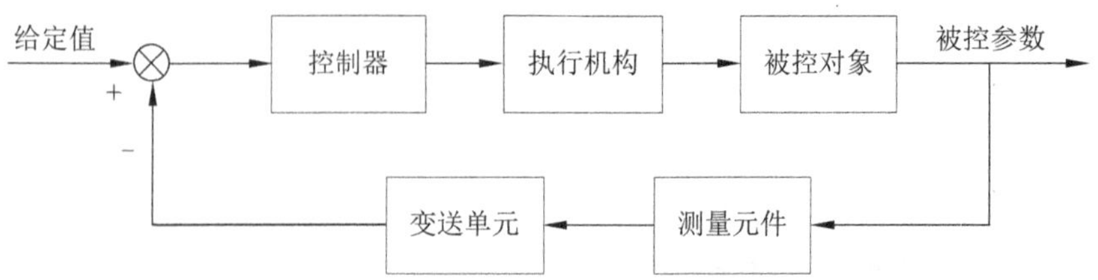

(a) 闭环控制结构

(b) 开环控制结构

图 1.1　自动控制系统的基本结构

在控制系统中，为了得到控制信号，通常要将被控参数和给定值进行比较，得到误差信号。控制器根据误差信号进行控制调节，使系统的误差减小，直到消除误差，从而达到使被控参数的值趋于或等于给定值的目的。在这种控制中，由于被控制量是控制系统的输出，同时被控制量又反馈到控制系统的输入端，与给定值相减，所以称为按误差进行控制的闭环控制系统，如图 1.1(a)所示。

由图 1.1(a)可知，该系统通过测量元件对被控对象的被控参数(如温度、压力、流量、转速等)进行测量，再由变送单元将被测参数变成一定形式的电信号，反馈给控制器。控制器将反馈信号对应的工程量与给定值进行比较，如有误差，则控制器按照预定的控制规律产生控制信号驱动执行机构工作，使被控参数的值达到预定的要求。

图 1.1(b)属于开环控制系统。它与闭环控制系统的区别是，它的控制器直接根据给定值控制被控对象工作，被控制量在整个控制过程中对控制量不产生影响。这种控制系统不能自动消除被控参数与给定值之间的误差，控制性能较差，但结构简单，因此常用于特殊的控制场合。

从以上分析可以看出，自动控制系统的基本功能是信号的传递、加工和比较。这些功能是由检测元件、变送装置、控制器和执行机构完成的。其中，控制器是控制系统中最重要的部分，它决定了控制系统的性能和应用范围。

1.1.2　计算机控制系统

计算机控制系统就是利用计算机(通常称为工业控制计算机，简称工业控制机)实现生产过程自动控制的系统。如果图 1.1(a)中的控制器和比较环节用计算机代替，再加上 A/D 转换器、D/A 转换器等器件，就构成了计算机控制系统。其基本框图如图 1.2 所示。

1. 计算机控制系统的工作过程

计算机控制系统的工作过程一般包括以下 3 个步骤。

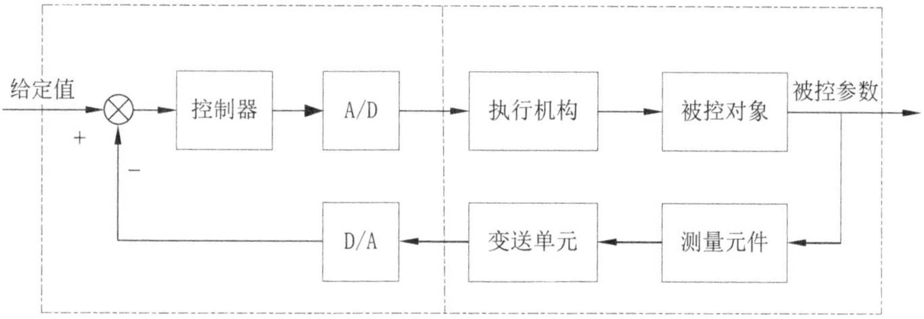

图 1.2 计算机控制系统的基本框图

(1) 实时数据采集：对被控参数的瞬时值进行实时检测，并输入给计算机。

(2) 实时控制决策：对采集到的被控参数进行分析和处理，并按已经确定的控制规律决定当前的控制量。

(3) 实时控制输出：根据控制决策适时地对执行机构发出控制信号，完成控制任务。

上述过程不断重复，使整个系统按照一定的性能指标进行工作，并对被控参数和设备本身出现的异常状态及时进行监督和处理。

2. 实时的含义

上面提到的“实时”是指计算机控制系统信号的输入、计算和输出都要在一定的时间范围内完成，即计算机对输入信息以足够快的速度进行控制，超出这个时间，就失去了控制的时机，控制也就失去了意义。在确定时间范围时不能脱离具体的工业过程，应主要考虑以下两个因素。

(1) 工业生产过程中出现的事件能够保持多长时间。

(2) 该事件要求计算机在多长时间内必须做出反应，否则将对生产过程造成影响，甚至损害。

“实时性”一般都要求计算机具有多任务处理能力，以便将监控任务分解成若干并行执行的任务，加快程序的执行速度。

1.1.3 计算机控制系统的组成

计算机控制系统由计算机(工业控制机)和生产过程两大部分组成。计算机控制系统的硬件组成框图如图 1.3 所示。

1. 工业控制机的组成

工业控制机是按生产过程控制的特点和要求而设计的计算机，它包括硬件和软件两部分。

1) 硬件组成

工业控制机的硬件主要由主机板、内部总线和外部总线、人机接口、磁盘系统、通信接口、输入输出通道等组成。

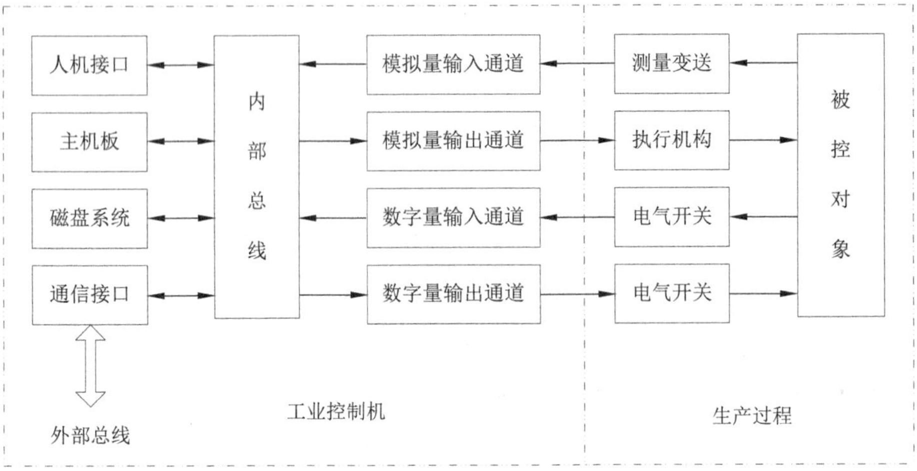

图 1.3　计算机控制系统的硬件组成框图

(1) 主机板。

主机板由中央处理器(CPU)、内存储器(RAM、ROM)、监控定时器、电源掉电检测、保护重要数据的后备存储器、实时日历时钟等部件组成，是工业控制机的核心。它按照预先存放在存储器中的程序、指令，不断通过过程输入通道获取反映被控对象运行工况的信息，并按程序中规定的控制算法或操作人员通过键盘输入的操作命令自动进行运算和判断，及时地产生并通过过程输出通道向被控对象发出相应控制命令，以实现对被控对象的自动控制。

(2) 内部总线和外部总线。

内部总线是工业控制机内部各组成部分进行信息传送的公共通道，它是一组信号线的集合。常用的内部总线有 PC 总线、ISA 总线、PCI 总线和 PCI-E 总线。

外部总线是工业控制机与其他计算机和智能设备进行信息传送的公共通道。常用的外部总线有 RS-232C 和 USB。

(3) 人机接口。

人机接口由操作台、标准的 PC 键盘、显示器和打印机组成。操作台是计算机控制系统中人机对话的联系纽带。操作台一般由 LED 显示、操作按钮/开关、状态指示灯等组成。

(4) 磁盘系统。

磁盘系统可以用半导体虚拟磁盘，也可以配通用的软磁盘和硬磁盘。

(5) 通信接口。

通信接口是工业控制机和其他计算机或智能外设通信的接口。常用的通信接口有 RS-232C 接口和 USB 接口。

(6) 输入输出通道

输入输出通道又称为过程通道，是工业控制机和生产过程之间设置的信号传递和变换的连接通道。它的作用有两个：一是将生产过程的信号变换成主机能够接受和识别的代码;二是将主机输出的控制命令和数据经变换后作为执行机构或电气开关的控制信号。

输入输出通道一般分为模拟量输入(Analog Input, AI)通道、模拟量输出(Analog Output, AO)通道、数字量(或开关量)输入(Digital Input, DI)通道、数字量(或开关量)输出(Digital Output, DO)通道。

2) 软件组成

计算机控制系统的硬件是计算机控制系统的物质基础,而软件才是把人的知识和思维用以实现控制任务的关键,它关系到计算机运行和控制效果的好坏、硬件功能的发挥。计算机控制系统的软件可以分为系统软件和应用软件。

(1) 系统软件。

系统软件是完成人机交互、资源管理和系统维护等功能的软件。它包括实时多任务操作系统、引导程序、调度执行程序、编译程序和诊断程序等。系统软件具有一定的通用性,一般由计算机生产商提供。

(2) 应用软件。

应用软件是针对某个生产过程而编制的控制和管理程序。它包括过程输入程序、过程控制程序、过程输出程序、人机接口程序、打印显示程序和公共子程序等。应用软件一般由计算机控制系统设计人员根据所确定的硬件系统和软件环境开发编写。

2. 生产过程

生产过程包括被控对象、测量变送、执行机构、电气开关等装置。测量变送、执行机构、电气开关等装置都有各种类型的标准产品,在设计计算机控制系统时,当具体的被控对象确定之后,根据需要合理选型即可。

1.1.4 常用的计算机控制系统控制器及其特点

单片机、可编程序控制器、工控机、嵌入式系统等都是计算机控制系统常用的控制器。它们具有不同的特点,适应不同的应用要求。在设计计算机控制系统时,应根据被控对象的控制规模、工艺要求和控制特点选择控制器。

1. 单片微型计算机

单片微型计算机也称单片机,是把中央处理器(CPU)、随机存取存储器(RAM)、只读存储器(ROM)、输入输出(I/O)接口,定时器/计数器等主要计算机功能部件都集成在一块半导体芯片上的微型计算机。

单片机是集成电路技术与微型计算机技术高速发展的产物。单片机的发展和普及也给工业自动化领域带来了一场重大革命。由于单片机本身就是一台微型计算机,因此,只要在单片机的外部适当增加一些必要的外围扩展电路,就可以灵活地构成各种应用系统,而且具有集成度高、可靠性高、控制功能强、可扩展性好、抗干扰性强、性价比高的特点。

2. 可编程序逻辑控制器

可编程序逻辑控制器(Programmable Logic Controller,PLC)是一种数字式的电子装置,专为在工业环境下应用而设计。它采用可编程序的存储器,在其内部存储执行逻辑运算、顺序控制、定时、计数和算术运算等操作的指令，并通过数字式或模拟式的输入与输出控制各类机械或生产过程。

PLC 是以微处理器为基础，综合了计算机技术、半导体集成技术、自动控制技术、数字技术和通信网络技术而发展起来的一种通用自动控制装置。PLC 与其他计算机相似，也具有中央处理器(CPU)、存储器、I/O 接口等，但因其采用特殊的输入输出接口电路和逻辑控制语言，所以它是一种用于控制生产机器和工作过程的特殊计算机。

PLC 是一种专为工业环境下使用而设计的计算机控制器，具有可靠性高、编程容易、扩展灵活、安装调试简单方便的特点。目前，世界上生产 PLC 的厂家有很多，其中在中国市场上占有量较大的有德国西门子公司、美国罗克韦尔自动化公司、日本欧姆龙公司、美国通用电气公司、日本三菱公司等。

3. 工控机

工业控制机(简称工控机)是一种面向工业控制、采用标准总线技术和开放式体系结构的计算机，配有丰富的外围接口产品，如模拟量输入输出模板、数字量输入输出模板等。

工控机在硬件上由生产厂商按照某种标准总线设计制造符合工业标准的主机板及各种 I/O 模块，设计者和使用者只要选用相应的功能模块，就可以像搭积木一样灵活地构成各种用途的计算机控制装置；在软件上，利用成熟的系统软件和工具软件编制或组态相应的应用软件，就可以非常便捷地完成对生产流程的集中控制和调度管理。

工控机与通用计算机相比，不仅在结构上而且在技术性能上都有较大差异，具有可靠性高、可维修性好、环境适应性强、控制实时性强、输入输出通道完善、软件丰富等特点。目前，设计和生产工控机的厂家有很多，如研华、凌华、中泰、康拓、浪潮等，而且形成了完整的产品系列。广为流行的工控机有 PC 总线、ISA 总线、PCI 总线、PCI-E 总线等工控机，嵌入式工控机，平板工控机等。

1.2 计算机在工业控制中的典型应用

工业中使用的计算机控制系统与所控制的生产过程的复杂程度密切相关，不同的控制对象和不同的控制要求应有不同的控制方案。根据不同的应用特点和控制目的，计算机控制系统大致可以分为以下几种典型应用形式。

1.2.1 操作指导控制系统

操作指导控制系统(Operational Information System，OIS)原理框图如图 1.4 所示。该类型系统具有数据采集和处理的功能，但其计算机输出不直接用来控制被控对象，而是将反映生产过程工况的各种信息提供给操作人员并相应地给出操作指导信息，由操作人员根据计算机的输出数据进行操作。

在 OIS 中，计算机定时进行采样，并根据一定的控制算法进行分析计算，然后向操作人员提供可供选择的最优操作条件及操作方案，如控制器的整定参数、被控量的设定值等。操作人员根据计算机输出的信息改变调节器的给定值或直接操作执行机构。

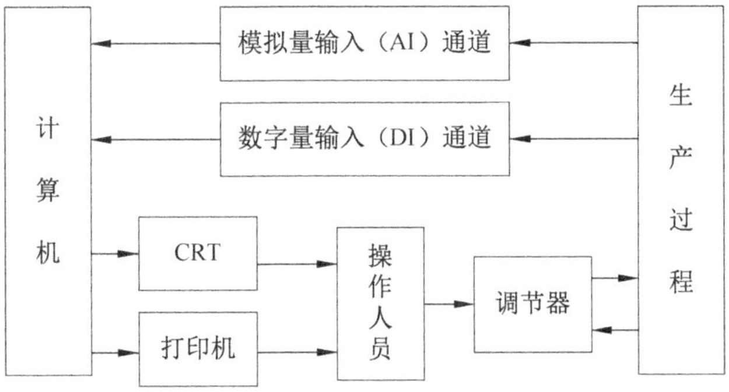

图 1.4 操作指导控制系统原理框图

OIS 是一种开环控制结构。其优点是结构简单，控制灵活而安全，即使计算机发生故障，也不会影响正常的生产过程，适用于控制规律不是很清楚的系统，或用于试验新的数学模型和调试新的控制程序等。其缺点是要由人工操作，因而速度受到限制，也不能控制多个回路，不能充分发挥计算机的作用。

1.2.2 直接数字控制系统

直接数字控制(Direct Digital Control，DDC)系统是计算机在工业生产过程中最普遍的一种应用方式，其原理框图如图 1.5 所示。在 DDC 系统中，计算机通过模拟量输入通道和数字量(开关量)输入通道实时采集数据，将采集数据与设定值进行比较，再按照一定的控制规律进行运算，最后发出控制信息，并通过模拟量输出通道和数字量(开关量)输出通道直接控制生产过程，使被控参数达到预定的要求。

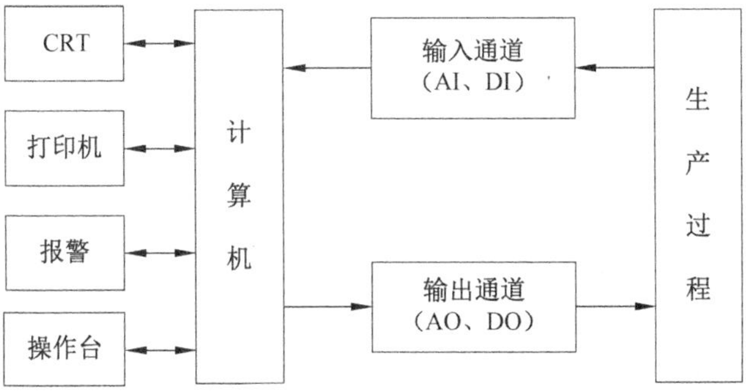

图 1.5 直接数字控制系统原理框图

DDC 系统是一种闭环控制结构，计算机直接承担控制任务，可以实现多回路的参数调节，而且不需要改变硬件，只改变软件就可以有效地实现较复杂的控制，因此 DDC 系统设计灵活方便，经济可靠。

1.2.3 监督计算机控制系统

在监督计算机控制(Supervisory Computer Control,SCC)系统中,计算机根据生产过程的数学模型及工艺信息自动计算出最佳设定值传送给模拟调节器或以 DDC 方式工作的计算机,由模拟调节器或 DDC 计算机控制生产过程,从而使生产过程始终处于最优工况。从这个角度上说,它的作用是改变设定值,所以又称为设定值控制(Set Point Control,SPC)。

根据计算出的设定值传送给的控制器的不同,监督计算机控制系统有两种不同的结构形式,分别是 SCC+模拟调节器的控制系统和 SCC+DDC 的控制系统,其原理框图如图 1.6 所示。

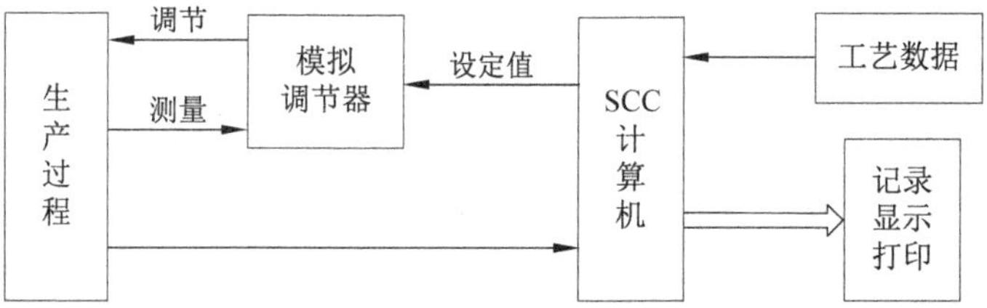

(a) SCC+模拟调节器的控制系统的结构

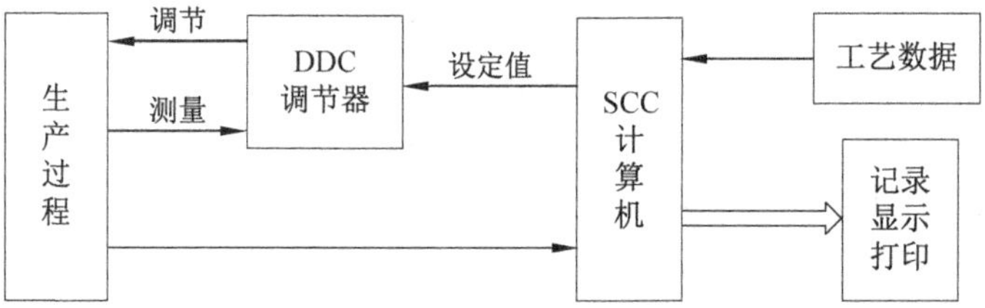

(b) SCC+DDC的控制系统的结构

图 1.6 监督计算机控制系统原理框图

1. SCC+模拟调节器的控制系统

SCC+模拟调节器的控制系统的结构如图 1.6(a)所示。在该系统中,计算机对生产过程的各信号进行巡回检测,并按给定的数学模型及工艺参数信息进行分析、计算,得出被控对象各参数最优的设定值送给模拟调节器,由模拟调节器与检测值进行比较并输出结果,对被控对象进行控制调节。这样,系统就可以根据生产工况的变化不断地改变设定值,从而使工况保持在最优状态,达到最优控制的目的。而一般的模拟系统是不能随意改变设定值的,因此,它特别适用于老企业的技术改造,既利用了原来的模拟调节器,又实现了对最优设定值的控制。

2. SCC+DDC 的控制系统

SCC+DDC 的控制系统的结构如图 1.6(b)所示。该系统实际上是一个二级控制系统。

SCC计算机可完成顶级的最优化分析和计算，并给出最优设定值，送给DDC级执行控制过程。两级计算机之间通过通信接口进行信息联系。

与SCC+模拟调节器相比，其控制规律可由DDC计算机改变，方便灵活，用一台计算机可以代替多台调节器，控制多个回路。其缺点是，由于生产过程的复杂性，难以建立系统准确的数学模型，所以实现起来比较困难。

1.2.4 集散控制系统

集散控制系统又称为分布式控制系统(Distributed Control System，DCS)，是一种采用分布式控制结构的控制系统。它采用分散控制、集中操作、分级管理、分而自治、综合协调的设计原则，把系统从下到上分为分散过程控制级、集中操作监控级和综合信息管理级，形成分级分布式控制。其中，分散过程控制级是DCS的基础，用于直接控制生产过程。集中操作监控级是对生产过程进行监控和操作。综合信息管理级是整个系统的中枢，它根据集中操作监控级提供的信息及生产任务的要求制定最优控制方案，并对下一级下达命令。其原理框图如图1.7所示。

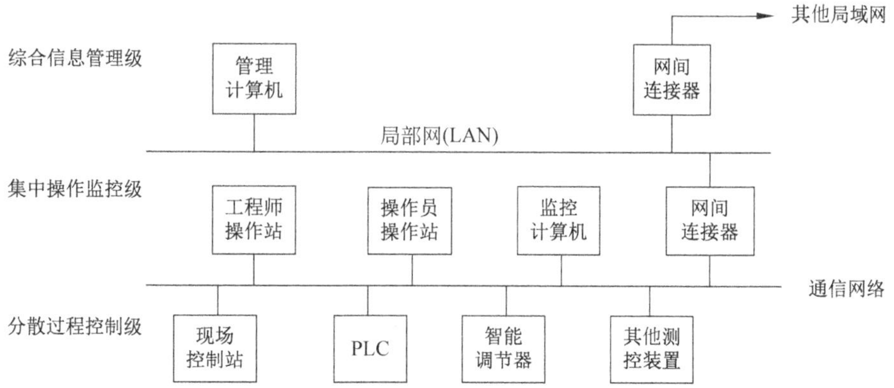

图1.7 集散控制系统原理框图

1.2.5 现场总线控制系统

现场总线控制系统(Fieldbus Control System，FCS)是新一代分布式控制系统。它将DCS的“操作站—控制站—现场仪表”的三层结构模式改变为“工作站—现场总线智能仪表”的二层结构模式，将原DCS中处于控制室的控制模块、各种输入输出模块置入测控现场，充分利用现场总线设备所具有的数字通信能力，在现场完成测量与控制信号的传递，从而彻底实现了系统的分散控制。而且DCS各厂商有各自的标准，不同厂商的设备不能互连，而FCS可以在统一的国际标准下实现真正的开放式互连结构，因此既降低了成本，又提高了可靠性。现场总线控制系统原理框图如图1.8所示。

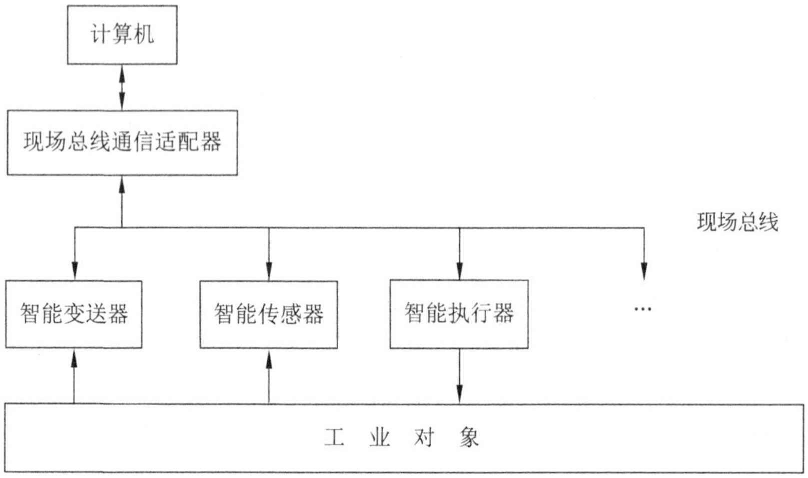

图 1.8 现场总线控制系统原理框图

1.3 计算机控制系统的发展概况及趋势

1.3.1 计算机控制系统的发展概况

计算机控制技术是计算机技术和控制理论相结合的产物。1946 年,世界上第一台计算机在美国诞生,此后计算机技术得到了迅速的发展。将计算机用作控制器的思想萌生于 20 世纪 50 年代初期,有人试图在飞行器控制中应用计算机,但由于当时通用机体积大、能耗大、可靠性差而未被采用。在工业生产过程中采用计算机作为控制器的思想出现于 20 世纪 50 年代中期,美国一家炼油厂与一家航空公司合作,设计出了第一个应用于工业过程控制领域的计算机控制系统,这项开创性的工作为计算机控制技术的发展奠定了基础,从此,计算机控制技术获得了迅速的发展。

到了 20 世纪 60 年代,英国的帝国化学工业公司首先实现了计算机的直接数字控制(DDC)。DDC 可以充分利用计算机的高速分时运算能力,替代多台控制功能较单一的常规模拟控制仪表实现多回路控制。DDC 是计算机控制技术发展方向上的重大变革,为计算机控制技术以后的发展奠定了基础。

进入 20 世纪 70 年代,微型计算机的出现,使计算机控制技术的应用进入一个新的阶段,从传统的集中控制系统改进为控制上分散、操作管理上集中的集散控制系统。此后一段时间,集散控制系统一直是世界各国在过程计算机控制方面的重要发展方向,取得了可观的经济效益。

20 世纪 80 年代中期以后,现场总线技术逐步发展起来。它是计算机控制、通信和电子技术等飞速发展的产物,是继集中式控制系统、集散控制系统之后的新一代控制系统。随着现场总线控制技术的不断成熟、智能化与功能自治型现场设备的广泛应用,现场总线控制系统将在控制领域中占有更加重要的地位。

1.3.2 计算机控制系统的发展趋势

随着大规模及超大规模集成电路的发展,计算机的可靠性和性能价格比越来越高。随着计算机控制理论的不断发展,各种先进控制技术的不断发展完善,计算机控制系统可以完成更为复杂的控制任务。同时,生产力的发展、生产规模的扩大,又使得人们不断对计算机控制系统提出新的需求,使得计算机控制技术也在不断发展。其发展趋势主要体现在以下3个方面。

1. 普及应用可编程逻辑控制器(PLC)

长期以来,PLC始终是工业控制自动化领域的主战场,为各种各样的自动化控制设备提供非常可靠的控制方案。近年来,PLC的功能有了很大提高,它可以将顺序控制和过程控制结合起来,实现对生产过程的控制,并具有很高的可靠性,因而得到了广泛的使用。随着PLC(Soft PLC)控制组态软件的进一步完善和发展,安装PLC组态软件和基于PC控制的市场份额将继续增长。当前,过程控制领域最大的发展趋势之一就是Ethernet技术的发展,越来越多的PLC供应商也开始提供Ethernet接口。可以相信,PLC将继续向微型化、网络化、PC化和开放式控制系统的方向发展。

2. 采用新型的DCS和FCS

集散控制系统和现场总线控制系统是以网络为纽带,把计算机、PLC、数据通信系统、显示操作装置、输入输出通道、模拟仪表等有机结合起来的一种计算机控制系统,它为生产的综合自动化创造了条件。发展以位总线(Bitbus)、现场总线等先进网络通信技术为基础的DCS和FCS控制结构,并采用先进的控制策略向低成本综合自动化系统的方向发展,实现计算机集成制造系统,是今后计算机控制系统的发展方向。

3. 研究和发展智能控制系统

基于经典的反馈控制、现代控制和大系统理论的控制系统的分析和设计都是建立在精确的系统数学模型的基础上的,而实际系统一般无法获得精确的数学模型。为了提高性能,整个控制系统变得极其复杂,增加了设备的投资,降低了系统的可靠性。人工智能的出现促使自动控制向更高的层次发展,即智能控制。

智能控制是一类无须人的干预就能自主驱动智能机器实现其目标的过程,也是用机器模拟人类智能的又一重要领域。智能控制包括学习控制系统、分级递阶智能控制系统、专家系统、模糊控制系统和神经网络控制系统等。智能控制可以模拟人类大脑的思维判断过程,通过模拟人类思维判断的各种算法实现控制。随着多媒体计算机和人工智能计算机的发展,应用自动控制理论和智能控制技术实现的先进的计算机控制系统,将极大地推动科学技术的进步,提高工业自动化系统的水平。计算机控制系统的优势、应用特色及发展前景将随智能控制系统的发展而发展。

习题 1

1. 什么是计算机控制系统？其工作原理是怎样的？
2. 计算机控制系统由哪几部分组成？请画出计算机控制系统的组成框图。
3. 实时的含义是什么？
4. 计算机控制系统中主要有哪几种控制器？它们各有什么特点？
5. 计算机在工业控制中的典型应用有哪些？它们各有什么优缺点？
6. 计算机控制技术的主要发展趋势是什么？

Chapter 2

第2章 输入输出接口与过程通道

在计算机控制系统中,为了实现对生产过程的控制,需要将生产过程中的各种必要信号(参数)检测出来,并转换为计算机能够接受的信号传递给计算机。计算机经过计算、处理后,将结果以数字量的形式输出,转换为适合于对生产过程进行控制的量,并将该控制量输出到执行器,由执行器对被控对象实施控制作用,从而实现对生产过程的控制。由此可见,在计算机和生产过程之间,必须设置信息传递和转换的连接通道,这些连接通道称为输入输出过程通道。计算机控制系统中的计算机,必须通过输入通道实时地了解被控对象的情况,并根据了解到的情况汇总后通过输出通道发出各种控制命令控制执行机构的动作。可以说,没有输入输出通道的支持,计算机控制系统就失去了实用的价值。

2.1 输入输出通道概述

计算机控制系统的输入输出过程通道是计算机与生产过程之间进行信息传送和转换的连接通道。这里所说的输入输出是相对于计算机而言的。由传感器信号经接口电路到计算机的整个信号路径为输入通道,由计算机经接口电路到执行器的整个信号路径为输出通道。

生产过程中有两种基本的物理量:一种是随时间连续变化的物理量,称为模拟量;一种是反映生产过程的两种相对状态的物理量,如开关的闭合与断开、指示灯的亮与灭、继电器的吸合与断开等,其信号电平只有两种,即高电平与低电平,称为数字量(或开关量)。

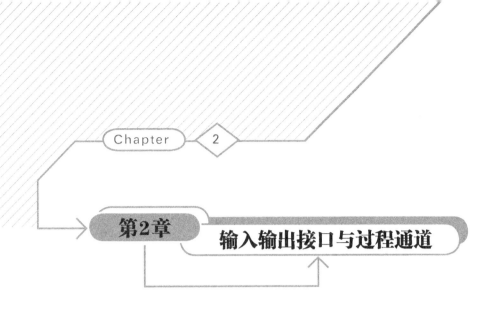

根据过程信号的传递方向及信号的性质不同,输入输出过程通道可分为模拟量输入通道、模拟量输出通道、数字量输入通道、数字量输出通道。来自于生产过程的模拟量信号只有通过模拟量输入通道转换为数字量,才能为计算机所接受;如果计算机控制的是模拟量,也必须将计算机所输出的二进制数字量通过模拟量输出通道转换为模拟量驱动执行机构。同样,对来自于生产现场的状态量,必须通过数字量输入通道将状态信号转换为数字量后,

才能送入计算机;若执行机构要求提供数字量,则必须将计算机所输出的数字量经数字量输出通道处理和放大后输出。

由此可见,输入输出过程通道是计算机和生产过程相互交换信息的桥梁。

2.2 模拟量输入通道

在计算机控制系统中,模拟量输入通道的任务是把从生产过程中检测到的如温度、压力、流量、液位等模拟信号转换为计算机可以接收的二进制数字信号,经接口送往计算机。

2.2.1 模拟量输入通道的一般组成

根据应用要求的不同,模拟量输入通道可以有不同的结构形式。图 2.1 所示为模拟量输入通道的一般组成框图。

由图 2.1 可知,模拟量输入通道一般由信号调理电路、多路模拟开关、前置放大器、采样保持器、A/D 转换器等组成。

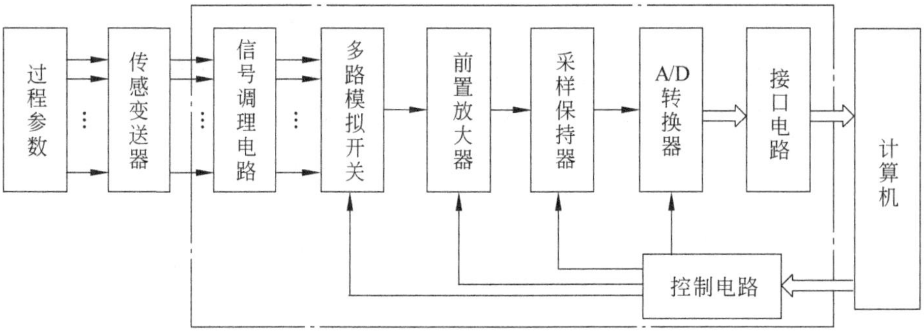

图 2.1 模拟量输入通道的一般组成框图

1. 信号调理电路

在计算机控制系统中,对被控对象的检测往往采用各种类型的测量变送器,它们的输出信号一般为 0~10mA 或 4~20mA 的电流信号。这些信号往往不能直接送入 A/D 转换器,而是要采用电阻分压法把这些电流信号转换为电压信号。对于电动单元组合仪表,DDZ-Ⅱ型输出的信号标准为 0~10mA,DDZ-Ⅲ型和 DDZ-S 系列输出的信号标准为 4~20mA,下面针对这两种情况讨论 I/V 变换的实现方法。

1) 无源 I/V 变换

无源 I/V 变换主要是利用无源器件电阻实现的,在实际应用中,还增加了滤波和输出限幅等保护措施。无源 I/V 变换电路如图 2.2 所示。

图 2.2 中,R_2 为精密电阻,通过此电阻可将电流信号转换为电压信号。当输入 I 为 0~10mA 的电流信号时,可取 $R_1=100\Omega$,$R_2=500\Omega$,这样输出 V 就为 0~5V;当输入 I 为 4~20mA 时,可取 $R_1=100\Omega$,$R_2=250\Omega$,这样输出 V 就为 1~5V。

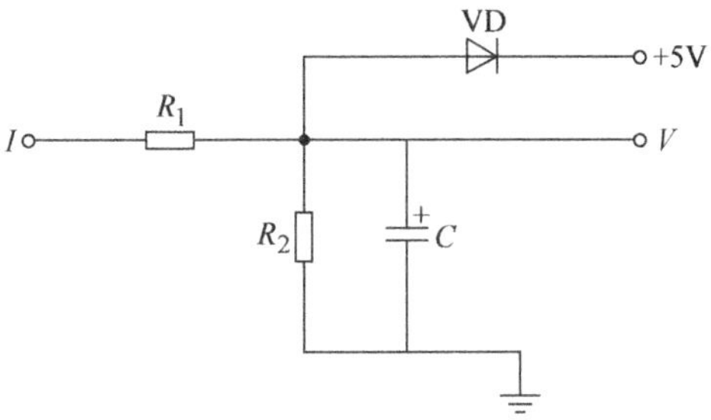

图 2.2　无源 I/V 变换电路

2）有源 I/V 变换

有源 I/V 变换主要由有源器件运算放大器、电阻组成，其电路如图 2.3 所示。

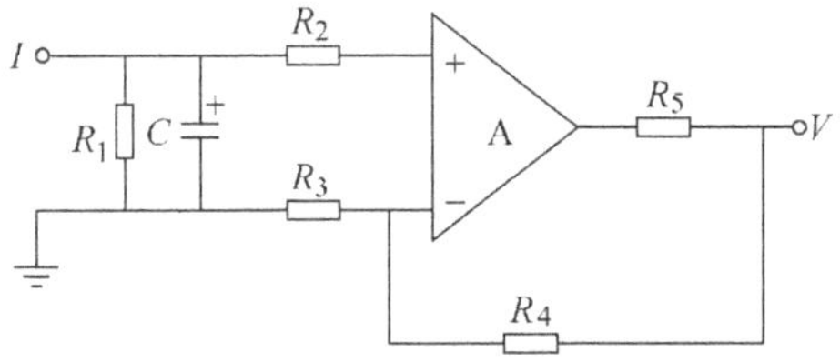

图 2.3　有源 I/V 变换电路

利用同相放大电路，把电阻 R_1 上的输入电压变成标准输出电压。该同相放大电路的放大倍数为

$$A = 1 + \frac{R_4}{R_3}$$

若取 $R_1 = 200\Omega$，$R_3 = 100\text{k}\Omega$，$R_4 = 150\text{k}\Omega$，当输入电流为 0～10mA 时，输出电压为 0～5V；若取 $R_1 = 200\Omega$，$R_3 = 100\text{k}\Omega$，$R_4 = 25\text{k}\Omega$，当输入电流为 4～20mA 时，输出电压为 1～5V。

2. 多路模拟开关

多路模拟开关又称多路转换器，是用来切换模拟电压信号的关键元件。在计算机控制系统中，往往是几路或十几路被测信号共用一个采样保持器及 A/D 转换器，利用多路转换器可以实现这种设计。当有多个输入信号需要检测时，利用多路开关可将各个输入信号依次地或随机地连接到公用放大器或 A/D 转换器上，实现对各个输入通道的分时控制。为了提高过程参数的测量精度，对多路转换器提出了较高的要求。理想的多路转换器其开路电阻为无穷大，其接通时的导通电阻为零。此外，还有切换速度快、噪声小、寿命长、工作可靠等要求。

尽管模拟转换器种类很多，但其功能基本相同，只是在通道数、开关电阻、漏电流、输入电压及方向切换等性能参数上有所不同。常用的多路转换器有集成电路芯片 CD4051、CD4052、AD7506、LF13508 等。现以常用的 CD4051 为例介绍多路转换器的基本工作原理。

CD4051 的结构示意图如图 2.4 所示，当禁止端 $\overline{INH}$ 为“1”时，8 通道全部禁止；当禁止端 $\overline{INH}$ 为“0”时，通过改变 3 根地址线 A、B、C 的值，就可以选通 8 个通道中的一个，使输入和输出接通。例如，当 CBA 为 000 时，通道 IN_0/OUT_0 选通；当 CBA=111 时，通道 IN_7/OUT_7 选通。CD4051 真值表见表 2.1。

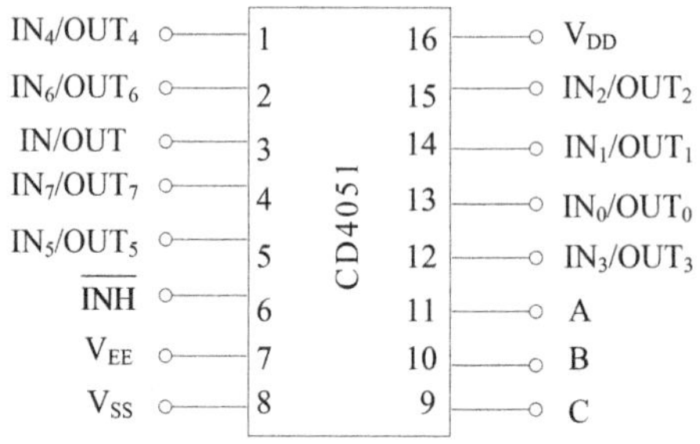

图 2.4　CD4051 的结构示意图

表 2.1　CD4051 真值表

$\overline{INH}$	C	B	A	选中通道号
0	0	0	0	IN_0/OUT_0
0	0	0	1	IN_1/OUT_1
0	0	1	0	IN_2/OUT_2
0	0	1	1	IN_3/OUT_3
0	1	0	0	IN_4/OUT_4
0	1	0	1	IN_5/OUT_5
0	1	1	0	IN_6/OUT_6
0	1	1	1	IN_7/OUT_7
1	×	×	×	无

V_{DD} 为正电源，V_{EE} 为负电源，V_{SS} 为地，要求 $V_{DD}+|V_{EE}|\leqslant 18V$。例如，采用 CD4051 模拟开关切换 0～+5V 电压信号时，电源可取为 $V_{DD}=+12V$，$V_{EE}=-5V$，$V_{SS}=0V$。

CD4051 可以完成 1～8 或 8～1 的数据传输。当模拟量输入通道较多，一片多路转换器不够用时，可以把多片多路转换器连在一起，构成更多通道的多路转换器。例如，利用两片 CD4051 组成的 16 路多路转换器如图 2.5 所示。用一根地址线作为两个多路转换器的控制端的控制信号，当 $A_3=0$ 时，CD4051(1)工作；当 $A_3=1$ 时，CD4051(2)工作。改变地址总线 A_2～A_0 的状态，即可选通具体的通道。

3. 前置放大器

前置放大器的任务是将模拟小信号放大到 A/D 转换器的量程范围内(如 0～5V)。它

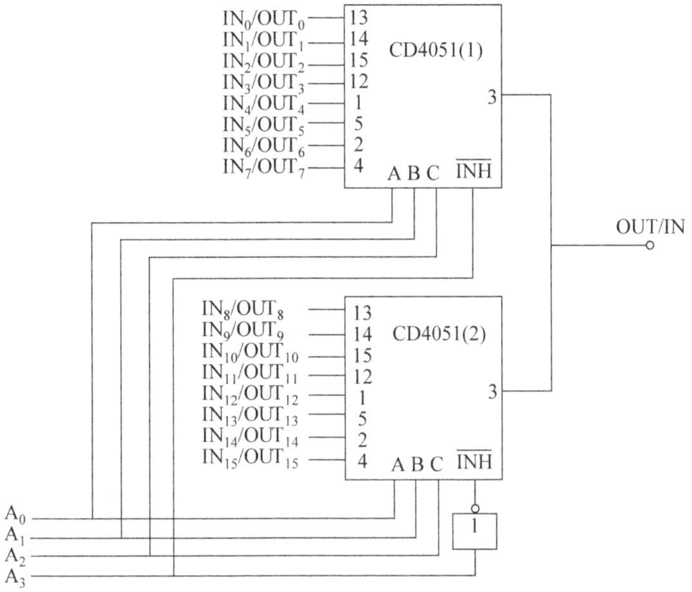

图 2.5　CD4051 的扩展示意图

可以分为固定增益放大器和可变增益放大器两种，前者适用于信号范围固定的传感器，后者适用于信号范围不固定的传感器。

在计算机控制系统中，当多路输入信号的电平相差不大时，一般采用固定增益放大器。固定增益放大器一般采用差动输入放大器，因其输入阻抗高，因而有着极强的抗共模干扰能力。但是，当多路输入信号的电平相差比较悬殊时，采用固定增益放大器，就有可能使低电平信号的测量精度降低，而高电平信号则可能会超出 A/D 转换器的输入范围。此时，应采用可变增益放大器，这样就可以使 A/D 转换器信号满量程达到均一化，从而提高多路数据采集的精度。常用的可变增益放大器有 AD526、AD625、PGA100、PGA102、PGA202/203 等。

4. 采样保持器

A/D 转换器将模拟信号转换为数字信号需要一定的时间，这个时间称为 A/D 转换时间。由于 A/D 转换时间的存在，当输入模拟信号变化较大时，会引起转换误差。如图 2.6

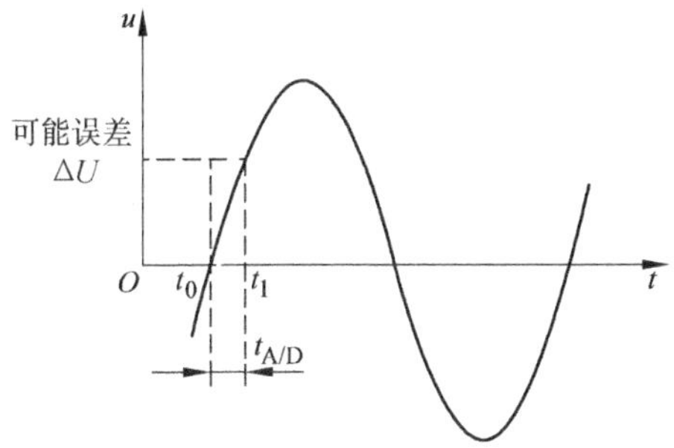

图 2.6　转换时间 $t_{A/D}$ 引起的转换误差示意图

所示的正弦模拟信号，如果从 t_0 时刻开始 A/D 转换，转换结束时刻为 t_1，则 A/D 转换时间为 $t_{A/D}=t_1-t_0$，此时模拟信号已发生 ΔU 的变化，该变化量即为转换误差。

对于一定的转换时间，转换误差的大小与信号的频率成正比。如果输入信号变化很慢(如温度信号)或者 A/D 转换时间很短，使得在 A/D 转换期间输入信号的变化很小，可以满足转换精度的要求，此时可以不必选用采样保持器。但是，为了适应某些随时间变化较快的信号，提高可输入模拟量信号的频率范围，就需要在 A/D 转换器前加入采样保持器，采样保持器把 $t=kT$ 时刻的采样值保持到 A/D 转换结束。T 为采样周期；$k=0,1,2,\cdots$ 为采样序号。

1）采样保持器的工作原理

采样保持器主要由输入缓冲器 A_1、输出缓冲器 A_2、采样开关 S 和保持电容 C_H 等组成，其电路原理如图 2.7 所示。采样保持器有采样、保持两种工作状态。采样时，控制信号使开关 S 闭合，V_{IN} 通过 A_1 对 C_H 进行快速充电，V_{OUT} 跟随 V_{IN}；保持期间，控制信号使开关 S 断开，由于 A_2 的输入阻抗很高，理想情况下 $V_{OUT}=V_C$ 保持不变。采样保持器一旦进入保持期，便应立即启动 A/D 转换器进行 A/D 转换，以保证在转换期间输入模拟信号保持恒定。

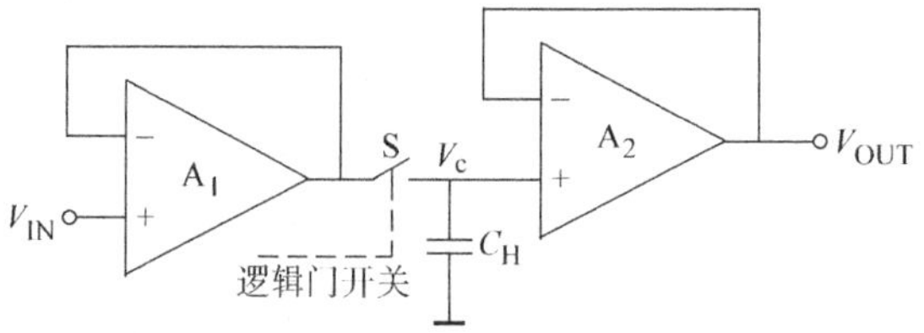

图 2.7　采样保持器的电路原理图

2）常用的采样保持器

常用的集成采样保持器有 LF198/298/398、AD582/583/585 等，下面以 LF398 为例介绍采样保持器的工作原理，其他的采样保持器的工作原理大致相同。

LF398 是一种反馈型采样保持器，由于其价格低廉，所以在国内应用非常广泛。与 LF398 结构相同的还有 LF198、LF298 等，其工作原理相同，仅参数有所差异。LF398 有 8 个引脚，其结构框图和典型接线图如图 2.8(a)、(b)所示。2 脚接 1kΩ 电阻，用于调节漂移电压。7 脚和 8 脚是两个控制端，控制开关的通断。当 7 脚接地，8 脚的控制信号为高电平时，LF398 处于采样状态；8 脚控制信号为低电平时，LF398 处于保持状态。6 脚外接保持电容，保持电容的选取对采样保持电路的技术性能指标至关重要；大电容可使系统得到较高精度，但采样时间加长；小电容可提高采样频率，但精度较低，因此，电容的选择应综合考虑精度要求和采样频率等因素。

5. A/D 转换器

A/D 转换器的作用是把模拟量转换为数字量，是模拟量输入通道必不可少的器件。常用的 A/D 转换器从转换原理上可分为逐次逼近式、计数比较式和双积分式；从分辨率上可

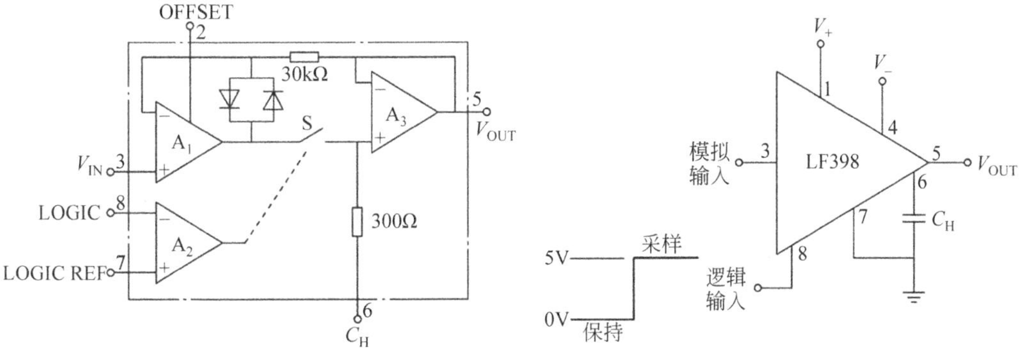

(a) 结构框图　　　　　　(b) 典型接线图

图 2.8　LF398 的结构框图和典型接线图

分为 8 位、12 位、16 位等。A/D 转换器与计算机进行接口时，需要考虑以下几个问题：数字量输出信号的连接、A/D 转换器的启动方式、转换结束信号的处理方式、时钟信号的连接等。

1）数字量输出信号的连接

A/D 转换器数字量输出引脚和单片微型计算机的连接方法与其内部结构有关。如果转换器的数据输出寄存器具有三态锁存功能，则 A/D 转换器的数字量输出引脚可直接接到 CPU 的数据总线上，转换结束，CPU 可以直接读入数据。一般 8 位的 A/D 转换器均属此列。10 位以上的 A/D 转换器，其输出数据寄存器一般增加了读数据控制逻辑电路，当和 8 位的 CPU 连接时，可以把 10 位以上的数据分时读出。对于内部不包含读数据控制逻辑的 A/D 转换器，当和 8 位的 CPU 连接时，应增设三态门对转换后的数据进行锁存，方便 10 位以上的数据分两次进行读取。

2）A/D 转换器的启动方式

A/D 转换器开始工作时需要外部启动信号，根据芯片的不同，启动方式可以分为脉冲启动和电平控制启动两种。ADC0809、ADC1210 等芯片在启动时，需要在其控制启动转换的输入引脚上施加一个符合要求的脉冲信号，因此，其启动方式为脉冲启动；而 AD574 系列芯片在启动时，需要把符合要求的电平施加到其控制启动转换的输入引脚上，且数据转换期间此电平应保持不变，否则转换将会中止，此启动方式为电平控制启动。

3）转换结束信号的处理方式

当转换结束后，A/D 转换器芯片内部的转换结束触发器置位，并输出转换结束标志电平，通知主机读取转换结束的数字量。主机可以采用 3 种方法判断 A/D 转换是否结束：中断、查询和延时方式。

4）时钟信号的连接

A/D 转换过程是在时钟的控制作用下完成的。A/D 转换的时钟可由芯片内部提供，也可由外部时钟提供。

2.2.2 典型的A/D转换器及其接口技术

1. 8位A/D转换器ADC0809

ADC0809是一种8位的逐次逼近型A/D转换器，可转换8路模拟信号，采用28脚双列直插式封装，一般不需要调零和增益校准，典型时钟频率为640kHz，转换时间为100μs。

ADC0809的内部结构框图如图2.9所示。片内带有8通道多路模拟开关、通道选择逻辑（地址锁存器和译码器）、256R电阻分压器、开关树组、逐次逼近寄存器（SAR）、控制逻辑等。

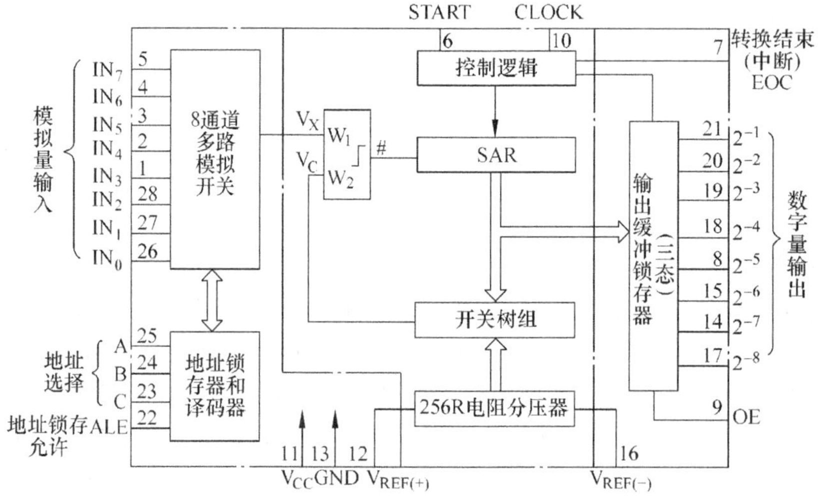

图2.9 ADC0809的内部结构框图

引脚功能介绍如下。

$IN_0 \sim IN_7$：8路模拟输入端口，电压范围为0～5V。

$D_0 \sim D_7$：8位数字量输出端口。

START：启动转换控制输入端。当通过软件输入一个正脉冲，便立即启动模/数转换。要求正脉冲信号的宽度大于100ns。

EOC：转换结束信号输出端。A/D转换过程中，EOC=0；A/D转换结束，EOC=1，同时把转换结果锁在输出锁存器中。转换结束时，EOC的正跳变可用于向CPU申请中断，也可通过CPU查询其状态，了解A/D转换器是否转换结束。

OE：输出使能端，高电平有效。OE=1时，三态输出锁存缓冲器打开，把转换后的结果送入外部数据线。

C、B、A：地址输入线，用于选通8路模拟输入中的一路进入A/D转换。当CBA等于000～111时，分别对应$IN_0 \sim IN_7$。例如，C=0，B=0，A=0时，选中IN_0通道；C=0，B=1，A=1时，选中IN_3通道。

ALE：地址锁存允许信号输入端，用于将 3 位地址线 C、B、A 送入地址锁存器中。

$V_{REF(+)}$、$V_{REF(-)}$：参考电压输入端。通常，$V_{REF(-)}$ 接 0V 或 −5V；$V_{REF(+)}$ 接 +5V 或 0V。

V_{CC}、GND：V_{CC} 为 ADC0809 的工作电源，单一的 5V 供电；GND 为接地端。

CLK：时钟输入端。ADC0809 芯片内无时钟，所以必须靠外部提供时钟，典型的时钟频率为 640kHz。

2. ADC0809 的接口电路及程序设计

A/D 转换器的硬件接口有 3 种方式：延时方式、查询方式和中断方式。当采用延时方式时，必须预先精确地知道完成一次 A/D 转换所需的时间。CPU 发出启动 A/D 命令之后，执行一个固定的延迟程序，延迟时间恰好等于或略大于完成一次 A/D 转换所需的时间，延时时间到，即可读取数据。当采用查询方式时，CPU 发出启动 A/D 命令之后，就不断读取转换结束信号，根据转换结束信号的状态判断 A/D 转换是否结束。当采用中断方式时，CPU 启动 A/D 转换后即可转而处理其他任务，一旦 A/D 转换结束，A/D 转换器会向 CPU 申请中断，CPU 响应中断后，读入转换数据。利用中断方式进行数据采集，可以大大提高 CPU 的利用率。但是，若 A/D 转换的时间很短，与系统中断响应时间相当，那么采用中断方式的意义就不大了，甚至可能浪费机时。

ADC0809 与 80C51 单片机按查询方式的硬件接口电路如图 2.10 所示。

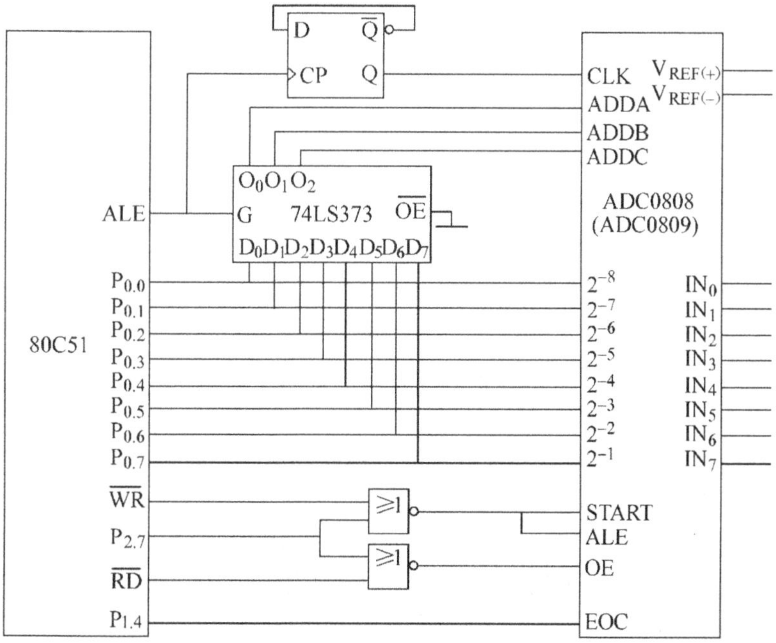

图 2.10　ADC0809 与 80C51 单片机按查询方式的硬件接口电路

ADC0809 有 8 个模拟量输入通道，其通道地址选通输入端 A、B、C 分别与地址锁存器

74LS373 的 A_0、A_1、A_2 相连。ADC0809 的 EOC 与 $P_{1.4}$ 相连，通过查询 $P_{1.4}$ 的状态，可以确定 ADC0809 是否转换结束。将 $P_{2.7}$ 作为片选信号，其与单片机的写信号 $\overline{WR}$ 一起控制 ADC0809 的地址锁存和转换启动。ALE 和 START 连在一起，因此 ADC0809 在启动转换时也锁存了通道地址。$P_{2.7}$ 与读信号 $\overline{RD}$ 一起与 ADC0809 的 OE 端相连，控制 ADC0809 的信号读出。ADC0809 具有输出三态锁存器，其 8 位数据引脚可以直接与数据总线相连。

采用查询方式读取 A/D 转换结果的程序如下。

```
AD:    MOV    R0, #40H          ;存储单元首地址
       MOV    R1, #05H          ;转换次数
       MOV    P1, #0FFH         ;P1 口写 1(准输入口)
AD0:   MOV    DPTR, #7FFCH      ;送 ADC0809 口地址,指向 IN4 通道
       MOVX   @DPTR , A
AD1:   MOV    A, P1             ;检测 P1.4的状态,若 P1.4=0,则开始转换
       ANL    A , #10H
       JNZ    AD1
AD2:   MOV    A , P1            ;检测 P1.4的状态,若 P1.4=1,则转换结束
       ANL    A, #10H
       JZ     AD2
       MOV    DPTR , #7FFFH     ;读 A/D 转换结果
       MOVX   A , @DPTR
       MOV    @R0 , A
       INC    R0
       DJNZ   R1 , AD0
       RET
```

3. 12 位 A/D 转换器 AD574

AD574 是美国模拟器件(analog devices)公司推出的单片高速 12 位逐次逼近式 A/D 转换器，转换时间约为 25μs。自带三态缓冲器，可以直接与 8 位或 16 位微机相连，且能与 CMOS 及 TTL 电平兼容。由于 AD574 内置基准电压源及时钟发生器，这使它可以在不需要任何外部电路和时钟信号的情况下完成一切 A/D 转换功能。可以采用±12V 和±15V 两种电源电压供电，使用十分方便。

AD574 的原理结构图如图 2.11 所示。它由两部分组成：模拟芯片和数字芯片。模拟芯片就是该公司生产的 AD565 型快速 12 位单片集成 D/A 转换器芯片。数字芯片包括高性能比较器、逐次比较逻辑寄存器、时钟电路、逻辑控制电路以及三态输出数据锁存器等。

AD574 为 28 脚双列直插式封装，各引脚的功能如下。

V_L：数字逻辑部分电源，为+5V。

$12/\overline{8}$：数据输出格式选择信号引脚。当 $12/\overline{8}=1$(+5V)时，为双字节输出，即 12 条数据线同时有效输出；当 $12/\overline{8}=0$(0V)时，为单字节输出，即只有高 8 位或低 4 位有效。

$\overline{CS}$：片选信号端，低电平有效。

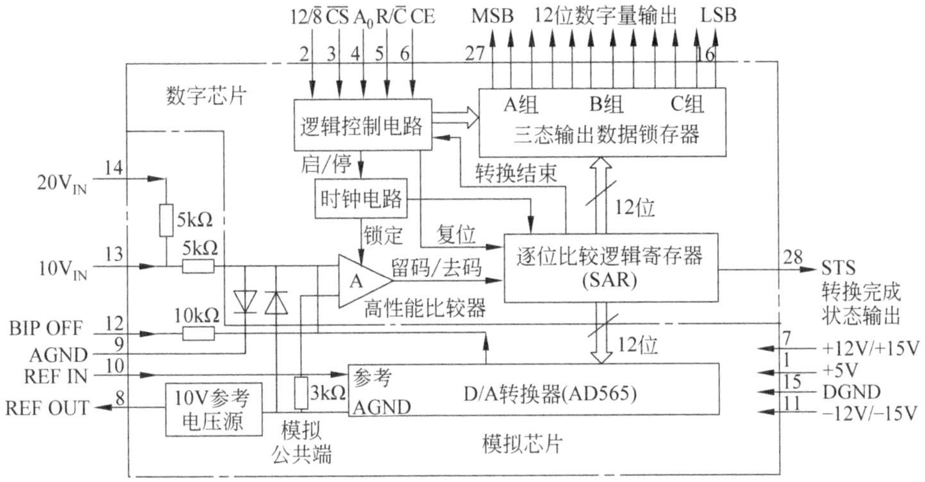

图 2.11 AD574 的原理结构图

A_0：字节选择控制线。在转换期间，当 $A_0=0$ 时，AD574 进行全 12 位转换。在读出期间，$A_0=0$ 时，高 8 位数据有效；$A_0=1$ 时，低 4 位数据有效，中间 4 位为“0”，高 4 位为三态。因此，当采用两次读出 12 位数据时，应遵循左对齐原则。

R/$\overline{C}$：读数据/转换控制信号。当 R/$\overline{C}$=1 时，ADC 转换结果的数据允许被读出；当 R/$\overline{C}$=0 时，则允许启动 A/D 转换。

CE：启动转换信号，高电平有效，可作为 A/D 转换启动或读数据的信号。

V_{CC}、V_{EE}：模拟部分供电的正电源和负电源，为±12V 或±15V。

REF OUT：10V 内部参考电压输出端。

REF IN：内部解码网络所需参考电压输入端。

BIP OFF：补偿调整。接至正负可调的分压网络，以调整 ADC 输出的零点。

$10V_{IN}$、$20V_{IN}$：模拟量 10V 及 20V 量程的输入端口，信号的另一端接至 AGND 引脚。

DGND：数字公共端（数字地）。

AGND：模拟公共端（模拟地）。它是 AD574 的内部参考点，必须与系统的模拟参考点相连。为了在高数字噪声含量的环境中从 AD574 获得高精度的性能，AGND 和 DGND 在封装时已连接在一起，在某些情况下，AGND 可在最方便的地方与参考点相连。

DB_0～DB_{11}：数字量输出。

STS：输出状态信号引脚。转换开始时，STS 达到高电平，转换过程中保持高电平。转换完成时，返回到低电平。STS 可作为状态信息被 CPU 查询，也可以用它的下降沿向 CPU 发中断申请，通知 A/D 转换已完成，CPU 可以读取转换结果。

AD574 的工作状态由 CE、$\overline{CS}$、R/$\overline{C}$、12/$\overline{8}$、A_0 5 个控制信号决定，这些控制信号的组合功能见表 2.2。

从表 2.2 可以看出：AD574 是否处于工作状态是由 CE 和$\overline{CS}$共同决定的。当 CE=1 且

$\overline{CS}$=0 时，芯片处于工作状态；CE=0 或$\overline{CS}$=1 时，芯片不能工作。R/$\overline{C}$、12/$\overline{8}$ 和 A_0 共同决定 AD574 的读数据/转换工作状态。当 R/$\overline{C}$=0 时，允许启动 A/D 转换。此时若 A_0=0，则不管 12/$\overline{8}$ 为何状态，都按照完整的 12 位 A/D 转换方式启动。若 A_0=1，则不管 12/$\overline{8}$ 为何状态，都按照 8 位 A/D 转换方式启动。当 R/$\overline{C}$=1 时，ADC 转换结果的数据允许被读取。此时，若 12/$\overline{8}$=1，则不管 A_0 为何状态，都以 12 位并行方式输出；若 12/$\overline{8}$=0，则对应 8 位双字节输出。其中，A_0=0 时输出高 8 位，A_0=1 时输出低 4 位，并以 4 个 0 补足尾随的 4 位。

表 2.2　AD574 控制信号真值表

CE	$\overline{CS}$	R/$\overline{C}$	12/$\overline{8}$	A_0	工作状态
0	×	×	×	×	禁止
×	1	×	×	×	禁止
1	0	0	×	0	启动 12 位转换
1	0	0	×	1	启动 8 位转换
1	0	1	接 1 脚(+5V)	×	12 位并行输出有效
1	0	1	接地	0	高 8 位并行输出有效
1	0	1	接地	1	低 4 位+尾随 4 个 0 有效

必须指出，12/$\overline{8}$ 端与 TTL 电平不兼容，故只能通过布线接至+5V 或 0V 上。另外，A_0 在数据输出期间不能变化。

如果要求 AD574 以独立方式工作，只要将 CE、12/$\overline{8}$ 端接入+5V，$\overline{CS}$和 A_0 接至 0V，将 R/$\overline{C}$ 作为数据读出和数据转换启动控制即可。当 R/$\overline{C}$=1 时，数据输出端出现被转换后的数据，R/$\overline{C}$=0 时，即启动一次 A/D 转换。在延时 0.5μs 后 STS=1，表示转换正在进行。经过一次转换周期(典型值为 25μs)后，STS 跳回低电平，表示 A/D 转换完毕，可以从数据输出端读取新的数据。

AD574 启动转换时序图和 AD574 读周期时序图分别如图 2.12 和图 2.13 所示。

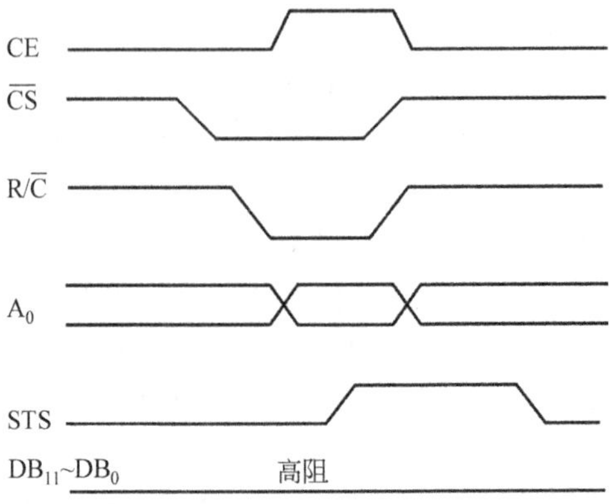

图 2.12　AD574 启动转换时序图

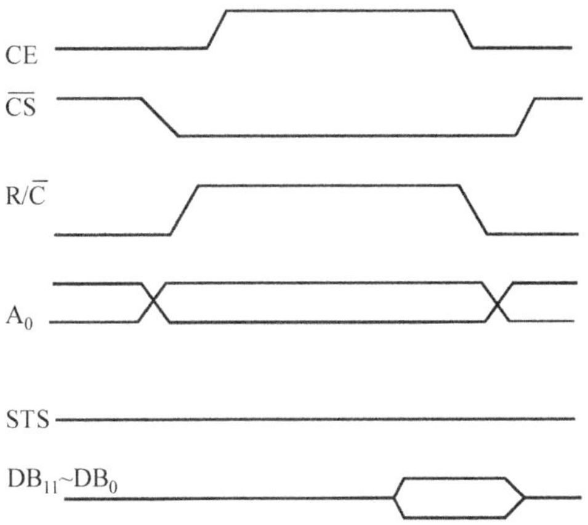

图 2.13　AD574 读周期时序图

由图 2.12 和图 2.13 可见，只有在 CE=1 和 $\overline{CS}$=0 时才启动转换，在启动信号有效前，R/$\overline{C}$ 必须为低电平，否则将产生读取数据的操作。

AD574 的模拟信号输入可以是单极性的，也可以是双极性的，这主要通过改变 AD574 的引脚 8、10、12 的外接电路来实现。图 2.14(a)所示为单极性转换电路，系统模拟信号的地线应与引脚 9 相连，使其地线的接触电阻应尽可能小，该电路可以实现 0～10V 或 0～20V 的转换。图 2.14(b)所示为双极性转换电路，可实现输入信号－5～～＋5V 或－10～＋10V 的转换。

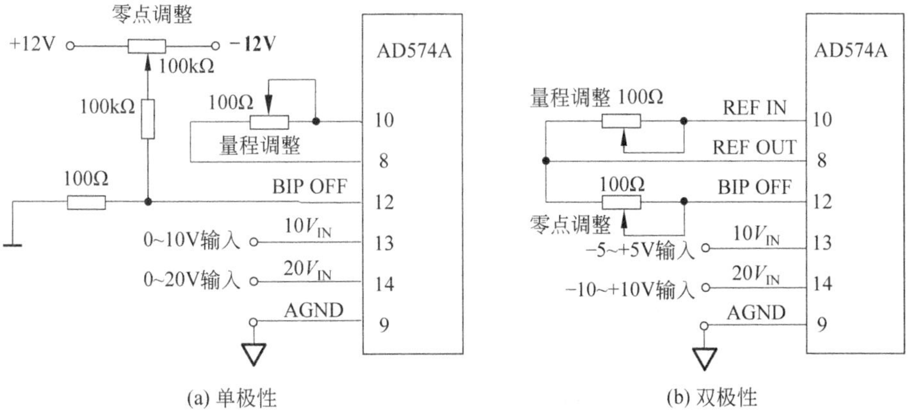

图 2.14　AD574 转换电路图

4. AD574 的接口电路设计

图 2.15 为 AD574A 与 80C51 单片机的接口电路。图 2.15 中将转换结束状态线 STS 与单片机的 $P_{1.1}$ 相连，故该接口采用查询方式。

由于 AD574A 片内有时钟，故无须外加时钟信号。由于 AD574A 内部含有三态锁存

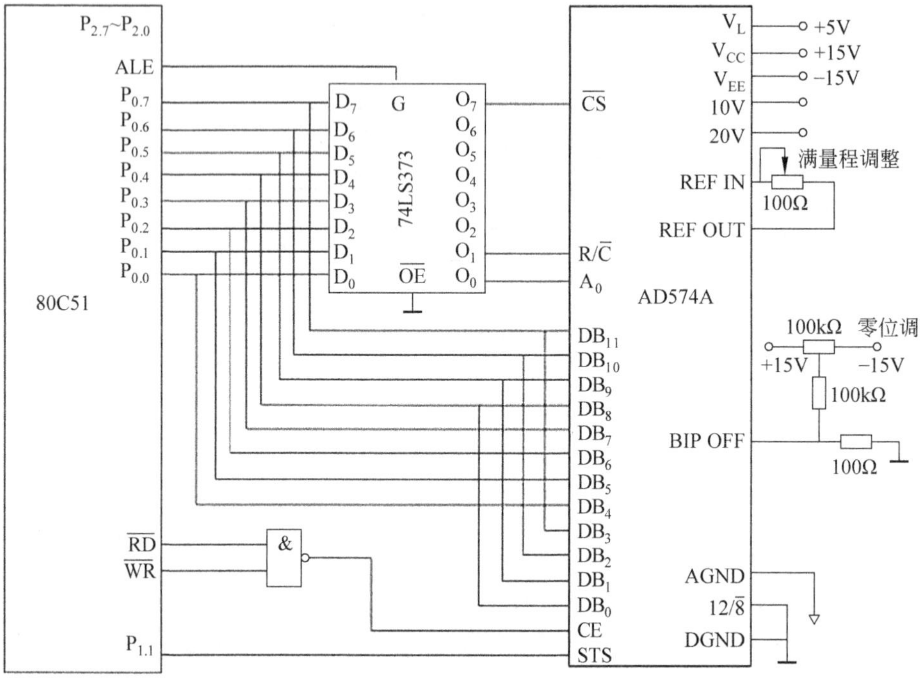

图 2.15　AD574A 与 80C51 单片机的接口电路

器，故可直接与单片机数据总线进行连接。AD574A 是 12 位向左对齐输出格式，所以将低 4 位 $DB_{3\sim0}$ 接到 $DB_{11\sim8}$，第一次读出高 8 位 $DB_{11\sim4}$，第二次读出低 4 位，此时 $DB_{7\sim4}$ 为 0000。AD574A 共有 5 根控制逻辑线，用来完成寻址、启动和读出功能，具体说明如下。

（1）由于数据格式选择端 $12/\overline{8}$ 永为低电平（接地），所以该电路分两次读出数据。

（2）启动 A/D 和读出转换结果，用 CE、$\overline{CS}$、$R/\overline{C}$ 3 个引脚控制，所以不论是在读状态，还是处于写状态，CE 均为 1；$R/\overline{C}$ 控制端由 $P_{0.1}$ 控制。综上所述可知，$P_{0.1}=0$ 时，启动 A/D 转换，$P_{0.1}=1$ 时，读取 A/D 转换结果。

（3）字节控制端 A_0 由 $P_{0.0}$ 位控制。在转换过程中，$A_0=0$，按 12 位转换。读数时，$P_{0.0}=0$，则读取高 8 位数据；$P_{0.0}=1$，则读取低 4 位数据。

图 2.15 所示电路中，片选信号由 $P_{0.7}$ 控制。由于图 2.15 中高 8 位地址 $P_{2.7}\sim P_{2.0}$ 未使用，故只使用低 8 位地址，采用寄存器寻址方式。设启动 AD574A 的地址是 7CH，读取高 8 位数据的地址为 7EH，读取低 4 位数据的地址为 7FH。查询方式 A/D 转换程序如下。

```
         ORG    0200H
ATOD:    MOV    DPTR, #9000H         ;设置数据地址指针
         MOV    P1, #0FFH            ;P1 口为准输入口
         MOV    R0, #07CH            ;设置启动 A/D 转换的地址
         MOVX   @R0, A               ;启动 A/D 转换
```

```
LOOP:   JB      P1.1, LOOP          ;检查 A/D 转换是否结束
        INC     R0
        INC     R0
        MOVX    A, @R0              ;读取高 8 位数据
        MOVX    @DPTR, A            ;存高 8 位数据
        INC     R0                  ;求低 4 位数据的地址
        INC     DPTR                ;求存放低 4 位数据的 RAM 单元地址
        MOVX    A, @R0              ;读取低 4 位数据
        MOVX    @DPTR, A            ;存低 4 位数据
HERE:   AJMP    HERE
```

在上面的程序中，如果将 JB $P_{1.1}$，LOOP 改为 ACALL 30ms(延时子程序)，即变成延时方式的 A/D 转换程序。注意：这时图 2.15 中的 STS 线可不接。可见，延时方法虽然实时性比中断方式差一点，但其线路连接较为简单。

2.3 模拟量输出通道

模拟量输出通道的任务是把计算机输出的数字量变换成模拟量，以便驱动相应的执行机构，达到控制的目的。完成这个任务的核心器件是 D/A 转换器。模拟量输出通道除了要满足一定的精度要求、可靠性高的要求外，输出还必须具有保持的功能，以保证被控对象可靠地工作。

2.3.1 模拟量输出通道的结构形式

模拟量输出通道一般由接口电路、数/模转换器、电压/电流变换等组成。其核心是数/模转换器，简称 D/A 转换器。当模拟量输出通道为单路时，其结构非常简单，但在计算机控制系统中，通常采用多路模拟量输出通道。

多路模拟量输出通道的结构形式主要取决于输出保持器的构成方式。输出保持器的作用主要是在新的控制信号到来之前，使本次控制信号保持不变。保持器一般有数字保持方案和模拟保持方案两种，这决定了模拟量输出通道的两种基本结构形式。

1. 一个通道设置一个 D/A 转换器的形式

图 2.16 为一个通道设置一个 D/A 转换器的结构形式的原理框图。在这种结构形式下，计算机与通道之间通过独立的接口缓冲器传送信息，这是一种数字保持方案。它的优点

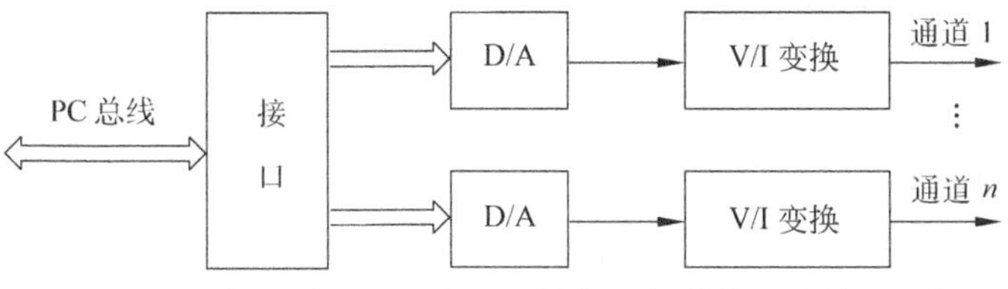

图 2.16 一个通道设置一个 D/A 转换器的结构形式的原理框图

是转换速度快，工作可靠，即使某一路 D/A 转换器发生故障，也不影响其他通道的工作。其缺点是使用了较多的 D/A 转换器，使得其价格较高。但随着大规模集成电路技术的发展，这个缺点正在逐步得到克服。这种方案较易实现。

2. 多个通道共用一个 D/A 转换器的形式

图 2.17 为多个通道共用一个 D/A 转换器的结构形式的原理框图。在这种结构形式下，因为共用一个 D/A 转换器，使得其必须在计算机控制下分时工作，即把 D/A 转换器转换成的模拟电压（或电流）依次通过多路模拟开关传送给输出采样保持器。这种结构形式的优点是节省了 D/A 转换器，但因为是分时工作，所以只适用于通道数量多且速度要求不高的场合。它还要使用多路开关，且要求输出采样保持器的保持时间与采样时间之比较大。这种方案的可靠性较差。

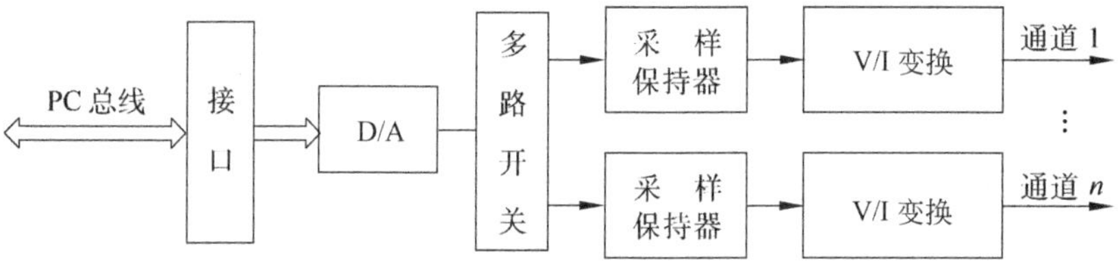

图 2.17　多个通道共用一个 D/A 转换器的结构形式的原理框图

2.3.2　D/A 转换器与计算机进行接口的一般问题

D/A 转换器就是一种把数字信号转换为模拟电信号的器件。模拟量输出通道不论采用哪一种结构形式，都要解决 D/A 转换器与计算机的接口问题。D/A 转换器与计算机进行接口时，须考虑以下几个问题：D/A 转换器的数字输入特性、模拟输出特性、锁存效应、参考电压源等。

1. 数字输入特性

数字输入特性包括接收数的码制、数据格式及逻辑电平等。批量生产的 D/A 转换器一般只能接收二进制数字代码。因此，当输入数字代码为其他格式时，外接适当的偏置电路才能被接收。多数 D/A 转换器都接收并行码，但对于有些芯片内部配置有移位寄存器的 D/A 转换器，也可以接收串行码输入。对于不同的 D/A 转换器，输入逻辑电平要求不同。对于固定阈值电平的 D/A 转换器，一般只和 TTL 电平或低压 CMOS 电路相连，而有些逻辑电平可以改变的 D/A 转换器可以满足与 TTL、高低压 CMOS、PMOS 等各种器件直接连接的要求。

2. 模拟输出特性

多数 D/A 转换器都属于电流输出型器件，也有少数属于电压输出型器件。对于电流输出型器件，手册上通常给出输入参考电压及参考电阻之下的满码（全 1）输出电流 I_0 和最大输出短路电流。对于输出特性具有电流源性质的 D/A 转换器，还给出了输出电压允许范围，它用来表示由输出电路造成的输出端电压的可变动范围。只要输出端的电压小于输出电压允许范围，输出电流和输入数字之间就保持正确的转换关系，而与输出的电压大小无关。对于输出特性为非电流源特性的 D/A 转换器，电流输出端应保持公共端电位或虚地，否则将破坏其转换关系。

3. 锁存效应

如果 D/A 转换器没有输入锁存器，通过 CPU 数据总线传送数字量时，必须采用锁存器连接，否则只能通过具有输出锁存功能的可编程并行 I/O 口给 D/A 转换器送入数字量。所以，D/A 转换器对数字量输入是否具有锁存功能将直接影响与 CPU 的接口设计。目前使用的 D/A 转换器一般都具有输入锁存功能。

4. 参考电压源

参考电压源是唯一影响 D/A 转换器输出结果的模拟参量。选用内部带有低漂移、精密参考电压源的 D/A 转换器不仅能保证有较高的转换精度，而且还可以简化接口电路。

2.3.3　典型的 D/A 转换器及其接口技术

1. 8 位 D/A 转换器 DAC0832

DAC0832 是美国国家半导体公司（national semiconductor）生产的 8 位 D/A 转换集成芯片，它具有价格低廉、接口简单和转换控制容易等特点，在单片机应用系统中得到广泛的应用。DAC0832 系列产品还包括 DAC0830 和 DAC0831，它们之间可以相互替换。该类产品属于单电源供电，5～15V 均可正常工作，基准电压的范围为±10V，能和 CPU 数据总线直接相连，属于中速转换器，大约在 1μs 内可将一个数字量输入转换成模拟量输出。

DAC0832 采用 20 脚双列直插式封装，其引脚排列图如图 2.18 所示。

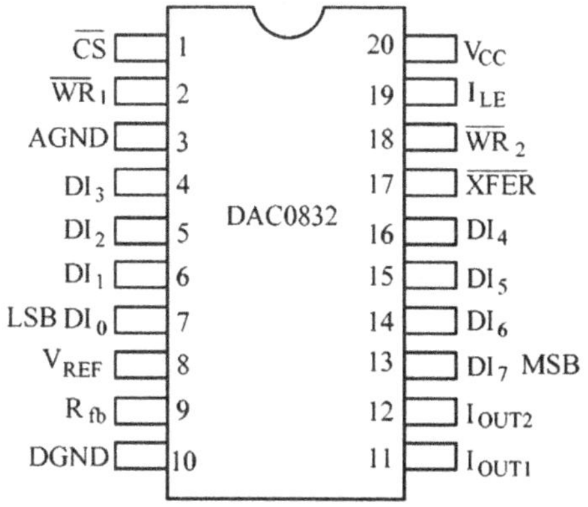

图 2.18　DAC0830/0831/0832 系列产品引脚排列图

各引脚说明如下。

$\overline{CS}$：片选信号输入端，低电平有效。

I_{LE}：数据锁存允许信号输入端，高电平有效。

$\overline{WR_1}$：输入锁存器的写选通信号，低电平有效。当$\overline{WR_1}$为低电平时，将输入数据传送到数据锁存器；当$\overline{WR_1}$为高电平时，数据锁存器中的数据被锁存。$\overline{WR_1}$必须在$\overline{CS}$和I_{LE}均有效时，才能对数据锁存器中的数据进行更新。

$\overline{WR_2}$：DAC寄存器的写选通信号，低电平有效，它将锁存在输入锁存器中的8位二进制数据送到DAC寄存器中进行锁存。$\overline{WR_2}$仅在$\overline{XFER}$信号有效时才起作用。

$\overline{XFER}$：数据传送控制信号，低电平有效。

$DI_0 \sim DI_7$：8位数据输入端。

I_{OUT1}：模拟电流输出端1，随DAC寄存器的内容线性变化。当DAC寄存器中的数据全为1时，输出电流最大；当DAC寄存器中的数据全为0时，输出电流为0。

I_{OUT2}：模拟电流输出端2，与I_{OUT1}电流互补输出，即$I_{OUT1}+I_{OUT2}=$常数。

R_{fb}：反馈电阻引出端。DAC0832内部已有反馈电阻，故其可直接和外接放大器相连，将芯片的电流输出转换为电压输出。

V_{CC}：电源电压输入端，范围为$+5\sim+15V$。

V_{REF}：参考电压输入端。该引脚把一个外部标准电压源与内部T型网络相连，此电源的稳定精度将直接影响D/A转换器的转换精度，所以要求其精度应尽可能高一些。此端可以接正电压，也可以接负电压，范围为$-10\sim+10V$。

AGND：模拟地。

DGND：数字地。

DAC0832的原理框图如图2.19所示，它由8位数据锁存器、8位DAC寄存器和8位D/A转换电路及选通控制逻辑构成。

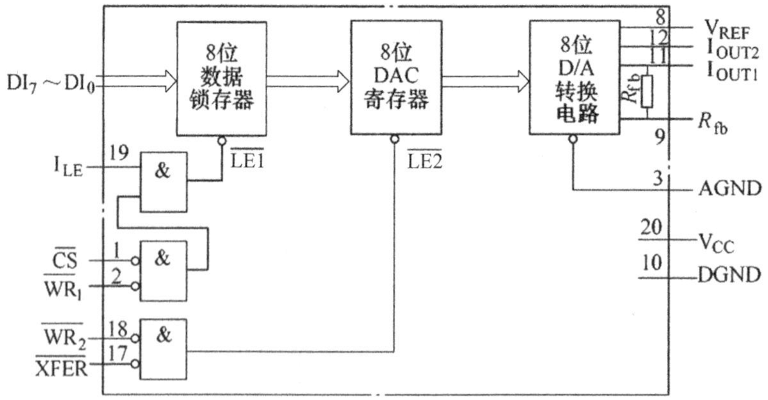

图2.19　DAC0832的原理框图

图2.19中，$\overline{LE1}$为锁存器命令，当$I_{LE}=1$、$\overline{CS}=\overline{WR_1}=0$时，$\overline{LE1}=1$，8位输入锁存器的输出状态随着输入数据的状态变化，否则$\overline{LE1}=0$，数据被锁存。$\overline{LE2}$为寄存器命令，当$\overline{WR_2}=\overline{XFER}=0$时，$\overline{LE2}=1$，DAC寄存器的输出状态随着输入锁存器的输出状态变化，进行D/A转换，否则$\overline{LE2}=0$，停止D/A转换。由此可见，由于DAC0832具有两级数据锁存器，所以

通过对控制引脚的不同设置，可以具有完全直通、单缓冲（两级同时输入锁存或只用一级输入锁存，而另一级始终直通）和双缓冲（两级输入锁存）3 种工作方式。

2. DAC0832 的接口电路及程序设计

DAC0832 与 80C51 单片机的接口如图 2.20 所示。DAC0832 工作于单缓冲方式，$\overline{CS}$和$\overline{XFER}$都与地址线 $P_{2.5}$ 相连，使 DAC0832 的口地址为 0DFFFH。当地址线选通 DAC0832 后，只要输出$\overline{WR}$控制信号，DAC0832 就能一步完成数字量的输入锁存和 D/A 转换输出。实现 D/A 转换的程序很简单，只把 80C51 累加器中的 8 位二进制数据送入 DAC0832 即可，程序如下。

```
MOV     DPTR, #0DFFFH   ;DAC0832 的口地址
MOV     A, #DATA        ;送入待转换的数据
MOVX    @DPTR, A        ;输出到 DAC0832
```

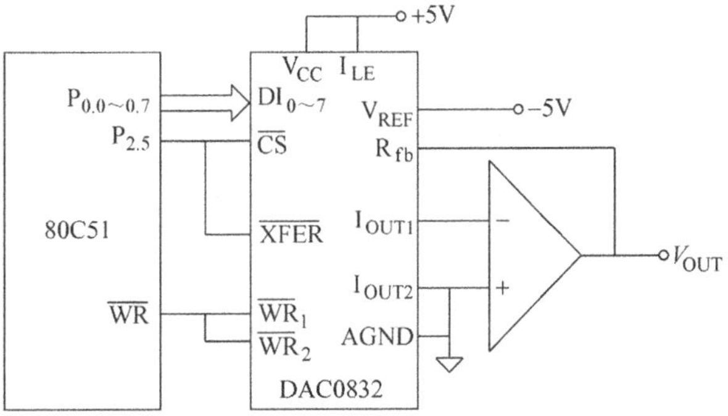

图 2.20　DAC0832 与 80C51 单片机的接口

3. 单极性与双极性电压输出电路

DAC0832 为电流型输出器件，它不能直接带动负载，所以需要在其电流输出端加上运算放大器，将电流输出线性地转换为电压输出。根据运算放大器和 DAC0832 接法的不同，可以分为单极性电压输出电路与双极性电压输出电路。

DAC0832 的单极性电压输出电路如图 2.21 所示。只需将 I_{OUT2} 接地，然后在 I_{OUT1} 端接

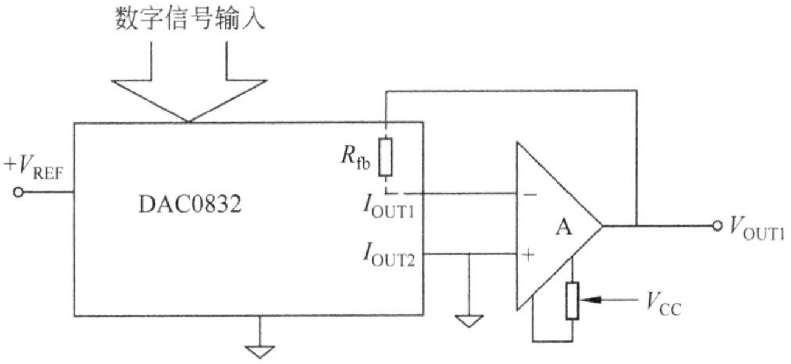

图 2.21　DAC0832 的单极性电压输出电路

上一级电压运算放大器即可。

由于 DAC0832 的电流输出端 I_{OUT1} 接至运算放大器的反相输入端，故输出电压 V_{OUT1} 与参考电压 V_{REF} 极性相反，其输出电压为

$$V_{OUT1} = -I_{OUT1} R_{fb}$$

或者为

$$V_{OUT1} = -V_{REF} \frac{D}{2^8}$$

其中 D 为输入数字量。

DAC0832 的双极性电压输出电路如图 2.22 所示。在图 2.21 所示的单极性电压输出电路的基础上再增加一级电压放大器，并配以相关的电路网络，就可以构成双极性电压输出电路。

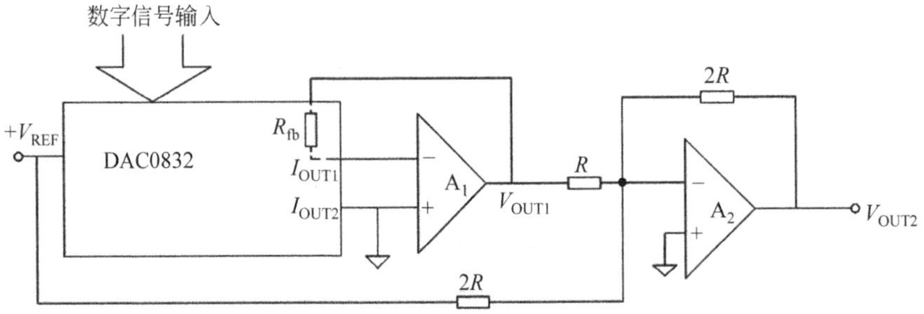

图 2.22　DAC0832 的双极性电压输出电路

图 2.22 中，运算放大器 A_2 的输出 V_{OUT2} 为

$$V_{OUT2} = -\left(\frac{2R}{R}V_{OUT1} + \frac{2R}{2R}V_{REF}\right) = -(2V_{OUT1} + V_{REF}) = V_{REF}\left(\frac{D}{2^{8-1}} - 1\right)$$

4. 12 位 D/A 转换器 DAC1210

DAC1210 是微处理器完全兼容的 12 位 D/A 转换器，同系列的 D/A 转换器还有 DAC1208、DAC1209，其输出电流稳定时间为 1μs，参考电压范围为 −10～+10V，单工作电压范围为 +5～+15V。该芯片功耗低，转换精度较高，价格低廉，接口简单。

DAC1210 为 24 脚双列直插式封装，其引脚排列图如图 2.23 所示。

各引脚的功能如下。

$\overline{CS}$：片选信号输入端，低电平有效。

$\overline{WR_1}$：写信号，低电平有效。

$\overline{WR_2}$：辅助写信号，低电平有效。该信号与 $\overline{XFER}$ 信号相结合控制 DAC 寄存器的工作状态。当 $\overline{WR_2}$ 和 $\overline{XFER}$ 同时为低电平时，DAC 寄存器的输出状态随着输入锁存器的状态而改变；当 $\overline{WR_2}$ 为高电平时，DAC 寄存器中的数据被锁存起来。

$\overline{XFER}$：数据传送控制信号，低电平有效，用于将输入锁存器中的 12 位数据送至 DAC 寄存器。

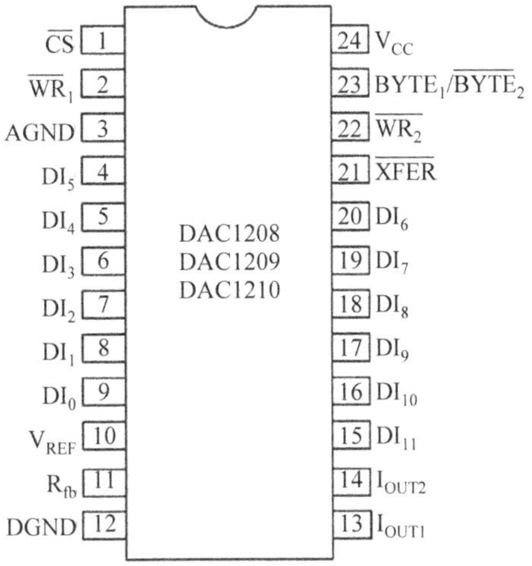

图 2.23 DAC1208/1209/1210 的引脚排列图

$BYTE_1/\overline{BYTE_2}$：字节顺序控制信号。当$\overline{CS}$和$\overline{WR_1}$同时为低电平时，若该信号为高电平，则 8 位和 4 位输入锁存器的输出随着输入数据变化；若该信号为低电平，则 8 位输入锁存器处于锁存状态，而 4 位输入锁存器的输出随着输入数据变化。

DI_0～DI_{11}：12 位数据输入端。

I_{OUT1}：模拟电流输出端 1，随 DAC 寄存器的内容线性变化。当 DAC 寄存器中的数据全为 1 时，输出电流最大；当 DAC 寄存器中的数据全为 0 时，输出电流为 0。

I_{OUT2}：模拟电流输出端 2，与 I_{OUT1} 电流互补输出，即 $I_{OUT1}+I_{OUT2}=$常数。

R_{fb}：反馈电阻引出端。

V_{CC}：电源电压输入端。

V_{REF}：参考电压输入端。

AGND：模拟地。

DGND：数字地。

DAC1210 的原理框图如图 2.24 所示，由 8 位输入锁存器、4 位输入锁存器、12 位 DAC 寄存器、12 位乘法 DAC 和选通控制逻辑构成。

由于 DAC1210 为 12 位数据总线，为了与 8 位的微处理器接口，DAC1210 的输入锁存器由一个 8 位输入锁存器和一个 4 位输入锁存器构成。与 DAC0832 类似，DAC1210 也采用双缓冲器结构，$\overline{LE1}$为 8 位输入锁存器命令，$\overline{LE2}$为 4 位输入锁存器命令。当它们均为高电平“1”时，输入锁存器的输出随着输入数据的状态变化；当它们均为低电平“0”时，数据被锁存。$\overline{LE3}$为 12 位 DAC 寄存器命令，当它为高电平“1”时，12 位 DAC 寄存器的输出随着输入数据的状态变化，进行 D/A 转换；当它为低电平“0”时，停止 D/A 转换。进行 D/A 转换时，DAC1210 的工作过程分 3 步：首先将高 8 位数据送入 8 位输入锁存器，然后将低 4 位数据送入 4 位输入锁存器，最后将 12 位数据从输入锁存器中送入 12 位 DAC 寄存器进行 D/A

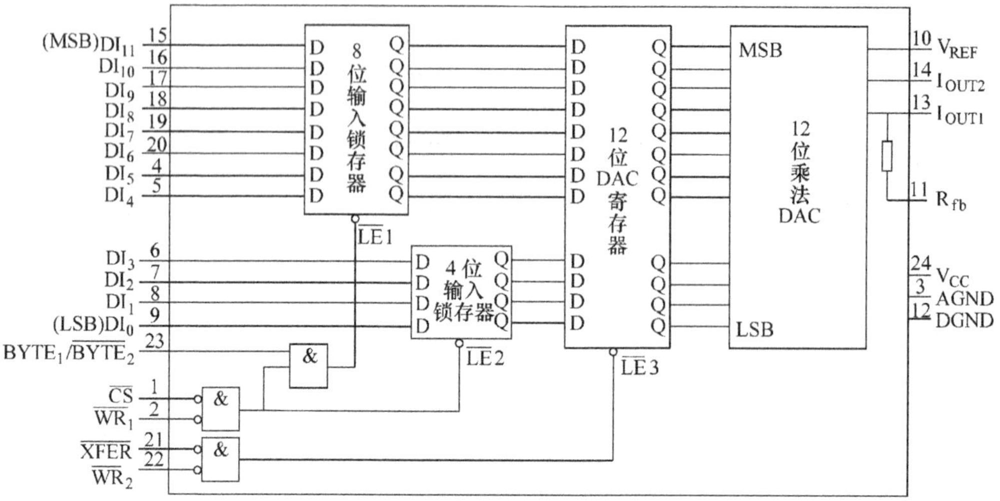

图 2.24　DAC1210 的原理框图

转换。

5. DAC1210 的接口电路及程序设计

DAC1210 与 80C51 单片机的接口电路如图 2.25 所示。由于 80C51 单片机为 8 位机，这里 DAC1210 采用双缓冲工作方式。$\overline{CS}$和$\overline{WR_1}$用来控制输入锁存器，$\overline{XFER}$和$\overline{WR_2}$用来控制 12 位 DAC 寄存器。为了区分 8 位输入锁存器和 4 位输入锁存器，采用控制线 $BYTE_1/\overline{BYTE_2}$。当 $BYTE_1/\overline{BYTE_2}$＝"1"时，选中 8 位输入锁存器；当 $BYTE_1/\overline{BYTE_2}$＝"0"时，选中 4 位输入锁存器，这样两个输入锁存器可以接同一条译码器输出（接至$\overline{CS}$端）。实际上，

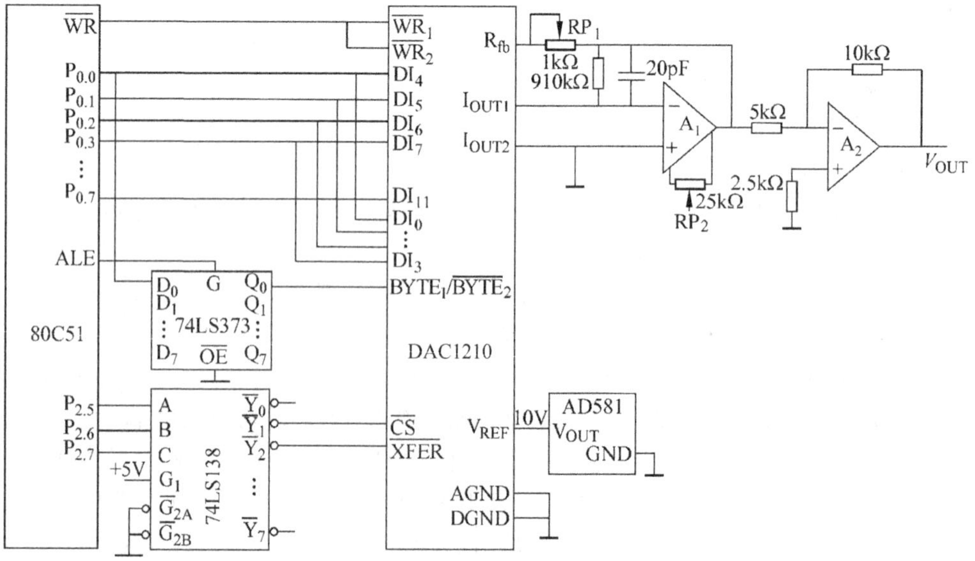

图 2.25　DAC1210 与 80C51 单片机的接口电路

$BYTE_1/\overline{BYTE_2}$="1"时，两个输入锁存器都被选中，而 $BYTE_1/\overline{BYTE_2}$="0"时，只选中 4 位的输入锁存器，这样就可以用一条地址线控制 $BYTE_1/\overline{BYTE_2}$，用两条译码器输出端控制 $\overline{CS}$和$\overline{XFER}$。

图 2.25 中，DAC1210 的 $BYTE_1/\overline{BYTE_2}$ 与单片机的 $P_{0.0}$ 相连，$\overline{CS}$ 和 $\overline{XFER}$ 分别与 74LS138 的 $\overline{Y}_1$ 和 $\overline{Y}_2$ 相连，所以，DAC1210 的高 8 位输入锁存器地址为 2001H，低 4 位输入锁存器地址为 2000H，而 DAC 寄存器的地址为 4000H。送入数据时，要先送入高 8 位数据，再送入低 4 位数据，这是因为在输入高 8 位数据时，4 位输入锁存器也是打开的，如果先送入低 4 位数据，后送入高 8 位数据，结果就不正确。外接高精度集成稳压器 AD581，其输出 10V 稳定电压，作为 DAC1210 的基准源。

设 12 位待转换数字量的高 8 位存放在内部 RAM 的 BASE 单元，低 4 位存放在 BASE+1 单元的低 4 位，将该数据送入 DAC1210 进行 D/A 转换的程序如下。

```
MOV     DPTR, #2001H       ;8 位输入锁存器地址
MOV     R1, #BASE          ;取高 8 位数据地址
MOV     A, @R1             ;取出高 8 位数据
MOVX    @DPTR, A           ;高 8 位数据送入 DAC1210
MOV     DPTR, #2000H       ;取 4 位输入锁存器地址
INC     R1                 ;求出 4 位数据地址
MOV     A, @R1             ;取出低 4 位数据
MOVX    @DPTR, A           ;低 4 位数据送入 DAC1210
MOV     DPTR, #4000H       ;DAC 寄存器地址
MOVX    @DPTR, A           ;完成 12 位 D/A 转换
```

2.4 数字量(开关量)输入通道

工业控制机用于生产过程的自动控制，需要处理一类最基本的输入输出信号，即数字量(开关量)信号，这些信号包括开关的闭合与断开、指示灯的亮与灭、继电器或接触器的吸合与释放、电动机的启动与停止、阀门的打开与关闭等，这些信号的共同特征是以二进制的逻辑"1"和"0"出现的。数字量输入通道是将这些双值逻辑数字量(开关量)转换为计算机需要的电平信号，并以二进制数字量的形式输入计算机。

2.4.1 数字量输入通道结构

数字量输入通道主要由输入信号调理电路和输入接口电路组成。数字量输入通道结构如图 2.26 所示。

数字量输入通道将现场开关信号转换成计算机需要的电平信号，并以二进制数字量的形式输入计算机。

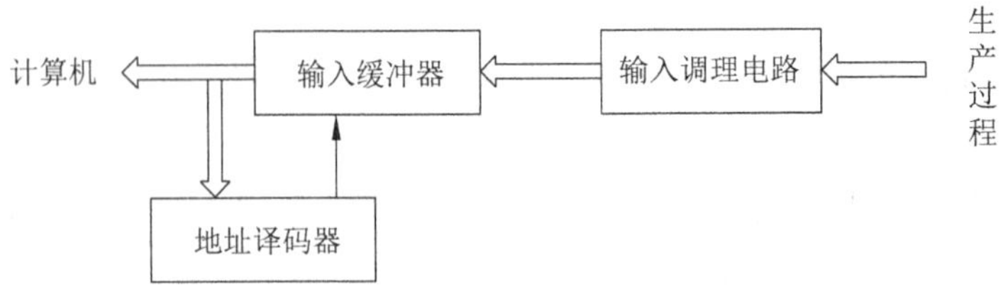

图 2.26　数字量输入通道结构

2.4.2　数字量输入接口电路

数字量输入接口电路一般由三态缓冲器和地址译码器组成，如图 2.27 所示。图 2.27 中，数字量(开关量)输入信号 $S_0 \sim S_7$ 接到三态缓冲器 74LS244 的输入端，当 CPU 执行输入指令时，地址译码器产生片选信号 $\overline{CS}$，将 $S_0 \sim S_7$ 的状态信号送到数据线 $D_0 \sim D_7$ 上，然后再送入 CPU 中。

三态门缓冲器 74LS244 用来隔离输入和输出线路，在两者之间起缓冲作用。74LS244 有 8 个通道，可以输入 8 个状态信号。

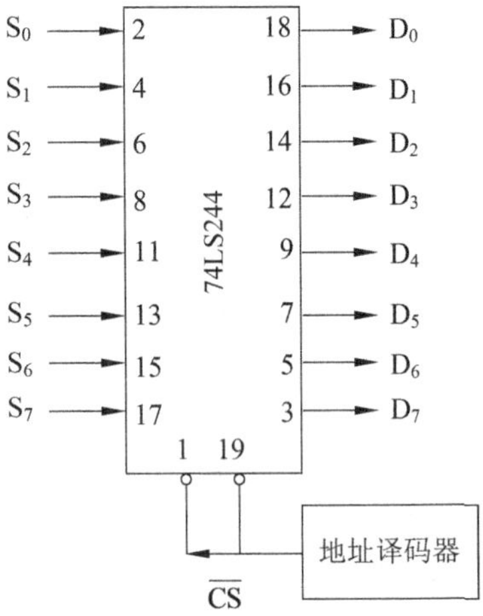

图 2.27　数字量输入接口电路

2.4.3　输入调理电路

数字量(开关量)输入通道的基本功能是接收外部装置或生产过程的状态信号。这些信号的形式可能是电压、电流、开关的触点等，因此容易引起瞬时高电压、过电压、接触抖动等现象。为了将外部开关量信号输入计算机，必须将现场输入的状态信号经转换、保护、滤波、隔离等措施转换成计算机能够接收的逻辑信号，完成这些功能的电路称为信号调理电路。下面介绍一些常用的信号调理电路。

1. 小功率输入调理电路

从开关、继电器等触点输入信号的电路如图 2.28 所示，该电路可以将触点的接通和断开动作转换成 TTL 电平或 CMOS 电平与计算机相连。为了消除触点的机械抖动，一般应加入有较长时间常数的积分电路消除这种振荡。图 2.28(a)所示电路为一种简单的、采用积分电路消除开关抖动的方法。图 2.28(b)所示电路为采用 R-S 触发器消除开关两次反跳的方法。

2. 大功率输入调理电路

在大功率系统中，需要从电磁离合器等大功率器件的触点输入信号。在这种情况下，为了使触点可靠地工作，触点两端至少要加 24V 以上的直流电压。因为直流电压的响应速度快，不易产生干扰，电路又简单，因而被广泛采用。

但是，这种电路由于所带电压高，所以高压与低压之间应该采取一些安全措施。图 2.29 所示为采用光电耦合器进行隔离的大功率输入调理电路。在该电路中，高压信号与计算机输入信号之间采用光电耦合器进行隔离。

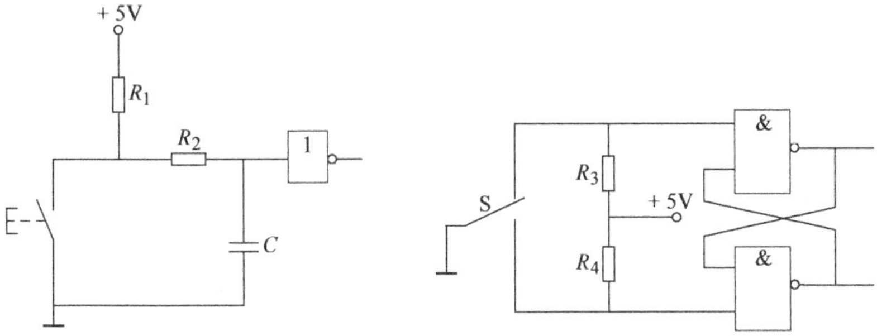

(a) 采用积分电路 (b) 采用R-S触发器

图 2.28 小功率输入调理电路

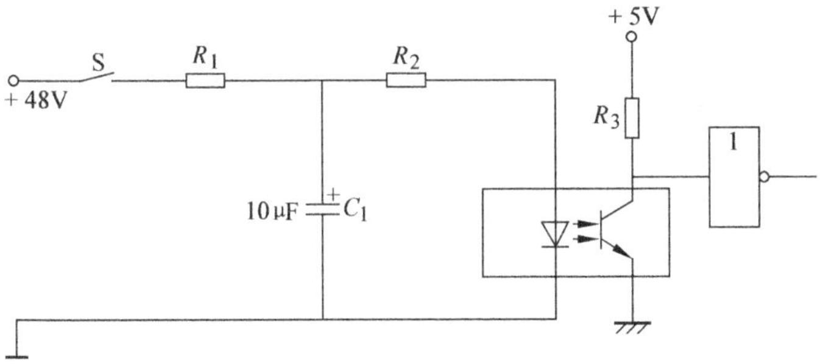

图 2.29 大功率输入调理电路

2.5 数字量(开关量)输出通道

数字量(开关量)输出通道将计算机输出的数字信号转换成现场各种开关设备所需的信号。

2.5.1 数字量(开关量)输出通道结构

数字量(开关量)输出通道一般由输出锁存器、输出驱动电路和输出口地址译码电路构成,通道结构如图 2.30 所示。

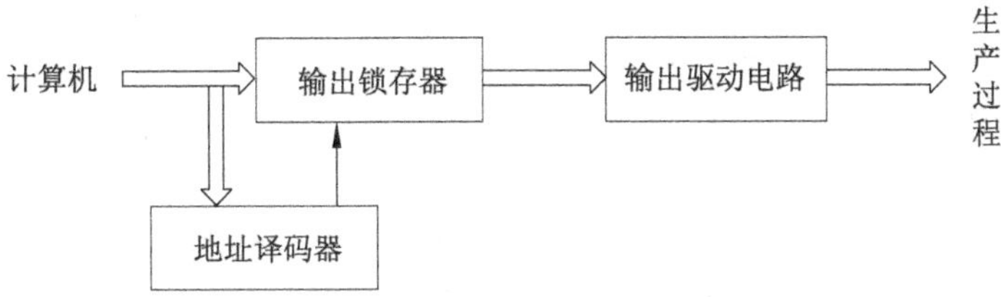

图 2.30 数字量输出通道结构

2.5.2 数字量输出接口

当对生产过程进行控制时，一般控制状态需要进行保持，直到下一个控制量到来为止，这时输出量就要锁存，因此数字量输出接口电路由输出锁存器和地址译码器构成，如图 2.31 所示。数据线 $D_0 \sim D_7$ 接到输出锁存器 74LS273 的输入端，当 CPU 执行输出指令时，地址译码器产生写数据信号，将 $D_0 \sim D_7$ 状态信号送到锁存器的输出端 $Q_0 \sim Q_7$ 上，再经输出驱动电路送到开关器件。

74LS273 有 8 个通道，可输出 8 个开关状态，并可驱动 8 个输出装置。

2.5.3 输出驱动电路

计算机输出的微弱数字量信号经锁存输出后，经过隔离和放大加到执行机构上，因此在输出通道中需要输出驱动电路。下面介绍几种常用的输出驱动电路。

1. 晶体管输出驱动电路

晶体管输出驱动电路如图 2.32 所示。因负载呈电感性，所以输出必须加装克服反电势的保护二极管 VD，K 为继电器线圈。晶体管输出驱动电路适用于进行低压小功率直流驱动。

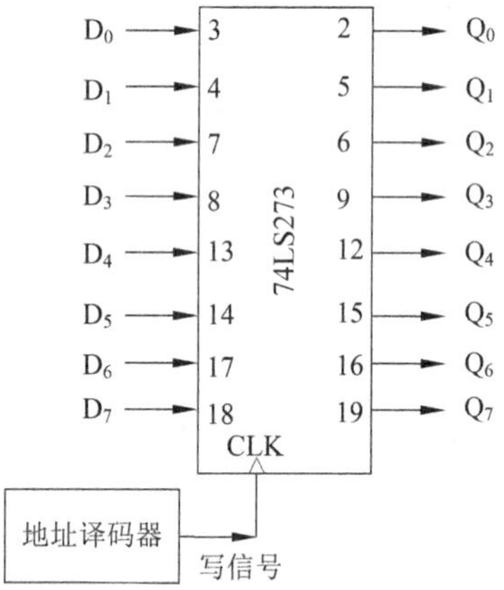

图 2.31 数字量输出接口电路

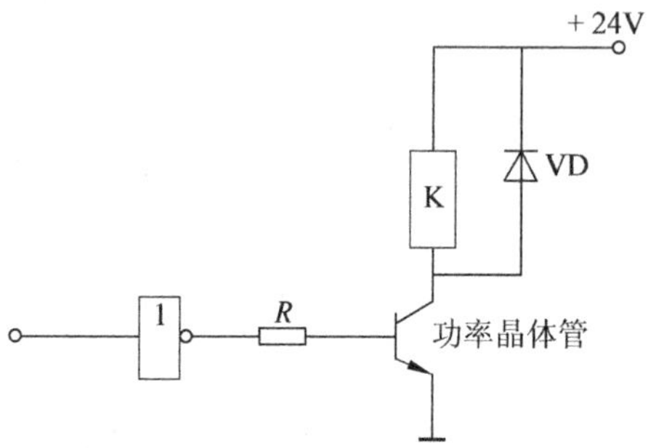

图 2.32 晶体管输出驱动电路

2. 继电器输出驱动电路

继电器方式的开关量输出是一种常用的输出方式。一般在驱动大型设备时，利用继电器作为控制系统输出到输出驱动级之间的第一级执行机构。通过第一级继电器输出，可以完成从低压直流到高压交流的过渡。继电器输出驱动电路如图 2.33 所示，经光电隔离后，直流部分给继电器供电，而其输出部分可直接与 220V 交流电相连。该电路隔离方式为机械隔离，由于机械触点的开关速度限制，所以输出变化速度慢，继电器类型输出的响应时间在 10ms 以上，同时继电器输出型驱动电路由于机械触点开关次数有限，其寿命是有限的。

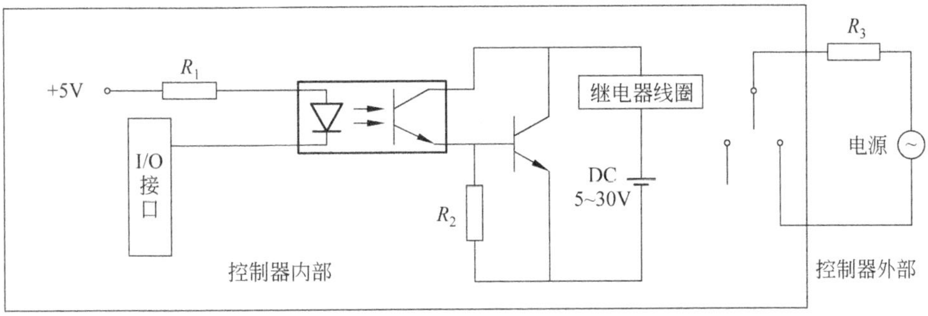

图 2.33　继电器输出驱动电路

继电器输出也可用于低压场合，与晶体管等低压驱动器相比，继电器输出时输入端与输出端有一定的隔离功能，但由于采用电磁吸合方式，在开关瞬间，触点容易产生火花，从而引起干扰；在交流高压等场合使用，触点也容易氧化。由于继电器的驱动线圈有一定的电感，在开关瞬间可能会产生较大的感应电压，因此在继电器驱动电路上常反接一个保护二极管用于反向放电。

3. 固态继电器驱动电路

固态继电器(Solid State Relay, SSR)是一种四端有源器件，适用于交流驱动。图 2.34 为固态继电器的电气原理图。其输入和输出之间采用光电耦合器进行隔离。零交叉电路可以使交流电压变化到 0V 附近时让电路接通，从而减少干扰。电路接通以后，由触发电路给出晶闸管器件的触发信号。

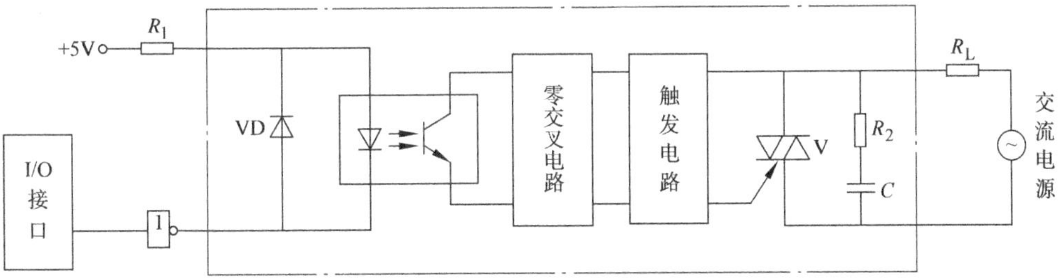

图 2.34　固态继电器的电气原理图

2.6　计算机控制系统的硬件抗干扰技术

近年来，计算机控制系统在工业自动化、生产过程控制、智能化仪表领域的应用越来越广泛和深入，有效地提高了生产效率，改善了工作条件，大大提高了控制质量与经济效益。但是，当计算机应用于工业环境时，工作场所不仅有弱电设备，而且有更多的强电设备，不仅有数字电路，而且有许多模拟电路，形成一个强电与弱电、数字与模拟共存的局面。高速变化的数字信号有可能形成对模拟信号的干扰。此外，在强电设备中往往有电感、电容等储能元件，当电压、电流发生剧烈变化时（如大型设备的起停、开关的断开等）会形成瞬变噪声干扰。这些干扰会影响计算机控制系统的可靠性、安全性和稳定性，轻则使系统中的被测信息增加误差，不可信赖；重则使控制失误，造成事故。所以必须采取适当的措施对干扰进行抑制，以保证计算机控制系统可靠运行。本节主要介绍工业现场的干扰及其对系统的影响、过程通道抗干扰技术、长线传输干扰及其抑制方法、空间干扰的抑制、主机抗干扰技术、计算机控制系统的接地与电源保护技术。

2.6.1 工业现场的干扰及其对系统的影响

1. 干扰的来源

对于计算机控制系统来说，干扰的来源是多方面的，干扰既可能来源于外部，也可能来源于内部。来源于外部的干扰称为外部干扰，是由外界环境因素造成的，与系统结构无关。来源于内部的干扰称为内部干扰，是由系统结构、制作工艺等决定的。

外部干扰的主要来源有电源电网的波动、大型用电设备（电炉、大电机、电焊机等）的起停、高压设备和电磁开关的电磁辐射、传输电缆的干扰等，环境温度、湿度等气象条件也是外部干扰。内部干扰主要有系统软件的不稳定、分布电容或分布电感产生的干扰、多点接地造成的电位差给系统带来的影响，寄生振荡引起的干扰、元器件产生的噪声也属于内部干扰。

2. 干扰窜入计算机控制系统的途径

1）空间感应的干扰

空间感应的干扰主要来源于电磁场在空间的传播。例如，输电线和电气设备发出的电磁场，通信广播发射的无线电波，太阳或其他天体辐射出来的电磁波，空中雷电，火花放电，弧光放电，辉光放电等放电现象。

2）过程通道的干扰

过程通道的干扰常常沿着过程通道进入计算机。主要原因是过程通道与主机之间存在公共地线。要设法削弱和斩断这些来自公共地线的干扰，以提高过程通道的抗干扰能力。过程通道的干扰按照其作用方式，一般分为串模干扰和共模干扰。

（1）所谓串模干扰，是指叠加在被测信号上的干扰噪声。这里的被测信号是指有用的直流信号或缓慢变化的交变信号，而干扰噪声是指无用的变化较快的杂乱交变信号。串模干扰和被测信号在回路中所处的地位是相同的，总是以两者之和作为输入信号。串模干扰也称为常态干扰，其表现形式如图 2.35 所示，其中 U_s 为信号源，U_n 为干扰源。

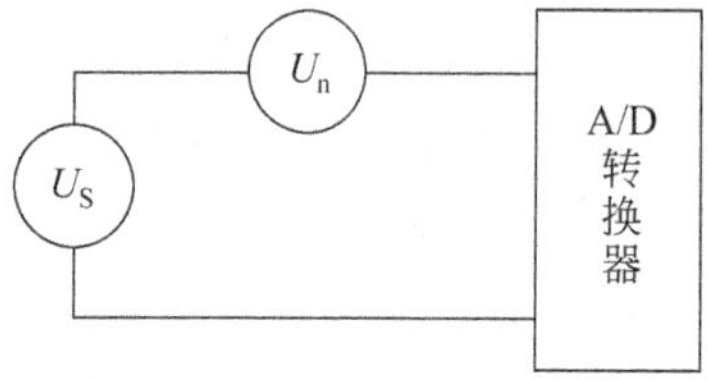

图 2.35 串模干扰示意图

（2）所谓共模干扰，是指模/数转换器两个输入端上公有的干扰电压。这种干扰可能是直流电压，也可能是交流电压，其幅值可达几伏，甚至更高，取决于现场产生干扰的环境条件和计算机等设备的接地情况。共模干扰也称为共态干扰，如图 2.36 所示。

3）电源系统的干扰

控制计算机一般由交流电网供电（AC 220V，50Hz），电压不稳、频率波动、突然掉电事故难免发生，这些都会直接影响计算机系统的可靠性与稳定性。

4）地电位波动的干扰

计算机控制系统分布很广，地线与地线之间存在一定的电位差。计算机交流供电电源的地电位很不稳定。在交流地上任意两点之间，很容易有几伏甚至十几伏的电位差。

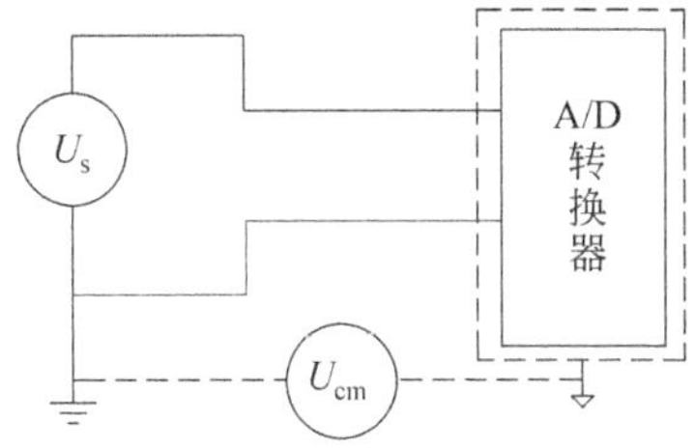

图 2.36 共模干扰示意图

5）反射波的干扰

电信号（电流、电压）在沿导线传输过程中，由于分布电容、电感和电阻的存在，导线上各点的电信号并不能马上建立，而是有一定的滞后，离起点越远，电压波和电流波到达的时间越晚。这样，电波在线路上以一定的速度传播开来，从而形成行波。如果传输线的终端阻抗与传输线的波阻抗不匹配，那么当入射波到达终端时，便会引起反射。同样，反射波到达传输线始端时，如果始端阻抗也不匹配，也会引起新的反射。这种信号的多次反射现象，使信号波形严重地畸变，并且引起干扰脉冲。

3. 干扰的耦合方式

耦合是指电路与电路之间的电的联系，即一个电路的电压或电流通过耦合，使得另一个电路产生相应的电压或电流。耦合起着电磁能量从一个电路传输到另一个电路的作用。干扰源产生的干扰是通过耦合通道对计算机控制系统产生电磁干扰作用的，因此需要清楚干扰源与被干扰对象之间的耦合方式。干扰的耦合方式主要有以下 6 种。

1）直接耦合方式

直接耦合又称为传导耦合，是干扰信号经过导线直接传导到被干扰电路中造成对电路的干扰。它是干扰源与敏感设备之间的主要干扰耦合途径之一。在计算机控制系统中，干扰噪声经过电源线耦合进入计算机控制系统是最常见的直接耦合现象。

2）公共阻抗耦合方式

公共阻抗耦合方式是当电路的电流流经一个公共阻抗时，一个电路的电流在该公共阻抗上形成的电压就会对另一个电路产生影响。公共阻抗耦合是噪声源和信号源具有公共阻抗时的传导耦合。公共阻抗随元件配置和实际器件的具体情况而定。为了防止公共阻抗耦合，应使耦合阻抗趋近于零，则通过耦合阻抗上的干扰电流和产生的干扰电压将消失。

3）电容耦合方式

电容耦合又称为静电耦合或电场耦合，是指电位变化在干扰源与干扰对象之间引起的静电感应。计算机控制系统电路的元器件之间、导线之间、导线与元器件之间都存在分布电容，如果一个导体上的电压信号（或噪声电压）通过分布电容使其他导体上的电位受到影响，这样的现象就称为电容耦合。

4）电磁感应耦合方式

电磁感应耦合又称为磁场耦合。在任何载流导体周围空间中都存在磁场。若磁场是交变的，就会对其周围闭合电路产生感应电动势。在设备内部，线圈或变压器的漏磁是一个很大的干扰；在设备外部，当两根导线在很长的一段区间架设时，也会产生干扰。

5）辐射耦合方式

电磁场辐射也会造成干扰耦合。当高频电流流经导体时，在该导体周围便产生电力线和磁力线，并发生高频变化，从而形成一种在空间传播的电磁波。处于电磁波中的导体便会感应出相应频率的电动势。电磁场辐射干扰是一种无规则的干扰，这种干扰很容易通过电源线传到系统中，当信号传输线（输入线、输出线、控制线）较长时，它们能辐射干扰波和接受干扰波，称为天线效应。

6）漏电耦合方式

漏电耦合是电阻性耦合方式。当相邻的元器件或导线间的绝缘电阻降低时，有些电信号便通过这个降低了的绝缘电阻耦合到逻辑元器件的输入端而形成干扰。

2.6.2 过程通道抗干扰技术

过程通道是输入接口、输出接口与主机进行信息传输的途径，窜入的干扰对整个计算机控制系统的影响特别大，因此应采取措施抑制干扰信号。但是，过程通道干扰信号比较复杂，所以应视具体情况采取不同的措施，下面介绍几种常用的过程通道抗干扰措施。

1. 光电隔离

光电隔离是由光电耦合器完成的。光电耦合器是由发光二极管和光敏晶体管封装在一个管壳内组成的以光为媒介传输信号的器件。发光二极管两端为信号输入端，光敏晶体管的集电极和发射极分别作为光电耦合器的输出端，它们之间的信号是靠发光二极管在信号电压的控制下发光，传给光敏晶体管完成的。

光电耦合器能够抑制干扰信号，主要是因为它具有以下 5 个特点。

① 由于是密封在一个管壳内，或者是模压塑料封装的，所以不会受到外界光的干扰。

② 由于是靠光传送信号，所以其输入和输出在电气上是隔离的。

③ 发光二极管的动态电阻非常小，而干扰源的内阻一般很大，按分压原理，能够传送到光电耦合器输入端的干扰信号就变得很小。

④ 光电耦合器的传输比和晶体管的放大倍数相比一般很小，远不如晶体管对干扰信号那样灵敏，而光电耦合器的发光二极管只有在通过一定的电流时才能发光，因此，即使是在干扰电压幅值较高的情况下，由于没有足够的能量，仍不能使发光二极管发光，从而可以有效地抑制干扰信号。

⑤ 光电耦合器提供了较好的带宽、较低的输入失调漂移和增益温度系数，因此能够较好地满足信号传输速度的要求。

图 2.37 中，模拟信号 U_s 经放大后，再利用光电耦合器的线性区直接对模拟信号进行光电耦合传送。由于光电耦合器的线性区一般只能在某一特定的范围内，因此应保证被传送

的信号的变化范围始终在线性区内。为了保证线性耦合，既要严格挑选光电耦合器，又要采取相应的非线性校正措施，否则将产生较大的误差。另外，光电隔离前后，两部分电路应分别采取两组独立的电源。

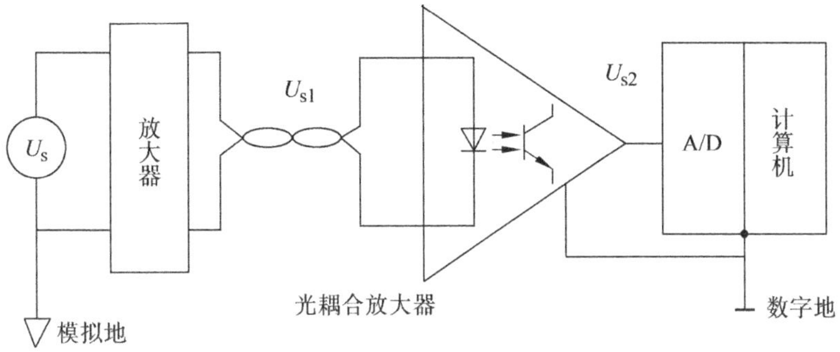

图 2.37 光电隔离

光电隔离实现起来比较容易，成本低，体积也小。因此，在计算机控制系统中，光电隔离得到了广泛的应用。

2. 继电器隔离

继电器的线圈和触点之间没有电气上的联系，因此可利用继电器的线圈接受电气信号，从而避免强电和弱电信号之间的接触，实现了抗干扰隔离。继电器隔离常用于开关量输出，用来驱动执行机构。

3. 变压器隔离

利用变压器把模拟信号电路和数字信号电路隔离开，也就是把模拟地和数字地从电气上断开。隔离前和隔离后应分别采用两组相互独立的电源，切断两部分的地线联系。

图 2.38 中，被测信号 U_s 经放大后，首先通过调制器变换为交流信号，经隔离变压器 T 的原边传输到副边，然后用解调器再将它变换为直流信号 U_{s2}，再对 U_{s2} 进行 A/D 变换。

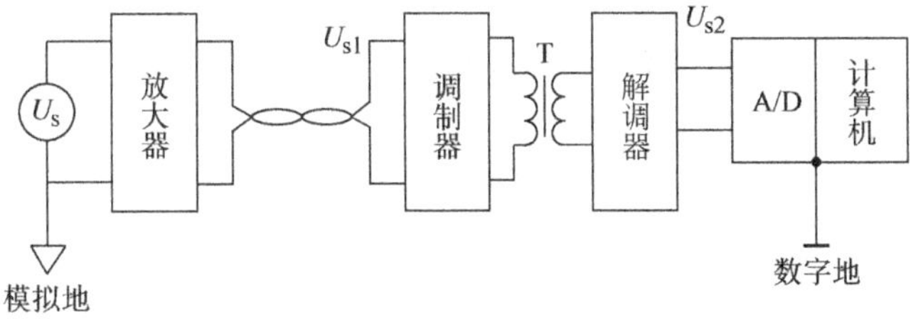

图 2.38 变压器隔离

4. 采用双绞线或同轴电缆作信号线

对于来自现场信号开关输出的开关信号，或从传感器输出的微弱模拟信号，最简单的办法是采用塑料绝缘的双平行导线。但由于平行线间分布电容较大，抗干扰能力差，电磁感应干扰会在信号线上感应出干扰电流。因此，在干扰严重的场合，一般不简单使用这种双平行导线传送信号，而是采用双绞线或同轴电缆，以提高抗干扰能力。

2.6.3 长线传输干扰及其抑制方法

1. 长线传输干扰

计算机控制系统是一个从生产现场的传感器采集信号到计算机，计算机再把控制信号返回到生产现场执行机构的庞大系统。由生产现场到计算机的连线往往长达几十米，甚至几百米。即使在中央控制室内，各种连线也有几米到十几米。由于计算机采用高速集成电路，致使长线的"长"是相对的。这里所谓的"长线"其长度并不一定很长，而是取决于集成电路的运算速度。例如，对于毫微秒级的数字电路来说，1m 左右的连线就应当作长线看待；而对于十毫微秒级的电路，几米长的连线才需要当作长线处理。

信号在长线中传输会遇到以下 3 个问题。

(1) 长线传输易受外界干扰。

(2) 长线传输具有信号延迟。

(3) 波反射。

高速度变化的信号在长线中传输时，会出现波反射现象。当信号在长线中传输时，由于传输线的分布电容和分布电感的影响，信号会在传输线内部产生正向前进的电压波和电流波，称为入射波；另外，如果传输线的终端阻抗与传输线的波阻抗不匹配，那么当入射波到达终端时，便会引起反射；同样，反射波到达传输线始端时，如果始端阻抗也不匹配，还会引起新的反射。这种信号的多次反射现象，使信号波形严重失真和畸变，并且引起干扰脉冲。

2. 长线传输干扰的抑制方法

采用终端阻抗匹配或始端阻抗匹配，可以消除长线传输中的波反射或者把它抑制到最低限度。

1) 终端匹配

为了进行阻抗匹配，必须事先知道传输线的波阻抗 R_p，测量传输线的波阻抗如图 2.39 所示。调节可变电阻 R，并用示波器观察门 A 的波形，当达到完全匹配时，即 $R=R_p$ 时，门 A 输出的波形不畸变，反射波完全消失，这时的 R 值就是该传输线的波阻抗。

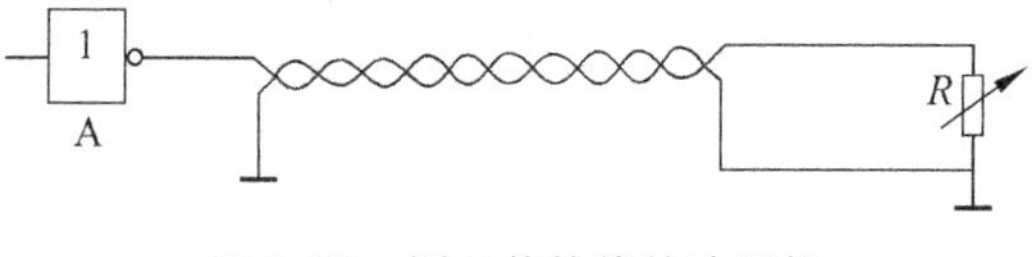

图 2.39 测量传输线的波阻抗

为了避免外界干扰的影响，在计算机中常常采用双绞线或同轴电缆作信号线。双绞线的波阻抗一般为 100～200Ω，绞花越密，波阻抗越低。同轴电缆的波阻抗一般为 50～100Ω。根据传输线的基本理论，无损耗导线的波阻抗 R_p 为

$$R_p=\sqrt{\frac{L_0}{C_0}}$$

其中，L_0 为单位长度的电感(H)；C_0 为单位长度的电容(F)。

最简单的终端匹配方法如图 2.40(a)所示。如果传输线的波阻抗是 R_p，那么，当 $R=R_p$ 时，便实现了终端匹配，消除了波反射。此时，终端波形和始端波形的形状一致，只是时间上滞后。由于终端电阻变低，相当于加重负载，使波形的高电平下降，从而降低了高电平的抗干扰能力，但对波形的低电平没有影响。

为了克服上述匹配方法的缺点，可采用图 2.40(b)所示的终端匹配方法。其等效电阻 R 为

$$R=\frac{R_1R_2}{R_1+R_2}$$

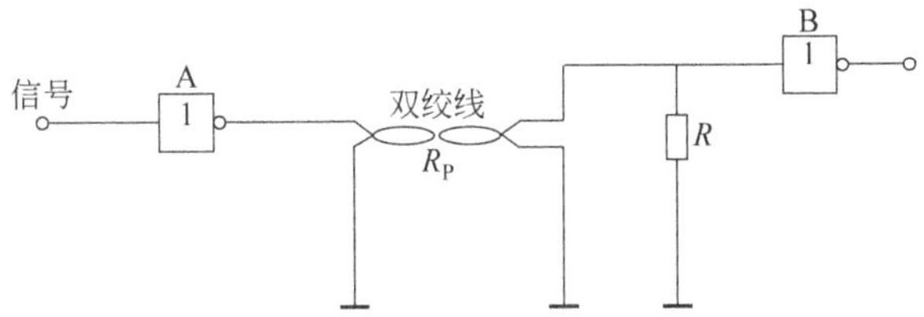

(a) 终端匹配

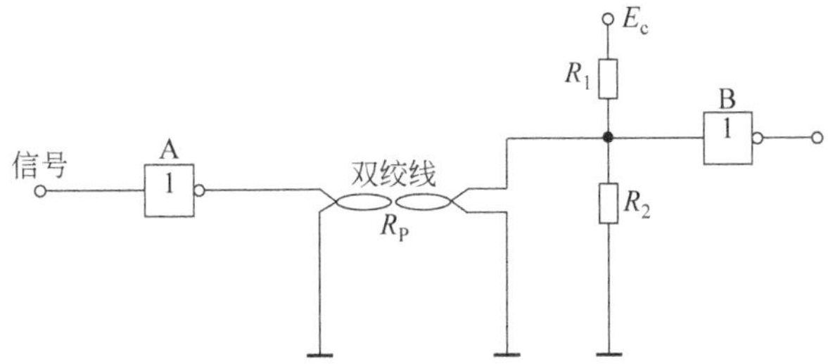

(b) 终端并联阻抗匹配

图 2.40　两种终端匹配方法

适当调整 R_1 和 R_2 的阻值，可使 $R=R_p$。这种匹配方法也能消除波反射，优点是波形的高电平下降较少，缺点是低电平变高，从而降低了低电平的抗干扰能力。为了同时兼顾高电平和低电平两种情况，可选取 $R_1=R_2=2R_p$，此时等效电阻 $R=R_p$。实践中，宁可使高电平降低稍多一些，而让低电平抬高较少一些，可通过适当选取电阻 R_1 和 R_2，使 $R_1>R_2$ 达到此目的，当然还要保证等效电阻 $R=R_p$。

2）始端匹配

在传输线始端串入电阻 R，如图 2.41 所示。如果传输线的波阻抗是 R_p，则当 $R=R_p$ 时，便实现了始端串联阻抗匹配，可以基本上消除波反射。考虑到 A 门输出低电平时的输出阻抗 R_{sc}，一般选择始端匹配电阻 R 为 $R=R_p-R_{sc}$。这种匹配方法的优点是波形的高电平不变，缺点是波形的低电平会抬高。其原因是终端门 B 的输入电流 I_{sr} 在始端匹配电阻上的压降造成的。显然，终端带的负载门个数越多，低电平抬高越显著。

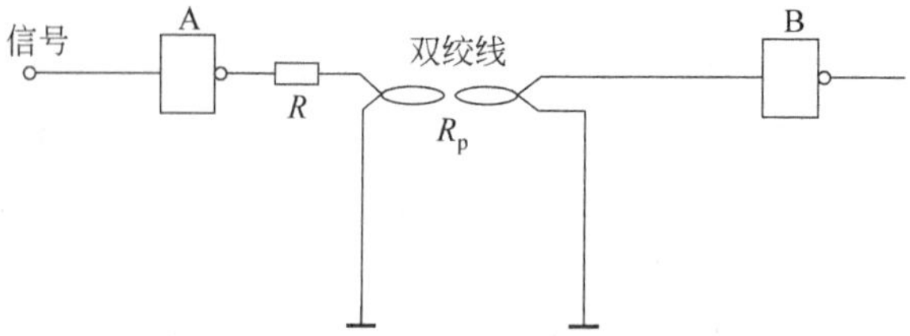

图 2.41　始端匹配

2.6.4　空间干扰的抑制

空间干扰主要指电磁场在线路和壳体上的辐射、接收与调制。干扰可来自应用系统的内部或外部。传输电源线是无线电波的媒介，而在电网中有脉冲源工作时，它又是辐射天线，因而任一线路、导线、壳体等在空间中均同时存在辐射、接收和调制。

抗空间干扰的主要措施是屏蔽。屏蔽是指用屏蔽体把通过空间进行电场、磁场或电磁场耦合的部分隔离开，隔断其空间场的耦合渠道。良好的屏蔽是和接地紧密相连的，因而可以大大降低噪声耦合，取得较好的抗干扰效果。

在计算机控制系统中，通常把数字电子装置和模拟电子装置的工作基准地浮空，而设备外壳或机箱采用屏蔽接地。浮地方式可使计算机系统不受大地电流的影响，提高了系统的抗干扰性能。由于强电设备大都采用保护接地，浮空技术切断了强电与弱电的联系，系统运行安全可靠。计算机系统设备外壳或机箱采用屏蔽接地，无论从防止静电干扰和电磁感应干扰的角度，或是从人身设备安全的角度，都是十分必要的措施。

图 2.42 所示为一种浮空—保护屏蔽层—机壳接地方案。这种方案的特点是将电子部件的外围附加保护屏蔽层，且与机壳浮空；信号采用三线传输方式，即屏蔽电缆中的两根芯线和电缆屏蔽外皮线；机壳接地。图 2.42 中，信号线的屏蔽外皮 A 点接附加保护屏蔽层的 G 点，但不接机壳 B。假设系统采用差动测量放大器，信号源信号采用双芯信号屏蔽线传送，r_3 为电缆屏蔽外皮的电阻，Z_3 为附加保护屏蔽层相对机壳的绝缘电阻，Z_1、Z_2 为两信号线对保护层的阻抗，则有

$$V_{in}=\frac{r_3}{Z_3}\left[\frac{r_1Z_2-r_2Z_1}{(r_1+Z_1)(r_2+Z_2)}\right]V_{cm}$$

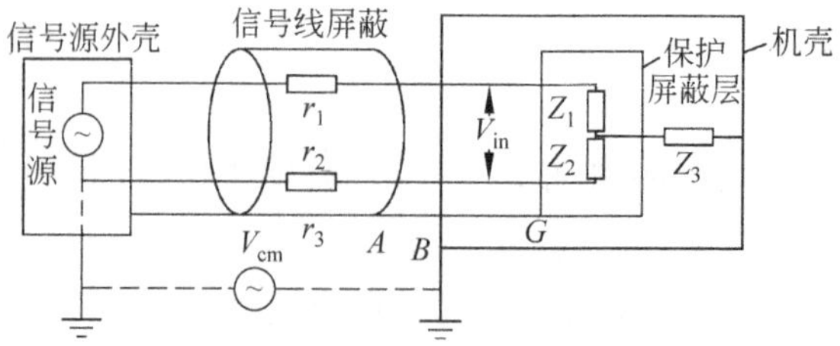

图 2.42　浮空—保护屏蔽层—机壳接地方案

显然，只要增大附加保护屏蔽层对机壳的绝缘电阻，减小相应的分布电容，则有 r_3/Z_3 远远小于 1，干扰电压 V_{in} 可显著减小。

2.6.5 主机抗干扰技术

计算机控制系统的 CPU 抗干扰措施常常采用 watchdog（俗称看门狗）、电源监控（掉电检测及保护）、复位等方法。这些方法可用微处理器监控电路 MAX1232 实现。

1. MAX1232 的结构原理

MAX1232 微处理器监控电路给微处理器提供辅助功能以及电源供电监控功能。MAX1232 通过监控微处理器系统电源供电及监控软件的执行，增强电路的可靠性。它提供一个反弹的（无锁的）手动复位输入。

当电源过压、欠压时，MAX1232 将提供至少 250ms 宽度的复位脉冲，其中的容许极限能用数字式的方法选择 5%或 10%的容限，这个复位脉冲也可以由无锁的手动复位输入；MAX1232 有一个可编程的监控定时器（watchdog）监督软件的运行，该 watchdog 可编程为 150ms、600ms 或 1.2s 的超时设置。图 2.43 给出了 MAX1232 的引脚图。图 2.44 给出了 MAX1232 的内部结构框图。其中，

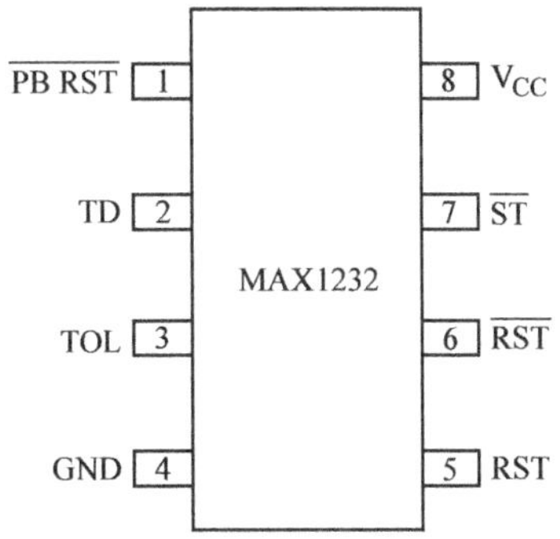

图 2.43 MAX1232 的引脚图

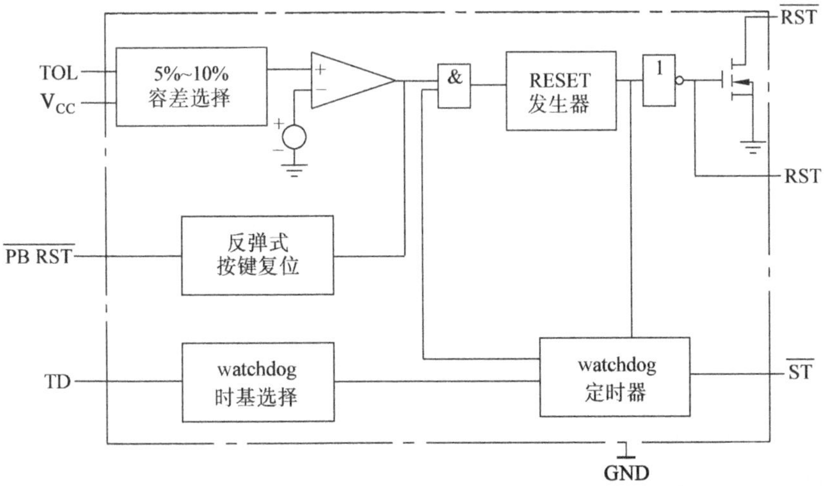

图 2.44 MAX1232 的内部结构框图

$\overline{\text{PB RST}}$为按键复位输入。反弹式低电平有效输入，忽略小于 1ms 宽度的脉冲，确保识别 20ms 或更宽的输入脉冲。

TD 为时间延迟，watchdog 时基选择输入。TD=0V 时，$t_{TD}=150$ms；TD 悬空时，$t_{TD}=$

600ms；TD=V_{CC}时，t_{TD}=1.2s。

TOL为容差输入。TOL接地时选取5%的容差；TOL接V_{CC}时选取10%的容差。

GND为地。

RST为复位输出（高电平有效）。RST产生的条件为：若V_{CC}下降低于所选择的复位电压阈值，则产生RST输出；若$\overline{PB\ \ RST}$变低，则产生RST输出；若在最小暂停周期内$\overline{ST}$未选通，则产生RST输出；若在加电源期间，则产生RST输出。

$\overline{RST}$为复位输出（低电平有效）。产生条件同RST。

$\overline{ST}$为选通输入watchdog定时器输入。

V_{CC}为+5V电源。

2. MAX1232的主要功能

1）电源监控

电压检测器监控V_{CC}，每当V_{CC}低于所选择的容限时（5%容限时的电压典型值为4.62V，10%容限时的电压典型值为4.37V），就输出并保持复位信号。选择5%的容许极限时，TOL接地；选择10%的容许极限时，TOL接V_{CC}。当V_{CC}恢复到容许极限内，复位输出信号至少保持250ms的宽度，才允许电源供电并使微处理器稳定工作。RST输出吸收和提供电流。当$\overline{RST}$输出时，形成一个开路漏电极MOSFET（即金属氧化物半导体场效应晶体管），该端降低并吸收电流，因而该端必须被拉高。

2）按钮复位输入

MAX1232的$\overline{PB\ \ RST}$端靠手动强制复位输出，该端保持t_{PBD}是按钮复位延迟时间，当$\overline{PB\ \ RST}$升高到大于一定的电压值后，复位输出保持至少250ms的宽度。

一个机械按钮或一个有效的逻辑信号都能驱动$\overline{PB\ \ RST}$，无锁按钮输入至少忽略了1ms的输入抖动，并且被保证能识别出20ms或更大的脉冲宽度。该$\overline{PB\ \ RST}$在芯片内部被上拉到大约100μA的V_{CC}上，因而不需要附加上拉电阻。

3）监控定时器

计算机CPU受到干扰时，会引起程序执行的混乱，也可能使程序进入“死循环”。指令冗余技术、软件陷阱技术不能使失控的程序摆脱“死循环”的困境，此时通常采用watchdog技术。watchdog俗称“看门狗”，是工业控制机普遍采用的抗干扰措施。watchdog有多种用法，但其最主要的应用是用于因干扰引起的程序“死循环”等出错的检测和自动恢复。

微处理器用一根I/O线驱动$\overline{ST}$输入。微处理器必须在一定时间内触发$\overline{ST}$端（其时间取决于TD），以便检测正常的软件执行。如果一个硬件或软件的失误导致$\overline{ST}$没被触发，在一个最小超时间间隔内，MAX1232将输出一个复位脉冲去触发$\overline{ST}$。$\overline{ST}$只被脉冲的下降沿触发，这时MAX1232的复位输出至少保持250ms的宽度。

图2.45是一个典型的启动微处理器的例子。如果这个中断继续，那么在每一个超时间隔内将产生一个新的复位脉冲，直到$\overline{ST}$被触发为止。这个超时间隔取决于TD输入的连接，当TD接地时，watchdog为150ms；当TD悬空时，watchdog为600ms；当TD接V_{CC}时，

watchdog 为 1.2s。触发$\overline{ST}$的软件例行程序是非常关键的，这个代码必须在循环执行的软件中，并且这个时间（工作步长）至少要比所定的 watchdog 的时间短。一个普通的技术是从程序中的两个部分控制微处理器的 I/O 线。当软件工作在前台时，可以设置 I/O 线为高，当软件工作在后台方式或中断方式时，可以设置 I/O 线为低，如果这两种模式都不能正确执行，那么监控定时器，即 watchdog 就会产生复位脉冲信号。

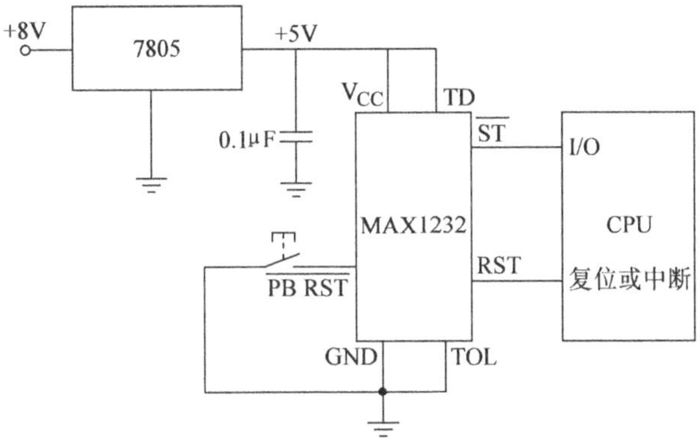

图 2.45 监控电路 MAX1232 的典型应用

3. 掉电保护和恢复运行

电网瞬间断电或电压突然下降将使计算机系统陷入混乱状态，电网电压恢复正常后，计算机系统难以恢复正常。因为在掉电过程中，由于总线状态的不确定性，往往导致 RAM 中的某些数据发生变化或丢失，因此必须采取相应的措施保护好数据。

掉电信号由监控电路 MAX1232 检测得到，加到微处理器（CPU）的外部中断输入端。软件中将掉电中断规定为高级中断，使系统能够及时对掉电做出响应。在掉电中断服务子程序中，首先进行现场保护，把当时的重要状态参数、中间结果、某些专用寄存器的内容转移到专用的有后备电源的 RAM 中。其次是对有关外设做出妥善处理，如关闭各输入输出口，使外设处于某一个非工作状态等。最后必须在专用的有后备电源的 RAM 中某一个或两个单元上做特定标记即掉电标记。为保证掉电子程序能顺利执行，掉电检测电路必须在电源电压下降到 CPU 最低工作电压之前就提出中断申请，提前时间为几百微妙至数毫秒。

当电源恢复正常时，CPU 重新上电复位，复位后应首先检查是否有掉电标记，如果没有，则按一般开机程序执行（系统初始化等）。如果有掉电标记，不应将系统初始化，而应按掉电中断服务子程序相反的方式恢复现场，以一种合理的安全方式使系统继续未完成的工作。

2.6.6 计算机控制系统的接地与电源保护技术

1. 接地技术

接地技术对计算机控制系统极为重要，不恰当的接地会造成极其严重的干扰，正确接地是计算机控制系统抑制干扰的重要手段。接地的目的有两个：一是保护计算机、电器设备和操作人员的安全；二是为了抑制干扰，使计算机工作稳定。

1）地线系统分析

通常，接地可分为工作接地和保护接地两大类。保护接地主要是为了避免操作人员因设备的绝缘电阻下降时遭受触电危险和保证设备的安全。而工作接地则主要是为了保证计算机控制系统稳定可靠地运行，防止地环路引起的干扰。在计算机控制系统中，主要有交流地、系统地、安全地、数字地（逻辑地）和模拟地5种。

① 交流地。交流地是计算机交流供电电源地，即动力线地，它的地电位很不稳定。在交流地上任意两点之间，很容易有几伏至几十伏的电位差。另外，交流地也很容易带来各种干扰。因此，交流地绝对不允许分别与上述几种地相连，而且交流电源变压器的绝缘性能要好，绝对避免漏电现象。

② 系统地。系统地是为了给各部分电路提供稳定的基准电位而设计的，是指信号回路的基准导体（如控制电源的零电位）。这时的所谓接地是指各单元、装置内部各部分电路信号返回线与基准导体之间的连接。对这种接地的要求是尽量减小接地回路中的公共阻抗压降，以减小系统中干扰信号公共阻抗耦合。

③ 安全地。安全地的目的是使设备机壳与大地等电位，以避免机壳带电而影响人身及设备安全。通常，安全地又称为保护地或机壳地，机壳包括机架、外壳、屏蔽罩等。

④ 数字地。数字地作为计算机控制系统中各种数字电路的零电位，应该与模拟地分开，避免模拟信号受数字脉冲的干扰。

⑤ 模拟地。模拟地作为传感器、变送器、放大器、A/D转换器和D/A转换器中模拟地的零电位。模拟信号有精度要求，有时信号比较小，而且与生产现场连接，因此必须认真对待模拟地。

显然，正确接地是一个十分重要的问题。根据接地理论分析，低频电路应单点接地，如图2.46(a)所示。在系统中，相隔较远的各部分地线必须汇集在一起，接在同一个接地装置上，接地线要尽量短，其电阻率也应尽量小。但在高频情况下，单点接地是不宜采用的。因为这种接地方式连线太多，线与线之间及电路各元件之间分布电容增大，高频干扰信号将通过电容耦合混入测量信号中。所以，在处理高频信号时，不仅连线的排列、元件的位置布局要讲究，接地方式也应采取多点接地，如图2.46(b)所示。一般来说，当频率小于1MHz时，可以采用单点接地方式；当频率高于10MHz时，可以采用多点接地方式。1～10MHz时，如果采用单点接地，其地线长度不得超过波长的1/20，否则应使用多点接地。单点接地的目的是避免形成地环路，地环路产生的电流会引入信号回路内引起干扰。

在计算机控制系统中，对上述各种地的处理一般采用分别回流法单点接地。模拟地、数字地、安全地的分别回流法如图2.47所示。回流线常常采用汇流条，而不采用一般的导线。汇流条由多层铜导体构成，截面呈矩形，各层之间有绝缘层。采用多层汇流条以减少自感，可减少干扰的窜入途径。

2）输入系统的接地

① 数字地与模拟地要分开。电路板上既有高速逻辑电路，又有线性电路，应使它们尽

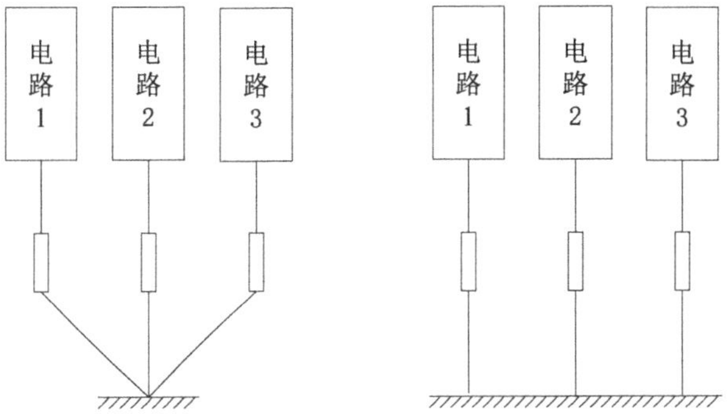

图 2.46　单点接地与多点接地

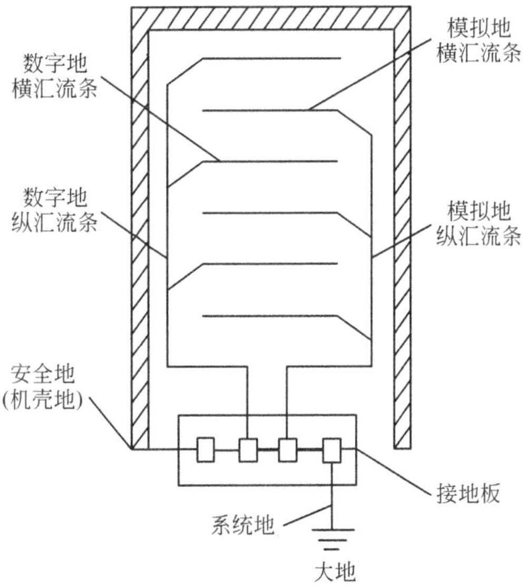

图 2.47　回流法接地示例

量分开，而两者的地线不能相混，分别与电源端地线相连。要尽量加大线性电路的接地面积。

② 在输入通道中，为防止干扰，传感器、变送器和信号放大器通常采用屏蔽罩进行屏蔽，而信号线往往采用屏蔽信号线。屏蔽层的接地也应采取单点接地方式，关键是确定接地位置。

③ 接地线要尽量加粗。若接地线很细，接地电位将随电路的变化而变化，导致计算机的定时信号电平不稳，抗噪声性能变差。因此，应将接地线加粗，使它能通过 3 倍于印制电路板上的允许电流。

④ 另外，交流地也很容易带来各种干扰。因此，交流地绝对不允许与其他几种地相连，

而且交流电源变压器的绝缘性能要好,绝对避免漏电现象。

3) 主机系统的接地

① 全机单点接地。主机地与外部设备地连接后,采用单点接地,如图 2.48 所示。为了避免多点接地,各机柜用绝缘板垫起来。这种接地方式安全可靠,有一定的抗干扰能力,接地电阻越小越好,一般为 4~10Ω。

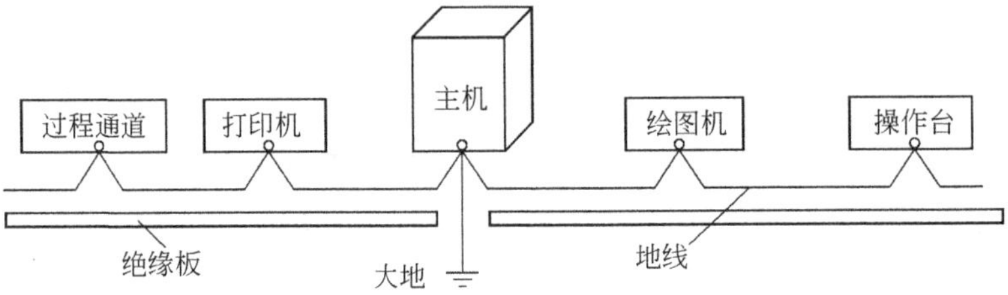

图 2.48 全机单点接地

② 主机外壳接地、机芯浮空。将主机外壳作为屏蔽罩接地,把机内器件架与外壳绝缘,绝缘电阻大于 50MΩ,即机内信号地浮空,如图 2.49 所示。这种方法安全可靠,抗干扰能力强。但须注意,一旦绝缘电阻降低,将会引入干扰。

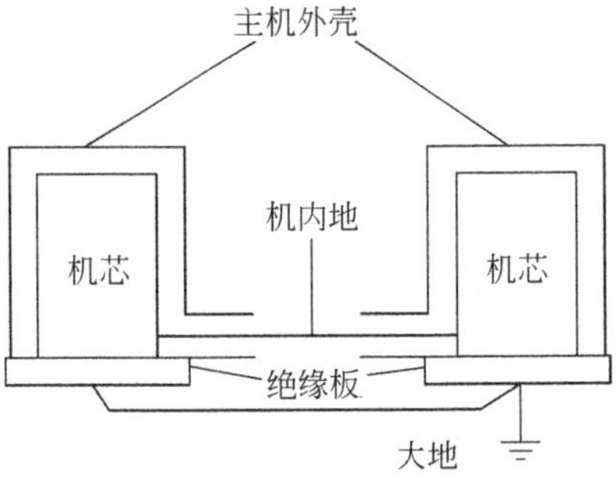

图 2.49 外壳接地/机芯浮空示意图

③ 多机系统的接地。在计算机网络系统中,多台计算机之间相互通信,资源共享。近距离的几台计算机安装在同一机房内,可以采取类似图 2.48 那样的多机单点接地方法。对于远距离的多台计算机之间的数据通信,通过隔离的办法把地分开,如变压器隔离技术、光电隔离技术和无线电通信技术。

2. 计算机控制系统的电源保护技术

计算机控制系统一般由交流电网供电,然后经过变压、整流、滤波、稳压后向系统提供各个单元所需的直流电。由于变压器一次绕组接到交流电网上,因此,负荷变化、系统设备开断操作、大负荷冲击、短路和雷击等原因都会在电网中引起电压较大的波动;此外,大量电力电子设备、电弧炉、感应炉、电气化铁道机车等的使用,使电网中存在大量的谐波,从而造成波形畸变。所有这些干扰都可能引入计算机控制系统,从而影响系统的稳定性和可靠性。

另外,计算机的供电不允许中断,因此必须采取电源保护措施,防止电源干扰,保证不间断供电。

1）供电系统的一般保护措施

① 采用交流稳压器。当电网电压波动范围较大时,为了防止产生电源干扰,应使用交流稳压器。这也是目前最普遍应用的抑制电网电压波动的方案,保证 AC 220V 供电。

② 采用电源滤波器。交流电源引线上的滤波器可以抑制输入端的瞬态干扰。直流电源的输出也接入电容滤波器,以使输出电压的纹波限制在一定范围内,并能抑制数字信号产生的脉冲干扰。

③ 电源变压器采取屏蔽措施。利用几毫米厚的高导磁材料将变压器严密地屏蔽起来,以减小漏磁通的影响。

④ 采用分布式独立供电。这种供电方式指整个系统不是统一变压、滤波、稳压后供各单元电路使用,而是变压后直接送给各单元电路的整流、滤波、稳压。这样可以有效地消除各单元电路间的电源线、地线间的耦合干扰,又提高了供电质量,增大了散热面积。

⑤ 分类供电方式。这种供电方式是把空调、照明、动力设备分为一类供电方式,把计算机及其外设分为一类供电方式,以避免强电设备工作时对计算机系统的干扰。

2）电源异常的保护措施

计算机的广泛应用和信息处理技术的迅速发展,对供电质量提出越来越高的要求。在计算机运行期间若供电中断,将会导致随机存储器的数据丢失和程序破坏。其故障保护措施如下。

① 采用静止式备用交流电源。当交流电网出现故障时,利用备用交流电源能够及时供电,保证系统安全可靠地运行。

② 采用不间断电源。不间断电源(Uninterruptible Power System,UPS)的基本结构分为两部分：一部分是将交流电变为直流电的整流/充电装置;另一部分是把直流电再转变为交流电的 PWM 逆变器。蓄电池在交流电压正常供电时储存能量,此时它一直维持在一个正常的充电电压上。一旦交流供电中断,蓄电池经逆变器输出交流电压代替交流电网供电,从而保证 UPS 电源输出交流电压的连续性。

UPS 用电池组作为后备电源。如果外界交流电中断时间长,就需要大容量的蓄电池组。为了确保供电安全,可以采用交流发电机,或采用第二路交流供电线路。

习题 2

1. 简述模拟量输入通道各组成部分的作用。
2. 在数据采集系统中,是不是所有的输入通道都需要加采样保持器？为什么？
3. A/D 转换器的硬件接口有哪几种方式？分别有什么特点？
4. 模拟量输出通道有哪几种结构形式？各有什么优缺点？
5. 简述 D/A 转换器与计算机进行接口的一般问题。

6. 数字量输入通道中常用的信号调理电路有哪些？

7. 数字量输出通道中常用的信号驱动电路有哪些？

8. 某 D/A 转换电路如图 2-50 所示，该图中的 DAC0832 采用哪种工作方式？采用哪种输出方式？编写程序，实现图 2-51 的输出波形。

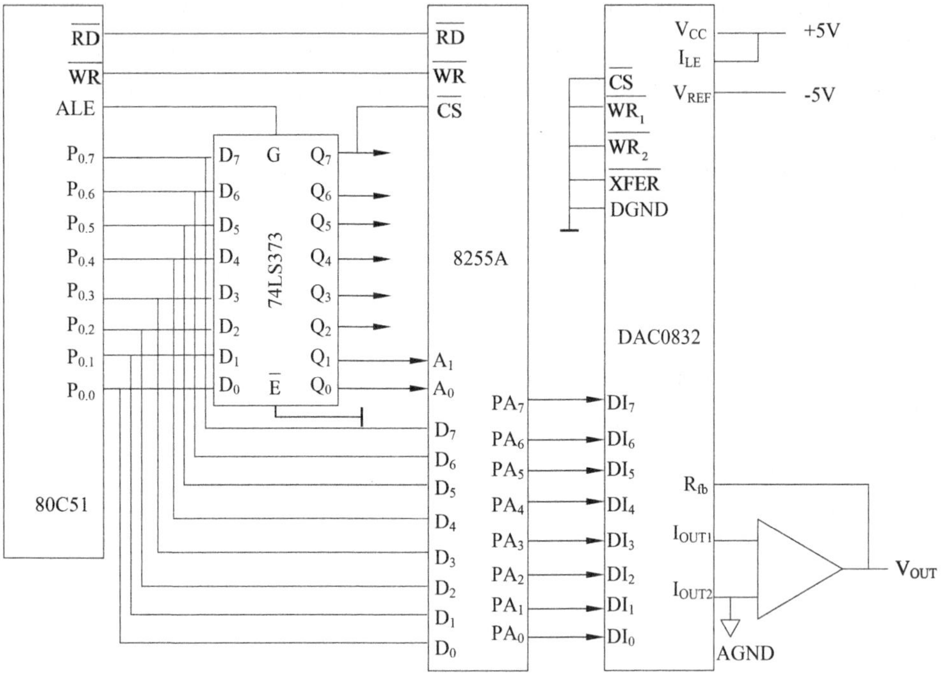

图 2-50 DAC0832 与单片机的连接图

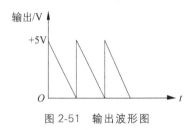

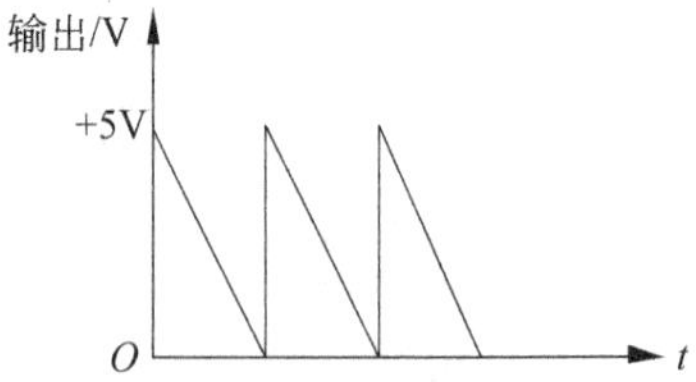

图 2-51 输出波形图

9. 某 A/D 转换器与单片机的连接图如图 2-52 所示，该电路中 8255A 的口地址是什么？该电路采用什么控制方式？图中 ADC0809 的模拟量电压输入范围是多少？若想对 IN_7 通道模拟量进行转换，则需要 C、B、A 分别为何值？

10. 什么是串模干扰和共模干扰？分别如何抑制它们？

11. 计算机控制系统中一般有哪几种地线？

12. MAX1232 有哪些主要功能？

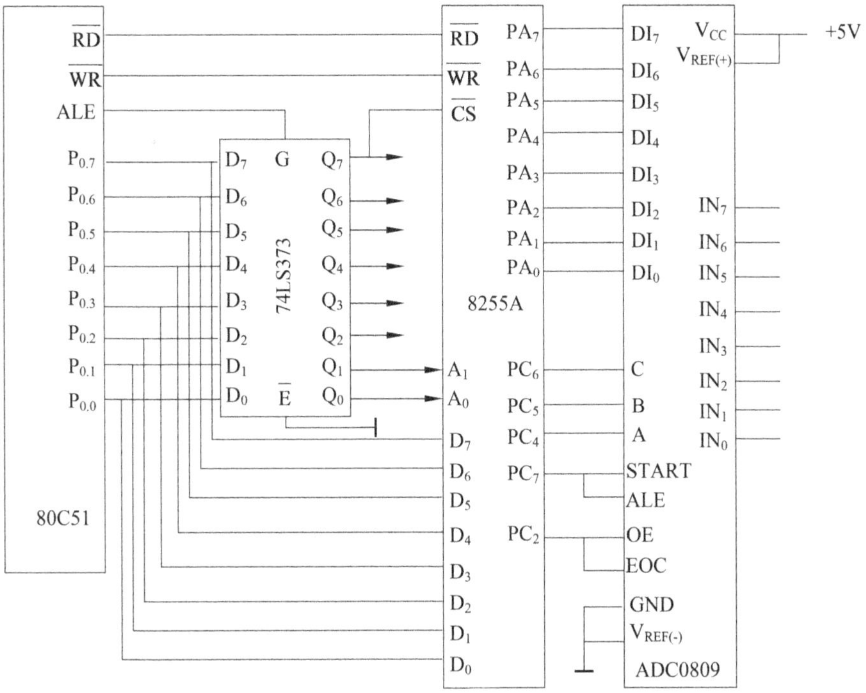

图 2-52 A/D 转换器与单片机的连接图

Chapter 3

第3章 工业控制计算机的总线技术

随着计算机设计的日益科学化、合理化、标准化和模块化，计算机总线的概念也逐渐形成和完善起来。所谓总线，就是计算机各模块之间互连和传送信息（指令、地址和数据）的一组信号线。它定义了各引线的电气、机械、功能和时序特性，使计算机内部的各部件以及外部的各系统之间建立信号联系，进行数据传递。采用总线标准设计、生产的计算机模板和设备具有很强的兼容性，其中接插件的机械尺寸、各引脚的定义、每个信号的电气特性和时序等都遵守统一的总线标准。按照统一的总线标准设计和生产出计算机模板和设备经过不同的组合，可以配置成各种用途的计算机系统，在此基础上设计的软件具有很好的兼容性，便于系统的扩充和升级。另外，采用总线标准设计的系统便于故障诊断和维修，同时也降低了生产和维护成本。这些都促进了计算机系统的开发和应用。

工业控制计算机的总线技术已经从传统的ISA总线，经过PCI总线，到现在的PCI-E总线，同时，总线的传输速率也在不断提升，系统总线的传输速率已经由66MB/s提高到100MB/s，甚至提高到更高的133MB/s、150MB/s、200MB/s。本节主要讨论总线的分类及几种常用的内部总线和外部总线。

3.1 总线的分类

总线技术应用十分广泛，从芯片内部各功能部件的连接，到芯片间的互连，再到由芯片组成的板卡模块的连接，以及计算机与外部设备之间的连接，甚至现在工业控制中应用十分广泛的现场总线，都是通过不同的总线方式实现的。

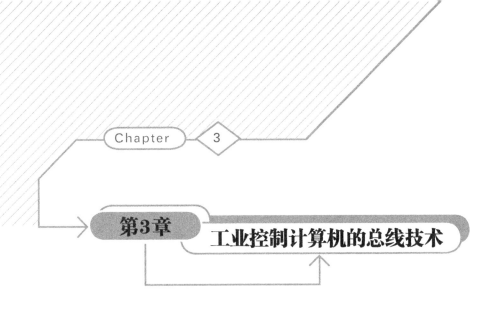

总线的分类方法较多，按照不同的分类方法，总线有不同的名称。按照总线内部信息传输的性质，总线可以分为数据总线、地址总线、控制总线和电源总线；按照总线在系统结构中的层次位置，总线可以分为内部总线和外部总线；按照总线的数据传输方式，总线可以分为

串行总线和并行总线；按照总线的数据传输方向，总线可以分为单向总线和双向总线。

3.1.1 数据总线、地址总线、控制总线和电源总线

按照总线中信息传输的性质，通常把总线分为数据总线（Data Bus，DB）、地址总线（Address Bus，AB）、控制总线（Control Bus，CB）和电源总线（Power Bus，PB）。

1. 数据总线

数据总线（DB）用于传送数据信息，它是双向三态形式的总线，既可以把CPU的数据传送到存储器或I/O接口，也可以将其他部件的数据传送到CPU。数据总线的位数是计算机的一个重要指标，通常与CPU的字长一致。

2. 地址总线

地址总线（AB）用于传送地址信息。与数据总线不同，地址总线总是单向三态的，这是由于地址只能从CPU传向I/O端口或外部存储器。地址总线的位数决定了CPU可以直接寻址的内存空间的大小，如地址总线为20位，其可寻址空间为1MB。

3. 控制总线

控制总线（CB）用于传递各种控制信息，如读写信号、片选信号、中断响应信号等由CPU发出的控制信号，以及中断请求信号、复位信号、总线请求信号等发给CPU的信号。控制总线一般是双向的，总线的传送方向由具体控制信号而定。控制总线包括控制、时序和中断信号线，其位数根据系统的实际控制需要而定。

4. 电源总线

电源总线（PB）用于向系统提供电源。电源线和地线的位数取决于电源的种类和地线的分布与用法。

3.1.2 内部总线和外部总线

1. 内部总线

内部总线可以分为片内总线和系统总线。在计算机内部，计算机主板以及其他一些插件板、卡（如各种I/O接口板/卡），它们本身就是一个完整的子系统，板卡上包含有CPU、RAM、ROM、I/O接口等各种芯片，这些芯片间是通过总线进行连接的，通常把各种板/卡上实现芯片间互相连接的总线称为片内总线或片级总线，用于芯片一级的互连；而系统总线是计算机中各插件板与系统板之间的总线，用于插件板一级的互连，也叫板级总线。

片内总线也称为片级总线，是在集成电路内部用来连接各个功能单元的信息通路。片内总线大多采用单总线结构，以利于芯片集成度和成品率的提高。当对内部数据传送速率要求较高时，也可采用双总线或三总线结构。这种总线一般由芯片生产厂家设计，计算机系统设计者并不关心。

系统总线又称为板级总线，是在计算机内部的模板和模板之间进行通信的总线。系统总线是计算机系统中最重要的总线，人们通常所说的计算机总线就是指系统总线。系统总线包括STD总线、PC总线、ISA总线、EISA总线、VESA总线、PCI总线、PCI-E总线等。各

种标准的内部总线数目不同，但按各部分性质可以分为数据总线、地址总线、控制总线和电源总线，完成对存储器或外设数据等的寻址与传送。

2. 外部总线

计算机系统与系统之间或计算机与外部设备之间的信息通路称为外部总线。外部总线包括 RS-232、IEEE-488、USB 等总线。

3.1.3　并行总线和串行总线

并行总线的优点是信号线各自独立，信号传输快，接口简单；缺点是电缆线数目多。串行总线的优点是电缆线数目少，便于远距离传送；缺点是信号传输慢，接口复杂。计算机的内部总线一般都是并行总线，而计算机的外部总线通常分为并行总线和串行总线，如 IEEE-488 总线为并行总线，RS-232 总线为串行总线。

3.2　常用的系统总线简介

工业控制计算机的系统总线技术已经从传统的 STD 总线、ISA 总线，经过 PCI 总线，发展到目前的 PCI-E 总线。STD 总线、ISA 总线被称为第一代工控机总线技术；PCI 总线、CPCI 总线和 PXI 总线被称为第二代传输技术；目前发展到第三代传输技术，就是 PCI-E、CPCI-E、PXI-E 总线，这种传输是低电压的差动传输，也是点对点的串行传输，速度更快，抗干扰能力更强。从总线技术的发展来讲，第二代的传输技术已经广泛应用，基于第三代传输技术的工控机也已经实现了产业化，并开始应用于工业现场中。下面介绍几种常用的系统总线。

3.2.1　STD 总线

STD 是 STANDARD 的缩写，是美国 PRO-LOG 公司在 1978 年推出的一种工业标准微型计算机总线。该总线结构简单，共 56 个引脚，全部都有确切的定义。其中有 8 根数据线、16 根地址线、控制线和电源线等。该总线是 8 位微处理器总线标准，可以兼容各种通用的 8 位微处理器，如 8080、8085、6800、Z80、NSC800 等。通过周期窃取和总线复用技术，可以定义 16 根数据线、24 根地址线，从而使 STD 总线升级为 8 位/16 位微处理器兼容总线，可以兼容 16 位微处理器，如 8086、68000、80286 等。

STD 总线采用公共母板结构，即其总线布置在一块母板(底板)上，板上安装若干个插座，插座对应引脚都连到同一根总线信号线上。系统采用模块化结构，各种功能模块(如 CPU 模块、存储器模块、图形显示模块、A/D 模块、D/A 模块等)都按标准的插件尺寸制造。各功能模块可插入任意插座，只要模块的信号、引脚都符合 STD 规范，就可以在 STD 总线上运行。因此，可以根据需要组成不同规模的微机系统，是一种在国际上非常流行的用于工业控制的标准微机总线。

1987 年，STD 总线被国际标准化会议定名为 IEEE 961。随着 32 位微处理器的出现，通过附加系统总线与局部总线的转换技术，1989 年美国的 EAITECH 公司又开发出对 32 位微处理器兼容的 STD32 总线。

3.2.2 PC 系列总线

PC 总线是 IBM PC 总线的简称。1981 年，伴随着 Intel 8088 为 CPU 的 IBM PC(PC/XT)的问世，62 线的 IBM PC 总线诞生了。从最初的 XT 总线，到后来的 ISA 总线、PCI 总线，再到 PCI-E 总线，PC 总线已经因为 IBM 及其兼容机的广泛普及而成为全世界用户普遍承认的一种事实上的通用标准。下面对其中有代表性的几种 PC 总线进行介绍。

1. ISA 总线

IBM PC(PC/XT)在 1981 年问世之初，以 Intel 8088 为 CPU 的 XT 机的数据总线宽度为 8 位，地址总线的宽度为 20 位。1984 年，以 Intel 80286 为 CPU 的 PC/AT 问世。AT 机在与 XT 机完全兼容的基础上，将数据总线扩展到 16 位，地址总线扩展到 24 位。IBM 推出的这种 PC/AT 总线成为 8 位和 16 位数据传输的工业标准，在 1987 年被 IEEE 正式命名为 ISA(Industrial Standard Architecture)总线。虽然目前 ISA 总线已经被 PCI、PCI-E 总线所取代，但是 ISA 总线代表着一个时代，也是学习和使用系统总线的基础。

16 位的 ISA 总线插槽由两部分组成：8 位的基本插槽和 16 位的扩充插槽。其中，8 位的基本插槽有 62 线，16 位的扩充插槽有 36 线，共 98 根信号线。数据线宽度为 16 位，地址线宽度为 24 位，总线时钟为 8MHz，中断源为边沿触发。基本插槽可以独立使用，但只能有 8 位的数据宽度和 20 位的地址宽度。如果需要 16 位的数据或者需要 20 位以上的地址，则需要应用到扩充插槽。扩充插槽不能独立工作。扩充部分除增加数据宽度和地址宽度以外，还扩充了中断和 DMA 请求信号。

ISA 总线主要用于基于 Intel 处理器 80x86(或其兼容产品)的 PC，它的信号组与 Intel 系列处理器和控制器的信号组非常相似。下面对 ISA 总线信号作简要说明。

$A_0 \sim A_{19}$：地址信号线。

$SA_{17} \sim SA_{23}$：扩展地址信号线，为基于 80386 CPU 以上的系统输出高位地址 $A_{17} \sim A_{23}$。地址线 $A_0 \sim A_{19}$ 可以访问 ISA 的 1MB 地址空间。而扩展地址信号线 $SA_{17} \sim SA_{23}$ 用于确定 16MB 地址空间的高位。$A_0 \sim A_{19}$ 是经过锁存的地址信号，在整个 ISA 总线访问周期内一直保持有效。$SA_{17} \sim SA_{23}$ 为非锁存信号，由于没有锁存延时，因此它比 $A_0 \sim A_{19}$ 提前有效，可以使地址译码电路提前开始译码，给外设插板提供了一条快捷途径。

$D_0 \sim D_7$：低 8 位数据信号线。

$SD_8 \sim SD_{15}$：高 8 位数据信号线。

$\overline{SBHE}$：总线高字节允许信号，该信号有效时，表示数据总线上传输的是高位字节数据。

ALE：地址锁存信号，其作用同 80x86 的 ALE。

AEN：DMA 地址使用信号，高电平有效。AEN 信号用来指出当前是 DMA 工作周期，还是 CPU 工作周期。当 AEN=1 时，DMA 控制器控制总线，实现 DMA 传送，即系统由

DMA 提供读写、地址等总线信号；当 AEN=0 时，CPU 控制总线。

$\overline{SMEMR}$、$\overline{SMEMW}$：存储器读写命令，低电平有效，用于 $A_0 \sim A_{19}$ 这 20 位地址寻址的 1MB 内存的读写操作。

$\overline{IOR}$、$\overline{IOW}$：I/O 读写命令，低电平有效，用来把选中的 I/O 设备的数据读到数据总线上或者用来把数据总线上的数据写入被选中的 I/O 端口。

$\overline{MEMR}$、$\overline{MEMW}$：存储器读写命令，低电平有效，用于对 24 位地址线全部读写空间的读写操作。

$\overline{MEM\ CS16}$和$\overline{I/OCS16}$：16 位存储器传送请求和 16 位 I/O 传送请求。ISA 可以进行 8 位数据传送，也可以进行 16 位数据传送。当 ISA 扩展设备希望进行 16 位数据传送时，可以令$\overline{MEM\ CS16}$或$\overline{I/OCS16}$为有效的低电平，向总线控制器发出 16 位数据传送请求，否则 ISA 以 8 位形式进行传送。

BALE：允许地址锁存信号。当 BALE=1 时，将 $A_0 \sim A_{19}$ 接到系统总线，其下降沿用来锁存 $A_0 \sim A_{19}$。

$IRQ_3 \sim IRQ_7$ 和 $IRQ_9 \sim IRQ_{12}$，$IRQ_{14} \sim IRQ_{15}$：中断请求信号。直接由两片 8259 引出，总线上的外部设备利用这些信号向 CPU 提出中断请求。信号的上升沿有效，并要求其保持高电平一直到 CPU 响应为止。其余的 $IRQ_0 \sim IRQ_2$、IRQ_8 和 IRQ_{13} 由 PC 主板占用。

$DRQ_0 \sim DRQ_3$ 和 $DRQ_5 \sim DRQ_7$：来自外部设备的 DMA 请求信号，高电平有效。DRQ_4 用于级联，在总线上不出现。

$\overline{DACK_0} \sim \overline{DACK_3}$ 和 $\overline{DACK_5} \sim \overline{DACK_7}$：DMA 应答信号，低电平有效。有效时，表示 DMA 请求被接受，DMA 控制器占用总线，进入 DMA 周期。

T/C：DMA 终止/计数结束信号，该信号是一个正脉冲，表明 DMA 传送的数据已达到其程序预置的字节数，用来结束一次 DMA 数据块传送。

$\overline{MASTER}$：总线主设备确认信号，低电平有效。ISA 设备一般工作在从模块方式，接受 CPU 访问。即使 DMA 取得了总线控制权，ISA 扩展卡仍以从模块方式响应。只有在$\overline{MASTER}$信号与 DMA 控制器配合使用时，ISA 设备才真正体现主模块功能。

RESET DRV：系统复位信号，高电平有效。此信号在系统电源接通时为高电平，当所有电平都达到规定后变低，即上电复位时有效。用它复位和初始化接口和 I/O 设备。

$\overline{I/OCHCK}$：I/O 通道检查信号，低电平有效。当它为低电平时，表明接口插件的 I/O 通道出现了错误，它将产生一个非屏蔽中断。

I/O CHRDY：通道就绪信号，高电平表明通道"就绪"。该信号线可以让低速 I/O 设备或存储器请求延长总线周期。当低速设备被选中，并且收到读或写命令时，便将该信号线拉成低电平，表示未就绪，以便在总线周期加入等待状态，但最多不能超过 10 个时钟周期。

$\overline{OWS}$：零等待状态信号，该信号为低电平时，无须插入等待周期。

除以上信号外，还有时钟 CLK 及电源 12V、5V、地线等。

2. PCI 总线

PCI(Peripheral Component Interconnect)总线是美国 SIG 集团(Special Interest Group of Association for Computer Machinery)推出的一种高性能局部总线。它支持 64 位数据传送、多总线主控模块和线性猝发读写和并发工作方式。该总线的最高总线频率为 33MHz，数据传输率为 80MB/s(峰值传输率为 133MB/s)。

20 世纪 90 年代，随着图形处理技术和多媒体技术的广泛应用，在以 Windows 为代表的图形用户接口(GUI)进入 PC 之后，要求有高速的图形描绘能力和 I/O 处理能力。这不仅要求图形适配卡要改善其性能，也对总线的速度提出了挑战。

实际上，当时外设的速度已有了很大的提高，如硬磁盘与控制器之间的数据传输率已达到 10MB/s 以上，图形控制器和显示器之间的数据传输率也达到 69MB/s。通常认为 I/O 总线的速度应为外设速度的 3～5 倍，因此原有的 ISA、EISA 总线已远远不能适应要求。这种发展的不同步，造成硬盘、图形控制器和其他一些高速外设只能通过一个慢速而且狭窄的路径传输数据，使得 CPU 的高性能也受到很大影响，这就促进了总线技术的进一步发展。

PCI 总线由 ISA 总线发展而来，是一种先进的局部总线。从结构上看，PCI 总线像是在 ISA 总线和 CPU 之间又插入一级总线，将一些高速外设(如图形卡、网络适配器和硬盘控制器等)从 ISA 总线上卸下，直接通过局部总线挂接到 CPU 总线上，使之与高速 CPU 总线匹配。

PCI 总线也支持总线主控技术，允许智能设备在需要时取得总线控制权，以加速数据传送。

(1) PCI 总线的主要性能有

总线时钟频率：33.3MHz/66MHz；

最大数据传输速率：133MB/s 或 266MB/s；

总线宽度：32 位(5V)/64 位(3.3V)；

支持 10 台外设，能自动识别外设；

支持 64 位寻址；

适应 5V 和 3.3V 的电源环境。

(2) PCI 总线的主要特点如下。

① 高性能。PCI 总线标准是一整套系统解决方案。它能提高硬盘性能，可出色地配合影像、图形及各种高速外围设备的要求。PCI 总线采用的数据总线为 32 位，可支持多组外围部件及附加卡。传送数据的最高速率为 133MB/s。它还支持 64 位地址/数据多路复用，其 64 位设计中的数据传输速率为 266MB/s。而且 PCI 插槽能同时插接 32 位和 64 位卡，实现 32 位与 64 位外围设备之间的通信。

② 线性猝发传输。PCI 总线支持一种称为线性猝发的数据传输模式，可以确保总线不断满载数据。外围设备一般会由内存某个地址顺序接收数据，这种线性或顺序的寻址方式意味着可以由某一个地址自动加 1，便可接收数据流内下一个字节的数据。线性猝发传输能更有效地运用总线的带宽传送数据，以减少无谓的地址操作。

③ 采用总线主控和同步操作。PCI 的总线主控和同步操作功能有利于 PCI 性能的改

善。总线主控是大多数总线都具有的功能，目的是让任何一个具有处理能力的外围设备暂时接管总线，以加速执行高吞吐量、高优先级的任务。PCI 独特的同步操作功能可保证微处理器能够与这些总线主控同时操作，不必等待后者完成。

④ 具有即插即用(Plug and Play)功能。PCI 总线的规范保证了自动配置的实现，用户在安装扩展卡时，一旦 PCI 插卡插入 PCI 槽，系统 BIOS 将根据读到的关于该扩展卡的信息，结合系统的实际情况自动为插卡分配存储地址、端口地址、中断和某些定时信息，从根本上免除人工操作。

⑤ PCI 总线与 CPU 异步工作。PCI 总线的工作频率固定为 33MHz，与 CPU 的工作频率无关，可适合各种不同类型和频率的 CPU。因此，PCI 总线不受处理器的限制。加上 PCI 总线支持 3.3V 电压操作，使 PCI 总线不但可用于台式机，也可用于便携机、服务器和一些工作站。

⑥ PCI 独立于处理器的结构形成一种独特的中间缓冲器设计，将中央处理器子系统与外围设备分开。用户可随意增设多种外围设备。

⑦ 兼容性强。由于 PCI 总线的设计是要辅助现有的扩展总线标准，因此它与 ISA、EISA 等总线完全兼容。这种兼容能力能保障用户的投资。

⑧ 低成本、高效益。PCI 的芯片将大量系统功能高度集成，节省了逻辑电路，耗用较少的线路板空间，使成本降低。PCI 部件采用地址/数据线复用，从而使 PCI 部件用以连接其他部件的引脚数减少至 50 以下。

(3) PCI 总线的应用。

PCI 局部总线已形成工业标准。它的高性能总线体系结构满足了不同系统的需求，低成本的 PCI 总线构成的计算机系统达到了较高的性能/价格比水平。因此，PCI 总线被应用于多种平台和体系结构中。

PCI 总线的组件、扩展板接口与处理器无关，在多处理器系统结构中，数据能够有效地在多个处理器之间传输。与处理器无关的特性，使 PCI 总线具有很好的 I/O 性能，能最大限度地使用各类 CPU/RAM 的局部总线、各类高档图形设备和各类高速外部设备。

PCI 总线特有的配置寄存器为用户使用提供了方便。系统嵌入自动配置软件，在加电时自动配置 PCI 扩展卡，为用户提供了简便的使用方法。

3. PCI-E 总线

PCI-E(PCI-Express)总线是第三代总线接口传输技术。2001 年春季，Intel 公司提出要用新一代的技术取代 PCI 总线和多种芯片的内部连接，并称之为第三代 I/O 总线技术。随后在 2001 年底，包括 Intel、AMD、DELL、IBM 在内的 20 多家业界主导公司开始起草新技术的规范，并在 2002 年完成，将其正式命名为 PCI Express。它采用了目前业内流行的点对点串行连接，比起 PCI 以及更早期的计算机总线的共享并行结构，每个设备都有自己的专用连接，不需要向整个总线请求带宽，而且可以把数据传输率提高到一个很高的频率，达到 PCI 不能提供的高带宽。

PCI-E 保持与传统 PCI 软件的兼容性，但是将物理总线改变成一个高速(2.5Gb/s)的串行总线。因为这种体系结构发生了改变，所以插槽本身并不兼容。但是，在 PCI 向 PCI Express 的过渡过程中，大部分计算机主板将既提供 PCI 插槽，又提供 PCI Express 插槽。具有较少信道插槽的设备可以“向上插入”至主板上具有较多信道的插槽，从而提高硬件的兼容性和灵活性。但是，“向下插入”至较少信道的插槽是不支持的。

1）PCI-E 总线的主要技术优势

① PCI-E 总线是串行总线，进行点对点传输，每个传输通道独享带宽。

② PCI-E 总线支持双向传输模式和数据分通道传输模式。其中数据分通道传输模式即 PCI-E 总线的 x1、x2、x4、x8、x12、x16 和 x32 多通道连接，x1 单向传输带宽可达到 250MB/s，双向传输带宽能够达到 500MB/s，这已不是 PCI 总线能比得了的。

③ PCI-E 总线充分利用先进的点到点互连、基于交换的技术、基于包的协议实现新的总线性能和特征。电源管理、服务质量、热插拔支持、数据完整性、错误处理机制等也是 PCI-E 总线支持的高级特征。

④ 与 PCI 总线良好的继承性，可以保持软件的继承和可靠性。PCI-E 总线关键的 PCI 特征，如应用模型、存储结构、软件接口等与传统的 PCI 总线保持一致，但是并行的 PCI 总线被一种具有高度扩展性的、完全串行的总线所替代。

⑤ PCI-E 总线充分利用先进的点到点互连，降低了系统硬件平台设计的复杂性和难度，从而大大降低了系统的开发制造设计成本，极大地提高了系统的性价比和健壮性。系统总线带宽提高，同时减少了硬件 PIN 的数量，硬件的成本直接下降。

2）PCI-E 总线硬件协议

PCI-E 的连接建立在一个双向的序列的(1-bit)点对点连接的基础之上，这称为“传输通道”。与 PCI 连接形成鲜明对比的是，PCI 是基于总线控制，所有设备共同分享单向 32 位并行总线，而 PCI-E 是一个多层协议，由一个交换层、一个数据链接层和一个物理传输层构成。物理传输层又可进一步分为逻辑子层和电气子层。逻辑子层又可分为物理代码子层(PCS)和介质访问控制(MAC)子层。

① PCI-E 的物理传输层。图 3.1 给出了 PCI-E 总线的物理传输层。对于使用电气方面，每组流水线使用两个单向的低电压微分信号(LVDS)合计达到 2.5Mb/s。传送及接收不同数据会使用不同的传输通道，每一通道可以运作 4 项资料。两个 PCI-E 设备之间的连接称为“链接”，这形成了一组或更多的传输通道。各个设备最少支持一个传输通道(x1)的链接。也可以有 2、4、8、16、32 个通道的链接。PCI-E 卡能使用在至少与其传输通道相当的插槽上(例如，x1 接口的卡也能工作在 x4 或 x16 的插槽上)。一个支持较多传输通道的插槽可以建立较少的传输通道(例如，8 个通道的插槽能支持一个通道)。PCI-E 设备之间的链接将使用两设备中具有较少通道数的设备作为标准。一个支

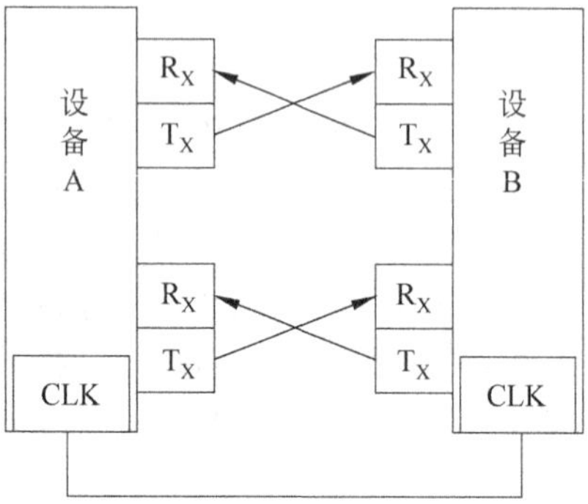

图 3.1　PCI-E 总线的物理传输层

持较多通道的设备不能在支持较少通道的插槽上正常工作，例如，x4 接口的卡不能在 x1 的插槽上正常工作，但它能在 x4 的插槽上只建立一个传输通道(x1)。PCI-E 卡能在同一数据传输通道内传输包括中断在内的全部控制信息。这也方便了与 PCI 的兼容。多传输通道上的数据传输采取交叉存取，这意味着连续字节交叉存取在不同的通道上。这一特性被称为"数据条纹"，需要非常复杂的硬件支持连续数据的同步存取，也对链接的数据吞吐量要求极高。由于数据填充的需求，数据交叉存取不需要缩小数据包。与其他高速数据传输协议一样，时钟信息必须嵌入信号中。

在物理层上，PCI-E 采用常见的 8b/10b 代码方式确保连续的 1 和 0 字符串长度符合标准，这样保证接收端不会误读。编码方案用 10 位编码比特代替 8 个未编码比特传输数据，占用 20%的总带宽。有些协议(如 SONET)使用另外的编码结构，PCI-E 也定义了一种"不规则化"的运算方法，但这种方法与 SONET 完全不同，它的方法主要用来避免数据传输过程中的数据重复而出现数据散射。第一代 PCI-E 采用 2.5Mb 单信号传输率，PCI-SIG 计划在未来版本中增强到 5～10Mb。

② PCI-E 的数据链接层。数据链接层采用按序的交换信息包(Transaction Layer Packets，TLPs)，由交换层生成，按 32 位循环冗余校验码(Cyclic Redundancy Check，CRC)进行数据保护，采用著名的协议(Ack and Nak Signaling)的信息包。TLPs 能通过 CRC 校验和连续性校验的称为 Ack(命令正确回答)；没有通过校验的称为 Nak(没有应答)。没有应答的 TLPs 或者等待超时的 TLPs 会被重新传输。这些内容存储在数据链接层的缓存内。这样可以确保 TLPs 的传输不受电子噪声干扰。

Ack 和 Nak 信号由低层的信息包传送，这些包被称为数据链接层信息包(Data Link Layer Packet，DLLP)。DLLP 也用来传送两个互连设备的交换层之间的流控制信息和实现电源管理功能。

③ PCI-E 的交换层。PCI-E 采用分离交换(数据提交和应答在时间上分离)，可保证传输通道在目标端设备等待发送回应信息传送其他数据信息。它采用了可信性流控制。这一模式下，一个设备广播它可接收缓存的初始可信信号量。链接另一方的设备会在发送数据时统计每一发送的 TLP 所占用的可信信号量，直至达到接收端初始可信信号量的最高值。接收端在处理完毕缓存中的 TLP 后，它会回送发送一个比初始值更大的可信信号量。可信信号统计是定制的标准计数器，这一算法的优势相对于其他算法，如握手传输协议等，在于可信信号的回传反应时间不会影响系统性能，因为如果双方设备的缓存足够大，不会出现达到可信信号最高值的情况，这样发送数据不会停顿。第一代 PCI-E 标称可支持每传输通道单向 250MB/s 的数据传输率。这一数字是根据物理信号率 2500Mb/s 除以编码率(10b/B)计算而得。这意味着一个 16 通道(x16)的 PCI-E 卡理论上可以达到单向 250×16＝4000MB/s。实际的传输率要根据数据有效载荷率，即依赖于数据的本身特性，这由更高层(软件)应用程序和中间协议层决定。PCI-E 与其他高速序列连接系统相似，它依赖于传输的鲁棒性(CRC 校验和 Ack 算法)。长时间连续的单向数据传输(如高速存储设备)会造成大于 95%的 PCI-E 通道数据占用率。这样的传输受益于增加的传输通道，但大多数应用程

序(如 USB 或以太网络控制器)会把传输内容拆成小的数据包,同时还会强制加上确认信号。这类数据传输由于增加了数据包的解析和强制中断,所以降低了传输通道的效率。这种效率的降低并非只出现在 PCI-E 上。

3.3 常用的外部总线

外部总线又称为通信总线,用于计算机之间、计算机与远程终端之间、计算机与外部设备之间以及计算机与测量仪器仪表之间的通信。这类总线不是计算机系统已有的总线,而是利用电子工业或其他领域已有的总线标准。常用的外部总线有 RS-232C、RS-422、RS-485 以及 USB 总线等。

3.3.1 RS-232C 总线

RS-232C 总线是一种串行外部总线,是 1969 年美国电子工业协会(EIA)和国际电报电话咨询委员会(CCITT)为串行通信设备制定的一种标准,专门用于数据终端设备(Data Terminal Equipment,DTE)和数据通信设备(Data Communication Equipment,DCE)之间的串行通信,目的是使不同生产厂家生产的设备能够达到接插的“兼容性”。因此,这个标准的制定并未考虑计算机系统的应用要求。但目前它又广泛被用于计算机接口与终端或外设之间的近端连接标准。显然,这个标准的有些规定是和计算机系统不一致的,甚至是相互矛盾的。

RS-232C 采用负逻辑规定逻辑电平,−15～−3V 为逻辑电平“1”,+3～+15V 为逻辑电平“0”。这种信号电平与通常并行接口中使用的 TTL 电平不同,由 TTL 到 RS-232C 或者 RS-232C 到 TTL 的转换要借助于专用芯片。串口引脚有 9 针和 25 针两类。而一般的计算机使用的都是 9 针的接口,25 针串口具有 20mA 电流环接口功能。RS-232C 接口最大的传输速率为 20kb/s(目前可以达到 115kb/s);传输距离局限于 15m;缆线最长为 15m。RS-232C 接口通常被用于将计算机信号输入控制,当通信距离较近时,可不需要 Modem,通信双方可以直接连接,这种情况下只需使用少数几根信号线,如只需要一根发送线、一根接收线以及一根地线即可。

3.3.2 RS-422 和 RS-485 总线

RS-232C 虽然应用很广,但是因其推出较早,在现代网络通信中已暴露出明显的缺点,如数据传输速率慢、通信距离短、未规定标准的连接器、接口处各信号间易产生串扰等。鉴于这些原因,EIA 先后推出了 RS-449、RS-422、RS-485 等新的总线标准。这些标准除了与 RS-232C 兼容外,在加快传输速率、增大传输距离、改进电气性能等方面都有了明显提高。

1. RS-422A 总线标准

RS-422 由 RS-232C 发展而来。为了改进 RS-232C 通信距离短、速度低的缺点,RS-422

定义了一种平衡通信接口，将传输速率提高到 10Mb/s。在此速率下，电缆允许长度为 120m，并允许在一条平衡总线上最多连接 10 个接收器。如果采用较低的传输速率，如 9kb/s 时，最大距离可达 1200m。RS-422 是一种单机发送、多机接收的单向、平衡传输的总线标准。

RS-422 标准规定了双端电气接口形式，使用双端线传送信号。它通过传输线驱动器把逻辑电平变换为电位差，完成始端的信息传送；通过传输线接收器，把电位差转变成逻辑电平，实现终端的信息接收。在电路中规定只能有一个发送器，可以有多个接收器，可以支持点对多的通信方式。该标准允许驱动器输出为±2～±6V，接收器可以检测到的输入信号电平可以低到 200mV。

RS-422 的数据信号采用差分传输方式传输。RS-422 有 4 根信号线，其中两根发送，两根接收，RS-422 的收与发是分开的，支持全双工的通信方式。RS-422 4 线接口由于采用单独的发送和接收通道，因此不必控制数据方向，各装置之间任何必需的信号交换，均可按软件方式或硬件方式(一根单独的双绞线)实现。RS-422 的最大传输距离为 1200m，最大传输速率为 10Mb/s。其平衡双绞线的长度与传输速率成反比，在 100kb/s 速率下，才可达到最大传输距离。只有在很短的距离下才能获得最高速率的传输。RS-422 需要一个终端电阻，终端电阻需接在传输电缆的最远端，要求其阻值约等于传输电缆的特性阻抗。在短距离传输(300m 以内)时，可以不连接终端电阻。

2. RS-485 总线标准

RS-485 是一种多发送器的总线标准。它对 RS-422A 的性能进行了扩展，是真正意义上的总线标准。它允许在两根导线(总线)上挂接 32 台 RS-485 负载设备。负载设备可以是发送器、被动发送器、接收器或组合收发器(发送器和接收器的组合)。

RS-485 具有以下特点。

① RS-485 的电气特性。逻辑“1”以两线间的电压差为+2～+6V 表示；逻辑“0”以两线间的电压差为－2～－6V 表示。接口信号电平比 RS-232C 降低了，就不易损坏接口电路的芯片，且该电平与 TTL 电平兼容，可方便地与 TTL 电路连接。

② RS-485 的数据最高传输速率为 10Mb/s。

③ RS-485 接口是采用平衡驱动器和差分接收器的组合，抗共模干扰能力增强。

④ RS-485 接口的最大传输距离为 1200m，在总线上允许连接多达 128 个收发器，即具有多站能力和多机通信功能，这样用户可以利用单一的 RS-485 接口方便地建立起半双工通信网络。可以说，RS-485 是一个真正意义上的总线标准。

RS-485 接口具有良好的抗噪声干扰性、长的传输距离和多站能力，上述优点使其成为首选的串行接口。RS-485 接口组成的网络一般只需两根连线，所以 RS-485 接口均采用屏蔽双绞线传输。

3.3.3 USB 总线

USB(Universal Serial Bus)称为通用串行总线，是由 Compaq、DEC、IBM、Intel、

Microsoft、NEC 和 NT 七大公司共同推出的新一代接口标准。它是一种链接外围设备的机外总线。

1. USB 的主要性能特点

① 具有热插拔功能。USB 提供机箱外的热插拔连接，连接外设不必再打开机箱，也不必关闭主机电源。这个特点免除了使用户感到厌烦的重新启动过程，为用户提供了很大的方便。

② 采用"级联"方式连接各个外部设备。每个 USB 设备都用一个 USB 插头连接到前一个外设的 USB 插座上，而其本身又提供一个 USB 插座供下一个 USB 外设连接用。通过这种类似菊花链式的连接，一个 USB 控制器可以连接多达 127 个外设，而两个外设间的距离(线缆长度)可达 5m。

USB 插头将取代机箱后部众多的串、并口(鼠标、Modem)、键盘等插头。USB 能智能识别 USB 链上外围设备的插入或拆卸，扩充卡、DIP 开关、跳线、IRQ、DMA 通道、I/O 地址都将成为过去。

③ 适用于低速外设连接。根据 USB 规范，USB 传送速度可达 12Mb/s，除了可以与键盘、鼠标、Modem 等常见外设连接外，还可以与 ISDN、电话系统、数字音响、打印机/扫描仪等低速外设连接。

尽管 USB 被设计为也可以连接数字相机一类的较高速外设，但由于 USB 总线技术推出太晚，IEEE 1394 接口总线已经在数字相机、数字摄影及视频播放等高速、高带宽领域(100Mb/s 或以上)得到应用。

2. USB 设备及其体系结构

USB 总线是一种串行总线，支持在主机与各式各样的即插即用的外设之间进行数据传输。它由主机预定传输数据的标准协议，在总线上的各种外设上分享 USB 总线带宽。当总线上的外设和主机在运行时，允许自由添加、设置、使用及拆除一个或多个外设。

USB 总线系统中的设备可以分为 3 种类型：一是 USB 主机，在任何 USB 总线系统中，只能有一个主机，主机系统提供 USB 总线接口驱动模块，称作 USB 总线主机控制器；二是 USB 集线器(HUB)，类似于网络集线器，实现多个 USB 设备的互连，主机系统中一般整合有 USB 总线的根(结点)集线器，可以通过次级的集线器连接更多的外设；三是 USB 总线的设备，又称 USB 功能外设，是 USB 体系结构中的 USB 最终设备，如打印机、扫描仪等，接受 USB 系统的服务。

3. USB 协议的发展

现在使用 USB 协议的外设越来越多，厂商对于 USB 硬件和软件的支持也越来越完备，现在开发一个 USB 外设产品，所需投入的时间和成本大为降低。但是，随着应用领域的扩大，人们对 USB 的期望也越来越高。希望 USB 设备能够摆脱协议中居于核心地位的主机的控制，直接进行两个 USB 设备的互连。相信随着 USB 协议的不断发展，其功能将更加强大，应用领域也必将越来越广泛。

3.4　总线接口扩展技术

3.4.1　系统总线接口扩展技术

1. I/O 端口及 I/O 操作

接口内部一般设置有若干寄存器，用于暂存 CPU 和外设之间传输的数据、状态和控制信息。相应的寄存器分别称为数据寄存器、状态寄存器和控制寄存器。这些能够被 CPU 直接访问的寄存器统称为端口(Port)，分别叫作数据端口、状态端口和控制端口。每个端口都具有一个独立的地址，作为 CPU 区分各个端口的依据。接口功能不同，内部包含的端口数目也不尽相同。例如，Intel 8255 并行接口芯片有 4 个端口，而 DMA 控制器 8237A 有 16 个端口。

① 数据端口(data port)。数据端口用于存放外设送往 CPU 的数据以及 CPU 输出到外设的数据。这些数据是主机和外设之间交换的最基本信息，长度一般为 1～2B。数据端口主要起数据缓冲的作用。

② 状态端口(state port)。状态端口主要用来指示外设当前的状态。每种状态都用一个二进制位表示，每个外设可以有几个状态位，它们可被 CPU 读取，以测试或检查外设的状态，决定程序的流程。

一般接口电路中常见的状态位有"准备就绪位(ready)""外设忙位(busy)""错误位(Error)"等。

③ 命令端口(command port)。命令端口也称为控制端口(control port)，用来存放 CPU 向接口发出的各种命令和控制字，以便控制接口或设备的动作。接口功能不同，接口芯片的结构就不同，控制字的格式和内容自然也各不相同。一般可编程芯片都具有工作命令方式命令字和操作控制字等。

CPU 可以对端口进行读写操作。归根到底，CPU 和外设的数据交换实质就是 CPU 的内部寄存器和接口内部的端口之间的数据交换。CPU 对数据端口进行一次读或写操作也就是与该接口连接的外设进行一次数据传送；CPU 对状态端口进行一次读操作，就可以获得外设或接口自身的状态代码；CPU 把若干位控制代码写入控制端口，则意味着对该接口或外设发出一个控制命令，要求该接口或外设按规定的要求工作。

可见，CPU 与外设之间的数据输入输出、联络、控制等操作，都是通过对相应端口的读写操作完成的。通常所说的外设地址就是外设接口各端口的地址。一个外设接口可能含有多个端口，相应就有多个端口地址。

2. I/O 端口编址方式

类似于 CPU 读写存储器需要通过存储器地址区分内存单元，CPU 通过端口地址实现对多个端口的读写选择。给 I/O 端口编址时，一种方式是把端口看作特殊的内存单元，和存储器统一编址，称为存储器映射方式；另一种是把 I/O 端口和存储单位分开，独立编址，称为

I/O 映射方式。

① 统一编址。把系统中的每一个 I/O 端口都看作一个存储单元，与存储单元一样统一编址，访问存储器的所有指令均可用来访问 I/O 端口，不用设置专门的 I/O 指令，所以称为存储器映射 I/O(Memory Mapped I/O)编址方式。该方式实质上是把 I/O 地址映射到存储空间，作为整个存储空间的一小部分，存储空间的大部分仍归存储单元所有。Motorola 的 MC6800 及 68HC05 等处理器采用这种方式访问 I/O 设备。

统一编址的优点是系统指令集中不必包含专门的 I/O 指令，简化指令系统设计；可以使用种类多、功能强的存储器指令访问外设端口；I/O 地址空间可大可小，灵活性强。缺点是 I/O 地址具有与存储器地址相同的长度，增大了译码复杂程度，延长了译码时间，降低了输入输出效率。

② 独立编址。对系统中的 I/O 端口单独编址，构成独立的 I/O 地址空间，采用专门的 I/O 指令访问具有独立空间的 I/O 端口，称为 I/O 映射方式。Intel 的 80x86 系列机采用单独编址方式访问外设。

独立编址的优点是将输入输出指令和访问存储器指令明显区分开，使程序清晰，可读性好；I/O 地址较短，I/O 指令长度短，译码电路简单，指令执行速度快。不足之处是，指令系统必须设置专门的 I/O 指令，其功能不如存储器指令强大。

以上两种 I/O 编址方式各有利弊，不同类型的 CPU 根据外设特点可以采用不同的编址方式。

3. I/O 端口地址译码技术

微机系统中有多个接口存在，接口内部往往包含多个端口，I/O 操作就是 CPU 对端口寄存器的读写操作。CPU 是通过地址对不同的接口或端口加以区别的。把 CPU 送出的地址转化为芯片选择和端口区分依据的就是地址译码电路。每当 CPU 执行输入输出指令时，就进入 I/O 端口读写周期，此时首先是端口地址有效，然后是 I/O 读写控制信号“或”有效，把对端口地址译码产生的译码信号同“或”信号结合起来，一同控制对 I/O 端口的读或写操作。

1）3 种译码方式

从寻址方式上看，地址译码方法基本上可以分为线选法、全译码法和部分译码。3 种方法各有特点，在硬件设计过程中，可以根据具体需求选择。

① 线选法：高位地址线不经过译码，直接（或经过反相器）分别接各存储器芯片或者端口的片选端区别各芯片或端口的地址。如果采用线选法，会造成地址重叠，且各芯片地址不连续，因此在软件上必须保证这些片选线每次寻址时只能有一个部件有效。

② 全译码法：最终目标是唯一确定一个端口或寄存器的地址，需要所有的地址线都参加译码。一般情况下，片内寻址未用的全部高位地址线都参加译码，译码输出作为片选信号，并再与片内寻址地址线一起译码生成一个唯一地址。全译码的优点是，每个芯片的地址范围是唯一确定的，而且各片之间是连续的。缺点是译码电路比较复杂。

③ 部分译码：用片内寻址外的高位地址的一部分译码产生片选信号。部分译码较全译

码简单，但存在地址重叠区。因此，必须通过软件保证这些片选线每次寻址时只能有一个部件有效。

2）I/O 端口地址译码电路符号

在译码过程中，译码电路不仅与地址信号有关，而且与控制信号有关。它把地址和控制信号进行组合，产生对芯片或端口的选择信号。以 ISA 总线为例，I/O 译码电路除了受 $A_0 \sim A_{19}$ 这 20 根地址线确定的地址范围限制外，还要用到其他一些控制信号，如利用 $\overline{IOR}$ 或 $\overline{IOW}$ 信号控制对端口的读写；利用 AEN 信号控制非 DMA 传送；利用 $\overline{IO16}$ 信号控制是对 8 位端口操作，还是对 16 位端口操作；利用 $\overline{SBHE}$ 信号控制端口的奇偶地址。

可见，在设计地址译码电路时，不仅要选择地址范围，还要根据 CPU 与 I/O 端口交换数据时的流向（读写）、数据宽度（8 位/16 位），以及是否采用奇偶地址等要求引入相应的控制信号，从而形成端口地址译码电路。

3）I/O 端口地址译码方法及电路形式

基于 ISA 总线的工控机系统由主机和系列工业过程通道板卡组成。ISA 总线底板的每个插槽的总线信号是互连互通的，可以将多块过程通道板卡插在机箱内的总线底板的各个插槽上。为避免多块板卡出现总线争用情况，必须为每块过程通道板卡和外设接口板卡设置不同的 I/O 地址空间。设计通道板卡时，一般使用地址空间 I/O 端口的译码电路实现这一要求。

I/O 端口地址译码的方法灵活多样，通常可由地址信号和控制信号的不同组合选择端口地址。与存储器的地址单元类似，一般把地址信号分为两部分：一部分是高位地址线与 CPU 或总线的控制信号组合，经过译码电路产生一个片选信号去选择某个 I/O 接口芯片，从而实现接口芯片的片间选择；另一部分是低位地址线直接连到 I/O 接口芯片，经过接口芯片内部的地址译码电路选择该接口电路的某个寄存器端口，实现接口芯片的片内寻址。

I/O 端口的译码一般有两种，即固定地址译码和开关选择译码。

① 固定地址译码：固定地址译码是目前 PC 系统板卡译码常用的方法，它根据确定的地址字段设计译码电路。图 3.2 给出了一个典型的固定地址 I/O 端口译码电路，该电路译码出 8 个端口地址。

要求译码出 8 个端口地址，故采用了 3-8 译码器 74HCT138，可译出 3A0H～3A7H 共 8 个端口地址。逻辑电路与译码器的连接如图 3.2 所示。$A_9 \sim A_3$ 等于 1110100B，当 $A_2 \sim A_0$ 从 000 变化到 111 时，10 位地址刚好为 3A0H～3A7H。

AEN 是 ISA 总线上的 DMA 周期的地址使能信号。CPU 控制总线时，AEN 输出逻辑“0”，DAM 控制总线时，AEN 输出逻辑“1”。把 AEN 连接在译码器的低电平使能端上，就保证了该数据采集卡是在 CPU 控制下工作的。在 CPU 工作周期，该扩展卡是可以被访问的，而在 DMA 控制周期，数据采集系统是无效的。

② 开关选择译码：固定译码方法的一个缺点是它可能会与将来加入系统的同类板卡地址译码冲突。ISA 板卡的地址一般设计成可由用户直接设置，通常采用数据比较器和一组

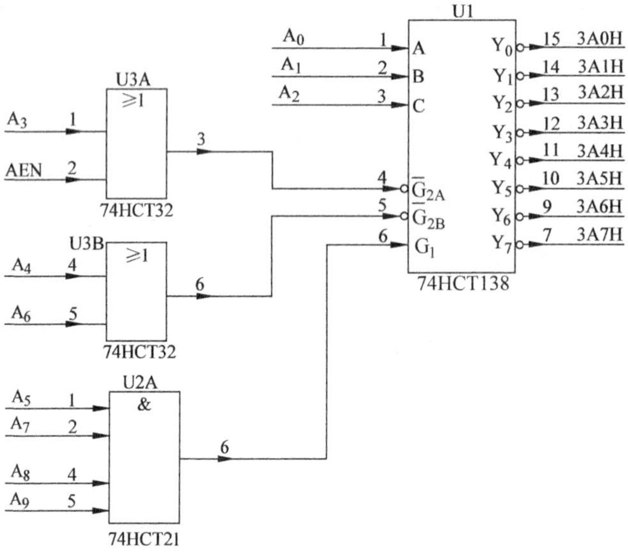

图 3.2　固定地址 I/O 端口译码电路

逻辑开关实现 ISA 板卡高位地址的设定。图 3.3 给出了一个开关选择译码电路。

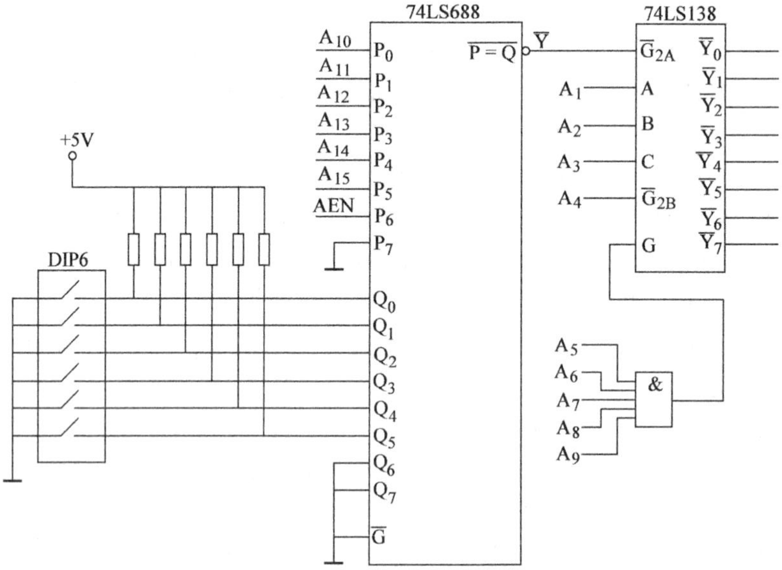

图 3.3　开关选择译码电路

图 3.3 所示的开关选择译码电路采用了比较器 74LS688，将比较器的一组数据输入端连接逻辑选择开关，另一组数据输入端连接到 ISA 总线的高位地址线上。逻辑选择开关可以设定成任意一组二进制编码，作为给该 ISA 板卡分配的高位地址。当 ISA 地址总线上发

出地址时，数据比较器将它和开关设定的地址值相比较，如果相等，则比较器的输出端(P=Q)输出有效的低电平，表示该板卡被选中。再将输出端(P=Q)连接板内的低位地址译码器，作为板内地址译码器的使能。图 3.3 中，地址线 $A_{15}\sim A_{10}$ 和 $A_9\sim A_4$ 确定了板卡的基地址，$A_3\sim A_1$ 确定了板卡内各端口的地址。如果把连接 $Q_5\sim Q_0$ 的逻辑开关全部设置为闭合状态，则该板卡的高 12 位地址为 03ExH。因此，由译码器 $\overline{Y_0}$ 端连接的端口地址为 03E0H，由 $\overline{Y_1}$ 连接的端口地址为 03E1H。

应该指出，除了上述两种常用的地址译码方法外，目前流行的很多可编程序逻辑器件(PLD)都被广泛地应用于译码电路，如通用阵列逻辑(GAL)和可编程序阵列逻辑(PAL)器件、可擦除可编程序门阵列(EPLD)、现场可编程序门阵列(FPLD)、复杂可编程序门阵列(CPLD)等。

4. 总线端口扩展

以 ISA 总线为例，扩展 8 位数据传送的 I/O 口扩展模板线路原理如图 3.4 所示。

1) 板选译码与板内译码

板选译码采用开关式全译码电路，主要选用 74HCT688，$P_2\sim P_7$ 接开关 W，$Q_2\sim Q_7$ 接地址线 $A_9\sim A_4$，AEN 接 74HCT688 的有效控制端 $\overline{G}$，对模板操作时，AEN 为低电平，$A_9\sim A_4$ 的输出信息与开关状态一致，即 P=Q，74HCT688 的输出为低电平，控制板内译码电路 74HCT138 和数据总线驱动器 74HCT245。此时可对模板进行读写操作。因此，开关状态决定模板的基地址。

板内译码电路采用 74HCT138，板选译码输出控制 74HCT138 的使能控制端，ABC 译码输入信号接地址线 A_0、A_1、A_2，译码器 74HCT138 的输出选通各 I/O 口。其中，$\overline{Y_0}$ 选通端口 1(端口地址=基地址+0)，$\overline{Y_1}$ 选通端口 2(端口地址=基地址+1)，$\overline{Y_2}$ 选通端口 3(端口地址=基地址+2)，$\overline{Y_3}$ 选通端口 4(端口地址=基地址+3)。

2) 总线驱动及逻辑控制

数据总线缓冲器采用 74HCT245，其有效控制端 $\overline{G}$ 由板选译码 74HCT688 输出控制，其方向控制端 $\overline{DIR}$ 由 $\overline{IOR}$ 控制。

地址总线因板上只有一个负载，省去了地址总线驱动器。控制总线中，$\overline{IOR}$、$\overline{IOW}$ 通过 74HCT125 驱动，控制板内有关信号。

3) 端口及其读写控制

I/O 口的读写控制由 $\overline{Y_0}$、$\overline{Y_1}$、$\overline{Y_2}$、$\overline{Y_3}$ 等译码输出信号与 $\overline{IOR}$、$\overline{IOW}$ 组合控制端口的读写操作。

3.4.2 外部总线接口扩展技术

1. 不平衡传输方式

串行数据传输的线路通常有两种方式，即平衡传输方式和不平衡传输方式。不平衡传输方式是用单线传输信号，如图 3.5 所示，其以地线作为信号的回路，接收器是用单线输入

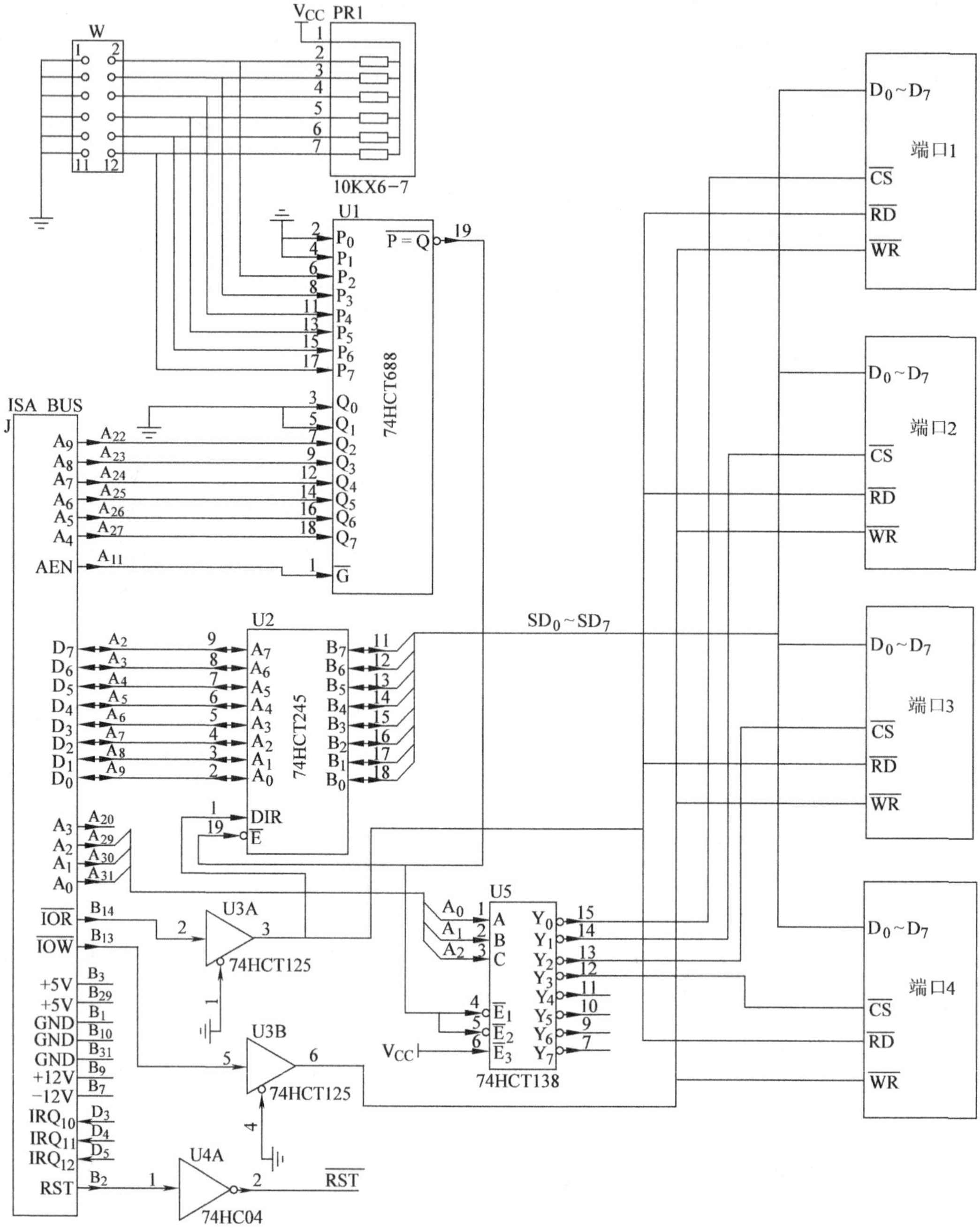

图 3.4　ISA 总线端口扩展模板线路原理

信号的。在不平衡传输方式中，信号线上感应到的干扰和地线上的干扰叠加后将影响接收信号。

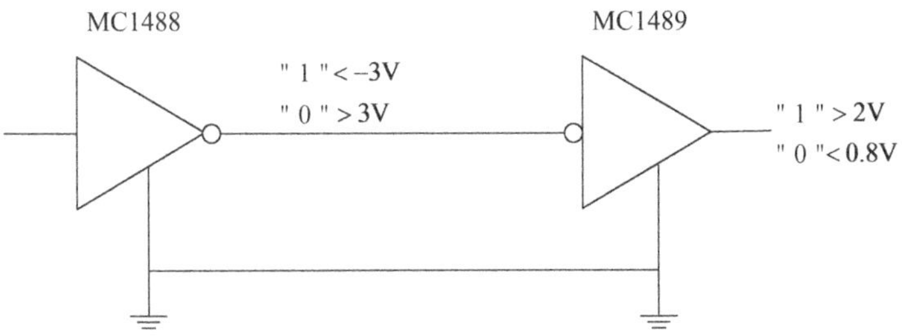

图 3.5　不平衡驱动非差分接收电路

RS-232C 的电气接口是单端双极性电源供电电路，如图 3.5 所示。每个信号只有一根导线，两个传输方向仅有一个信号地线；接口使用不平衡的发送器和接收器，可能在各信号成分间产生干扰。

RS-232C 采用的电路是单端驱动单端接收电路。这种电路的特点是：传送一种信号只用一根信号线，对于多根信号线，它们的地线是公共的。无疑，这种电路是传送数据的最简单办法。其缺点是，它不能区分由驱动电路产生的有用信号和外部引入的干扰信号。例如，发送设备和接收设备位于同一座建筑内，但使用不同的配电系统，假设发送端的地平比接收端的地平高 5V，发送数据时，发送端发送逻辑"1"，假设所建立的"1"电平相对于地为－5～－7.9V，而接收端所接收的电平为 0～－2.9V。RS-232C 的信号电平规定"1"为＜－3V，而"0"为＞3V。这样，发送端以为发送了"1"，而接收端却收到了一个不确定的信号。因此，两地之间的 5V 电位差成为故障的根源。

RS-232C 采用的单端电气接口，其电平与 TTL 和 CMOS 电平有很大不同。它的逻辑"0"至少是 3V 及 3V 以上，逻辑"1"为－3V 或更低。实际上，电源电压为±15V 或±12V，这样，逻辑"1"和"0"之间的电压摆幅可能是 20V，甚至更高，采用简单的转换器件即可完成电平转换。MC1488 驱动器接受 TTL 输入电平并产生 RS-232C 的信号电平，而用 MC1489 接收 RS-232C 的信号电平，其输出为 TTL 电平。

由于发送器和接收器之间有公共的信号地线，因此共模干扰信号不可避免地要进入信号传送系统，这就是 RS-232C 为什么要采用大幅度的电压摆动避开干扰信号的原因。TTL 电平对干扰十分敏感，以致无法在远距离上工作，因为 TTL 的逻辑"1"(≥2.0V)和逻辑"0"(≤0.8V)电平之间只有 1.2V 的摆幅，而电动机、打字机等的动作又很容易使得地线电平波动几伏，所以公共信号地线的存在迫使 RS-232C 采用高电压供电。

另外，许多应用场合常常有电气干扰，当信号线穿过电气干扰环境时，发送的信号将会受到影响，若干扰足够大，发送的"0"很可能变成"1"，"1"也可能变成"0"。因此，这种电路具有较大的局限性，其速度和距离均受到限制。

2. 平衡传输方式

平衡传输方式是用双绞线传输信号，信号在双绞线中自成回路不通过地线，接收器是用双端差动方式输入信号的，如图 3.6 所示。在平衡传输方式中，双绞线上感应的干扰相互抵消，地线上的干扰又不影响接收端。因此，平衡传输方式在抗干扰方面有良好的性能，并适合较远距离的数据传输。

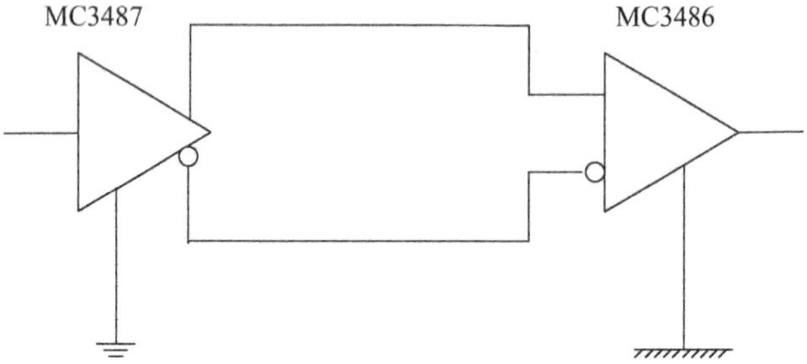

图 3.6　平衡驱动差分接收电路

习题 3

1. 按照总线中信息传输的性质，通常可以把总线分为哪几类？
2. 什么是内部总线？什么是外部总线？
3. 常用的系统总线有哪几类？
4. 常用的外部总线有哪几类？
5. 串行数据传输的线路通常有哪两种方式？它们各有什么特点？

Chapter 4

第4章 计算机控制系统的数学描述及系统分析

计算机控制系统可以将其看作采样系统，也可以将其看作线性离散系统。研究一个物理系统，必须建立相应的数学模型，并解决数学描述和分析工具的问题。和连续控制系统相似，任何离散控制系统都必须工作在稳定状态，而且要具有一定的干扰抑制能力，工作要满足稳态性能指标和动态性能指标。本章主要介绍线性离散系统的数学描述和 z 变换分析法，并分析线性离散系统的性能，如稳定性、稳态性能、动态性能等。此外，本章还将介绍线性离散系统的频域描述和频域特性分析。

4.1 计算机控制系统的信号变换理论

计算机控制系统中既包括连续信号，又包含离散信号，属于离散控制系统。例如，控制系统的参考输入信号、被控信号、偏差信号以及控制量信号一般属于模拟信号，而系统内的计算机只能接收、处理及输出数字量信号。因此，必须以一定的时间间隔对模拟信号进行采样，再经模/数(A/D)转换、量化等过程将模拟信号转换为时间上断续的数字量信号，才能送给计算机进行处理。同时，计算机输出的离散数字量信号还须经过数/模(D/A)转换和保持器变换为连续的模拟信号，才能通过执行机构对被控对象进行控制。

4.1.1 计算机控制系统的信号形式

设某连续闭环控制系统如图 4.1 所示，其中系统的输入为 $R(s)$，输出为 $Y(s)$；控制器的传递函数为 $D(s)$，被控对象的传递函数为 $G(s)$；控制器的输入为偏差 $E(s)=R(s)-Y(s)$，控制器输出 $P(s)$ 作为 $G(s)$ 的输入。对应各点的时域信号分别为 $r(t)$、$e(t)$、$p(t)$ 和 $y(t)$。若控制器 $D(s)$ 由计算机实现，则相应的信号发生了如下变化。

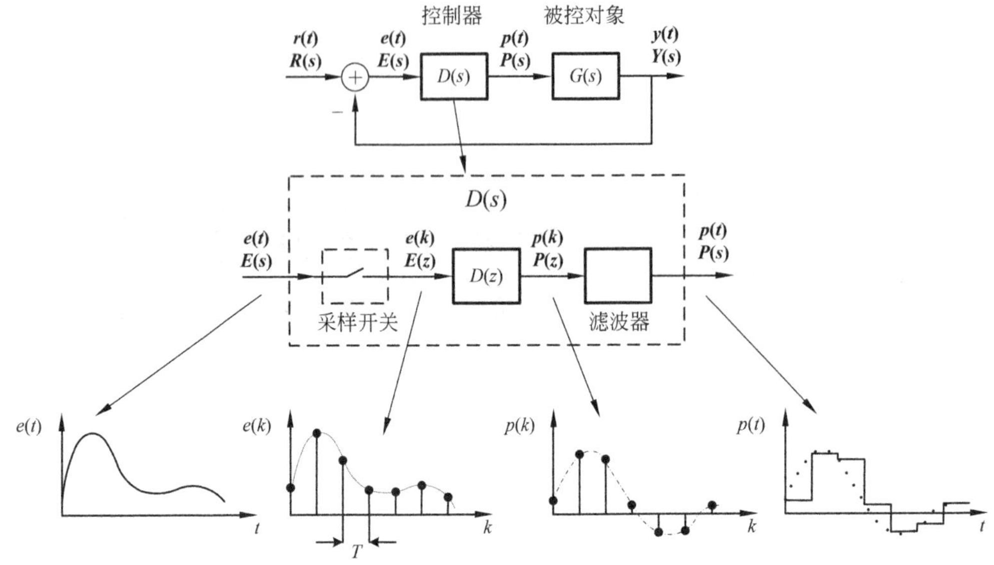

图 4.1　离散控制系统的信号形式

时域输入信号 $e(t)$ 经过采样开关变为离散信号 $e(k)$，采样周期为 T，经数字控制器 $D(z)$ 后，输出 $p(k)$，再经滤波器输出 $p(t)$。其中，$e(k)$ 和 $p(k)$ 为离散序列，$E(z)$ 和 $P(z)$ 分别为经过 z 变换后得到的 z 表达式，$D(z)$ 是与 $D(s)$ 近似的脉冲传递函数。

利用数字电路和计算机很容易实现 $D(z)$，虽然由采样开关、$D(z)$ 和滤波器（通常为零阶保持器 ZOH）不能完全与连续系统的传递函数 $D(s)$ 等价，但只要采样周期 T 足够短，离散控制器的输出 $p(t)$ 就会与连续系统非常接近。

4.1.2　信号的采样、量化、恢复及保持

1. 信号的采样

信号采样就是通过采样开关按一定的时间间隔闭合和断开，将连续的模拟信号抽样成一连串的离散脉冲信号，这一过程也称为离散化过程。信号的采样过程如图 4.2 所示。

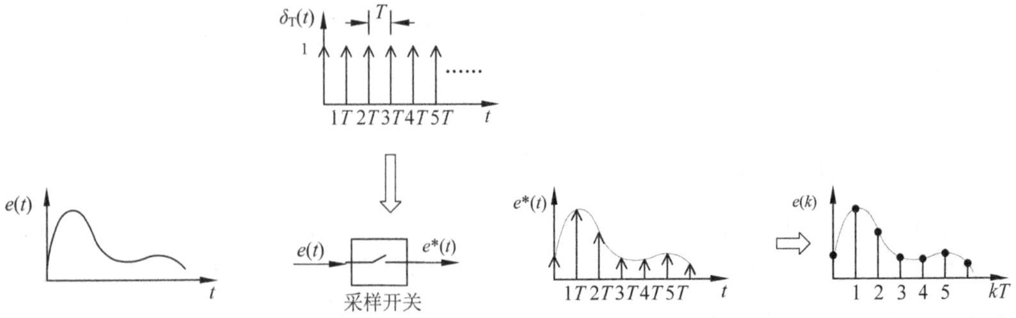

图 4.2　信号的采样过程

设模拟信号为 $e(t)$，它是时间和幅值都是连续的函数。经采样开关后，输出为采样信号 $e^*(t)$，它是时间上离散而幅值上连续的离散模拟信号。理想的采样开关受单位采样序列 $\delta_T(t)$ 控制，$\delta_T(t)$ 按每周期 T 闭合一次开关，而闭合是瞬间完成的，即开关闭合的持续时间几乎为0。单位采样序列 $\delta_T(t)$ 的表达式为

$$\delta_T(t)=\sum_{k=-\infty}^{\infty}\delta(t-kT) \tag{4-1}$$

式中，

$$\delta(t-kT)=\begin{cases}1, & t=kT\\0, & t\neq kT\end{cases} \tag{4-2}$$

理想的采样信号 $e^*(t)$ 的表达式为

$$e^*(t)=e(t)\cdot\delta_T(t)=e(t)\cdot\sum_{k=-\infty}^{\infty}\delta(t-kT)=\sum_{k=-\infty}^{\infty}e(kT)\cdot\delta(t-kT) \tag{4-3}$$

理想的采样信号 $e^*(t)$ 可看作是 $e(t)$ 被 $\delta_T(t)$ 进行了离散时间调制，或 $\delta_T(t)$ 被 $e(t)$ 进行了幅值调制。通常，在整个采样过程中采样周期 T 是不变的，这种采样称为均匀采样。为简化起见，采样信号 $e^*(t)$ 也可用序列 $e(kT)$ 表示，进一步简化用 $e(k)$ 表示，k 为整数。

2. 采样定理

经过采样以后的信号为时间上离散的信号值，那么，采样后的信号能否包含连续信号的全部信息呢？显然，采样周期 T 的合理选取是非常关键的，采样周期 T 越短，采样信号 $e^*(t)$ 就越接近连续信号 $e(t)$。如果采样周期 T 足够小，由 $e^*(t)$ 经过理想低通滤波器就可复现原始的连续模拟信号 $e(t)$。

香农(Shannon)采样定理指出：只要采样频率 f_s 大于或等于信号 $e(t)$ 中最高频率(包括噪声频率) f_{max} 的两倍，即 $f_s\geqslant 2f_{max}$，则采样信号 $e^*(t)$ 就能包含 $e(t)$ 的所有信息。也就是说，通过理想滤波器由 $e^*(t)$ 可以唯一地复现 $e(t)$。采样定理的理论意义在于指出了采样信号 $e^*(t)$ 可以取代原始模拟信号 $e(t)$，而不丢失信息的可能和条件，从理论上给出了采样频率 f_s 的下限值。实际应用中，一般取 $f_s=(5\sim10)f_{max}$，或更高。

3. 信号的量化

经过采样后得到的离散模拟信号本质上还是模拟信号，不能直接送入计算机，还须经过量化，变成数字信号后才能被计算机接收和处理。

量化就是用一组数码(如二进制码)逼近离散模拟信号的幅值，将其转换为数字信号。将离散模拟信号转换为数字信号的过程称为量化过程，其中进行量化处理的装置为模/数(A/D)转换器。

量化过程就是用一定长的二进制数码的最低有效值(即所表示的物理量的数值)作为最小整数单位(即量化单位 q)，并用相同字长的二进制数码将采样信号 $e^*(t)$ 的模拟量幅值表示为量化单位 q 的整数倍。

把在 $A_{min}\sim A_{max}$ 幅值范围内变化的采样信号 $e^*(t)$ 通过字长为 n 的A/D转换器，对应的数字量将在 $0\sim(2^n-1)$ 范围内变化，其量化单位定义为

$$q=\frac{A_{\max}-A_{\min}}{2^n-1} \tag{4-4}$$

4. 采样信号的复现和零阶保持器

把离散模拟信号转换成连续模拟信号的过程称为信号的复现或恢复。理论上，采样信号 $e^*(t)$通过理想低通滤波器滤掉1/2采样频率 f_s 以上的信号就能复现出 $e(t)$，但实际上这样的低通滤波器很难实现。通常采用采样保持器实现低通滤波，最简单、最常用的是零阶保持器，其采用恒值外推原理把 $e^*(t)$在 kT 时刻的值 $e^*(kT)$一直保持到$(k+1)T$ 时刻，从而把 $e^*(t)$变成了阶梯信号 $e_h(t)$，处在采样区间内的值恒定不变，其导数为0，故称为零阶保持器，简写为ZOH(Zero-Order-Hold)。

ZOH的单位脉冲响应为$h(t)=u(t)-u(t-T)$，其中 $u(t)$为单位阶跃函数，如图4.3(a)所示。ZOH对一般信号的响应如图4.3(b)所示。

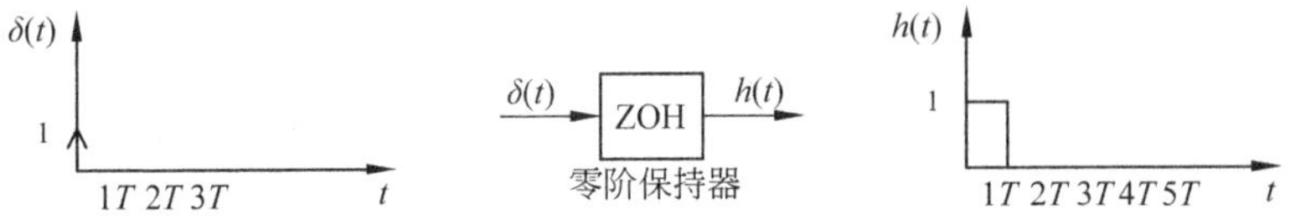

(a) ZOH的单位脉冲响应

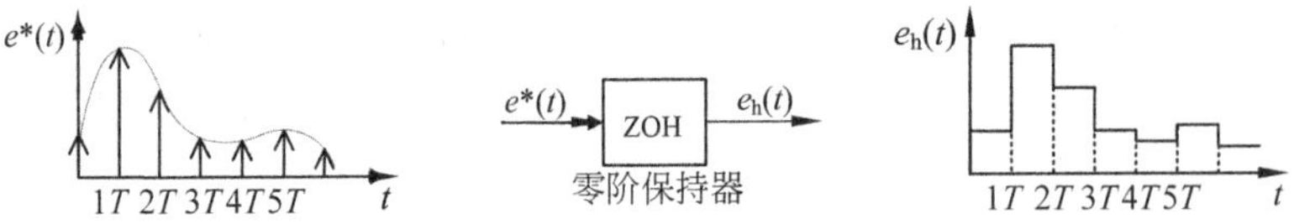

(b) ZOH对一般信号的响应

图4.3　零阶保持器的响应

ZOH的时域表达式为

$$e_h(t)=e^*(kT),\quad kT\leqslant t\leqslant (k+1)T \tag{4-5}$$

对ZOH的 $h(t)$求拉普拉斯变换可得其传递函数 $G_h(s)$。

$$G_h(s)=L[h(t)]=L[u(t)-u(t-T)]=\frac{1}{s}-\frac{1}{s}\cdot e^{-Ts}=\frac{1-e^{-Ts}}{s} \tag{4-6}$$

4.2　计算机控制系统的数学描述

4.2.1　序列和差分方程

1. 序列

如前所述，在均匀采样的情况下，离散时间信号 $f^*(t)$也可用离散序列(也称数字序列)$f(kT)$表示或进一步简化用 $f(k)$表示，$k=0,1,2,\cdots,k$ 为整数。单位脉冲序列 $\delta(k)$和单位

阶跃序列 $u(k)$(有时也记为 $1(k)$)是最基本的两个序列。

单位脉冲序列 $\delta(k)$ 定义为

$$\delta(k)=\begin{cases}1, & k=0\\0, & k\neq 0\end{cases}$$

单位阶跃序列 $u(k)$ 定义为

$$u(k)=\begin{cases}1, & k\geqslant 0\\0, & k<0\end{cases}$$

对任一采样信号 $f^*(t)$,如果知道其在 $t=kT$ 的值,也就是 $f(k)$ 或 $f(kT)$,很容易写出相应的代数式和序列图。例如,已知

$$f^*(t)=\delta(k)+3\delta(k-1)-\delta(k-2)+5\delta(k-3)-2\delta(k-4)+\cdots$$

则相应的序列 $f(k)$ 为

$$f(k)=\begin{cases}1, & k=0\\3, & k=1\\-1, & k=2\\5, & k=3\\-2, & k=4\\\vdots, & k>4\end{cases}$$

序列也可用序列图表示,如图 4.4 所示为 $\delta(k)$、$u(k)$、$f(k)$ 的序列图。

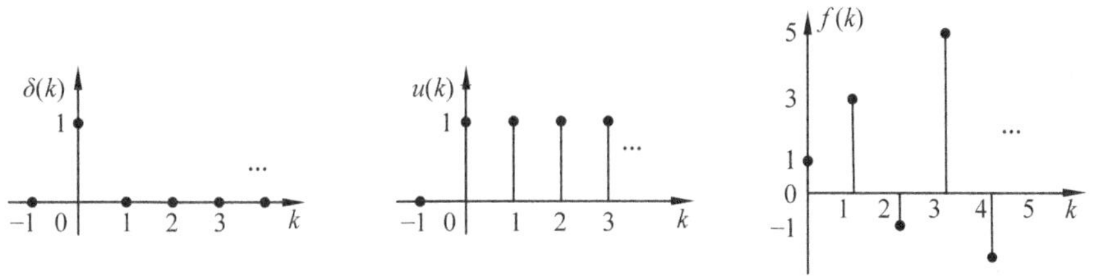

图 4.4　$\delta(k)$、$u(k)$、$f(k)$ 的序列图

2. 差分的定义

$f(k)$ 的一阶前向差分定义为

$$\Delta f(k)=f(k+1)-f(k)$$

$f(k)$ 的二阶前向差分定义为

$$\begin{aligned}\Delta^2 f(k)&=\Delta f(k+1)-\Delta f(k)=[f(k+2)-f(k+1)]-[f(k+1)-f(k)]\\&=f(k+2)-2f(k+1)+f(k)\end{aligned}$$

$f(k)$ 的 n 阶前向差分定义为

$$\Delta^n f(k)=\Delta^{n-1}f(k+1)-\Delta^{n-1}f(k)$$

由于在求 $f(k)$ 的一阶前向差分时要用到 $f(k+1)$,这在实时控制系统中难以求出,所以在控制系统中经常使用后向差分。$f(k)$ 的一阶后向差分定义为

$$\nabla f(k)=f(k)-f(k-1)$$

$f(k)$的二阶后向差分定义为

$$\nabla^2 f(k)=\nabla f(k)-\nabla f(k-1)=[f(k)-f(k-1)]-[f(k-1)-f(k-2)]$$
$$=f(k)-2f(k-1)+f(k-2)$$

$f(k)$的 n 阶后向差分定义为

$$\nabla^n f(k)=\nabla^{n-1} f(k)-\nabla^{n-1} f(k-1)$$

离散系统中的差分概念与连续系统中的微分类似，但在计算机中更容易计算。

3. 差分方程

对离散信号系统，设输入为 $r(k)$，输出为 $y(k)$，系统为一变换 $T[\cdot]$，则 $y(k)=T[r(k)]$。同样，系统 $T[\cdot]$可通过建立变量 $r(k)$与 $y(k)$之间的差分方程来描述。

与连续系统类似，对单变量输入单变量输出的离散系统，其一般表示形式为

$$y(k)+a_1y(k-1)+a_2y(k-2)+\cdots+a_ny(k-n)$$
$$=b_0r(k)+b_1r(k-1)+b_2r(k-2)+\cdots+b_mr(k-m)$$

或写成

$$\sum_{i=0}^{n} a_i y(k-i)=\sum_{j=0}^{m} b_j r(k-j) \tag{4-7}$$

其中，$a_i(i=0,1,2,\cdots,n)$和 $b_j(j=0,1,2,\cdots,m)$为常数。根据系统的差分方程和输入 $r(k)$，也可求出系统的输出 $y(k)$。式(4-7)是差分方程表示的离散系统模型，其在形式上比连续系统的微分方程简单许多。

在计算机控制系统中，求解差分方程最常用的方法是迭代法。下面通过例子介绍迭代法求解差分方程的过程。

例如，已知差分方程 $y(k)-0.8y(k-1)=0.2r(k)$在零状态条件下，即当 $k<0$ 时，$r(k)=0$，$y(k)=0$，求 $r(k)=u(k)$时的 $y(k)$。

迭代法求解过程是先求出 $k=0$ 时的 $y(k)$，即 $y(0)$，然后依次求出 $y(1)$，$y(2)$，…，如

$$y(0)=0.8y(0-1)+0.2r(0)=0.8\times 0+0.2\times 1=0.2$$
$$y(1)=0.8y(1-1)+0.2r(1)=0.8\times 0.2+0.2\times 1=0.36$$
$$y(2)=0.8y(2-1)+0.2r(2)=0.8\times 0.36+0.2\times 1=0.488$$
$$\vdots$$

迭代法求解差分方程的计算过程见表 4.1。

表 4.1 迭代法求解差分方程的计算过程

k	<0	0	1	2	3	4	5	6	7	8	…
$r(k)$	0	1	1	1	1	1	1	1	1	1	…
$y(k)$	0	0.2	0.36	0.488	0.590	0.672	0.738	0.790	0.832	0.866	…

通过其他方法可求出该差分方程的全解为 $y(k)=1-0.8^{-k}$，只要给出任一 k 值，就能求

出相应的 $y(k)$。

用迭代法求解虽然不能直接给出某一公式，也不能由任一 k 马上求出 $y(k)$，但在控制系统中却非常实用，因为在实时控制系统中很难得到给定值 $r(k)$ 的所有值，也不需要一下全部求出所有的 $y(k)$，只要根据依次给出的 $r(k)$ 逐一求出相应的 $y(k)$ 就可以了。由迭代法求解差分方程的算法非常简单。

4.2.2 z 变换与 z 反变换

z 变换分析方法是分析线性离散系统的重要方法之一。利用 z 变换可以很方便地分析离散系统的稳定性、稳态特性和动态特性。z 变换分析方法还可用来设计线性离散系统。

1. z 变换的定义

设离散控制系统中某处的离散信号为 $f^*(t)$，则 $f^*(t)$ 可表示为

$$f^*(t)=\sum_{k=-\infty}^{\infty}f(kT)\cdot\delta(t-kT) \tag{4-8}$$

对其进行拉普拉斯变换，可得

$$F^*(s)=L[f^*(t)]=L\left[\sum_{k=-\infty}^{\infty}f(kT)\cdot\delta(t-kT)\right]=\sum_{k=-\infty}^{\infty}f(kT)\cdot\mathrm{e}^{-kTs} \tag{4-9}$$

令 $z=\mathrm{e}^{Ts}$，$F(z)=F^*(s)$，则有

$$F(z)=\sum_{k=-\infty}^{\infty}f(kT)\cdot z^{-k}$$

或简记为

$$F(z)=\sum_{k=-\infty}^{\infty}f(k)\cdot z^{-k} \tag{4-10}$$

对因果系统，设 $k<0$ 时，$f(k)=0$，则有

$$F(z)=\sum_{k=0}^{\infty}f(k)\cdot z^{-k} \tag{4-11}$$

由于 $f^*(t)$ 由 $f(t)$ 采样得到，因此可以用 $f(kT)$ 或 $f(k)$ 表示，所以 $f^*(t)$ 的 z 变换 $Z[f^*(t)]$ 也可以记为 $Z[f(t)]$，$Z[F(s)]$，或 $Z[f(kT)]$，为了简单起见，常采用 $Z[f(k)]$ 表示。

离散系统中，由序列 $f(k)$ 求 $F(z)$ 要比连续系统中由 $f(t)$ 求 $F(s)$ 容易得多，例如

对 $\delta(k)=\begin{cases}1, & k=0\\0, & k\neq 0\end{cases}$，有 $Z[\delta(k)]=1$；

对 $u(k)=\begin{cases}1, & k\geqslant 0\\0, & k<0\end{cases}$，有 $Z[u(k)]=1+z^{-1}+z^{-2}+z^{-3}+\cdots=\dfrac{1}{1-z^{-1}}$

对序列 $f(k)=\begin{cases}1, & k=0\\ 3, & k=1\\ -1, & k=2\\ 5, & k=3\\ -2, & k=4\\ \vdots, & k>4\end{cases}$，有 $Z[f(k)]=1+3z^{-1}-z^{-2}+5z^{-3}-2z^{-4}+\cdots$

由此可见，只要依次给出 $f(k)$ 的值，就可写出 $Z[f(k)]$ 中关于 z^{-i} 的各项系数。也就是说，只要知道 $f(k)$ 在各 k 时刻的值，就能写出 $Z[f(k)]$ 的关于 z^{-1} 的表达式。

采样脉冲序列进行 z 变换的写法有 $Z[f^*(t)]$，$Z[f(t)]$，$Z[f(kT)]$，$Z[F(s)]$。

在 z 变换中，z^{-1} 有明显的物理意义，乘上一个 z^{-1} 算子，相当于延时 1 个采样周期 T，z^{-1} 可称为单位延迟因子。而在拉普拉斯变换中，s 算子的物理意义则很难描述。

控制系统的采样过程相当于获得输入信号的 z 变换表达式。

2. z 反变换

由序列 $f(k)$ 可求出 $F(z)$，反之，由 $F(z)$ 也可求出 $f(k)$，这就是 z 反变换。z 变换与 z 反变换可以用变换对形式表示：$f(k)\leftrightarrow F(z)$。

$$Z^{-1}[F(z)]=f^*(t) \quad 或 \quad Z^{-1}[F(z)]=f(kT)$$

如果 $F(z)$ 是关于 z^{-1} 的多项式，则容易得到相对的序列 $f(k)$ 及序列图。例如，已知 $F(z)$ 为

$$F(z)=1+3z^{-1}-z^{-2}+5z^{-3}-2z^{-4}+\cdots$$

则相应的序列为

$$f(k)=\delta(k)+3\delta(k-1)-\delta(k-2)+5\delta(k-3)-2\delta(k-4)+\cdots$$

相应的序列图如图 4.4 所示。

如果 $F(z)$ 是关于 z^{-1} 的分式表达式，则通过长除法转换为关于 z^{-1} 的多项式表达式。例如，已知 $F(z)$ 为

$$F(z)=\frac{10z^{-1}}{1-1.5z^{-1}+0.5z^{-2}}$$

通过多项式除法，可求出

$$F(z)=10z^{-1}+15z^{-2}+17.5z^{-3}+18.75z^{-4}+\cdots$$

对应的序列为

$$f(k)=10\delta(k-1)+15\delta(k-2)+17.5\delta(k-3)+18.75\delta(k-4)+\cdots$$

时域的采样信号为

$$f^*(t)=10\delta(t-T)+15\delta(t-2T)+17.5\delta(t-3T)+18.75\delta(t-4T)+\cdots$$

对 $F(z)$ 的分式表达式，也可通过其他方法求出序列 $f(k)$。

$$f(k)=\sum_{i=0}^{\infty}20(1-0.5^i)\delta(k-i)$$

3. z 变换的性质

z 变换的性质与拉普拉斯变换的性质类似。本书介绍几种常用的性质，其他性质请参考“信号与系统”及“数字信号处理”等课程。

1）线性性质

设有 $Z[f_1(kT)]=F_1(z)$，$Z[f_2(kT)]=F_2(z)$，且 a、b 为常数，则有

$$Z[af_1(kT)] = aF_1(z)$$
$$Z[bf_2(kT)] = bF_2(z)$$
$$Z[af_1(kT)+bf_2(kT)] = aF_1(z)+bF_2(z)$$

根据这个性质，可以说 z 变换是一种线性变换，或者说是一种线性算子。

2）右移(滞后)定理

设 $Z[f(kT)]=F(z)$，且 $kT<0$ 时，$f(kT)=0$，则有

$$Z[f(kT-nT)] = z^{-n}F(z)$$

这就是离散信号的滞后性质，z^{-n} 代表滞后环节，它表明 $f(kT-nT)$ 与 $f(kT)$ 两个信号的形状相同，只是前者比后者沿时间轴向右平移了(或说滞后了)nT 个采样周期。

3）左移(超前)定理

设 $Z[f(kT)]=F(z)$，且 $kT<0$ 时，$f(kT)=0$，则有

$$Z[f(kT+nT)] = z^nF(z)-\sum_{j=0}^{n-1}z^{n-j}f(jT)$$
$$= z^n\left[F(z)-\sum_{j=0}^{n-1}z^{-j}f(jT)\right]$$

这就是离散信号的超前性质，z^n 代表超前环节，表示输出信号超前于输入信号 nT 个采样周期。z^n 在运算中是有用的，但实际上是不存在超前环节的。

当 $n=1$ 时，有 $Z[f(kT+T)]=zF(z)-zf(0)$。

4）初值定理

设 $Z[f(kT)]=F(z)$，则有

$$f(0) = \lim_{k\to 0}f(kT) = \lim_{z\to\infty}F(z)$$

5）终值定理

设 $Z[f(kT)]=F(z)$，且 $\lim\limits_{z\to 1}(1-z^{-1})F(z)$ 存在，$(1-z^{-1})F(z)$ 在单位圆上及单位圆外无极点，则有

$$f(\infty) = \lim_{k\to\infty}f(kT) = \lim_{z\to 1}(z-1)F(z)$$

4.2.3　计算机控制系统的脉冲传递函数

1. 脉冲传递函数的定义

在连续系统中，常用传递函数研究系统的特性，对采样系统或离散系统，同样也可以在 z 域通过脉冲传递函数研究它们的特性。脉冲传递函数又称为离散传递函数。

与连续系统传递函数的定义类似，离散系统的脉冲传递函数（也称为 z 传递函数）可定义为，在初始条件为零时，系统输出量 z 变换与输入量 z 变换之比，即

$$G(z)=\frac{Y(z)}{R(z)}$$

其中，$Y(z)$为系统输出序列 $y(k)$的 z 变换；$R(z)$为输入序列 $r(k)$的 z 变换。

图 4.5(a)表示了一个离散系统 $G(z)$的框图。图 4.5(b)表示了在连续系统基础上通过采样开关形成的离散系统。

(a) 离散系统G(z)的框图

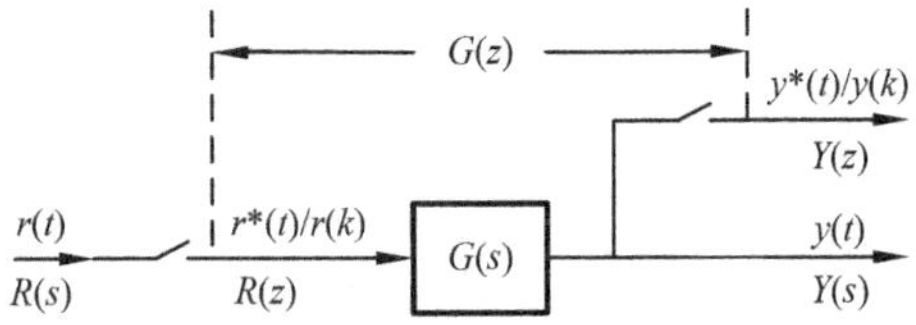

(b) 在连续系统基础上通过采样开关形成的离散系统

图 4.5　系统的脉冲传递函数

$G(z)$可表示为关于 z^{-1}多项式的分式。

$$G(z)=\frac{Y(z)}{R(z)}=\frac{\sum_{j=0}^{m}b_j z^{-j}}{\sum_{i=0}^{n}a_i z^{-i}} \tag{4-12}$$

对于实际的物理系统，多项式 $R(z)$和 $Y(z)$的系数均为实数，且 $R(z)$的阶次 n 大于或等于 $Y(z)$的阶次 m。

与连续系统一样，脉冲传递函数 $G(z)$还可以用系统增益、系统零点和系统极点表示如下。

$$\begin{aligned}G(z)&=\frac{Y(z)}{R(z)}=K\frac{(z-z_1)(z-z_2)(z-z_3)\cdots(z-z_m)}{(z-p_1)(z-p_2)(z-p_3)\cdots(z-p_n)}\\&=K\frac{\prod_{j=1}^{m}(z-z_j)}{\prod_{i=1}^{n}(z-p_i)}\end{aligned} \tag{4-13}$$

式中，$z_1,z_2,z_3,\cdots,z_m$ 是 $Y(z)=0$ 的根，称为脉冲传递函数的零点；$p_1,p_2,p_3,\cdots,p_n$ 是 $R(z)=0$ 的根，称为脉冲传递函数的极点；K 为系统的增益（放大倍数），这就是离散系统的零极点增益模型。

2. 开环脉冲传递函数

和连续系统一样，离散系统也可以用方块图描述。其方块图描述所用符号与连续系统

相同，但增加了采样开关。由于在采样系统中既有连续环节，又有计算机那样的离散环节，而且采样开关的位置也不完全相同，因此方块图等效变换的具体做法与连续系统稍有差别。下面讨论几种典型的开环脉冲传递函数。

1）采样系统中连续部分的结构形式

图 4.6 给出了采样系统中连续部分的 4 种结构形式。

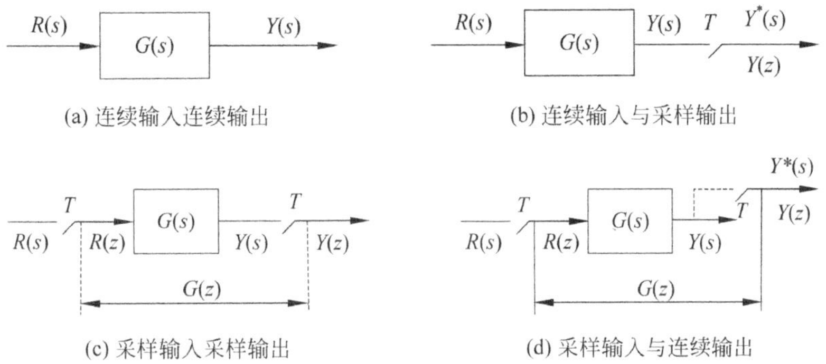

图 4.6　连续部分的 4 种结构形式

图 4.6(a)所示结构是常见的连续输入连续输出的结构，此时 $Y(s)=G(s)R(s)$。

图 4.6(b)所示结构是连续输入与采样输出，此时 $Y^*(s)=[G(s)R(s)]^*$，其 z 变换为 $Y(z)=Z[G(s)R(s)]=GR(z)$。注意，$GR(z)$ 表示对 $G(s)$ 与 $R(s)$ 的乘积 $G(s)R(s)$ 作 z 变换。

图 4.6(c)所示结构是采样输入与采样输出，此时按脉冲传递函数的定义 $Y(z)=G(z)R(z)$，其中 $G(z)=Z[G(s)]$。

图 4.6(d)所示结构是采样输入与连续输出，此时 $Y(s)=G(s)R^*(s)$，式中，$R^*(s)$是采样序列 $r^*(t)$的拉普拉斯变换。如果要研究输出在采样时刻的信息 $y^*(t)$，可以在输出端虚设一个采样开关，这样就与图 4.6(c)所示结构相同了。

从上述的分析可以看出，并不是所有结构都能写出环节的脉冲传递函数，图 4.6(b)与图 4.6(d)图所示结构都只能写出输出的表达式，不能写出它的脉冲传递函数。只有当输入信号及输出信号均有采样开关，或者说，它们均为离散信号时，才能写出它们之间的脉冲传递函数。

2）串联环节的脉冲传递函数

常用的环节串联结构有两种形式：两个连续环节之间有采样开关和两个连续环节之间没有采样开关。

对于第一种形式，由于两个环节之间有采样开关，输入输出也均有采样开关，这样，每个环节的输入输出都是离散信号，环节串联的等效脉冲传递函数为两个环节的脉冲传递函数的乘积，如图 4.7(a)所示。

$$U(z)=G_1(z)R(z) \tag{4-14}$$

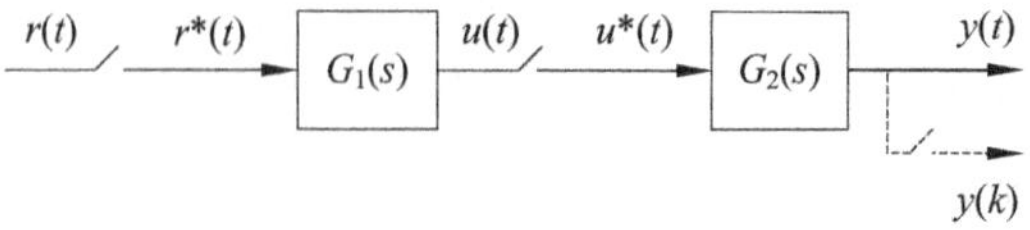

(a) 两个连续环节之间有采样开关

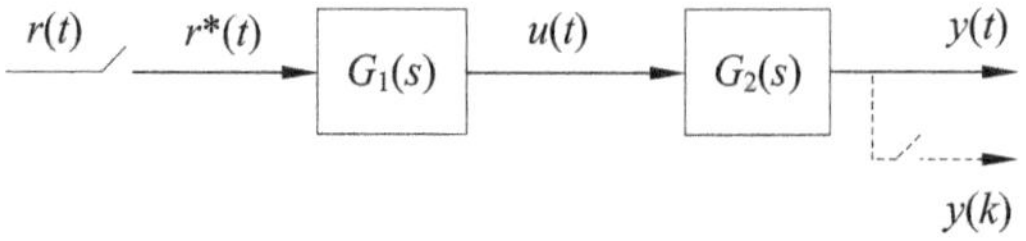

(b) 两个连续环节之间没有采样开关

图 4.7　串联环节框图的两种形式

$$Y(z)=G_2(z)U(z) \tag{4-15}$$

式中，$G_1(z)=Z[G_1(s)]$，$G_2(z)=Z[G_2(s)]$。将 $U(z)$ 代入式(4-15)中，可得

$$Y(z)=G_2(z)G_1(z)R(z) \tag{4-16}$$

所以

$$G(z)=\frac{Y(z)}{R(z)}=G_1(z)G_2(z) \tag{4-17}$$

类似地，几个环节串联，且串联环节之间都有采样开关隔开时，等效的脉冲传递函数等于几个环节的脉冲传递函数之积。

$$G(z)=Z[G_1(s)]\cdot Z[G_2(S)]\cdots Z[G_n(s)]=G_1(z)G_2(z)\cdots G_n(z) \tag{4-18}$$

对于第二种形式，如图 4.7(b)所示，当两个连续环节之间没有采样开关隔开时，这两个环节串联后形成的连续函数为 $G(s)=G_1(s)G_2(s)$，$G(s)$ 可以看成一个独立环节。按定义，输出采样信号 $Y(z)=G(z)R(z)$，而

$$G(z)=Z[G_1(s)G_2(s)]=G_1G_2(z) \tag{4-19}$$

可见，两个环节之间无采样开关，它们的等效脉冲传递函数等于两个连续环节乘积的 z 变换。同理，此结论也适用于多个环节串联而无采样开关隔开的情况，即

$$G(z)=Z[G_1(s)G_2(s)\cdots G_n(s)]=G_1G_2\cdots G_n(z) \tag{4-20}$$

注意，两个连续环节串联之后的 z 变换并不等于每个环节的 z 变换之积，即

$$G_1(z)G_2(z)\neq G_1G_2(z) \tag{4-21}$$

3）带有零阶保持器的开环系统的脉冲传递函数

带有零阶保持器的开环离散控制系统的结构如图 4.8 所示，其开环脉冲传递函数为

$$\begin{aligned}G(z)&=Z\left[\frac{1-\mathrm{e}^{-Ts}}{s}\cdot G(s)\right]\\&=Z\left[(1-\mathrm{e}^{-Ts})\cdot\frac{G(s)}{s}\right]\\&=(1-z^{-1})Z\left[\frac{G(s)}{s}\right]\end{aligned} \tag{4-22}$$

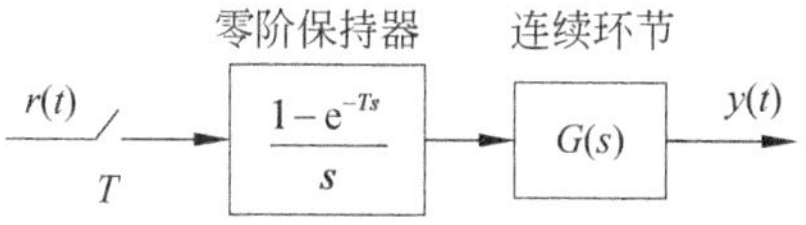

图 4.8 带有零阶保持器的开环系统

3. 闭环脉冲传递函数

大多数自动生产系统为了提高控制精度和效果，都采用闭环控制方式，其对应的系统结构图也是含闭环的结构图。在连续系统中，闭环传递函数与相应开环传递函数之间有确定关系，所以可以用典型结构图描述一个闭环系统。但在采样系统中，由于采样开关位置不同，闭环传递函数也不同，所以在求闭环传递函数时应特别注意采样开关的位置。在这种情况下，只有针对具体的系统结构图，采取边分析边列出相应解析式的方法，才能正确求出它的脉冲传递函数或系统输出量的 z 变换式。下面就常见的采样系统结构讨论闭环系统的等效脉冲传递函数的求取。

图 4.9 所示为一种典型的离散控制系统的结构图。若系统输出是连续的，为了将它变换成离散系统，在输出端加入虚拟采样开关，表示仅研究系统在各采样点离散时刻的输出值。

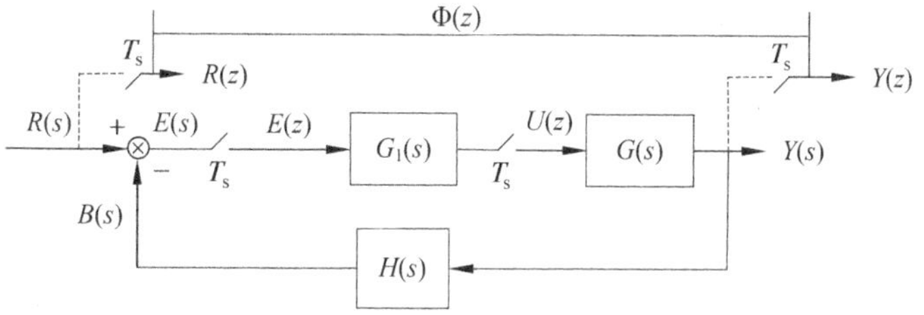

图 4.9 离散控制系统的典型结构

由图 4.9 可知，

$$B(s)=Y(s)H(s)=E^*(s)G_1(s)G(s)H(s) \tag{4-23}$$

$$\begin{aligned}E(s)&=R(s)-B(s)\\&=R(s)-E^*(s)G_1(s)G(s)H(s)\end{aligned} \tag{4-24}$$

考虑到离散信号拉普拉斯变换的相关性质，偏差信号离散化后的 s 变换为

$$E^*(s)=R^*(s)-E^*(s)G_1^*(s)GH^*(s) \tag{4-25}$$

即

$$E(z)=R(z)-E(z)G_1(z)GH(z) \tag{4-26}$$

离散系统误差脉冲传递函数定义为

$$\Phi_e(z)=\frac{E(z)}{R(z)}=\frac{1}{1+G_1(z)GH(z)} \tag{4-27}$$

可以推出

$$E(z)=\frac{1}{1+G_1(z)GH(z)}R(z) \tag{4-28}$$

进而可以得到

$$Y(z)=\frac{G_1(z)G(z)}{1+G_1(z)GH(z)}R(z) \tag{4-29}$$

则线性离散系统闭环脉冲传递函数为

$$\Phi(z)=\frac{Y(z)}{R(z)}=\frac{G_1(z)G(z)}{1+G_1(z)GH(z)} \tag{4-30}$$

由式(4-30)可见，闭环脉冲传递函数的求取方法与连续系统类似。唯一要注意的问题是，在求取正向通道的传递函数及反馈通道的传递函数时，要使用独立环节的脉冲传递函数。所谓独立环节，是指在两个采样开关之间的环节(不管其中有几个连续环节串联或并联)。

应该注意：离散系统的闭环脉冲传递函数不能由对应的连续系统的传递函数的 z 变换直接得到，即

$$\Phi(z)\neq Z[\Phi(s)] \tag{4-31}$$

表 4.2 列出了一些常见的离散系统结构图及输出表达式。

表 4.2　常见的离散系统结构图及输出表达式

序号	结　构　图	$Y(z)$
1	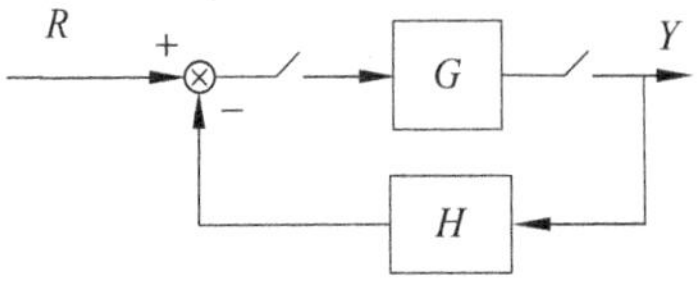	$Y(z)=\dfrac{G(z)R(z)}{1+G(z)H(z)}$
2	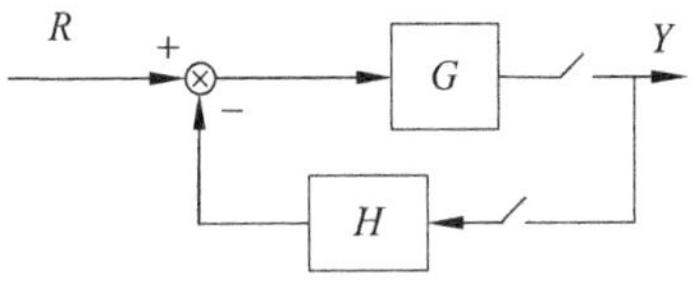	$Y(z)=\dfrac{RG(z)}{1+HG(z)}$
3	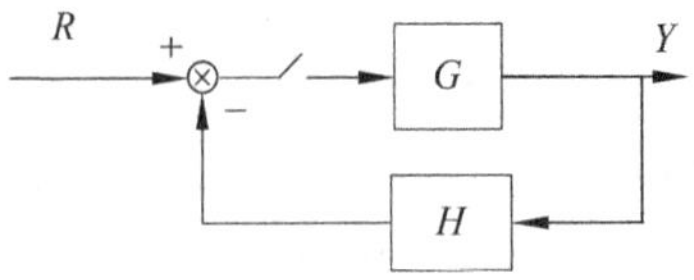	$Y(z)=\dfrac{G(z)R(z)}{1+GH(z)}$
4	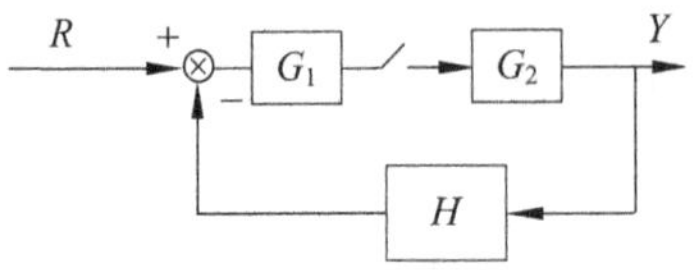	$Y(z)=\dfrac{G_2(z)G_1R(z)}{1+G_1G_2H(z)}$

续表

序号	结　构　图	$Y(z)$
5	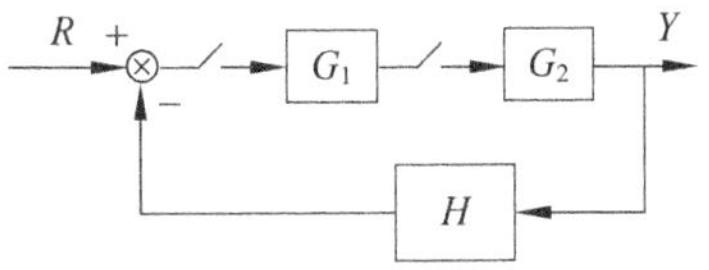	$Y(z)=\dfrac{G_1(z)G_2(z)R(z)}{1+G_1(z)G_2H(z)}$
6	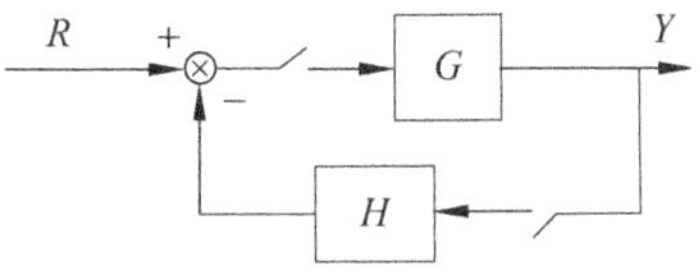	$Y(z)=\dfrac{G(z)R(z)}{1+G(z)H(z)}$
7	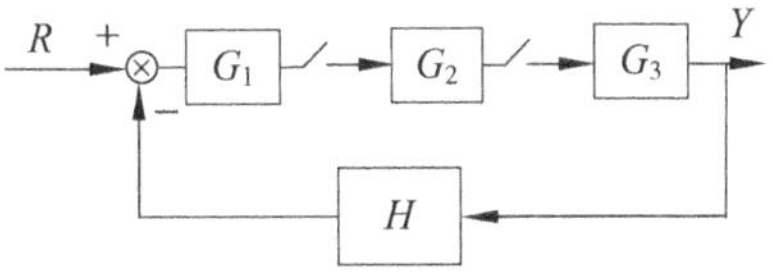	$Y(z)=\dfrac{G_2(z)G_3(z)G_1R(z)}{1+G_2(z)G_1G_3H(z)}$
8	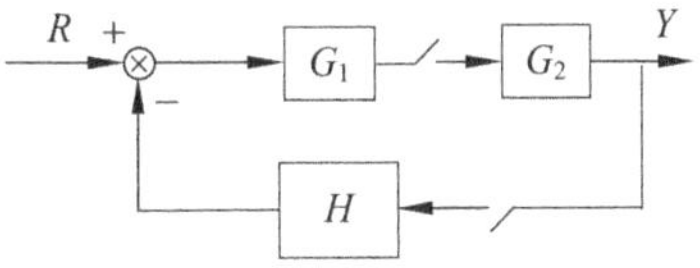	$Y(z)=\dfrac{G_2(z)G_1R(z)}{1+G_2(z)G_1H(z)}$

4.3　离散控制系统的分析

建立起离散系统的数学模型(脉冲传递函数)之后,就能够分析离散系统各方面的性能。离散控制系统的分析与连续控制系统的性能分析类似,主要包括对系统稳定性、稳态特性及动态响应特性的分析。

由于离散系统的拉普拉斯变换是 s 的超越函数,所以不能直接使用连续系统的相关分析方法。离散系统的分析必须在 z 变换的基础上进行。为了使用 z 变换法分析线性离散系统的稳定性,本节首先介绍 S 平面和 Z 平面的映射关系,了解 S 平面和 Z 平面的映射,就可由连续系统的规则直接得出相应离散控制系统的规则。

4.3.1　*S* 平面和 *Z* 平面之间的映射

根据 z 变换的定义,S 平面和 Z 平面的映射关系如下。

定义 z 变换时,令 $z=e^{Ts}$,s 和 z 均为复变量,T 为采样周期。将 S 平面用直角坐标表示如下。

$$s=\sigma+j\Omega$$

而 Z 平面用极坐标表示如下。

$$z = re^{j\omega}$$

根据 z 变换的定义，有

$$re^{j\omega} = e^{(\sigma+j\Omega)T} = e^{\sigma T}e^{j\Omega T}$$

z 的模为 $r=e^{\sigma T}$，z 的相角为 $\omega=\Omega T$。

上式说明 z 的模 r 仅与 s 的实部 σ 对应，而 z 的相角 ω 仅与 s 的虚部 Ω 对应。

1. r 与 σ 的关系

由 $r=e^{\sigma T}$ 可知，当 $\sigma=0$ 时，$r=1$，这表明 S 平面虚轴映射为 Z 平面的单位圆。

当 $\sigma<0$ 时，$r>1$，这表明 S 左半平面映射为 Z 平面的单位圆内部，这样的映射可以保证稳定的连续系统变换成离散系统之后仍然是稳定的。

当 $\sigma>0$ 时，$r>1$，这表明 S 右半平面映射为 Z 平面的单位圆外部，这样就使得原来不稳定的连续系统变换为离散系统后仍不稳定。

2. ω 与 Ω 的关系

由于 $\omega=\Omega T$，因此当 Ω 由 $-\pi/T$ 增长到 π/T 时，对应的 ω 由 $-\pi$ 增长到 π，即 S 平面宽为 $2\pi/T$ 的一个水平条带相当于 Z 平面幅角转了一周，也就是覆盖了整个 Z 平面。因此，Ω 每增加 $2\pi/T$，ω 相应地增加一个 2π。也就是说，Ω 是 ω 的周期函数。所以，S 平面到 Z 平面的映射是多值映射。S 平面到 Z 平面的映射如图 4.10 所示。

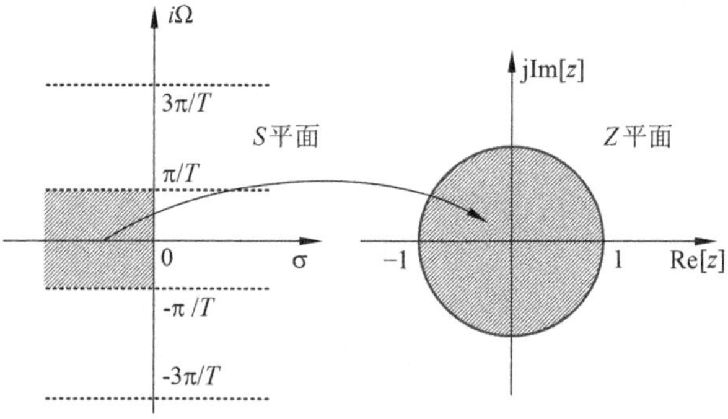

图 4.10　S 平面到 Z 平面的映射

4.3.2　线性离散系统的稳定性判据

根据自动控制理论，连续系统稳定的充要条件是系统的传递函数的特征根全部位于 S 域左半平面，而对离散系统稳定的充要条件是系统脉冲传递函数的特征根全部位于 Z 平面的单位圆内。因此，只要求出线性离散系统的脉冲传递函数的特征根，即可判断系统的稳定性。

对于低阶离散系统，其脉冲传递函数的特征根求取比较简单，但是对三阶以上系统的特征方程的求解比较困难。与连续系统稳定性可以用稳定性判据判别一样，离散系统稳定性也可以用稳定性判据判别。离散系统稳定性的判别方法有很多，如劳斯稳定判据、朱利稳定判据与雷伯儿(Raibel)稳定判据等。下面介绍最常用的劳斯稳定判别法。

在连续系统中，劳斯判据是通过判别闭环特征根是否均位于 S 左半平面，从而确定系统的稳定性。在离散系统中，由于稳定性取决于根是否全部位于单位圆内，所以不能直接引用劳斯判据，必须寻求一种变换，使 Z 平面上的单位圆映射到一个新平面的虚轴以左，称该新平面为 W 平面。经过 $Z-W$ 变换，便可以直接应用劳斯判据了。

$Z-W$ 变换称为双线性变换，可定义为

$$z=\frac{w+1}{w-1}\quad\left(\text{或 } z=\frac{1+w}{1-w}\right)$$

z 与 w 分别为 Z 平面和 W 平面的复数。设 $z=x+\mathrm{j}y$，$w=u+\mathrm{j}v$，将 z 代入 w 的表达式，并将实部、虚部进行分解，可得

$$\begin{aligned}w=u+\mathrm{j}v&=\frac{z+1}{z-1}=\frac{x+\mathrm{j}y+1}{x+\mathrm{j}y-1}=\frac{[(x+1)+\mathrm{j}y][(x-1)-\mathrm{j}y]}{(x-1)^2+y^2}\\&=\frac{x^2+y^2-1}{(x-1)^2+y^2}-\mathrm{j}\frac{2y}{(x-1)^2+y^2}\end{aligned}$$

W 平面的实部 $u=\dfrac{x^2+y^2-1}{(x-1)^2+y^2}$，对于 W 平面的虚轴，有 $u=0$，即 $x^2+y^2-1=0$，即 $x^2+y^2=1$。也就是说，W 平面的虚轴为 Z 平面的单位圆方程。

可见，Z 平面与 W 平面有如下映射关系。

(1) Z 平面的单位圆映射为 W 平面的虚轴，即 $u=0$(实部等于 0)，为临界稳定区域。

(2) Z 平面的单位圆外的区域映射为 W 平面的右半平面，即 $u>0$(实部大于 0)，为不稳定区域。

(3) Z 平面的单位圆内的区域映射为 W 平面的左半平面，即 $u<0$(实部小于 0)，为稳定区域。

Z 平面到 W 平面的映射如图 4.11 所示。

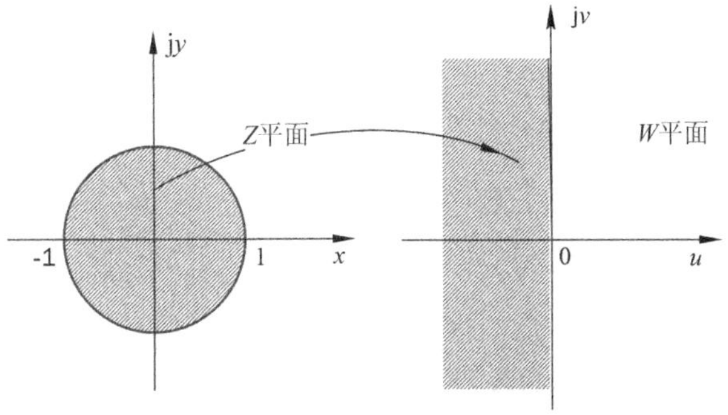

图 4.11 Z 平面到 W 平面的映射

利用 Z-W 平面变换，可以将 Z 平面的特征方程 $A_nz^n+A_{n-1}z^{n-1}+A_{n-2}z^{n-2}+\cdots+A_0=0$ 变为 W 平面的特征方程 $a_nw^n+a_{n-1}w^{n-1}+a_{n-2}w^{n-2}+\cdots+a_0=0$，然后即可直接应用

连续系统中的劳斯判据进行离散控制系统的稳定性判别。

应用劳斯判据进行离散系统稳定性判别的步骤如下。

(1) 求离散系统的特征方程 $D(z)=A_nz^n+A_{n-1}z^{n-1}+A_{n-2}z^{n-2}+\cdots+A_0=0$。

(2) 将 $z=\dfrac{w+1}{w-1}\left(\text{或 } z=\dfrac{1+w}{1-w}\right)$代入特征方程 $D(z)$中,得到 W 平面的特征方程 $a_nw^n+a_{n-1}w^{n-1}+a_{n-2}w^{n-2}+\cdots+a_0=0$。

(3) 若系数 $a_n,a_{n-1},a_{n-2},\cdots,a_0$ 的符号不相同,则系统不稳定。

(4) 建立劳斯表,判断劳斯阵列第一列元素是否全为正,如是,则所有特征根均分布于 W 左半平面,系统稳定;若第一列元素出现负数,则表示系统不稳定。第一列元素符号变化的次数,表示 W 右半平面上特征根的个数。

例 4-1 设线性离散系统如图 4.12 所示,试确定使系统稳定的 K 值的取值范围。

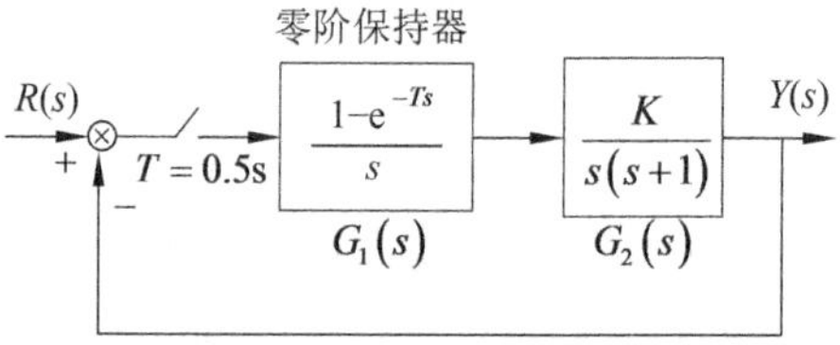

图 4.12 线性离散系统

解:离散系统开环传递函数为

$$G(z)=G_1G_2(z)=\frac{z-1}{z}Z\left[\frac{K}{s^2(s+1)}\right]=\frac{z-1}{z}\cdot Z\left[K\left(\frac{1}{s^2}-\frac{1}{s}+\frac{1}{s+1}\right)\right]$$
$$=K\frac{0.106z+0.091}{z^2-1.606z+0.606}$$

系统的闭环脉冲传递函数为

$$\Phi(z)=\frac{G(z)}{1+G(z)}=\frac{K(0.106z+0.091)}{z^2-1.606z+0.606+K(0.106z+0.091)}$$

系统的特征方程为

$$D(z)=z^2+(0.106K-1.606)z+(0.091K+0.606)=0$$

将 $z=\dfrac{w+1}{w-1}$代入特征方程 $D(z)$得

$$0.197Kw^2+(0.788-0.182K)w+(3.212-0.015K)=0$$

由三阶系统的劳斯稳定判据可知,使系统稳定的 K 值取值条件是

$$\begin{cases}K>0\\0.788-0.182K>0\\3.212-0.015K>0\end{cases}$$

即 $0<K<4.33$。

4.3.3　离散控制系统的稳态特性分析

稳态误差是衡量控制系统精度的一个重要指标，在线性连续控制系统中，稳态精度与输入信号的形式和系统的参数有关，同样，离散控制系统的稳态误差也与输入信号的形式和系统的参数有关。

对如图 4.13 所示的典型离散反馈控制系统，偏差对系统输入的误差脉冲传递函数为

$$\Phi_e(z)=\frac{E(z)}{R(z)}=\frac{1}{1+D(z)G(z)}$$

系统的偏差的 z 变换的表达式为

$$E(z)=\Phi_e(z)R(z)=\frac{1}{1+D(z)G(z)}R(z)$$

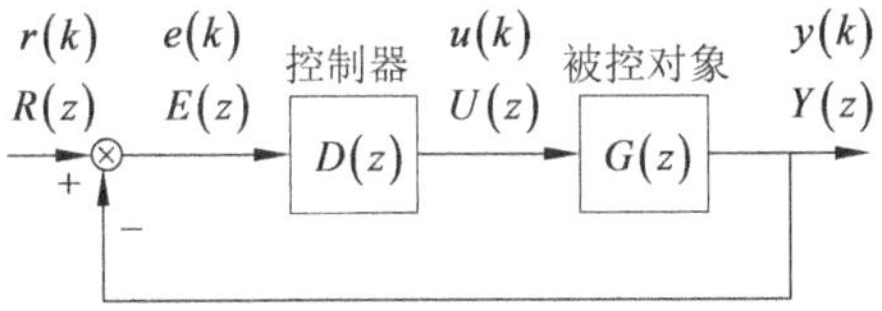

图 4.13　典型的离散反馈控制系统

如果系统是稳定的，根据终值定理可得系统的稳态误差 e_{ss}^* 为

$$e_{ss}^*=\lim_{z\to 1}(1-z^{-1})E(z)=\lim_{z\to 1}(1-z^{-1})\frac{1}{1+D(z)G(z)}R(z)$$

显然，系统的稳态误差与输入 $R(z)$、被控对象脉冲传递函数 $G(z)$、控制器脉冲传递函数 $D(z)$都有关。

与线性连续系统误差分析类似，这里引出离散系统型次的概念。由于 $z=e^{sT}$ 的关系，所以可将原线性连续系统开环传递函数 $D(s)G(s)$在 $s=0$ 处的极点个数 v 作为划分系统型次的标准推广为将离散系统开环脉冲传递函数 $D(z)G(z)$在 $z=1$ 处极点的数目 v 作为离散系统的型次，当 $v=0,1,2,\cdots,n$ 时，分别称为 0 型、Ⅰ型、Ⅱ型离散系统。

下面分别讨论 3 种典型输入信号作用下系统的稳态误差。

(1) 单位阶跃输入时的稳态误差。

对于单位阶跃输入信号 $r(t)=1(t)$，有 $R(z)=\dfrac{1}{1-z^{-1}}$，此时系统的稳态误差为

$$\begin{aligned}e_{ss}^*(t)=e_{ss}(k)&=\lim_{z\to 1}(1-z^{-1})\cdot\frac{1}{1+D(z)G(z)}\cdot\frac{1}{1-z^{-1}}\\&=\lim_{z\to 1}\frac{1}{1+D(z)G(z)}=\frac{1}{1+K_p}\end{aligned}$$

其中，K_p 为系统的静态位置误差系数，定义为 $K_p=\lim\limits_{z\to 1}D(z)G(z)$。

可见，对于 0 型离散系统(即系统开环脉冲传递函数没有 $z=1$ 的极点)，$K_p\neq\infty$，从而稳态误差不为 0；对于Ⅰ型、Ⅱ型以上的系统(即系统开环脉冲传递函数有一个或一个以上 $z=$

1 的极点)，$K_p=\infty$，则稳态误差等于 0。

(2) 单位速度输入时的稳态误差。

对于单位速度输入信号 $r(t)=t$，有 $R(z)=\dfrac{Tz^{-1}}{(1-z^{-1})^2}$，此时系统的稳态误差为

$$e_{ss}^*(t)=e_{ss}(k)=\lim_{z\to 1}(1-z^{-1})\cdot\frac{1}{1+D(z)G(z)}\cdot\frac{Tz^{-1}}{(1-z^{-1})^2}=\frac{1}{K_v}$$

其中，K_v 为系统的静态速度误差系数，定义为 $K_v=\lim\limits_{z\to 1}\dfrac{1}{T}(1-z^{-1})D(z)G(z)$。

可见，对于 0 型离散系统(即系统开环脉冲传递函数没有 $z=1$ 的极点)，$K_v=0$，从而稳态误差为无穷；对Ⅰ型系统，$D(z)G(z)$ 在 $z=1$ 处有一个极点，当输入信号为单位速度函数时，系统的稳态误差为有限值的 $1/K_v$；对于Ⅱ型以上的系统(即系统开环脉冲传递函数有一个或一个以上 $z=1$ 的极点)，$K_v=\infty$，则稳态误差等于 0。

(3) 单位加速度输入时的稳态误差。

对于单位加速度输入信号 $r(t)=\dfrac{1}{2}t^2$，有 $R(z)=\dfrac{T^2z^{-1}(1+z^{-1})}{2(1-z^{-1})^3}$，此时系统的稳态误差为

$$e_{ss}^*=\mathrm{e}_{ss}(k)=\lim_{z\to 1}(1-z^{-1})\cdot\frac{1}{1+D(z)G(z)}\cdot\frac{T^2z^{-1}(1+z^{-1})}{2(1-z^{-1})^3}=\frac{1}{K_a}$$

其中，K_a 为系统的静态加速度误差系数，定义为 $K_a=\lim\limits_{z\to 1}\dfrac{1}{T^2}(1-z^{-1})^2D(z)G(z)$。

可见，对于 0 型及Ⅰ型离散系统，$K_a=0$，从而稳态误差为无穷；Ⅱ型系统的 K_a 为一有限值，从而稳态误差为有限值的 $1/K_a$；Ⅲ型及以上系统的 $K_a=\infty$，稳态误差为 0。

关于稳态误差，需要说明以下 3 点。

(1) 计算稳态误差的前提条件是系统是稳定的，如果系统不稳定，也就无所谓稳态误差，因此，求取系统稳态误差时，应首先确定系统是稳定的。

(2) 稳态误差为无限大并不等于系统不稳定，它只表明该系统不能跟踪所输入的信号，或者说，跟踪该信号时将产生无限大的跟踪误差。

(3) 上面讨论的稳态误差只是系统原理性误差，它只与系统结构和外部输入有关，与元器件精度无关。也就是说，即使系统原理上无稳态误差，但实际系统仍可能由于元部件精度不高而造成稳态误差。对于计算机控制系统，由于 A/D 及 D/A 变换器字长有限，在字长较短时，A/D 及 D/A 的量化误差过大，将会给系统带来附加的稳态误差。

4.3.4 离散控制系统的动态特性分析

对控制系统，人们不仅关心其稳态特性，大多数时候还关心其对信号响应的过渡过程(即动态特性)。离散控制系统的动态特性也是用系统在单位阶跃输入信号作用下的响应特性描述的，通常也用超调量、上升时间、峰值时间和调节时间几个指标衡量其好坏。

1. 离散控制系统的动态响应

离散控制系统的闭环脉冲传递函数为

$$\Phi(z)=\frac{Y(z)}{R(z)}$$

故系统输出为 $Y(z)=\Phi(z)R(z)$。

在已知系统结构和参数的情况下，可求出相应的脉冲传递函数。在输入信号给定的情况下，便可以得到系统输出量的 z 变换，经过 z 反变换，可求出系统输出的时间序列 $y(kT)$ 或 $y^*(t)$，根据过渡过程曲线，可以分析系统的动态特性。由于离散系统时域指标的定义与连续系统相同，所以根据单位阶跃响应曲线可以方便地分析离散系统的动态特性，如超调量、调节时间等以及稳态性能，如稳态误差 e_{ss}。

必须指出，尽管上述动态特性的提法与连续系统相同，但在 z 域进行分析时，得到的只是各采样时刻的值。对计算机控制系统而言，被控对象常常是连续变化的，因此，在采样间隔内系统的状态并不能被表示出来，它们尚不能精确地描述和表达计算机控制系统的真实特性。如图 4.14(a)所示为连续系统的阶跃响应特性，图 4.14(b)所示为计算机控制系统的阶跃响应特性。从图 4.14(b)可见，实际系统的输出是连续变化的，它的最大峰值输出为 y_m，但在 z 域计算时，得到的峰值为 y_m^*，一般情况下，$y_m^*<y_m$。若采样周期 T 较小，响应的采样值可能更接近连续响应。如采样周期 T 较大，两者的差别可能较大。多数情况下，只要采样周期选取合适，把两个采样值连接起来就可以近似代表采样间隔之间的连续输出值。

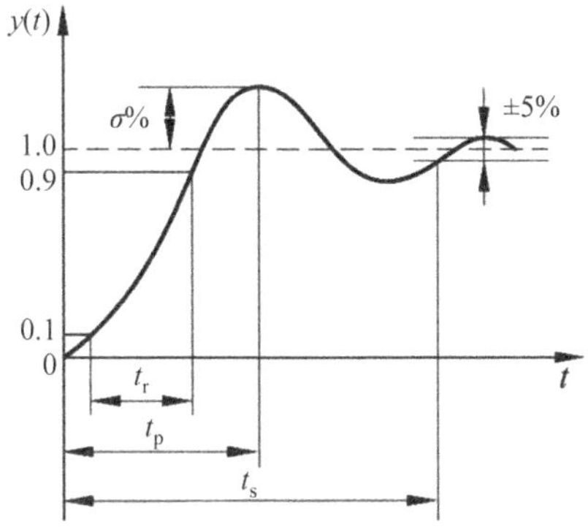

(a) 连续系统的阶跃响应特性

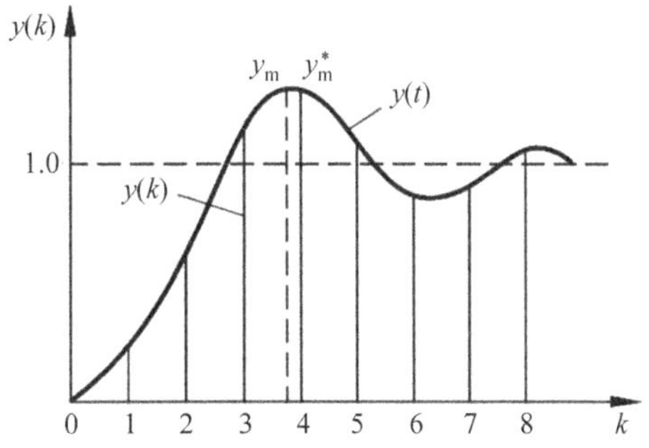

(b) 计算机控制系统的阶跃响应特性

图 4.14 连续系统和计算机控制系统的阶跃响应特性图

2. 闭环极点对系统动态响应的影响

在连续系统里，如已知传递函数的极点位置，便可估计出与它对应的瞬态响应形状，这对分析系统动态性能很有帮助。在离散系统中，若已知脉冲传递函数的极点位置，同样可以估计出它对应的瞬态响应，因此，离散系统的闭环极点对系统的动态响应具有重要的影响。

设线性离散系统的闭环脉冲传递函数为

$$\Phi(z)=\frac{Y(z)}{R(z)}=K\frac{B(z)}{A(z)}=K\frac{\prod_{i=1}^{m}(z-z_i)}{\prod_{i=1}^{n}(z-p_i)}$$

式中，$z_i(i=1,2,\cdots,m)$为闭环脉冲传递函数的零点；$p_i(i=1,2,\cdots,n)$为闭环脉冲传递函数的极点，它们是实数或复数，通常有 $n\geqslant m$，并设系统无重极点。

当输入为单位阶跃输入时，系统输出为

$$Y(z)=\Phi(z)R(z)=K\frac{\prod_{i=1}^{m}(z-z_i)}{\prod_{i=1}^{n}(z-p_i)}\cdot\frac{z}{z-1}=K\frac{\prod_{i=1}^{m}(1-z_i)}{\prod_{i=1}^{n}(1-p_i)}\cdot\frac{z}{z-1}+\sum_{i=1}^{n}\frac{c_i z}{z-p_i}$$

对上式进行 Z 反变换，就可得到输出 $y(kT)$。$y(kT)$由两部分组成：

第一部分：单位阶跃产生的稳态分量，幅值为 $K\dfrac{\prod_{i=1}^{m}(1-z_i)}{\prod_{i=1}^{n}(1-p_i)}$。

第二部分①：$\sum_{i=1}^{n}\dfrac{c_i z}{z-p_i}$ 中实数极点产生的脉冲响应输出分量，如图 4.15(a) 所示。

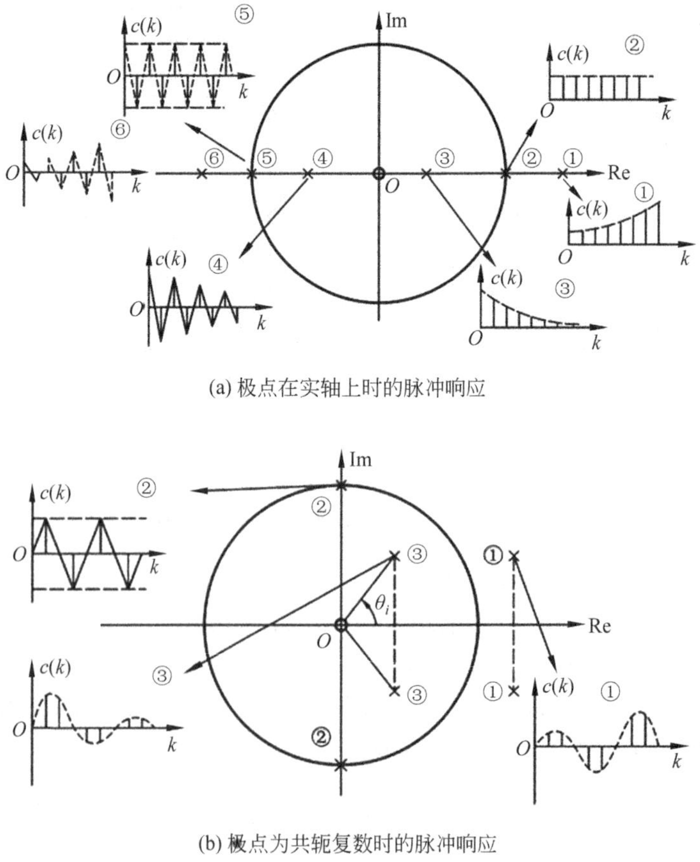

图 4.15　Z 平面极点分布与脉冲响应示意图

从图 4.15(a)可以看出,当极点在实轴上时,若极点位于左半平面,则系统的脉冲响应呈现正负交替现象;若极点位于右半平面,则系统的脉冲响应呈现单调特性。当极点位于单位圆内,则系统的脉冲响应逐渐衰减;当极点位于单位圆外,则系统的脉冲响应发散;当极点在单位圆上,则系统的脉冲响应等幅振荡。

第二部分②：$\sum_{i=1}^{n} \frac{c_i z}{z-p_i}$ 中共轭复数极点产生的脉冲响应输出分量如图 4.15(b) 所示。

从图 4.15(b)可以看出,若共轭复数极点在单位圆内,则系统的脉冲响应震荡衰减;若共轭复数极点在单位圆外,则系统的脉冲响应震荡发散;若共轭复数极点在单位圆上,则系统的脉冲响应等幅振荡。

4.4 离散控制系统的频率特性分析

在连续控制系统中,频率特性分析具有非常重要的地位。频率特性分析的基本思想是把控制系统中的各个变量看成一些信号,而这些信号又是由许多不同频率的正弦信号合成的。由于一个控制系统的运动就是信号在各个环节之间依次传递的过程,其实质就是系统中输出变量对各个不同频率信号的响应的总和。如果将系统的频率特性分析清楚,自然就能掌握系统的运动规律。

4.4.1 频率特性定义

在离散系统中,一个系统或环节的频率特性是指在正弦信号作用下,系统或环节的稳态输出与输入的复数比随输入正弦信号频率变化的特性。

如图 4.16 所示,连续系统的频率特性定义为

$$G(j\omega) = G(s)\Big|_{s=j\omega} = |G(j\omega)| \angle G(j\omega)$$

离散系统的频率特性定义为

$$G(e^{j\omega T}) = G(z)\Big|_{z=e^{j\omega T}} = |G(e^{j\omega T})| \angle G(e^{j\omega T})$$

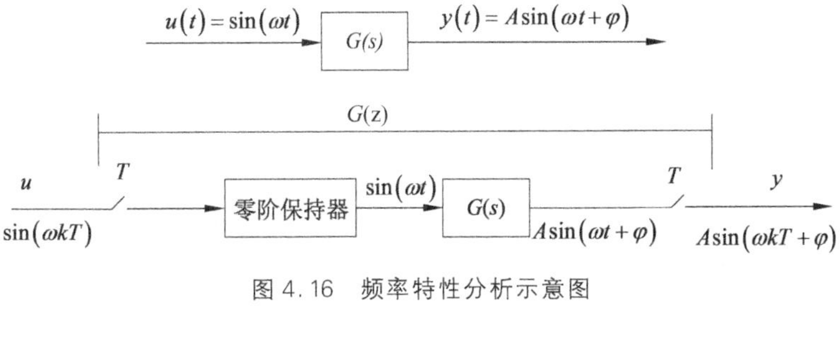

图 4.16 频率特性分析示意图

4.4.2 频率特性分析

由离散系统的频率特性定义可知,离散系统的频率特性由幅频特性$|G(e^{j\omega T})|$和相频特性

$\angle G(e^{j\omega T})$两部分构成，以频率为横坐标，系统稳态响应的幅度和超前角度为纵坐标，可分别画出系统的幅频特性图和相频特性图，进而可直观地掌握系统对不同输入频率信号的运动特性。

例 4-2 设连续系统的传递函数为$G(s)=\frac{1}{s+1}$，若采样周期 $T=0.5\text{s}$，试对比分析连续系统和离散系统的频率特性。

解：根据连续系统的频率特性定义，该连续系统的频率特性为

$$G(j\omega)=\frac{1}{j\omega+1}=\frac{1}{\sqrt{1+\omega^2}}\angle-\arctan(\omega)$$

$$G(z)=Z\left[\frac{1-e^{-sT}}{s}\cdot G(s)\right]=(1-z^{-1})Z\left[\frac{1}{s(s+1)}\right]$$

$$=\frac{z-1}{z}\cdot\frac{z(1-e^{-T})}{(z-1)(z-e^{-T})}=\frac{1-e^{-T}}{z-e^{-T}}$$

$$G(e^{j\omega T})=\frac{1-e^{-T}}{e^{j\omega T}-e^{-T}}=\frac{0.393}{e^{j0.5\omega}-0.607}=\frac{0.393}{[\cos(0.5\omega)-0.607]+j\sin(0.5\omega)}$$

$$|G(e^{j\omega T})|=\frac{0.393}{\sqrt{[\cos(0.5\omega)-0.607]^2+\sin^2(0.5\omega)}}$$

$$\angle G(e^{j\omega T})=-\arctan\frac{\sin(0.5\omega)}{\cos(0.5\omega)-0.607}$$

图 4.17 画出了连续系统和离散系统的幅频特性和相频特性图。从图 4.7 中可以看出：

(1) 离散系统频率特性具有周期性，即 $G(e^{j\omega T})=G(e^{j(\omega+\omega_s)T})$，周期为 $\omega_s=\frac{2\pi}{T}$。

(2) 离散系统频率特性的形状与连续系统频率特性的形状有较大差别，主要表现为：①高频时会出现多个峰值；②可能出现正相位；③仅在低频段两者的频率特性接近。

因此，当采样周期较大或采样频率较低时，采样离散系统会出现频率混叠。为了保证连续系统和离散系统频率特性较为接近，采样周期的选取必须满足香农定理(即采样频率高于模拟信号中所要分析的最高分量频率的两倍)。

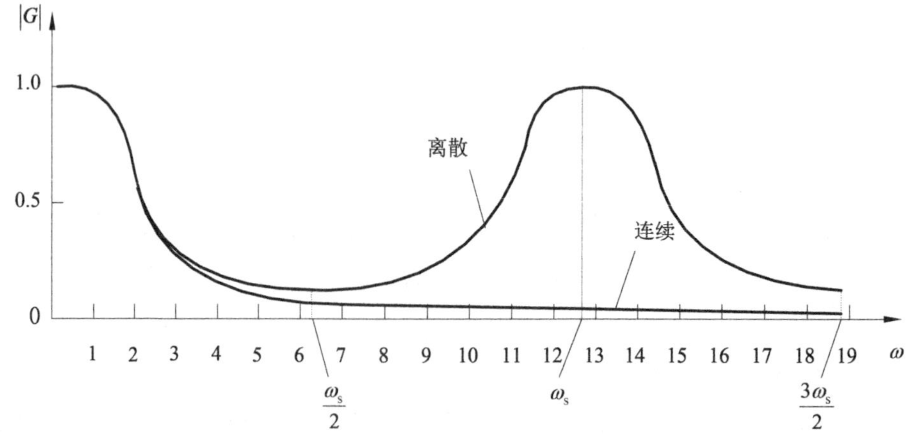

图 4.17 幅频特性和相频特性图

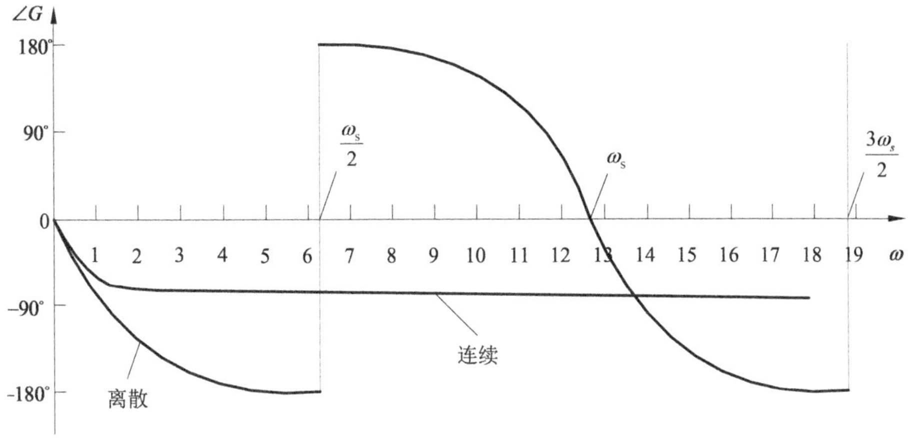

图 4.17 （续）

习题 4

1. 什么是香农采样定理？

2. 写出下列 z 表达式对应的序列表达式和序列图。

(1) $X_1(z)=5+3z^{-1}-z^{-2}+2z^{-4}$；

(2) $X_2(z)=\dfrac{1}{1-2z^{-1}}+2-7z^{-4}$

(3) $X_3(z)=\dfrac{10z^{-1}}{1-1.1z^{-1}+0.3z^{-2}}$；

(4) $X_4(z)=\dfrac{4.69(1-0.6065z^{-1})}{1+0.847z^{-1}}$

3. 什么是离散系统的脉冲传递函数？

4. 离散系统稳定的充要条件是什么？

5. 已知离散系统结构图如图 4-18 所示，求当 $T=1\text{s}$ 时，能使系统稳定的 K 值的范围。

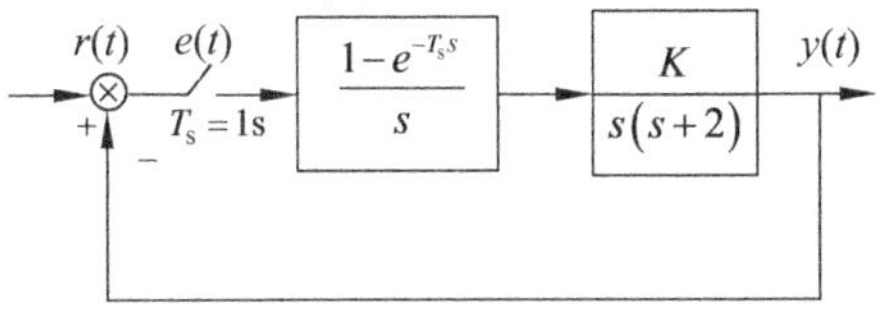

图 4-18 离散系统结构图

6. 离散控制系统的动态特性是用系统在单位阶跃输入信号作用下的响应特性描述的，常见的具体指标有哪些？

Chapter 5

第5章 计算机控制系统的常用设计技术

计算机控制系统的设计，是指在给定系统性能指标的前提下，设计出控制器的控制规律和相应的数字控制算法。本章主要介绍计算机控制系统常用的设计技术，包括数字 PID 控制器的设计方法、数字控制器的直接设计方法、纯滞后控制技术、串级控制技术、前馈-反馈控制技术和解耦控制技术设计方法。数字控制器的直接设计方法主要介绍最少拍数字控制器设计方法。对大多数系统，采用这些常用的设计技术均能达到满意的控制效果，但对于复杂及有特殊控制要求的系统，则需要采用复杂控制技术，甚至采用现代控制和智能控制技术。

5.1 数字 PID 控制器的设计方法

PID 是 Proportional（比例）、Integral（积分）、Differential（微分）三词的缩写。PID 调节的实质就是根据偏差的比例、积分、微分的函数关系进行运算，并将运算结果进行控制。PID 调节是连续系统中技术最成熟、应用最广泛的一种调节方式。PID 调节器结构简单、参数易于整定，在长期应用中积累了丰富的经验，特别是在工业过程中，由于控制对象的精确数学模型难以建立，系统的参数又经常发生变化，运用现代控制理论进行分析综合要耗费很大代价进行模型辨识，但往往不能得到预期的效果，所以人们常采用 PID 调节器，并根据经验进行在线整定。由于计算机系统的灵活性，PID 算法修正可更加完善。本节将重点介绍数字 PID 控制算法以及与此有关的问题。

5.1.1 模拟 PID 调节器

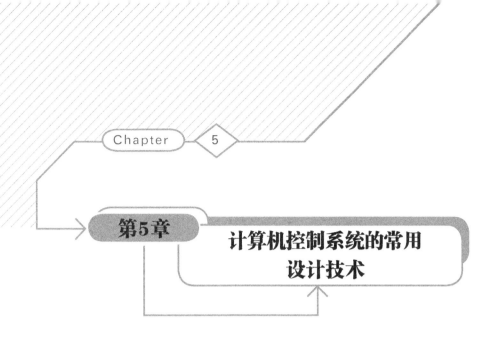

PID 调节器是一种线性调节器，这种调节器是将设定值 r 与实际输出值 y 进行比较构成偏差 e，即 $e=r-y$，并将其比例、积分、微分通过线性组合构成控制量 u，所以简称 PID 调

节器。在实际应用中，根据对象的特性和控制要求，也可灵活地改变其结构，取其中一部分环节构成控制规律，例如，比例（P）调节器、比例积分（PI）调节器、比例微分（PD）调节器等。

如图 5.1 所示的 PID 控制，其模拟调节器的传递函数为

$$D(s)=\frac{U(s)}{E(s)}=K_{\mathrm{P}}+\frac{K_{\mathrm{I}}}{s}+K_{\mathrm{D}}s=K_{\mathrm{P}}\left(1+\frac{1}{T_{\mathrm{I}}s}+T_{\mathrm{D}}s\right) \tag{5-1}$$

其控制规律为

$$u(t)=K_{\mathrm{P}}\left[e(t)+\frac{1}{T_{\mathrm{I}}}\int_0^t e(t)\mathrm{d}t+T_{\mathrm{D}}\frac{\mathrm{d}e(t)}{\mathrm{d}t}\right] \tag{5-2}$$

式中，K_{P} 为比例增益，与比例带 δ 成倒数关系，即 $K_{\mathrm{P}}=1/\delta$；T_I 为积分时间常数；T_{D} 为微分时间常数；$u(t)$为控制量；$e(t)$为偏差。

1. 比例调节器

比例调节器是最简单的一种调节器，其控制规律为

$$u=K_{\mathrm{P}}e+u_0 \tag{5-3}$$

式中，u_0 为控制量的基准，也就是 $e=0$ 时的控制作用（如阀门起始开度、基准电信号等）。

图 5.2 显示了比例调节器对于偏差阶跃变化的时间响应。

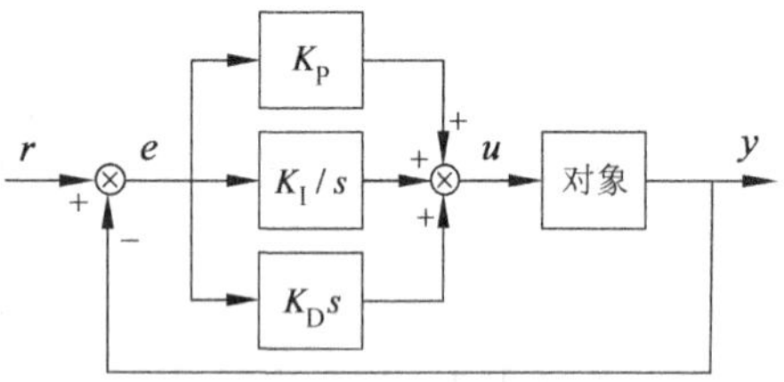

图 5.1　模拟 PID 控制

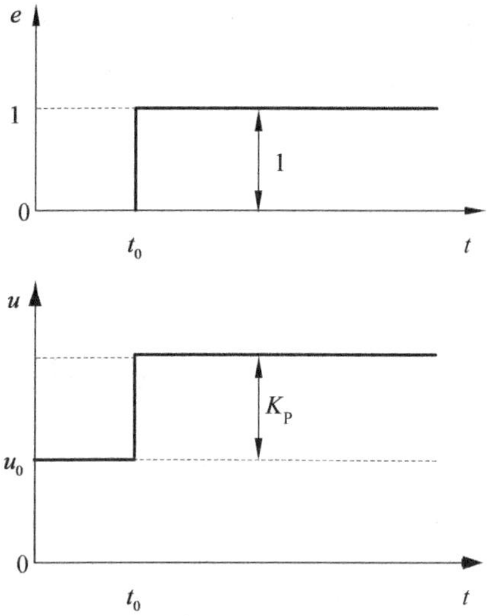

图 5.2　比例调节器的阶跃响应

比例调节器对于偏差 e 是即时反应的，偏差一旦产生，调节器立即产生控制作用使被控量朝着减小偏差的方向变化，控制作用的强弱取决于比例系数 K_{P}。

比例调节器虽然直观快速，但有可能存在跟踪静差，如对于具有自平衡性（即系统的阶跃响应值为一有限值）的控制对象，就可能存在静差。加大比例系数 K_{P} 可以减小静差，但当 K_{P} 过大时，会使动态响应质量变差，引起被控量震荡，甚至导致闭环不稳定。

2. 比例积分调节器

为了消除在比例调节器中残存的静差，可以在比例调节器的基础上增加积分调节，形成

积分调节器，其控制规律为

$$u(t)=K_P\left[e(t)+\frac{1}{T_I}\int_0^t e(t)\mathrm{d}t\right]+u_0 \tag{5-4}$$

从图5.3中可看出，PI调节器对于偏差的阶跃响应除按比例变化的成分外，还带有累积的成分。只要偏差 e 不为零，它将通过累积作用影响控制量 u，并减小偏差，直至偏差为零，控制作用不再变化，系统才能达到稳态。因此，积分环节的加入有助于消除系统静差。

显然，如果积分时间 T_I 大，则积分作用弱；反之，积分作用强。增大 T_I 将减慢消除静差的过程，但可减小超调，提高稳定性。T_I 可根据对象特性选定，对于管道压力、流量等滞后不大的对象，T_I 可以选小一些；对温度等滞后较大的对象，T_I 可以选大一些。

3. 比例积分微分调节器

积分调节作用的加入虽然可以消除静差，但付出的代价是降低了响应速度。为了加快控制过程，有必要在偏差出现或变化的瞬间，不但对偏差量做出即时反应（即比例调节作用），而且对偏差量的变化做出反应，或者说按偏差变化的趋向进行控制，使偏差消灭于萌芽状态。为了达到这一目的，可以在上述PI调节器的基础上再增加微分调节，以得到PID调节器，其控制规律为

$$u(t)=K_P\left[e(t)+\frac{1}{T_I}\int_0^t e(t)\mathrm{d}t+T_D\frac{\mathrm{d}e(t)}{\mathrm{d}t}\right]+u_0 \tag{5-5}$$

理想的PID调节器对偏差阶跃变化的响应如图5.4所示，它在偏差 e 阶跃变化的瞬间 $t=t_0$ 处有一冲击式瞬时响应，这是由附加的微分环节引起的。

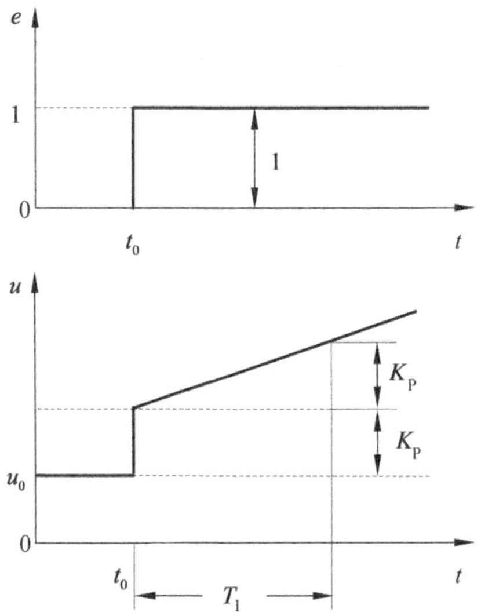

图5.3　比例积分调节器的阶跃响应

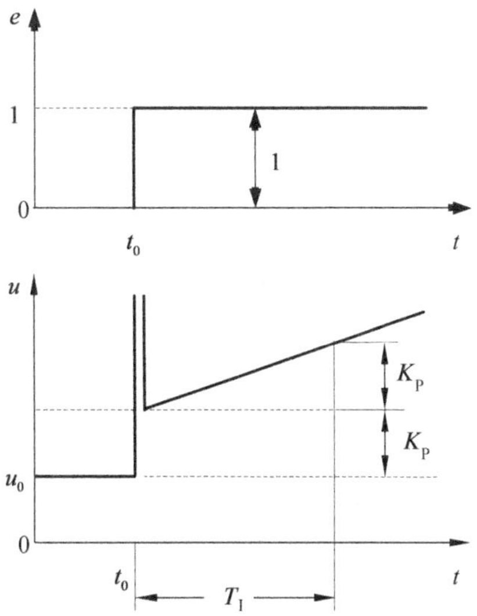

图5.4　理想的PID调节器对偏差阶跃变化的响应

由加入的微分环节 $u_d=K_PT_D\dfrac{\mathrm{d}e(t)}{\mathrm{d}t}$ 可见，它对偏差的任何变化都产生一个控制作用

u_d，以调整系统输出，阻止偏差的变化。偏差变化越快，u_d 越大，反馈校正作用也越大，故微分作用的加入将有助于减小超调，克服震荡，使系统趋于稳定。它加快了系统的动作速度，减少了调整时间，从而改善了系统的动态性能。

在工业控制过程中，模拟 PID 调节器有电动、气动、液压等多种类型。这类模拟调节仪表是用硬件实现 PID 调节规律的，PID 参数之间的选择有一定约束。自从计算机进入控制领域以来，用计算机软件（包括 PLC 的指令）实现 PID 调节算法不但成为可能，而且具有更大的灵活性。下面介绍数字 PID 控制算法。

5.1.2　数字 PID 控制算法

由于计算机控制是一种采样控制，它只能根据采样时刻的偏差值计算控制量，因此式(5-5)中的积分和微分项不能直接准确计算，只能用数值计算的方法逼近，用求和代替积分、用后向差分代替微分，使模拟 PID 离散化为差分方程。在采样周期足够短时，可作如下近似：

$$u(t) \approx u(k) \tag{5-6}$$

$$e(t) \approx e(k) \tag{5-7}$$

$$\int_0^t e(t)\mathrm{d}t = \sum_{i=0}^{k} e(i)\Delta t = \sum_{i=0}^{k} Te(i) \tag{5-8}$$

$$\frac{\mathrm{d}e(t)}{\mathrm{d}t} \approx \frac{e(k)-e(k-1)}{\Delta t} = \frac{e(k)-e(k-1)}{T} \tag{5-9}$$

式中，T 为采样周期；k 为采样序号，$k=0,1,2,\cdots,n$；用这种方法近似，可以得到两种形式的数字 PID 控制算法。

1. 位置式 PID 算法

由式(5-5)～式(5-9)可得离散化之后的表达式为

$$u(k) = K_P\left\{e(k) + \frac{T}{T_I}\sum_{i=0}^{k} e(i) + \frac{T_D}{T}[e(k)-e(k-1)]\right\} \tag{5-10}$$

式(5-10)表示的控制算法提供了第 k 次采样时调节器的输出 $u(k)$。在数字控制系统中，表示第 k 个采样时刻执行机构应达到的位置。如果执行机构采用调节阀，则 $u(k)$就对应阀门的开度，所以式(5-10)通常被称为数字 PID 位置型控制算法。

由式(5-10)可以看出，数字调节器的输出 $u(k)$与过去的所有偏差信号有关，计算机需要对 $e(i)$进行累加，运算工作量很大，而且计算机的故障可能使 $u(k)$做大幅度的变化，这种情况往往使控制很不方便，有些场合还可能造成严重事故。因此，在实际控制系统中不常用这种方法。

2. 增量式 PID 算法

由于位置式 PID 控制算法使用起来不够方便，不仅对偏差进行累加，占用较多的存储单元，而且不方便编写程序，所以需要做一些改进，对式(5-10)取增量 $\Delta u(k)$，方法如下。

根据递推原理，写出位置式 PID 算法的第$(k-1)$次输出 $u(k-1)$的表达式为

$$u(k-1)=K_P\left\{e(k-1)+\frac{T}{T_I}\sum_{i=0}^{k-1}e(i)+\frac{T_D}{T}[e(k-1)-e(k-2)]\right\} \tag{5-11}$$

用式(5-10)减去式(5-11)，可得数字 PID 增量式控制算法为

$$\begin{aligned}\Delta u(k)&=u(k)-u(k-1)\\&=K_P\left\{e(k)-e(k-1)+\frac{T}{T_I}e(k)+\frac{T_D}{T}[e(k)-2e(k-1)+e(k-2)]\right\}\\&=K_P[e(k)-e(k-1)]+K_Ie(k)+K_D[e(k)-2e(k-1)+e(k-2)]\end{aligned} \tag{5-12}$$

式中，K_P 为比例系数；$K_I=\frac{K_PT}{T_I}$为积分系数；$K_D=\frac{K_PT_D}{T}$为微分系数。

式(5-12)的输出 $\Delta u(k)$，表示第 k 次与第$(k-1)$次调节器的输出差值，即在第$(k-1)$次的基础上增加(或)减少的量。在很多控制系统中，由于执行机构是步进电动机或多圈电位器进行控制的，所以只给出一个增量信号即可。

增量式算法和位置式算法本质上没有大的区别，虽然增量式算法只是在位置式算法的基础上做了一点改动，但却具有以下 3 个优点。

(1) 增量算法不需要做累加，控制量增量的确定仅与最近几次误差采样值 $e(k)$、$e(k-1)$、$e(k-2)$有关，计算误差或计算精度对控制量的计算影响较小。位置式控制算法要用到过去的误差的累加，容易产生大的累加误差。

(2) 增量式算法得出的是控制量的增量，如阀门控制中只输出阀门开度的变化部分，误动作影响小，必要时通过逻辑判断限制或禁止本次输出，不会严重影响系统的工作。位置式算法的输出是控制量的全量输出，误动作影响大。

(3) 在位置式控制算法中，由手动到自动切换时，必须首先使计算机的输出值等于阀门的原始开度，即 $u(k-1)$，才能保证手动到自动的无扰动切换，这将给程序设计带来困难。增量式设计只与本次的偏差值有关，与阀门原来的位置无关，因而可以实现手动/自动的无扰动切换。

5.1.3　数字 PID 控制算法的改进

数字 PID 控制是应用最普遍的一种控制规律。但如果单纯地用数字 PID 控制器模仿模拟调节器，不会获得很好的控制效果。为了得到更好的控制效果，人们在实践中不断总结经验，不断改进，提出了不同的改进方法，因而产生了一系列的改进型 PID 控制算法。本节介绍几种常用的 PID 改进算法。

1. 积分项的改进

在 PID 控制中，积分的作用是消除残差。为了提高控制性能，对积分项可以采取以下 4 条改进措施。

(1) 积分分离。

在一般的 PID 控制中，在过程的启动、结束、大幅度增减设定值或出现较大的扰动时，短时间内系统的输出会出现较大的偏差。由于系统的惯性和滞后性，在积分项的作用下，往往

引起系统的输出产生较大的超调量和长时间的波动。特别是对于温度、成分等变换缓慢的过程，这一现象更为严重。但是，在某些生产过程中，这是绝对不允许的。为了防止这种现象发生，可以引进积分分离算法。

积分分离 PID 算法的基本思想是：设置一个积分分离阈值 β，当 $|e(k)|\leqslant\beta$ 时，采用 PID 控制，以便于消除静差，提高控制精度；当 $|e(k)|>\beta$ 时，采用 PD 控制，以使超调量大幅度降低。采用积分分离 PID 算法，既可以保持积分的作用，又减小了超调量，使得控制性能有较大的改善。

积分分离 PID 算法可以表示为

$$u(k)=K_{\mathrm{P}}e(k)+\alpha K_{\mathrm{I}}\sum_{i=0}^{k}e(i)+K_{\mathrm{D}}[e(k)-e(k-1)] \tag{5-13}$$

或

$$\Delta u(k)=K_{\mathrm{P}}[e(k)-e(k-1)]+\alpha K_{\mathrm{I}}e(k)+K_{\mathrm{D}}[e(k)-2e(k-1)+e(k-2)] \tag{5-14}$$

式(5-13)和式(5-14)中，α 为逻辑变量，其取值为

$$\alpha=\begin{cases}1, & |e(k)|\leqslant\beta\\ 0, & |e(k)|>\beta\end{cases} \tag{5-15}$$

积分分离阈值 β 的选取要依据具体控制对象及控制要求而定。若 β 过大，则达不到积分分离的目的；若 β 过小，则一旦被控制量 $y(t)$ 无法跳出积分分离区，就只能进行 PD 控制，将会出现静差，如图 5.5 中的曲线 b 所示。

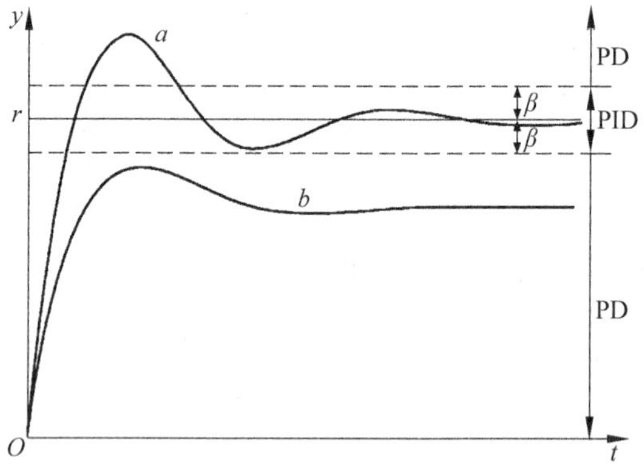

图 5.5 积分分离曲线

(2) 抗积分饱和。

因长时间出现偏差或偏差较大，计算出的控制量有可能溢出，或小于零。所谓溢出，就是计算机运算得出的控制量 $u(k)$ 超出 D/A 转换器所能表示的数值范围。例如，8 位 D/A 转换器的转换范围为 00H～FFH(H 表示十六进制)。一般执行机构有两个极限位置，如调节阀全开或全关。设 $u(k)$ 为 FFH 时，调节阀全开；$u(k)$ 为 00H 时，调节阀全关。为了提高

运算精度，通常采用双字节或浮点数计算 PID 差分方程式。如果执行机构已到极限位置，仍然不能消除偏差时，由于积分作用，尽管计算 PID 差分方程式所得的运算结果继续增大或减小，但执行机构已无相应的动作，这就称为积分饱和。当出现积分饱和时，势必使超调量增加，控制品质变坏。作为防止积分饱和的办法之一，可对计算出的控制量 $u(k)$ 限幅，同时把积分作用切除掉。若以 8 位 D/A 为例，则有

当 $u(k)<00\text{H}$，取 $u(k)=00\text{H}$；

当 $u(k)>\text{FFH}$，取 $u(k)=0\text{FFH}$。

(3) 梯形积分。

在 PID 控制中，积分项的作用是消除静差。为了减小静差，应提高积分项的运算精度。为此，可将矩形积分改为梯形积分，其计算公式为

$$\int_0^t e(t)\mathrm{d}t \approx \sum_{i=0}^{k} \frac{e(i)+e(i-1)}{2} \cdot T \tag{5-16}$$

(4) 消除积分不灵敏区。

由式(5-12)可知，数字 PID 的增量型控制算式中的积分项的输出为

$$\Delta u_{\mathrm{I}}(k) = K_{\mathrm{I}}e(k) = K_{\mathrm{P}}\frac{T}{T_{\mathrm{I}}}e(k) \tag{5-17}$$

由于计算机字长的限制，当运算结果小于字长所能表示的数的精度时，计算机就作为“零”将此数丢掉。从式(5-17)可以看出，当计算机的运行字长较短，采样周期 T 也短，而积分时间常数 T_{I} 又较长时，$\Delta u_{\mathrm{I}}(k)$ 容易出现小于字长的精度而丢数，此积分作用消失，这就称为积分不灵敏区。例如，某温度控制系统，温度量程为 0～1275℃，D/A 转换为 8 位，并采用 8 位字长定点运算。设 $K_{\mathrm{P}}=1, T=1\text{s}, T_{\mathrm{I}}=10\text{s}, e(k)=50℃$，根据式(5-17)得

$$\Delta u_{\mathrm{I}}(k) = K_{\mathrm{P}}\frac{T}{T_{\mathrm{I}}}e(k) = \frac{1}{10}\times\left(\frac{255}{1275}\times 50\right) = 1$$

上式说明，如果偏差 $e(k)<50℃$，则 $\Delta u_{\mathrm{I}}(k)<1$，计算机就作为“零”将此数丢掉，控制器就没有积分作用。只有当偏差达到 50℃时，才会有积分作用。这样势必造成控制系统的残差。

为了消除积分不灵敏区，通常采用以下措施。

① 增加 D/A 和 A/D 转换位数，加长运算字长，这样可以提高运算精度。

② 当积分项 $\Delta u_{\mathrm{I}}(k)$ 连续 n 次出现小于输出精度 ε 的情况时，不要把它们作为“零”舍掉，而是把它们一次次累加起来，即

$$S_{\mathrm{I}} = \sum_{i=1}^{n} \Delta u_{\mathrm{I}}(i) \tag{5-18}$$

直到累加值 S_{I} 大于 ε 时，才输出 S_{I}，同时把累加单元清零。

2. 微分项的改进

(1) 不完全微分 PID 控制算法。

微分环节的引入是为了改善系统的动态性能，但对于具有高频扰动的生产过程，微分作用的响应过于灵敏，容易引起控制过程振荡，反而会降低控制品质。例如，当被控制量突然

变化时，正比于偏差变化率的微分输出就会很大，而计算机对每个控制回路输出时间是短暂的，且驱动执行器动作又需要一定的时间，如果输出较大，在短暂的时间内，执行器可能达不到控制量的要求值，实质上是丢失了控制信息，致使输出失真，这就是所谓的微分失控。为了克服这一缺点，同时又要使微分作用有效，可以在 PID 控制器的输出端再串联一阶惯性环节（如低通滤波器），抑制高频干扰，平滑控制器的输出，这样就组成了不完全微分 PID 控制器，如图 5.6 所示。

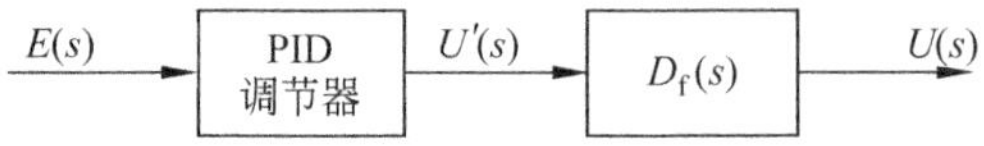

图 5.6　不完全微分 PID 控制器

一阶惯性环节 $D_f(s)$ 的传递函数为

$$D_f(s)=\frac{1}{T_f s+1} \tag{5-19}$$

因为

$$u'(t)=K_P\left[e(t)+\frac{1}{T_I}\int_0^t e(t)\,dt+T_D\frac{de(t)}{dt}\right] \tag{5-20}$$

$$T_f\frac{du(t)}{dt}+u(t)=u'(t) \tag{5-21}$$

所以

$$T_f\frac{du(t)}{dt}+u(t)=K_P\left[e(t)+\frac{1}{T_I}\int_0^t e(t)\,dt+T_D\frac{de(t)}{dt}\right] \tag{5-22}$$

对式(5-22)进行离散化处理，可得到不完全微分 PID 位置式控制算法。

$$u(k)=\alpha u(k-1)+(1-\alpha)u'(k) \tag{5-23}$$

式中，$u'(k)=K_P\left\{e(k)+\frac{T}{T_I}\sum_{i=0}^{k}e(i)+\frac{T_D}{T}[e(k)-e(k-1)]\right\}$，$\alpha=\frac{T_f}{T_f+T}$。

与普通 PID 控制算法一样，不完全微分 PID 控制算法也有增量式控制算法，即

$$\Delta u(k)=\alpha\Delta u(k-1)+(1-\alpha)\Delta u'(k) \tag{5-24}$$

式中，$\Delta u'(k)=K_P[e(k)-e(k-1)]+K_I e(k)+K_D[e(k)-2e(k-1)+e(k-2)]$。

在单位阶跃输入作用下，普通 PID 控制算法和不完全微分 PID 控制算法的阶跃响应比较如图 5.7 所示。由图 5.7 可见，普通 PID 控制中的微分作用只在第一个采样周期内起作用，而且作用较强。一般的执行机构无法在较短的采样周期内跟踪较大的微分作用输出，而且理想微分容易引起高频干扰；不完全微分 PID 控制中的微分作用能缓慢地维持多个采样周期，使得一般的工业执行机构能较好地跟踪微分作用的输出。又由于其中含有一个低通滤波器，因此抗干扰能力较强。

(2) 微分先行 PID 控制算法。

为了避免给定值的升降给控制系统带来冲击，如超调量过大、调节阀动作剧烈，可采用如图 5.8 所示的微分先行 PID 控制方案。它和普通 PID 控制的不同之处在于，它只对被控

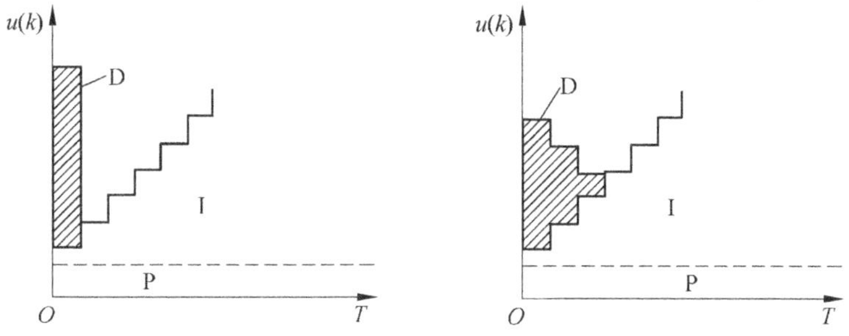

(a) 普通PID控制响应　　(b) 不完全微分PID控制响应

图 5.7　PID 控制的阶跃响应比较

量 $y(t)$ 微分，不对偏差 $e(t)$ 微分，也就是对给定值 $r(t)$ 无微分作用。被控量微分 PID 控制算法称为微分先行 PID 控制算法，该算法对给定值频繁升降的系统无疑是有效的。图 5.8 中，γ 为微分增益系数。

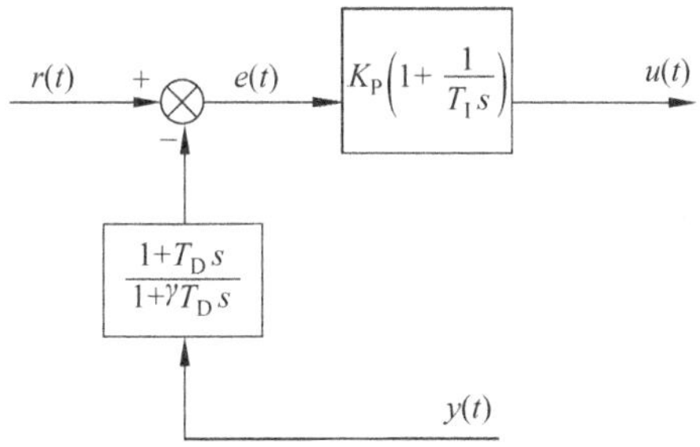

图 5.8　微分先行 PID 控制框图

3. 时间最优 PID 控制

最大值原理是庞特里亚金(Pontryagin)于 1956 年提出的一种最优控制理论。最大值原理也称快速时间最优控制原理，它是研究满足约束条件下获得允许控制的方法。用最大值原理可以设计出控制变量只在 $u(t)\leqslant 1$ 范围内取值的时间最优控制系统。而在工程上，设 $u(t)\leqslant 1$ 都只取 ± 1 两个值，而且依照一定法则加以切换，使系统从一个初始状态转到另一个状态所经历的时间最短，这种类型的最优切换系统称为开关控制(Bang-Bang 控制)系统。

在工业控制应用中最有发展前途的是 Bang-Bang 控制与反馈控制相结合的系统，这种控制方式在给定值升降时特别有效，具体形式为

$$|e(k)| = |r(k)-y(k)| \begin{cases} >\alpha, & \text{Bang-Bang 控制} \\ \leqslant \alpha, & \text{PID 控制} \end{cases}$$

时间最优位置随动系统理论上应采用 Bang-Bang 控制，但 Bang-Bang 控制很难保证足够高的定位精度，因此对于高精度的快速伺服系统，宜采用 Bang-Bang 控制和线性控制相结合的方式，在定位线性控制段采用数字 PID 控制就是可选的方案之一。

4. 带死区的 PID 控制算法

在计算机控制系统中，某些生产过程对控制精度要求不是很高，但希望系统工作平稳，执行机构不要频繁动作。针对这类系统，人们提出了一种带死区的 PID 控制算法，即在计算机中人为地设置一个不灵敏区，如图 5.9 所示，相应的算式为

$$p(k)=\begin{cases}e(k), & \text{当 } |r(k)-y(k)|=|e(k)|>\varepsilon \\ 0, & \text{当 } |r(k)-y(k)|=|e(k)|\leqslant\varepsilon\end{cases}$$

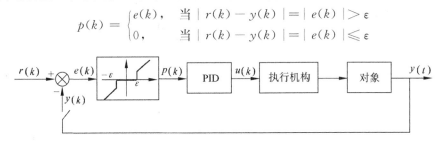

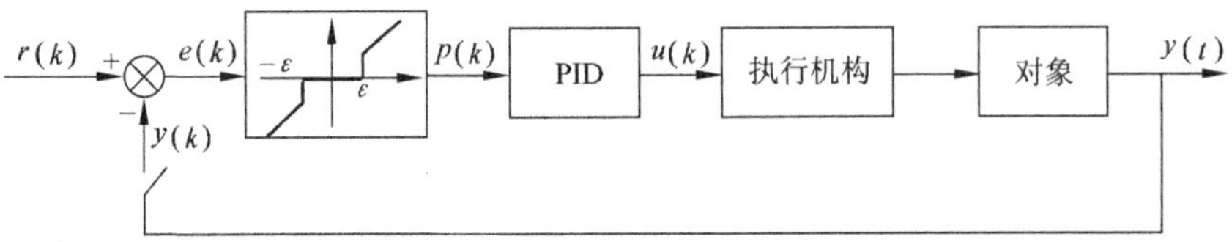

图 5.9　带死区的 PID 控制系统框图

在图 5.9 中，死区 ε 是一个可调参数，其具体数值可根据实际控制对象由实验确定。ε 值太小，使调节过于频繁，达不到稳定被调节对象的目的；如果 ε 取得太大，则系统将产生很大的滞后；当 $\varepsilon=0$ 时，即常规 PID 控制。

该系统实际上是一个非线性控制系统，即当偏差绝对值 $|e(k)|\leqslant\varepsilon$ 时，$p(k)$ 为 0；当 $|e(k)|>\varepsilon$ 时，$p(k)=e(k)$，输出值 $u(k)$ 以 PID 运算结果输出。

5.1.4　数字 PID 控制器的参数整定

在 PID 控制器的结构确定以后，系统的性能好坏主要取决于参数的选择是否合理。因此，PID 算法参数的整定非常重要。数字 PID 算法参数整定的任务主要是确定 K_P、T_I、T_D 和采样周期 T。

1. 采样周期 *T* 的确定

根据香农采样定理，采样周期应满足 $T\leqslant\pi/\omega_{max}$，$\omega_{max}$ 为被采样信号的上限角频率。

香农采样定理给出了采样周期的上限 T_{max}。采样周期的下限 T_{min} 为计算机执行控制程序和输入输出所耗费的时间，系统的采样周期只能在 T_{min} 和 T_{max} 之间选择。采样周期 T 既不能太大，也不能太小，T 太大时，信号失真比较大；T 太小时，一方面增加了微型计算机的负担，不利于发挥计算机的功能；另一方面，两次采样间的偏差变化太小，数字控制器的输出值变化不大，计算机将失去调节作用。因此，在选择采样周期时，必须综合考虑。

一般应考虑如下因素。

1）给定值的变化频率

加到被控对象上的给定值变化频率越高，采样频率越高，这样给定值的变化就可以迅速得到反映。

2）被控对象的特性

若被控对象是慢速变化的对象时，如热工或化工对象，采样周期一般取得较大；若被控

对象是快速变化的对象时，采样周期应取得小一些，否则采样信号无法反映瞬变过程；如果系统纯滞后占主导地位时，应按纯滞后大小选取采样周期 T，尽可能使纯滞后时间接近或等于采样周期的整数倍。

3）扰动信号

采样周期应远远小于扰动信号的周期，为了能够采用滤波的方法消除干扰信号，一般使扰动信号周期与采样周期成整数倍。

4）执行机构的响应速度

若执行机构动作惯性大，则采样周期也应大一些，否则响应速度慢的执行机构会来不及反映数字控制器的输出值的变化。

5）控制算法的类型

当采用 PID 算法时，积分作用和微分作用与采样周期 T 的选择有关。如果选择的采样周期 T 太小，将使微分作用不明显。因为当 T 小到一定程度后，由于受计算机精度的限制，偏差 $e(k)$始终为零。另外，各种控制算法也需要计算时间。

6）控制的回路数

如果控制的回路数较多，计算的工作量较大，则采样周期应选得长一些；反之，可以选短一些。

2. 按简易工程法整定 PID 参数

在连续控制系统中，模拟调节器的参数整定方法较多，但简单易行的方法还是简易工程法。这种方法的最大优点在于，整定参数时不必依赖被控对象的数学模型。一般情况下难以得到控制系统的准确数学模型。简易工程整定法是由经典的频率法简化而来的，虽然稍微粗糙一点，但是简单易行，适于现场应用。

1）扩充临界比例度法

扩充临界比例度法是对模拟调节器中使用的临界比例度法的扩充。具体步骤如下。

① 选择一个足够短的采样周期。例如，带有纯滞后的系统，其采样周期应取纯滞后时间的十分之一以下。

② 用选定的采样周期使系统工作。这时，数字控制器去掉积分作用和微分作用，只保留比例作用，然后逐渐减小比例度 $\delta(\delta=1/K_P)$，直到系统发生持续等幅振荡。记下使系统发生振荡的临界比例度 δ_k 和系统的临界振荡周期 T_k。

③ 选择控制度。所谓控制度，就是以模拟调节器为基准，将 DDC 的控制效果与模拟调节器的控制效果相比较。控制效果的评价函数通常用误差二次方积分$\int_0^\infty e^2(t)\mathrm{d}t$ 表示。

$$控制度=\frac{\left[\int_0^\infty e^2(t)\mathrm{d}t\right]_{\mathrm{DDC}}}{\left[\int_0^\infty e^2(t)\mathrm{d}t\right]_{模拟}}$$

实际应用中并不需要计算出两个误差的二次方积分，控制度仅表示控制效果的物理概念。例如，当控制度为 1.05 时，是指 DDC 与模拟控制效果相当；控制度为 2.0 时，是指 DDC

比模拟控制效果差。

④ 根据选定的控制度，查表5.1，求得 T、K_P、T_I、T_D 的值。

表5.1 扩充临界比例度法整定参数表

控制度	控制规律	T	K_P	T_I	T_D
1.05	PI	$0.03T_k$	$0.53\delta_k$	$0.88T_k$	
	PID	$0.014T_k$	$0.63\delta_k$	$0.49T_k$	$0.14T_k$
1.2	PI	$0.05T_k$	$0.49\delta_k$	$0.91T_k$	
	PID	$0.043T_k$	$0.47\delta_k$	$0.47T_k$	$0.16T_k$
1.5	PI	$0.14T_k$	$0.42\delta_k$	$0.99T_k$	
	PID	$0.09T_k$	$0.34\delta_k$	$0.43T_k$	$0.20T_k$
2.0	PI	$0.22T_k$	$0.36\delta_k$	$1.05T_k$	
	PID	$0.16T_k$	$0.27\delta_k$	$0.40T_k$	$0.22T_k$

⑤ 按求得的参数运行，在运行中观察控制效果，再适当地调整参数，直到获得满意的控制效果。

该参数整定方法适用于具有一阶滞后环节的被控对象，否则最好选用其他整定方法。

2）扩充响应曲线法

扩充响应曲线法也是一种简易工程整定方法。对于那些不允许进行临界振荡实验的系统，可以采用扩充响应曲线法。具体方法如下。

① 断开数字PID控制器，使系统在手动状态下工作。当系统在给定值处达到平衡后，给一个阶跃输入信号。

② 用仪表记录下被控参数在此阶跃输入信号下的变化过程，即阶跃响应曲线，如图5.10所示。

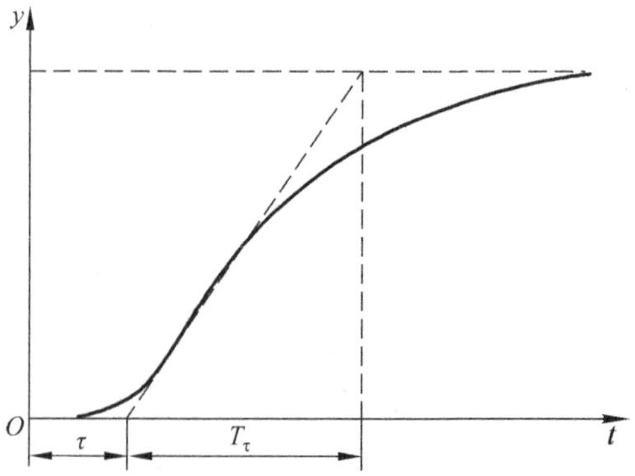

图5.10 被控参数的阶跃响应曲线

③ 在曲线的最大斜率处做切线，求得滞后时间 τ、被控对象时间常数 T_τ 以及它们的比值 T_τ/τ。

④ 选择控制度。

⑤ 查表 5.2，即可得 T、K_P、T_I、T_D 的值。

表 5.2 扩充响应曲线法整定参数表

控制度	控制规律	T	K_P	T_I	T_D
1.05	PI	0.1τ	$0.84T_\tau/\tau$	0.34τ	
	PID	0.05τ	$1.15T_\tau/\tau$	2.0τ	0.45τ
1.2	PI	0.2τ	$0.78T_\tau/\tau$	3.6τ	
	PID	0.16τ	$1.0T_\tau/\tau$	1.9τ	0.55τ
1.5	PI	0.5τ	$0.68T_\tau/\tau$	3.9τ	
	PID	0.34τ	$0.85T_\tau/\tau$	1.62τ	0.65τ
2.0	PI	0.8τ	$0.57T_\tau/\tau$	4.2τ	
	PID	0.6τ	$0.6T_\tau/\tau$	1.5τ	0.82τ

⑥ 按求得的参数运行，在运行中观察控制效果，再适当地调整参数，直到获得满意的控制效果。

该参数整定方法适用于具有一阶滞后环节的被控对象，否则最好选用其他整定方法。

3）归一参数整定法

前面介绍的参数整定方法需要确定 4 个参数，相对来说比较麻烦。为了减少整定参数的数目，简化参数整定方法，Roberts P. D 在 1974 年提出一种简化的扩充临界比例度整定法。由于该方法只整定一个参数，故称其为归一参数整定法。

已知增量型 PID 控制的公式为

$$\begin{aligned}\Delta u(k) &= u(k) - u(k-1)\\ &= K_P\left\{e(k) - e(k-1) + \frac{T}{T_I}e(k) + \frac{T_D}{T}[e(k) - 2e(k-1) + e(k-2)]\right\}\end{aligned}$$

设 $T=0.1T_k$，$T_I=0.5T_k$，$T_D=0.125T_k$，式中，T_k 为纯比例作用下的临界振荡周期，则

$$\Delta u(k) = K_P[2.45e(k) - 3.5e(k-1) + 1.25e(k-2)]$$

由上式可以看出，对 4 个参数的整定简化为只整定一个参数 K_P，改变 K_P，观察控制效果，直到满意为止，因此给 PID 参数的整定带来许多方便。

3. 优选法

由于实际生产过程错综复杂，参数千变万化，因此，确定被调对象的动态特性并非易事。有时即使能找出来，不仅计算麻烦，工作量大，而且其结果与实际相差也较远。因此，目前应用最多的还是经验法。优选法就是自动调节参数整定的经验法。

其具体做法是：根据经验，先把其他参数固定，然后用 0.618 法对其中的某一个参数进行优选，待选出最佳参数后，再换一个参数进行优选，直到把所有的参数优选完毕为止。最后根据 T、K_P、T_I、T_D 4 个参数优选的结果取一组最佳值即可。

4. 凑试法确定 PID 参数

增大比例系数 K_P 一般将加快系统的响应，有利于减小静差，但过大的比例系数会使系统有较大的超调，并产生振荡，使稳定性变坏。增大积分时间 T_I 有利于减小超调，减小振荡，使系统更加稳定，但系统静差的消除将随之减慢。增大微分时间 T_D 也有利于加快系统响应，使超调量减小，稳定性增加，但系统对扰动的抑制能力减弱，对扰动有较敏感的响应。

凑试时，可参考以上参数对控制过程的影响趋势，对参数实行先比例、再积分、后微分的整定步骤。

① 首先只整定比例部分。将比例系数由小变大，并观察相应的系统响应，直到得到反应快、超调小的响应曲线。如果系统没有静差或静差已小到允许范围内，并且响应曲线已经比较令人满意，那么只用比例调节器即可，最优比例系数可由此确定。

② 在比例调节的基础上，若系统的静差不能满足设计要求，则须加入积分环节。整定时首先置积分时间 T_I 为一较大值，并将经第一步整定得到的比例系数略微缩小(如缩小为原值的 0.8 倍)，然后减小积分时间，使在保持系统良好动态性能的情况下，静差得到消除。在此过程中，可根据响应曲线的好坏反复改变比例系数与积分时间，以得到满意的控制过程与整定参数。

③ 若使用比例积分调节器消除了静差，但动态过程经反复调整仍不能满意，则可加入微分环节，构成比例积分微分调节器。在整定时，可先置微分时间 T_D 为零。在第二步整定的基础上增大 T_D，同时相应地改变比例系数和积分时间，逐步凑试，以获得满意的调节效果和控制参数。

5.2 数字控制器的直接设计方法

在对被控对象的特性不太清楚的情况下，人们可以充分利用技术成熟的连续化设计技术(如 5.1 节所述的 PID 控制器的设计技术)，并把它移植到计算机上予以实现，以达到满意的控制效果。但是，这种连续化设计技术要求采样周期相当短，因此只能实现较简单的控制算法。由于控制任务的需要，当所选择的采样周期比较大或对控制质量要求比较高时，必须从被控对象的特性出发，直接根据离散控制理论设计数字控制器，这类方法称为数字控制器的离散化设计方法，也称为直接数字设计。直接数字设计方法比连续化设计方法具有更一般的意义，它完全是根据离散系统的特点进行分析与综合，并导出相应的控制规律。利用计算机软件的灵活性，可以实现从简单到复杂的各种控制。直接数字设计方法基于离散方法的理论，被控对象可用离散模型描述，或用离散化模型表示连续对象。本节主要介绍 3 种数字控制器的直接设计方法。

5.2.1 数字控制器的直接设计步骤

在图 5.11 所示的计算机控制系统框图中，$G_c(s)$是被控对象的连续传递函数，$D(z)$是数字控制器的脉冲传递函数，$H(s)$是零阶保持器的传递函数，T 为采样周期。

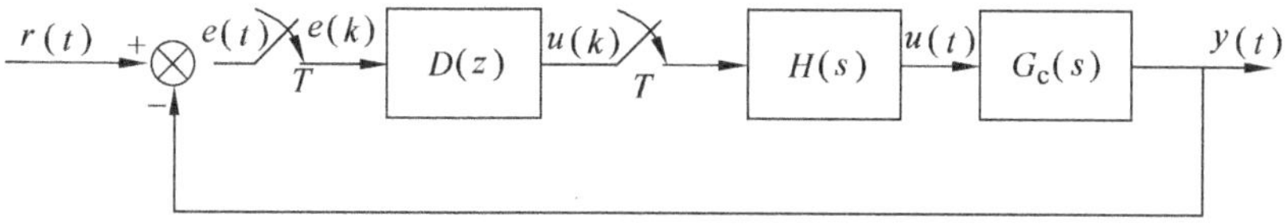

图 5.11 计算机控制系统框图

在图 5.11 中，定义广义对象的脉冲传递函数为

$$G(z)=\frac{B(z)}{A(z)}=Z[H(s)G_c(s)]=Z\left[\frac{1-e^{-Ts}}{s}\cdot G_c(s)\right] \tag{5-25}$$

可得图 5.11 对应的闭环脉冲传递函数为

$$\Phi(z)=\frac{D(z)G(z)}{1+D(z)G(z)} \tag{5-26}$$

由式(5-26)可以求得

$$D(z)=\frac{1}{G(z)}\frac{\Phi(z)}{1-\Phi(z)} \tag{5-27}$$

设数字控制器 $D(z)$的一般形式为

$$D(z)=\frac{U(z)}{E(z)}=\frac{\sum_{i=0}^{m}b_i z^{-i}}{1+\sum_{i=1}^{n}a_i z^{-i}} \quad (n\geqslant m) \tag{5-28}$$

则数字控制器的输出 $U(z)$为

$$U(z)=\sum_{i=0}^{m}b_i z^{-i}E(z)-\sum_{i=1}^{n}a_i z^{-i}U(z) \tag{5-29}$$

因此，数字控制器 $D(z)$的计算机控制算法为

$$u(k)=\sum_{i=0}^{m}b_i e(k-i)-\sum_{i=1}^{n}a_i u(k-i) \tag{5-30}$$

按照式(5-30)，可编写出控制算法程序。

若已知 $G_c(s)$，且可根据控制系统性能指标要求构造 $\Phi(z)$，则可由式(5-25)和式(5-27)求得 $D(z)$。由此可以得出数字控制器的直接设计步骤为

① 根据控制系统的性能指标要求和其他约束条件，确定所需的闭环脉冲传递函数 $\Phi(z)$。

② 根据式(5-25)求广义对象的脉冲传递函数 $G(z)$。

③ 根据式(5-27)求数字控制器的脉冲传递函数 $D(z)$。

④ 根据式(5-28)求控制量 $u(k)$的递推计算公式(5-30)。

5.2.2 最少拍数字控制器的设计

在数字随动控制系统中,往往要求系统的输出值快速地跟踪给定值的变化,最少拍控制就是适应这一要求而产生的一种直接数字设计方法。

在数字控制过程中,一个采样周期称为1拍。所谓最少拍控制,就是要求闭环系统对于某种特定的输入在最少几个采样周期内达到无静差的稳态,其闭环脉冲传递函数具有以下形式:

$$\Phi(z)=\phi_1 z^{-1}+\phi_2 z^{-2}+\cdots+\phi_N z^{-N} \tag{5-31}$$

式中,N是可能情况下的最小正整数。这一形式表明闭环系统的脉冲响应在N个采样周期后变为零,从而意味着系统在N拍之内达到稳态。

对最少拍控制系统设计的具体要求如下。

① 对特定的参考输入信号,在到达稳态后,系统在采样点的输出值准确跟踪输入信号,不存在静差。

② 在各种使系统在有限拍内达到稳态的设计中,系统准确跟踪输入信号所需的采样周期数应为最少。

③ 数字控制器$D(z)$必须在物理上可以实现。

④ 闭环系统必须是稳定的。

1. 闭环脉冲传递函数$\boldsymbol{\Phi}(z)$的确定

由图5.11可知,误差$E(z)$的脉冲传递函数为

$$\Phi_e(z)=\frac{E(z)}{R(z)}=\frac{R(z)-Y(z)}{R(z)}=1-\Phi(z) \tag{5-32}$$

式中,$E(z)$为误差信号$e(t)$的z变换;$R(z)$为输入函数$r(t)$的z变换;$Y(z)$为输出量$y(t)$的z变换。

于是,误差$E(z)$为

$$E(z)=R(z)\Phi_e(z) \tag{5-33}$$

对于典型输入函数

$$r(t)=\frac{1}{(q-1)!}t^{q-1} \tag{5-34}$$

对应的z变换为

$$R(z)=\frac{B(z)}{(1-z^{-1})^q} \tag{5-35}$$

式中,$B(z)$为不包含$(1-z^{-1})$因子的关于z^{-1}的多项式,当q分别等于1,2,3时,对应的典型输入为单位阶跃函数、单位速度函数、单位加速度函数。

根据z变换的终值定理,系统的稳态误差为

$$\begin{aligned} e(\infty) &= \lim_{z\to 1}(1-z^{-1})E(z)=\lim_{z\to 1}(1-z^{-1})R(z)\Phi_e(z) \\ &= \lim_{z\to 1}(1-z^{-1})\frac{B(z)}{(1-z^{-1})^q}\Phi_e(z) \end{aligned} \tag{5-36}$$

由于 $B(z)$不包含$(1-z^{-1})$ 因子,因此要使稳态误差 $e(\infty)$为零,必须有

$$\Phi_e(z) = 1-\Phi(z) = (1-z^{-1})^q F(z) \tag{5-37}$$

即有

$$\Phi(z) = 1-\Phi_e(z) = 1-(1-z^{-1})^q F(z) \tag{5-38}$$

这里,$F(z)$是关于 z^{-1}的待定系数多项式。显然,为了使 $\Phi(z)$能够实现,$F(z)$的首项应取1,即

$$F(z) = 1+f_1 z^{-1}+f_2 z^{-2}+\cdots+f_p z^{-p} \tag{5-39}$$

可以看出,$\Phi(z)$具有 z^{-1}的最高幂次为 $N=p+q$,这表明系统闭环响应在采样点的值经 N 拍可达到稳态。特别是当 $p=0$,即 $F(z)=1$ 时,系统在采样点的输出可在最少拍($N_{\min}=q$ 拍)内达到稳态,即为最少拍控制。因此,最少拍控制器设计时选择 $\Phi_e(z)$ 为

$$\Phi_e(z) = (1-z^{-1})^q \tag{5-40}$$

$$\Phi(z) = 1-\Phi_e(z) = 1-(1-z^{-1})^q \tag{5-41}$$

由式(5-27)可知,最少拍控制器 $D(z)$ 为

$$D(z) = \frac{1}{G(z)}\,\frac{\Phi(z)}{1-\Phi(z)} = \frac{1-(1-z^{-1})^q}{G(z)\,(1-z^{-1})^q} \tag{5-42}$$

2. 典型输入下的最少拍控制系统分析

1) 单位阶跃函数($q=1$)

单位阶跃输入函数 $r(t)=1(t)$,其 z 变换为

$$R(z) = \frac{1}{1-z^{-1}}$$

由式(5-41)可知

$$\Phi(z) = 1-(1-z^{-1})^q = z^{-1}$$

因而有

$$\begin{aligned}E(z) &= R(z)\Phi_e(z) = R(z)[1-\Phi(z)] = \frac{1}{1-z^{-1}}(1-z^{-1}) = 1\\ &= 1\cdot z^0+0\cdot z^{-1}+0\cdot z^{-2}+\cdots\end{aligned}$$

即 $e(0)=1,e(T)=e(2T)=\cdots=0$。可见,经过1拍即 T 后,系统误差 $e(kT)$就可消除。

进一步求得

$$Y(z) = R(z)\Phi(z) = \frac{1}{1-z^{-1}}\cdot z^{-1} = z^{-1}+z^{-2}+z^{-3}+\cdots$$

以上两式说明,只需一拍(一个采样周期)输出就能跟踪输入,误差为零,过渡过程结束。单位阶跃函数输入时的误差曲线及输出响应曲线如图5.12(a)(b)所示。

2) 单位速度函数($q=2$)

单位速度输入函数 $r(t)=t$ 的 z 变换为

$$R(z) = \frac{Tz^{-1}}{(1-z^{-1})^2}$$

由式(5-41)可知

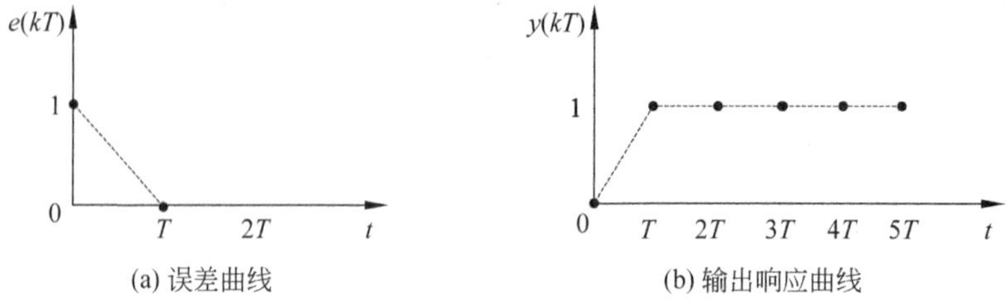

图 5.12 单位阶跃函数输入时的误差曲线及输出响应曲线

$$\Phi(z) = 1-(1-z^{-1})^2 = 2z^{-1}-z^{-2}$$

且有

$$E(z)=R(z)\Phi_e(z) = R(z)[1-\Phi(z)] = \frac{Tz^{-1}}{(1-z^{-1})^2}(1-2z^{-1}+z^{-2})$$
$$= Tz^{-1} = 0\cdot z^0 + T\cdot z^{-1} + 0\cdot z^{-2} + \cdots$$

即 $e(0)=0, e(T)=T, e(2T)=e(3T)=\cdots=0$，即经过 2 拍后，输出就可以无差地跟踪输入的变化。

$$Y(z) = R(z)\Phi(z) = 2Tz^{-1}+3Tz^{-2}+4Tz^{-3}+\cdots$$

以上两式说明，只需两拍(两个采样周期)输出就能跟踪输入，达到稳态。单位速度函数输入时的误差曲线及输出响应曲线如图 5.13(a)(b)所示。

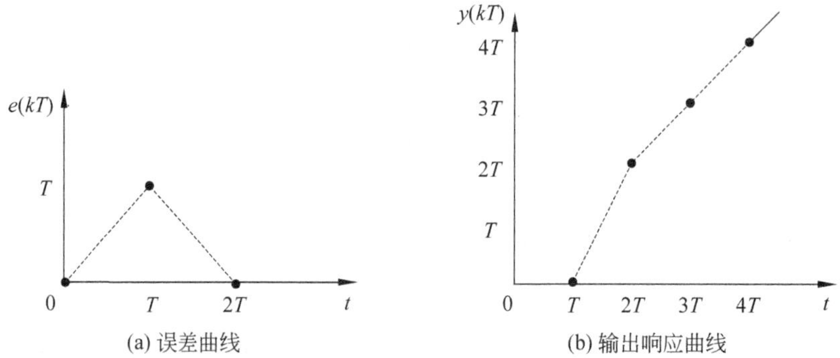

图 5.13 单位速度函数输入时的误差曲线及输出响应曲线

3）单位加速度函数($q=3$)

单位加速度输入函数 $r(t)=\frac{1}{2}t^2$ 的 z 变换为

$$R(z) = \frac{T^2z^{-1}(1+z^{-1})}{2(1-z^{-1})^3}$$

由式(5-41)可知

$$\Phi(z) = 1-(1-z^{-1})^3 = 3z^{-1}-3z^{-2}+z^{-3}$$

且有

$$E(z)=R(z)\Phi_e(z)=R(z)[1-\Phi(z)]=\frac{1}{2}T^2z^{-1}+\frac{1}{2}T^2z^{-2}$$

$$=0+\frac{T^2}{2}z^{-1}+\frac{T^2}{2}z^{-2}+0\cdot z^{-3}+0\cdot z^{-4}+\cdots$$

即 $e(0)=0, e(T)=\frac{T^2}{2}, e(2T)=\frac{T^2}{2}, e(3T)=e(4T)=\cdots=0$，即系统经 3 拍后，输出就可以无差地跟踪上输入的变化。单位加速度函数输入时的误差曲线及输出响应曲线如图 5.14(a)(b)所示。

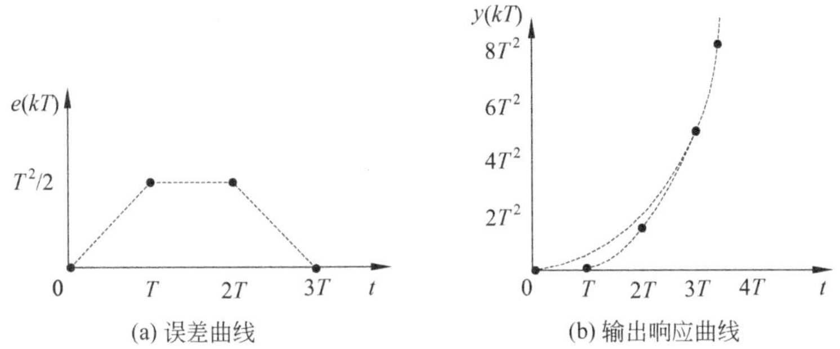

图 5.14 单位加速度函数输入时的误差曲线及输出响应曲线

3. 最少拍控制器的局限性

1) 最少拍控制器对典型输入的适应性差

最少拍控制器的设计是使系统对某一典型输入的响应为最少拍，但对于其他典型输入不一定为最少拍，甚至会引起大的超调和静差。

例如，对于一阶对象($T=1$s)，其广义对象的脉冲传递函数为

$$G(z)=\frac{0.5z^{-1}}{1-0.5z^{-1}}$$

如果按照单位速度输入函数设计最少拍控制器，则应令

$$\Phi(z)=1-(1-z^{-1})^2=2z^{-1}-z^{-2}$$

由此得到数字控制器

$$D(z)=\frac{4(1-0.5z^{-1})^2}{(1-z^{-1})^2}$$

它对单位速度输入函数具有最少拍响应，系统输出的 z 变换为

$$Y(z)=\frac{z^{-1}(2z^{-1}-z^{-2})}{(1-z^{-1})^2}=2z^{-2}+3z^{-3}+4z^{-4}+\cdots$$

在各采样时刻的输出值分别为 0,0,2,3,4,…，即在两拍后，就能准确跟踪速度输入。

如果保持控制器不变而输入变为单位阶跃输入函数，则输出为

$$Y(z)=\frac{2z^{-1}-z^{-2}}{1-z^{-1}}=2z^{-1}+z^{-2}+z^{-3}+z^{-4}+\cdots$$

此时在各采样时刻的输出值为 0,2,1,1,1,…，要两步后才能达到期望值，显然已不是最少

拍，且其在第一拍的输出幅值达到2，超调量为100%。

如果保持控制器不变而输入变为单位加速度输入函数，则输出为

$$Y(z)=(2z^{-1}-z^{-2})\frac{z(1+z^{-1})}{2(1-z^{-1})^3}=z^{-2}+3.5z^{-3}+7z^{-4}+11.5z^{-5}+\cdots$$

在各采样时刻的输出值为0,0,1,3.5,7,11.5,…，与期望值 $r(t)=\frac{1}{2}t^2$ 在采样时刻 $t=0$、T、$2T$、…、($T=1$)的值0,0.5,2,4.5,8,12.5,…相比，达到稳态后存在静差1，如图5.15所示。

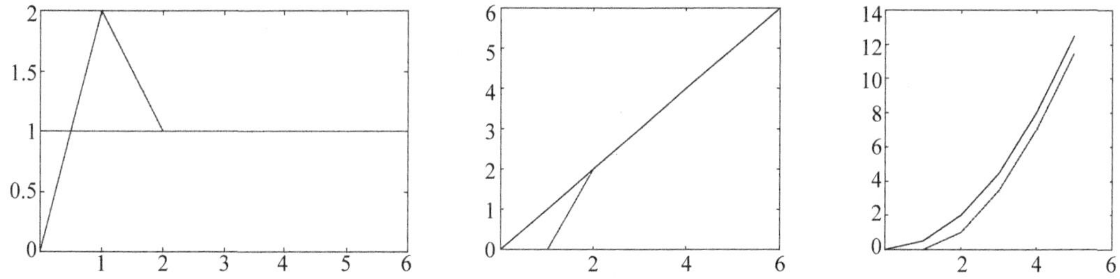

图5.15 按等速输入设计的最少拍控制器对不同输入的响应

一般来说，针对一种典型的输入函数 $R(z)$ 设计得到的系统的闭环脉冲传递函数 $\Phi(z)$，用于次数较低的输入函数 $R(z)$ 时，系统将出现较大的超调，响应时间也会增加，但稳态时在采样时刻的误差为零。反之，当针对一种典型的输入函数 $R(z)$ 设计得到的系统的闭环脉冲传递函数 $\Phi(z)$，用于次数较高的输入函数 $R(z)$ 时，输出将不能完全跟踪输入，以致产生稳态误差。由此可见，一种典型的最少拍闭环脉冲传递函数 $\Phi(z)$ 只适应一种特定的输入，而不能适应各种输入。

2）最少拍控制器的可实现性问题

设图5.11和式(5-25)所示的广义对象的脉冲传递函数为

$$G(z)=\frac{B(z)}{A(z)} \tag{5-43}$$

若用 $\deg A(z)$ 和 $\deg B(z)$ 分别表示 $A(z)$ 和 $B(z)$ 阶数，显然有

$$\deg A(z)>\deg B(z) \tag{5-44}$$

设数字控制器 $D(z)$ 为

$$D(z)=\frac{Q(z)}{P(z)} \tag{5-45}$$

要使 $D(z)$ 物理上是可实现的，则必须要求

$$\deg P(z)\geqslant \deg Q(z) \tag{5-46}$$

式(5-46)的含义是：要产生 k 时刻的控制量 $u(k)$，最多只能利用直到 k 时刻的误差 $e(k)$、$e(k-1)$、…以及过去时刻的控制量 $u(k-1)$、$u(k-2)$、…。

闭环系统的脉冲传递函数为

$$\Phi(z)=\frac{D(z)G(z)}{1+D(z)G(z)}=\frac{B(z)Q(z)}{A(z)P(z)+B(z)Q(z)}=\frac{B_{\mathrm{m}}(z)}{A_{\mathrm{m}}(z)} \tag{5-47}$$

由式(5-47)可得

$$\begin{aligned}\deg A_m(z)-\deg B_m(z)&=\deg[A(z)P(z)+B(z)Q(z)]-\deg[B(z)Q(z)]\\&=\deg[A(z)P(z)]-\deg[B(z)Q(z)]\\&=\deg A(z)-\deg B(z)+\deg P(z)-\deg Q(z)\end{aligned}$$

所以

$$\deg A_{\mathrm{m}}(z)-\deg B_{\mathrm{m}}(z)\geqslant \deg A(z)-\deg B(z) \tag{5-48}$$

式(5-48)给出了为使 $D(z)$物理上可实现时 $\Phi(z)$应满足的条件，该条件的物理意义是：若 $G(z)$的分母比分子高 N 阶，则确定 $\Phi(z)$时必须分母比分子至少高 N 阶。

设给定连续被控对象有 d 个采样周期的纯滞后，则相应于图 5.11 的广义对象脉冲传递函数为

$$G(z)=\frac{B(z)}{A(z)}z^{-d} \tag{5-49}$$

则所设计的闭环脉冲传递函数 $\Phi(z)$中必须含有纯滞后，且滞后时间至少要等于被控对象的滞后时间，否则系统的响应超前于被控对象的输入，这实际上是实现不了的。

3) 最少拍控制的稳定性问题

在前面讨论的设计过程中，对 $G(z)$并没有提出限制条件。实际上，只有当 $G(z)$是稳定的(即在 z 平面单位圆上和单位圆外没有极点)，且不含有纯滞后环节时，式(5-40)才成立。如果 $G(z)$不满足稳定条件，则需对设计原则进行相应的限制。

由式(5-26)可知，

$$\Phi(z)=\frac{D(z)G(z)}{1+D(z)G(z)}$$

可以看出，$D(z)$和 $G(z)$总是成对出现的，但却不允许它们的零点、极点互相对消。这是因为，简单地利用 $D(z)$的零点对消 $G(z)$中的不稳定极点，虽然从理论上可以得到一个稳定的闭环系统，但是这种稳定是建立在零极点完全对消的基础上的。当系统的参数产生漂移，或辨识的参数有误差时，这种零极点对消不可能准确实现，从而将引起闭环系统的不稳定。上述分析说明，$D(z)$和 $G(z)$在单位圆外或单位圆上的零极点不能对消，但并不意味着含有这种现象的系统不能被补偿成稳定的系统，只是在选择 $\Phi(z)$时必须加一个约束条件，这个约束条件称为稳定性条件。

5.2.3 最少拍有纹波控制器的设计

在图 5.11 所示的系统中，设被控对象的传递函数为

$$G_{\mathrm{c}}(s)=G_{\mathrm{c}}'(s)\mathrm{e}^{-\tau s} \tag{5-50}$$

式中，$G_{\mathrm{c}}'(s)$是不含滞后部分的传递函数；τ 为纯滞后时间。

若令

$$d = \tau / T \tag{5-51}$$

则有

$$G(z) = Z\left[\frac{1-e^{-Ts}}{s}G_c(s)\right] = Z\left[\frac{1-e^{-Ts}}{s}G'_c(s)e^{-\tau s}\right]$$
$$= z^{-d}Z\left[\frac{1-e^{-Ts}}{s}G'_c(s)\right] = z^{-d}\frac{B(z)}{A(z)} \tag{5-52}$$

这里,当连续被控对象 $G_c(s)$ 中不包含纯滞后时,$d=0$;当 $G_c(s)$ 中含有纯滞后时,$d\geqslant 1$,即有 d 个采样周期的纯滞后。

设 $A(z)$ 的阶次为 m,$B(z)$ 的阶次为 n,且 $m>n$,则式(5-52)可以改写为

$$G(z) = z^{-d}\frac{B(z)}{A(z)} = z^{-d}\frac{z^{-(m-n)}(c_0 + c_1 z^{-1} + \cdots + c_n z^{-n})}{d_0 + d_1 z^{-1} + \cdots + d_m z^{-m}} \tag{5-53}$$

设 $G(z)$ 有 u 个零点 $b_1, b_2, \cdots, b_u$ 和 v 个极点 $a_1, a_2, \cdots, a_v$ 在 z 平面的单位圆上或单位圆外,$G'(z)$ 是 $G(z)$ 中不含单位圆上或单位圆外的零极点部分,则广义对象的传递函数可表示为

$$G(z) = \frac{z^{-(d+m-n)}\prod_{i=1}^{u}(1-b_i z^{-1})}{\prod_{i=1}^{v}(1-a_i z^{-1})}G'(z) \tag{5-54}$$

由式(5-27)可以看出,为了避免使 $G(z)$ 在单位圆上或单位圆外的零点、极点与 $D(z)$ 的极点、零点对消,同时又能实现对系统的补偿,选择系统的闭环脉冲传递函数时必须满足下面的约束条件。

1. $\Phi_e(z)$ 零点的选择

$\Phi_e(z)$ 的零点中必须包含 $G(z)$ 在 z 平面单位圆外或圆上的所有极点,即

$$\Phi_e(z) = 1 - \Phi(z) = \left[\prod_{i=1}^{v}(1-a_i z^{-1})\right](1-z^{-1})^q \Psi(z) \tag{5-55}$$

式中,$\Psi(z)$ 是关于 z^{-1} 的待定多项式,且不含 $G(z)$ 中的不稳定极点 a_i。

为了使 $\Phi_e(z)$ 能够实现,$\Psi(z)$ 应具有以下形式:

$$\Psi(z) = 1 + \psi_1 z^{-1} + \psi_2 z^{-2} + \cdots + \psi_k z^{-k} \tag{5-56}$$

式中,$\psi_1, \psi_2, \cdots, \psi_k$ 为待定系数。

实际上,若 $G(z)$ 有 j 个极点在单位圆上,即在 $z=1$ 处,由式(5-36)和式(5-37)可知,$\Phi_e(z)$ 的选择方法应对式(5-55)进行修改,可按以下方法确定 $\Phi_e(z)$。

1) 若 $j\leqslant q$,则

$$\Phi_e(z) = 1 - \Phi(z) = \left[\prod_{i=1}^{v-j}(1-a_i z^{-1})\right](1-z^{-1})^q \Psi(z) \tag{5-57}$$

2) 若 $j>q$,则

$$\Phi_e(z) = 1 - \Phi(z) = \left[\prod_{i=1}^{v-j}(1-a_i z^{-1})\right](1-z^{-1})^j \Psi(z) \tag{5-58}$$

2. $\boldsymbol{\Phi}(z)$零点的选择

$\Phi(z)$的零点中必须包含$G(z)$在z平面单位圆外或圆上的所有零点，即

$$\Phi(z)=z^{-(d+m-n)}\left[\prod_{i=1}^{u}(1-b_i z^{-1})\right]F(z) \tag{5-59}$$

式中，$F(z)$是关于z^{-1}的待定多项式，且不含$G(z)$中的不稳定零点b_i。

$F(z)$具有以下形式：

$$F(z)=f_0+f_1z^{-1}+f_2z^{-2}+\cdots+f_pz^{-p} \tag{5-60}$$

式中，$f_0,f_1,\cdots,f_p$为待定系数。

3. 待定多项式$\boldsymbol{\Psi}(z)$和$\boldsymbol{F}(z)$阶次的确定

因$\Phi_e(z)=1-\Phi(z)$，故$\Phi_e(z)$和$\Phi(z)$关于z^{-1}的多项式阶次相同。对于最少拍控制，式(5-56)中的k是使$\Phi_e(z)$和$\Phi(z)$阶次相同时的最小值，以此求取k值。又因式(5-59)与式(5-57)或与式(5-58)的阶次相同，故有

(1) 若$G(z)$中有j个极点在单位圆上，当$j\leqslant q$时，有

$$p=q+v-j-u-d-m+n+k$$

$$F(z)=f_0+f_1z^{-1}+f_2z^{-2}+\cdots+f_{q+v-j-u-d-m+n+k}z^{-(q+v-j-u-d-m+n+k)} \tag{5-61}$$

(2) 若$G(z)$中有j个极点在单位圆上，当$j>q$时，有

$$p=v-u-d-m+n+k$$

$$F(z)=f_0+f_1z^{-1}+f_2z^{-2}+\cdots+f_{v-u-d-m+n+k}z^{-(v-u-d-m+n+k)} \tag{5-62}$$

4. $\boldsymbol{\Psi}(z)$和$\boldsymbol{F}(z)$中待定系数的确定

$\Psi(z)$和$F(z)$阶次确定以后，利用等式$\Phi_e(z)=1-\Phi(z)$两边对应z^{-1}指数项系数相等的方法求取$\Psi(z)$和$F(z)$中的待定系数。

以上给出了确定$\Phi(z)$时必须满足的约束条件。根据此约束条件，可求得最少拍控制器为

$$D(z)=\frac{1}{G(z)}\frac{\Phi(z)}{1-\Phi(z)}=\begin{cases}\dfrac{F(z)}{G'(z)\,(1-z^{-1})^{q-j}\Psi(z)}, & j\leqslant q\\[2ex]\dfrac{F(z)}{G'(z)\Psi(z)}, & j>q\end{cases} \tag{5-63}$$

仅根据上述约束条件设计的最少拍控制系统，只保证了在最少的几个采样周期后系统的响应在采样点时是稳态误差为零，而不能保证任意两个采样点之间的稳态误差为零。这种控制系统输出信号$y(t)$有纹波存在，故称为最少拍有纹波控制系统，式(5-63)的控制器为最少拍有纹波控制器。$y(t)$的纹波在采样点上观测不到，用修正z变换方能计算得出两个采样点之间的输出值，这种纹波称为隐蔽振荡(hidden oscillations)。

例 5-1　在图 5.16 所示的计算机控制系统中，被控对象的传递函数和零阶保持器的传递函数分别为$G_c(s)=\dfrac{10}{s(s+1)}$和$H(s)=\dfrac{1-e^{-Ts}}{s}$。采样周期$T=1$s，试针对单位速度输入函数设计最少拍有纹波系统，画出数字控制器和系统的输出波形。

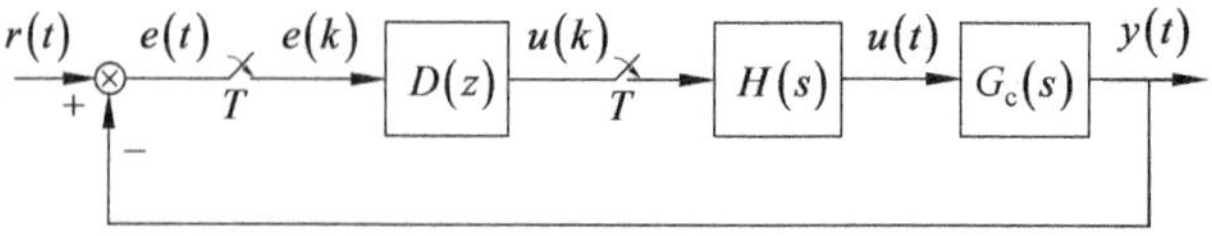

图 5.16 计算机控制系统框图

解：首先求广义对象的脉冲传递函数。

$$G(z)=Z\left[\frac{1-e^{-Ts}}{s}\cdot\frac{10}{s(s+1)}\right]=(1-z^{-1})Z\left[\frac{10}{s^2(s+1)}\right]$$
$$=10(1-z^{-1})\left[\frac{z^{-1}}{(1-z^{-1})^2}-\frac{1}{1-z^{-1}}+\frac{1}{1-0.3679z^{-1}}\right]$$
$$=\frac{3.679z^{-1}(1+0.718z^{-1})}{(1-z^{-1})(1-0.3679z^{-1})}$$

式中，$d=0,m=2,n=1,q=2,u=0,v=1,j=1$，且 $j<q$。对单位速度输入信号，根据式(5-56)选择 $k=0$，可使 $\Phi_e(z)$和 $\Phi(z)$阶次相同。于是，由式(5-57)得

$$\Phi_e(z)=1-\Phi(z)=\left[\prod_{i=1}^{v-j}(1-a_iz^{-1})\right](1-z^{-1})^q\Psi(z)=(1-z^{-1})^2$$

根据式(5-61)，有

$$F(z)=f_0+f_1z^{-1}$$

由式(5-59)和式(5-61)得

$$\Phi(z)=z^{-(d+m-n)}\left[\prod_{i=1}^{u}(1-b_iz^{-1})\right]F(z)=z^{-1}(f_0+f_1z^{-1})$$

因为 $\Phi_e(z)=1-\Phi(z)$，所以有

$$(1-z^{-1})^2=1-z^{-1}(f_0+f_1z^{-1})$$

由上式等号两边对应项的系数相等，得

$$\begin{cases}f_0=2\\ f_1=-1\end{cases}$$

故

$$\Phi(z)=2z^{-1}-z^{-2}$$
$$D(z)=\frac{1}{G(z)}\frac{\Phi(z)}{1-\Phi(z)}=\frac{(1-z^{-1})(1-0.3679z^{-1})(2z^{-1}-z^{-2})}{3.679z^{-1}(1+0.718z^{-1})(1-z^{-1})^2}$$
$$=\frac{0.5434(1-0.5z^{-1})(1-0.3679z^{-1})}{(1-z^{-1})(1+0.718z^{-1})}$$

进一步求得

$$E(z)=\Phi_e(z)R(z)=(1-z^{-1})^2\frac{Tz^{-1}}{(1-z^{-1})^2}=z^{-1}$$

$$Y(z)=R(z)\Phi(z)=\frac{Tz^{-1}}{(1-z^{-1})^2}(2z^{-1}-z^{-2})=2z^{-2}+3z^{-3}+4z^{-4}+\cdots$$

$$U(z)=E(z)D(z)=z^{-1}\frac{0.5434(1-0.5z^{-1})(1-0.3679z^{-1})}{(1-z^{-1})(1+0.718z^{-1})}$$
$$=0.54z^{-1}-0.32z^{-2}+0.40z^{-3}-0.12z^{-4}+0.25z^{-5}-\cdots$$

由此可画出控制器输出和系统输出的波形，如图 5.17 所示。

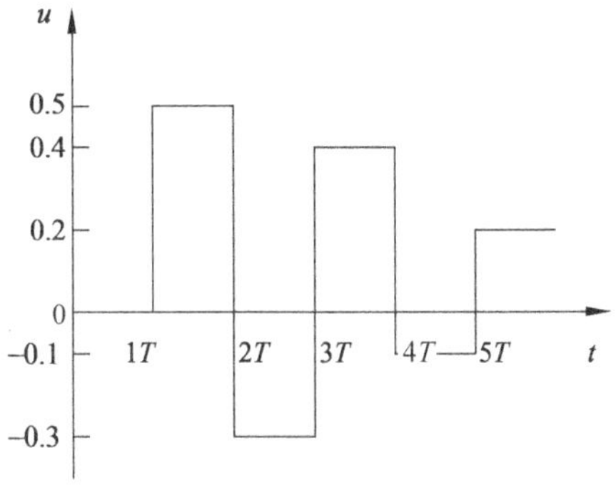

(a) 控制器输出

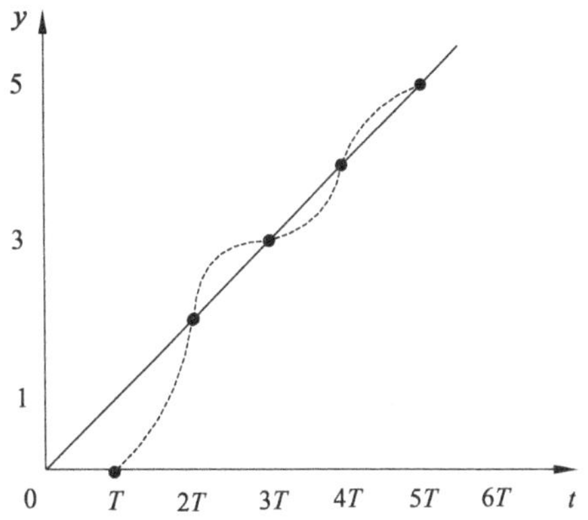

(b) 系统输出

图 5.17 输出序列波形图

5.2.4 最少拍无纹波控制器的设计

按最少拍有纹波系统设计的控制器，其系统的输出值跟踪输入值后，在非采样点有纹波存在。原因在于，数字控制器的输出序列 $u(k)$ 经过若干拍后，不为常值或零，而是振荡收敛的。非采样时刻的纹波现象不仅造成非采样时刻有偏差，而且浪费执行机构的功率，增加机械磨损，因此必须消除。

1. 设计最少拍无纹波控制器的必要条件

无纹波系统要求系统的输出信号在采样点之间不出现纹波，必须满足：

① 对阶跃输入，当 $t\geqslant NT$ 时，有 $y(t)=$常数。

② 对速度输入，当 $t\geqslant NT$ 时，有 $\dot{y}(t)=$常数。

③ 对加速度输入，当 $t\geqslant NT$ 时，有 $\ddot{y}(t)=$常数。

这样，被控对象 $G_c(s)$ 必须有能力给出与系统输入 $r(t)$ 相同的且平滑的输出 $y(t)$。如果针对速度输入函数进行设计，那么稳态过程中 $G_c(s)$ 的输出也必须是速度函数，为了产生这样的速度输出函数，$G_c(s)$ 中必须至少有一个积分环节，使得控制信号 $u(k)$ 为常值(包括零)时，$G_c(s)$ 的稳态输出是要求的速度函数。同理，若针对加速度输入函数设计的无纹波控制器，则 $G_c(s)$ 中必须至少有两个积分环节。因此，设计最少拍无纹波控制器时，$G_c(s)$ 中必须含有足够的积分环节，以保证 $u(k)$ 为常数时，$G_c(s)$ 的稳态输出完全跟踪输入，且无纹波。

2. 最少拍无纹波系统确定 $\boldsymbol{\Phi}(z)$ 的约束条件

要使系统的稳态输出无纹波，就要求稳态时的控制信号 $u(k)$ 为常数或零。控制信号

$u(k)$的 z 变换为

$$U(z)=\sum_{k=0}^{\infty}u(k)z^{-k}$$
$$=u(0)+u(1)z^{-1}+\cdots+u(l)z^{-l}+u(l+1)z^{-(l+1)}+\cdots \tag{5-64}$$

如果系统经过 l 个采样周期达到稳态，则无纹波系统要求 $u(l)=u(l+1)=u(l+2)=\cdots=$常数或零。

设广义对象 $G(z)$含有 d 个采样周期的纯滞后

$$G(z)=\frac{B(z)}{A(z)}z^{-d} \tag{5-65}$$

而

$$U(z)=\frac{Y(z)}{G(z)}=\frac{\Phi(z)}{G(z)}R(z)$$

将式(5-65)代入

$$U(z)=\frac{\Phi(z)}{z^{-d}B(z)}A(z)R(z)=\Phi_{\mathrm{u}}(z)R(z) \tag{5-66}$$

其中

$$\Phi_{\mathrm{u}}(z)=\frac{\Phi(z)}{z^{-d}B(z)}A(z) \tag{5-67}$$

要使控制信号 $u(k)$在稳态过程中为常数或零，那么 $\Phi_{\mathrm{u}}(z)$只能是关于 z^{-1}的有限多项式。因此，式(5-67)中的 $\Phi(z)$必须包含 $G(z)$的分子多项式 $B(z)$，即 $\Phi(z)$必须包含 $G(z)$的所有零点。这样，原来最少拍有纹波系统设计时确定 $\Phi(z)$的公式(5-59)应修改为

$$\Phi(z)=z^{-(d+m-n)}\left[\prod_{i=1}^{\omega}(1-b_iz^{-1})\right]F(z) \tag{5-68}$$

式中，ω 为$G(z)$的所有零点数；$b_1,b_2,\cdots,b_\omega$ 为$G(z)$的所有零点；$F(z)$是关于 z^{-1}的待定多项式，且不含 $G(z)$中的不稳定零点 b_i。

$F(z)$具有以下形式：

$$F(z)=f_0+f_1z^{-1}+f_2z^{-2}+\cdots+f_pz^{-p} \tag{5-69}$$

式中，$f_0,f_1,\cdots,f_p$ 为待定系数。

3. 多项式 $\boldsymbol{\Psi}(z)$和 $\boldsymbol{F}(z)$阶次的确定

因 $\Phi_e(z)=1-\Phi(z)$，故 $\Phi_e(z)$和 $\Phi(z)$关于 z^{-1}的多项式阶次相同。对于最少拍控制，式(5-56)中的 k 是使 $\Phi_e(z)$和 $\Phi(z)$阶次相同时的最小值。又因式(5-68)与式(5-57)或与式(5-58)的阶次相同，因此待定系数 $f_0,f_1,\cdots,f_p$ 可由以下关系求得。

(1) 若 $G(z)$中有 j 个极点在单位圆上，当 $j\leqslant q$ 时，有

$$p=q+v-j-\omega-d-m+n+k$$
$$F(z)=f_0+f_1z^{-1}+f_2z^{-2}+\cdots+f_{q+v-j-\omega-d-m+n+k}z^{-(q+v-j-\omega-d-m+n+k)} \tag{5-70}$$

(2) 若 $G(z)$中有 j 个极点在单位圆上，当 $j>q$ 时，有

$$p=v-\omega-d-m+n+k$$
$$F(z)=f_0+f_1z^{-1}+f_2z^{-2}+\cdots+f_{v-\omega-d-m+n+k}z^{-(v-\omega-d-m+n+k)} \tag{5-71}$$

4. $\Psi(z)$ 和 $F(z)$中待定系数的确定

$\Psi(z)$和$F(z)$阶次确定以后，利用等式$\Phi_e(z)=1-\Phi(z)$两边对应z^{-1}指数项系数相等的方法求取$\Psi(z)$和$F(z)$中的待定系数。

5. 无纹波系统的调整时间要增加若干拍，增加的拍数等于$G(z)$在单位圆内的零点数

例 5-2 在例5-1中，广义对象为($T=1$s)。

$$G(z)=\frac{3.679z^{-1}(1+0.718z^{-1})}{(1-z^{-1})(1-0.3679z^{-1})}$$

试针对单位速度输入函数，设计最少拍无纹波系统，并绘出数字控制器和系统的输出波形图。

解：由$G(z)$的表达式和$G_c(s)$可知，满足无纹波设计的必要条件，且$d=0,m=2,n=1,q=2,\omega=1,v=1,j=1,j<q$。由于选择$k=0$时，有$\Phi_e(z)\neq 1-\Phi(z)$，因此根据式(5-56)只能选择最小的$k$为$k=1$，于是由式(5-57)得

$$\Phi_e(z)=1-\Phi(z)=\left[\prod_{i=1}^{v-j}(1-a_iz^{-1})\right](1-z^{-1})^q\Psi(z)=(1-z^{-1})^2(1+\psi_1z^{-1})$$

根据式(5-70)，有

$$F(z)=f_0+f_1z^{-1}$$

由式(5-68)和式(5-70)选择

$$\begin{aligned}\Phi(z)&=z^{-(d+m-n)}\left[\prod_{i=1}^{\omega}(1-b_iz^{-1})\right]F(z)\\&=z^{-1}(1+0.718z^{-1})(f_0+f_1z^{-1})\end{aligned}$$

因为

$$\Phi_e(z)=1-\Phi(z)$$

所以有

$$\begin{aligned}1-f_0z^{-1}-(f_1+0.718f_0)z^{-2}-0.718f_1z^{-3}=1&+(\psi_1-2)z^{-1}+\\&(1-2\psi_1)z^{-2}+\psi_1z^{-3}\end{aligned}$$

根据上述关系，可以推出

$$\begin{cases}\psi_1-2=-f_0\\1-2\psi_1=-(f_1+0.718f_0)\\\psi_1=-0.718f_1\end{cases}\Rightarrow\begin{cases}\psi_1=0.592\\f_0=1.408\\f_1=-0.825\end{cases}$$

故有

$$\Phi(z)=(1+0.718z^{-1})(1.408z^{-1}-0.825z^{-2})$$

$$\Phi_e(z)=(1-z^{-1})^2(1+0.592z^{-1})$$

$$D(z)=\frac{1}{G(z)}\frac{\Phi(z)}{1-\Phi(z)}=\frac{0.272(1-0.3679z^{-1})(1.408-0.825z^{-1})}{(1-z^{-1})(1+0.592z^{-1})}$$

$$\begin{aligned}Y(z)=R(z)\Phi(z)&=\frac{Tz^{-1}}{(1-z^{-1})^2}(1+0.718z^{-1})(1.408z^{-1}-0.825z^{-2})\\&=1.41z^{-2}+3z^{-3}+4z^{-4}+5z^{-5}+\cdots\end{aligned}$$

$$
\begin{aligned}
U(z) &= \frac{Y(z)}{G(z)} = \frac{R(z)\Phi(z)}{G(z)} \\
&= \frac{T \quad \text{上}\ z^{-1}}{(1-z^{-1})^2}(1+0.718z^{-1})(1.408z^{-1}-0.825z^{-2})\ \frac{(1-z^{-1})(1-0.3679z^{-1})}{3.679z^{-1}(1+0.718z^{-1})} \\
&= 0.38z^{-1}+0.02z^{-2}+0.09z^{-3}+0.09z^{-4}+0.09z^{-5}+\cdots
\end{aligned}
$$

数字控制器输出和系统输出的波形如图 5.18 所示。

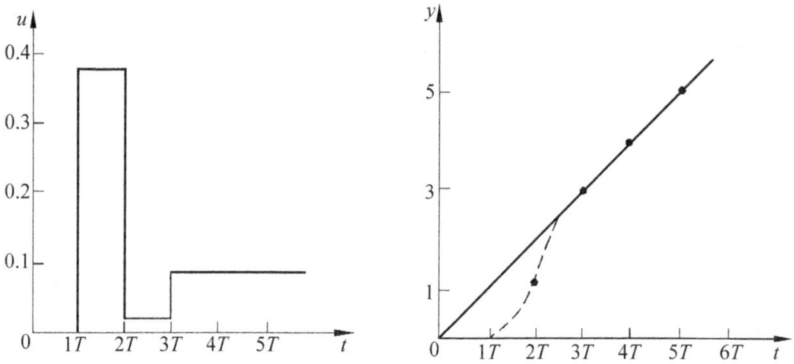

(a) 数字控制器输出　　(b) 系统输出

图 5.18　输出序列波形图

比较例 5-1 和例 5-2 的输出序列波形图可以看出，有纹波系统的调整时间为两个采样周期，无纹波系统的调整时间为 3 个采样周期，比有纹波系统调整时间增加一拍，因为 $G(z)$ 在单位圆内有一个零点。

5.3　纯滞后控制技术

在生产过程中，大多数工业对象都具有较大的纯滞后时间。对象的纯滞后时间对控制系统的控制性能极为不利，它使系统的稳定性降低，过渡过程特性变差，容易引起超调和持续的振荡。对象的纯滞后特性给控制器的设计带来困难。前面介绍的最少拍数字控制器的设计方法只适合于某些计算机控制系统，而对于系统输出的超调量有严格限制的控制系统，这种方法并不理想。在许多实际工业过程（如热工、化工等）的控制中，由于物料或能量的传输延迟，许多被控制对象都具有纯滞后性质，而且滞后时间比较长。对于这样的系统，用一般的计算机控制系统设计方法是不行的，用 PID 算法效果也欠佳。针对工业过程中含有纯滞后的控制对象，本节介绍两种具有良好效果的控制方法，即史密斯（Smith）预估控制和达林（Dahlin）算法。

5.3.1　史密斯预估控制

史密斯提出了一种纯滞后补偿模型，但由于模拟仪表不能实现这种补偿，致使这种方法长时间以来在工程中无法实现。随着计算机控制系统的发展，现在利用微型计算机可以方便地实现纯滞后补偿。

1. 史密斯预估控制原理

在图 5.19 所示的带纯滞后环节的控制系统中，$D(s)$表示调节器的传递函数，用于校正 $G_p(s)$部分；$G_p(s)e^{-\tau s}$表示被控对象的传递函数，$G_p(s)$为被控对象中不包含纯滞后部分的传递函数，$e^{-\tau s}$为被控对象纯滞后部分的传递函数。

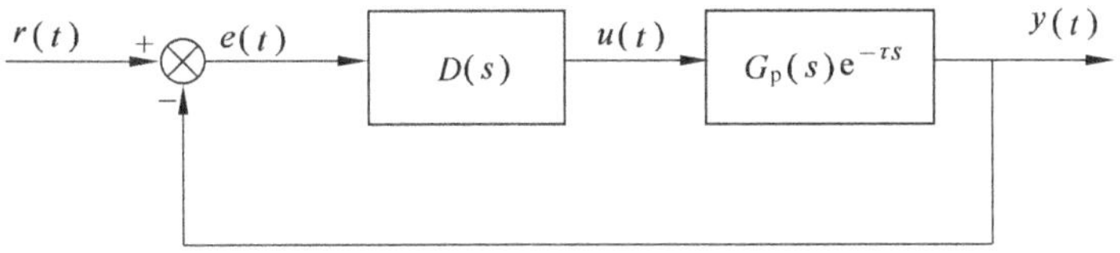

图 5.19 带纯滞后环节的控制系统

史密斯预估控制原理为：与 $D(s)$并联一补偿环节，用来补偿被控对象中的纯滞后部分。这个补偿环节称为预估器，其传递函数为 $G_p(s)(1-e^{-\tau s})$，τ 为纯滞后时间，补偿后的系统框图如图 5.20 所示。

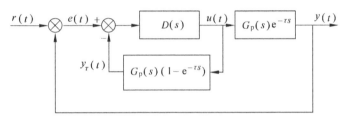

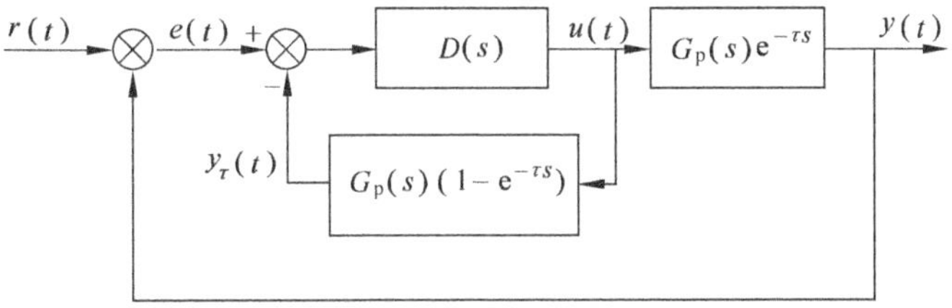

图 5.20 带史密斯预估器的控制系统

由史密斯预估器和调节器 $D(s)$组成的补偿回路称为纯滞后补偿器，其传递函数为 $D'(s)$，即

$$D'(s)=\frac{D(s)}{1+D(s)G_p(s)(1-e^{-\tau s})}$$

经补偿后的系统闭环传递函数为

$$\Phi(s)=\frac{D'(s)G_p(s)e^{-\tau s}}{1+D'(s)G_p(s)e^{-\tau s}}=\frac{D(s)G_p(s)}{1+D(s)G_p(s)}e^{-\tau s} \tag{5-72}$$

式(5-72)说明，经补偿，消除了纯滞后部分对控制系统的影响，因为式中的 $e^{-\tau s}$ 在闭环控制回路外，不影响系统的稳定性，拉普拉斯变换的位移定理说明，$e^{-\tau s}$ 仅将控制作用在时间坐标上推移了一个时间 τ，控制系统的过渡过程及其他性能指标都与对象特性为 $G_p(s)$时完全相同。

2. 具有纯滞后补偿的数字控制器

具有纯滞后补偿的数字控制系统如图 5.21 所示。从图 5.21 中可以看出，纯滞后补偿的数字控制器由两部分组成，即数字 PID 控制器(由 $D(s)$离散化得到)和史密斯预估器。

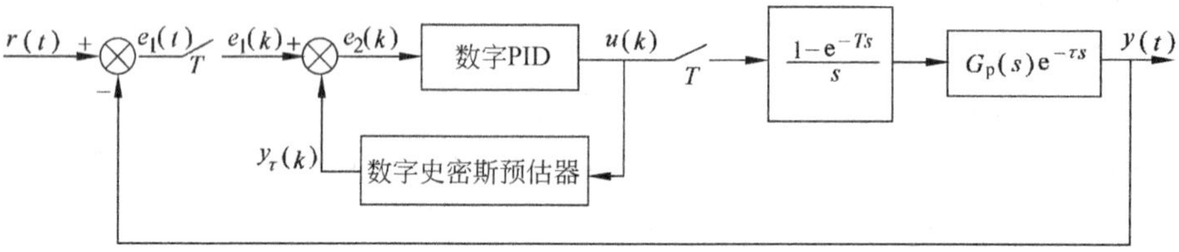

图 5.21　具有纯滞后补偿的数字控制系统

1）史密斯预估器

滞后环节使信号延迟，为此，在内存中专门设定 $N+1$ 个单元作为存放信号 $m(k)$ 的历史数据，N 由下式决定。

$$N=\frac{\tau}{T}$$

式中，τ 为纯滞后时间；T 为采样周期。

每采样一次，把 $m(k)$ 记入 0 单元，同时把 0 单元原来存放的数据移到 1 单元，1 单元原来存放的数据移到 2 单元……以此类推。从单元 N 输出的信号就是滞后 N 个采样周期的 $m(k-N)$ 信号。

史密斯预估器的输出可按图 5.22 的顺序计算。

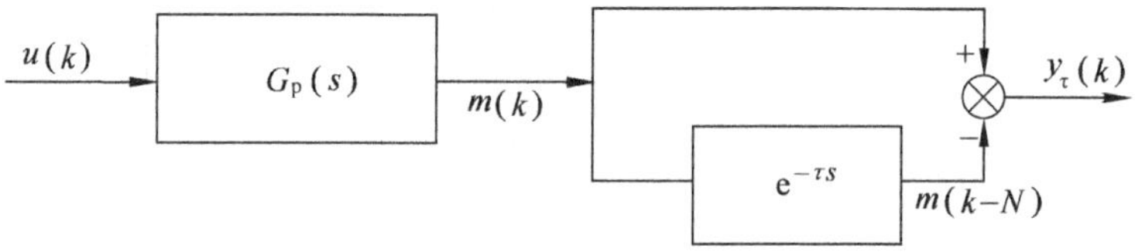

图 5.22　史密斯预估器的输出

图 5.22 中，$u(k)$ 是 PID 数字控制器的输出，$y_\tau(k)$ 是史密斯预估器的输出。从图 5.22 中可以看出，必须先计算传递函数 $G_p(s)$ 的输出 $m(k)$ 后，才能计算预估器的输出。

$$y_\tau(k)=m(k)-m(k-N)$$

许多工业对象可近似用一阶惯性环节和纯滞后环节的串联表示。

$$G_c(s)=G_p(s)\mathrm{e}^{-\tau s}=\frac{K_f}{1+T_f s}\mathrm{e}^{-\tau s}$$

式中，K_f 为被控对象的放大系数；T_f 为被控对象的时间常数；τ 为纯滞后时间。

预估器的传递函数为

$$G_\tau(s)=G_p(s)(1-\mathrm{e}^{-\tau s})=\frac{K_f}{1+T_f s}(1-\mathrm{e}^{-\tau s})$$

2）纯滞后补偿控制算法步骤

① 计算反馈回路的偏差 $e_1(k)$。

$$e_1(k)=r(k)-y(k)$$

② 计算纯滞后补偿器的输出 $y_\tau(k)$。

$$\frac{Y_\tau(s)}{U(s)}=G_p(s)(1-e^{-\tau s})=\frac{K_f(1-e^{-NTs})}{T_f s+1}$$

化成微分方程式，可写成

$$T_f\frac{dy_\tau(t)}{dt}+y_\tau(t)=K_f[u(t)-u(t-NT)]$$

利用后向差分代替微分，上式相应的差分方程为

$$y_\tau(k)=ay_\tau(k-1)+b[u(k)-u(k-N)] \tag{5-73}$$

式中，$a=\dfrac{T_f}{T_f+T}$，$b=K_f\dfrac{T}{T_f+T}$。式(5-73)称为史密斯预估控制算式。

③ 计算偏差 $e_2(k)$。

$$e_2(k)=e_1(k)-y_\tau(k)$$

④ 计算控制器的输出 $u(k)$。

当采样 PID 控制算法时，控制器的输出 $u(k)$ 为

$$\begin{aligned}u(k)&=u(k-1)+\Delta u(k)\\&=u(k-1)+K_P[e_2(k)-e_2(k-1)]+K_Ie_2(k)\\&\quad+K_D[e_2(k)-2e_2(k-1)+e_2(k-2)]\end{aligned}$$

式中，K_P 为 PID 控制的比例系数；$K_I=K_PT/T_I$，为积分系数；$K_D=K_PT_D/T$，为微分系数。

5.3.2 达林算法

1. 数字控制器 $D(z)$ 的形式

大多数工业控制对象可用带纯滞后的一阶惯性环节或二阶惯性环节近似。设被控对象为带有纯滞后的一阶惯性环节或二阶惯性环节，即

$$G_c(s)=\frac{K}{1+T_1s}e^{-\tau s} \tag{5-74}$$

$$G_c(s)=\frac{K}{(1+T_1s)(1+T_2s)}e^{-\tau s} \tag{5-75}$$

式中，τ 为纯滞后时间；T_1、T_2 为时间常数；K 为放大系数。

达林算法的设计目标是使整个闭环系统所期望的传递函数 $\Phi(s)$ 相当于一个延迟环节和一个惯性环节相串联，即

$$\Phi(s)=\frac{1}{T_\tau s+1}e^{-\tau s} \tag{5-76}$$

并期望整个闭环系统的纯滞后时间和被控对象 $G_c(s)$ 的纯滞后时间 τ 相同。式(5-76)中，T_τ 为闭环系统的时间常数，纯滞后时间 τ 与采样周期 T 的关系为 $\tau=NT$，N 为整数。

通常认为对象与一个零阶保持器相串联，那么与 $\Phi(s)$ 对应的系统的闭环脉冲传递函数 $\Phi(z)$ 为

$$\Phi(z)=\frac{Y(z)}{R(z)}=Z\left[\frac{1-e^{-Ts}}{s}\cdot\frac{e^{-\tau s}}{T_\tau s+1}\right]$$
$$=Z\left[\frac{1-e^{-Ts}}{s}\cdot\frac{e^{-NTs}}{T_\tau s+1}\right]=\frac{z^{-N-1}(1-e^{-T/T_\tau})}{1-e^{-T/T_\tau}z^{-1}} \tag{5-77}$$

由式(5-26)可得

$$D(z)=\frac{1}{G(z)}\frac{\Phi(z)}{1-\Phi(z)}$$
$$=\frac{1}{G(z)}\frac{z^{-N-1}(1-e^{-T/T_\tau})}{1-e^{-T/T_\tau}z^{-1}-(1-e^{-T/T_\tau})z^{-N-1}} \tag{5-78}$$

如果已知被控对象的脉冲传递函数 $G(z)$，就可由式(5-78)求出数字控制器的脉冲传递函数 $D(z)$。

1）一阶惯性环节达林算法 $D(z)$ 的基本形式

当被控对象是带有纯滞后的一阶惯性环节时，其脉冲传递函数为

$$G(z)=Z\left[\frac{1-e^{-Ts}}{s}\cdot\frac{Ke^{-\tau s}}{T_1 s+1}\right]$$

将 $\tau=NT$ 代入，并进行 z 变换，得

$$G(z)=Z\left[\frac{1-e^{-Ts}}{s}\cdot\frac{Ke^{-NTs}}{T_1 s+1}\right]=Kz^{-N-1}\frac{1-e^{-T/T_1}}{1-e^{-T/T_1}z^{-1}} \tag{5-79}$$

将式(5-79)代入式(5-78)中，得到数字控制器的算式为

$$D(z)=\frac{(1-e^{-T/T_\tau})(1-e^{-T/T_1}z^{-1})}{K(1-e^{-T/T_1})[1-e^{-T/T_\tau}z^{-1}-(1-e^{-T/T_\tau})z^{-N-1}]}$$

2）被控对象为带纯滞后的二阶惯性环节，其脉冲传递函数为

$$G(z)=Z\left[\frac{1-e^{-Ts}}{s}\cdot\frac{Ke^{-\tau s}}{(T_1 s+1)(T_2 s+1)}\right]$$

将 $\tau=NT$ 代入，并进行 z 变换，得

$$G(z)=\frac{K(C_1+C_2z^{-1})z^{-N-1}}{(1-e^{-T/T_1}z^{-1})(1-e^{-T/T_2}z^{-1})} \tag{5-80}$$

其中

$$\begin{cases}C_1=1+\dfrac{1}{T_2-T_1}(T_1e^{-T/T_1}-T_2e^{-T/T_2})\\[2ex] C_2=e^{-T(1/T_1+1/T_2)}+\dfrac{1}{T_2-T_1}(T_1e^{-T/T_2}-T_2e^{-T/T_1})\end{cases} \tag{5-81}$$

将式(5-80)代入式(5-78)，得

$$D(z)=\frac{(1-e^{-T/T_\tau})(1-e^{-T/T_1}z^{-1})(1-e^{-T/T_2}z^{-1})}{K(C_1+C_2z^{-1})[1-e^{-T/T_\tau}z^{-1}-(1-e^{-T/T_\tau})z^{-N-1}]}$$

2. 振铃现象及其消除

纯滞后惯性系统，因允许它存在适当的超调量，当系统参数设置不合适或不匹配时，可能使数字控制器输出以二分之一采样频率的大幅度衰减的振荡，这种现象称为振铃现象。

这与前面介绍的最少拍有纹波系统中的纹波不一样。纹波是由于控制器输出一直是振荡的，影响到系统的输出在采样时刻之间一直有纹波。而振铃现象中的振荡是衰减的，并且由于被控对象中惯性环节的低通特性，使得它对系统的输出几乎是无影响的。然而，振铃现象的存在，会使执行机构因磨损而造成损坏，在存在耦合的多回路控制系统中，还会破坏系统的稳定性，因此必须弄清振铃现象产生的原因，并设法消除它。

1）振铃现象分析

如图 5.11 所示，系统的输出 $Y(z)$ 和数字控制器的输出 $U(z)$ 之间有下列关系：

$$Y(z)=U(z)G(z)$$

系统的输出 $Y(z)$ 和输入函数 $R(z)$ 之间有下列关系：

$$Y(z)=R(z)\Phi(z)$$

由上面两式得到数字控制器的输出 $U(z)$ 与输入函数 $R(z)$ 之间的关系为

$$\frac{U(z)}{R(z)}=\frac{\Phi(z)}{G(z)} \tag{5-82}$$

令

$$\Phi_{\mathrm{u}}(z)=\frac{\Phi(z)}{G(z)} \tag{5-83}$$

由式(5-82)可得

$$U(z)=\Phi_{\mathrm{u}}(z)R(z)$$

$\Phi_{\mathrm{u}}(z)$ 表达了数字控制器的输出与输入函数在闭环时的关系是分析振铃现象的基础。

单位阶跃输入函数 $R(z)=1/(1-z^{-1})$，由于含有极点 $z=1$，如果 $\Phi_{\mathrm{u}}(z)$ 的极点在 Z 平面的负实轴上，且与 $z=-1$ 点接近，那么数字控制器的输出序列 $u(k)$ 中将含有这两种幅值相近的瞬态项，而且瞬态项的符号在不同时刻是不相同的。当两瞬态项符号相同时，数字控制器的输出控制作用加强，符号相反时，控制作用减弱，从而造成数字控制器的输出序列大幅度波动。分析 $\Phi_{\mathrm{u}}(z)$ 在 Z 平面负实轴上的极点分布情况，就可得出振铃现象的有关结论。下面分析带纯滞后的一阶或二阶惯性系统中的振铃现象。

① 带纯滞后的一阶惯性环节：被控对象为带纯滞后的一阶惯性环节时，其脉冲传递函数 $G(z)$ 为式(5-79)，闭环系统的期望传递函数为式(5-77)，将此两式代入式(5-83)后可得

$$\Phi_{\mathrm{u}}(z)=\frac{\Phi(z)}{G(z)}=\frac{(1-\mathrm{e}^{-T/T_{\tau}})(1-\mathrm{e}^{-T/T_1}z^{-1})}{K(1-\mathrm{e}^{-T/T_1})(1-\mathrm{e}^{-T/T_{\tau}}z^{-1})} \tag{5-84}$$

由式(5-84)可以求得极点 $z=\mathrm{e}^{-T/T_{\tau}}$，显然 z 永远是大于零的，故得出结论：在带纯滞后的一阶惯性环节组成的系统中，数字控制器输出对输入的脉冲传递函数不存在负实轴上的极点，这种系统不存在振铃现象。

② 带纯滞后的二阶惯性环节：被控对象为带纯滞后的二阶惯性环节时，其脉冲传递函数 $G(z)$ 为式(5-80)，闭环系统的期望传递函数仍为式(5-77)，将此两式代入式(5-83)后可得

$$\Phi_{\mathrm{u}}(z)=\frac{\Phi(z)}{G(z)}=\frac{(1-\mathrm{e}^{-T/T_{\tau}})(1-\mathrm{e}^{-T/T_1}z^{-1})(1-\mathrm{e}^{-T/T_2}z^{-1})}{KC_1\left(1+\dfrac{C_2}{C_1}z^{-1}\right)(1-\mathrm{e}^{-T/T_{\tau}}z^{-1})} \tag{5-85}$$

式(5-85)有两个极点，第一个极点在 $z=\mathrm{e}^{-T/T_\tau}$，不会引起振铃现象；第二个极点在 $z=-\dfrac{C_2}{C_1}$。由式(5-81)可知，$T\to 0$ 时，有

$$\lim_{T\to 0}\left(-\frac{C_2}{C_1}\right)=-1$$

说明可能出现负实轴上与 $z=-1$ 相近的极点，这一极点将引起振铃现象。

2) 振铃幅度 RA

振铃幅度 RA 用来衡量振铃强烈的程度。它的定义是：控制器在单位阶跃输入作用下，第 0 次输出幅度与第 1 次输出幅度之差值。

由式(5-83)，$\Phi_u(z)=\Phi(z)/G(z)$ 是 z 的有理分式，写成一般形式为

$$\Phi_u(z)=\frac{1+b_1z^{-1}+b_2z^{-2}+\cdots}{1+a_1z^{-1}+a_2z^{-2}+\cdots} \tag{5-86}$$

在单位阶跃输入函数的作用下，数字控制器的输出量的 z 变换是

$$\begin{aligned}U(z)&=R(z)\Phi_u(z)=\frac{1}{1-z^{-1}}\cdot\frac{1+b_1z^{-1}+b_2z^{-2}+\cdots}{1+a_1z^{-1}+a_2z^{-2}+\cdots}\\&=\frac{1+b_1z^{-1}+b_2z^{-2}+\cdots}{1+(a_1-1)z^{-1}+(a_2-1)z^{-2}+\cdots}\\&=1+(b_1-a_1+1)z^{-1}+\cdots\end{aligned}$$

所以

$$RA=1-(b_1-a_1+1)=a_1-b_1 \tag{5-87}$$

对于带纯滞后的二阶惯性环节组成的系统，其振铃幅度由式(5-85)可得

$$RA=\frac{C_2}{C_1}-\mathrm{e}^{-T/T_\tau}+\mathrm{e}^{-T/T_1}+\mathrm{e}^{-T/T_2} \tag{5-88}$$

根据式(5-81)及式(5-88)，在 $T\to 0$ 时，可得

$$\lim_{T\to 0}RA=2$$

3) 振铃现象的消除

有两种方法可用来消除振铃现象。第一种方法是，先找出 $D(z)$ 中引起振铃现象的因子($z=-1$ 附近的极点)，然后令其中的 $z=1$，根据终值定理，这样处理不影响输出量的稳态值。下面具体说明这种方法。

根据前面的介绍，在带纯滞后的二阶惯性环节系统中，数字控制器 $D(z)$ 为

$$D(z)=\frac{(1-\mathrm{e}^{-T/T_\tau})(1-\mathrm{e}^{-T/T_1}z^{-1})(1-\mathrm{e}^{-T/T_2}z^{-1})}{K(C_1+C_2z^{-1})[1-\mathrm{e}^{-T/T_\tau}z^{-1}-(1-\mathrm{e}^{-T/T_\tau})z^{-N-1}]}$$

其极点 $z=-\dfrac{C_2}{C_1}$ 将引起振铃现象。令极点因子 $(C_1+C_2z^{-1})$ 中的 $z=1$，就可以消除这个振铃极点。由式(5-81)得 $C_1+C_2=(1-\mathrm{e}^{-T/T_1})(1-\mathrm{e}^{-T/T_2})$。

消除振铃极点 $z=-\dfrac{C_2}{C_1}$ 后，有

$$D(z)=\frac{(1-e^{-T/T_\tau})(1-e^{-T/T_1}z^{-1})(1-e^{-T/T_2}z^{-1})}{K(1-e^{-T/T_1})(1-e^{-T/T_2})[1-e^{-T/T_\tau}z^{-1}-(1-e^{-T/T_\tau})z^{-N-1}]}$$

这种消除振铃的方法虽然不影响输出的稳态值，但改变了数字控制器的动态特性，将影响闭环系统的瞬态性能。

第二种方法是从保证闭环系统的特性出发，选择合适的采样周期 T 及系统闭环时间常数 T_τ，使得数字控制器的输出避免产生强烈的振铃现象。从式(5-88)中可以看出，带纯滞后的二阶惯性环节组成的系统中，振铃幅度与被控对象的参数 T_1、T_2 有关，与闭环系统期望的时间常数 T_τ 以及采样周期 T 有关。通过适当选择 T_τ 和 T，可以把振铃幅度抑制在最低限度内。有的情况下，系统闭环时间常数 T_τ 作为控制系统的性能指标被首先确定了，但仍可通过式(5-88)选择采样周期 T 抑制振铃现象。

3. 达林算法的设计步骤

对具有纯滞后的系统，直接设计数字控制器时考虑的主要性能是控制系统不允许产生超调并要求系统稳定。系统设计中一个值得注意的问题是振铃现象。考虑振铃现象影响时设计数字控制器的一般步骤如下。

(1) 根据系统的性能，确定闭环系统的参数 T_τ，给出振铃幅度 RA 的指标。

(2) 根据式(5-88)确定的振铃幅度 RA 与采样周期 T 的关系，解出给定振铃幅度下对应的采样周期，如果 T 有多个解，则选择较大的采样周期。

(3) 确定纯滞后时间 τ 与采样周期 T 之比 τ/T 的最大整数 N。

(4) 求广义对象的脉冲传递函数 $G(z)$ 及闭环系统的脉冲传递函数 $\Phi(z)$。

(5) 求数字控制器的脉冲传递函数 $D(z)$。

5.4　串级控制技术

串级控制是在单回路 PID 控制的基础上发展起来的一种控制技术。当 PID 控制应用于单回路控制的一个被控量时，其控制结构简单，控制参数易于整定。但是，当系统中同时有几个因素影响同一个被控量时，如果只控制其中一个因素，将难以满足系统的控制性能。串级控制针对上述情况，在原控制回路中增加一个或几个控制内回路，用以控制可能引起被控量变化的其他因素，从而有效地抑制了被控对象的时滞特性，提高了系统动态响应的快速性。

5.4.1　串级控制的结构和原理

图 5.23 是一个炉温控制系统，其控制目的是使炉温保持恒定。假如煤气管道中的压力是恒定的，管道阀门的开度对应一定的煤气流量，这时为了保持炉温恒定，只需测量实际炉温，并与炉温设定值进行比较，利用二者的偏差以 PID 控制规律控制煤气管道阀门的开度。

但是，实际上，煤气总管道同时向许多炉子供应煤气，管道中的压力可能波动。对于同样的阀位，由于煤气压力的变化，煤气流量要发生变化，最终将引起炉温的变化。系统只有

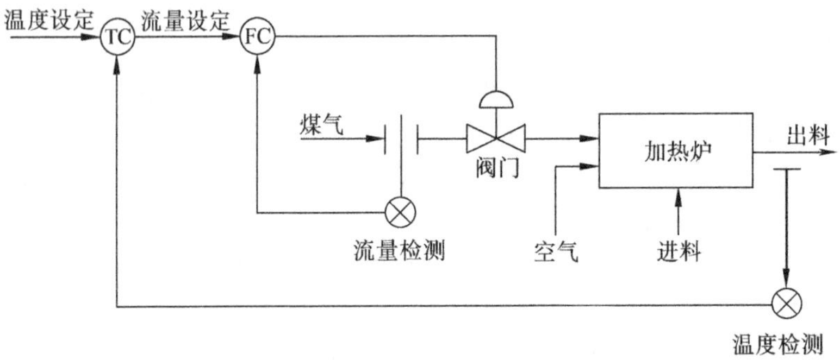

图 5.23 炉温控制系统

检测到炉温偏离设定值时，才能进行控制，但这时已产生了控制滞后。为了及时检测系统中可能引起被控量变化的某些因素并加以控制，本例中，在炉温控制主回路中增加煤气流量控制副回路，构成串级控制结构，如图 5.24 所示，主控制器 $D_1(s)$和副控制器 $D_2(s)$分别表示温度调节器 TC 和流量调节器 FC 的传递函数。

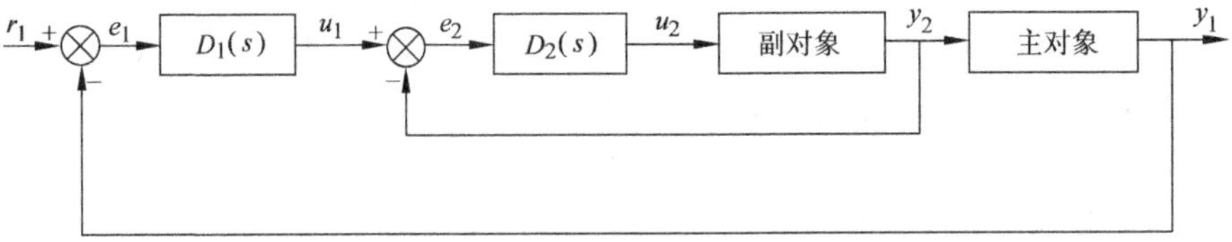

图 5.24 炉温和煤气流量的串级控制

5.4.2 数字串级控制算法

根据图 5.24，若 $D_1(s)$和 $D_2(s)$由计算机实现，则计算机串级控制系统如图 5.25 所示，图中的 $D_1(z)$和 $D_2(z)$是由计算机实现的数字控制器，$H(s)$是零阶保持器，T 为采样周期，$D_1(z)$和 $D_2(z)$通常是 PID 控制规律。

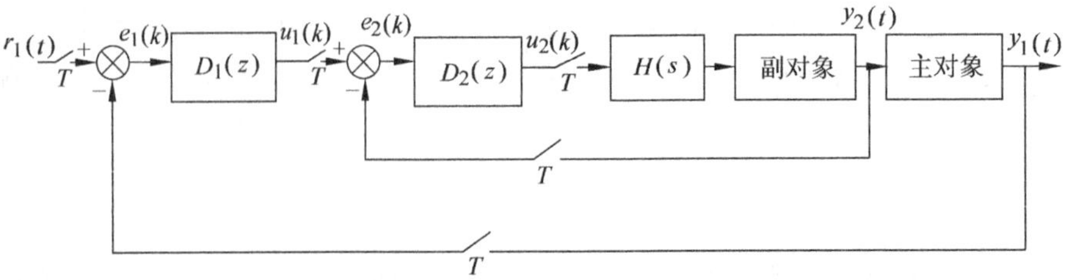

图 5.25 计算机串级控制系统

不管串级控制有多少级，计算的顺序总是从最外面的回路向内进行。对图 5.25 所示的双回路串级控制系统，其计算顺序为

(1) 计算主回路的偏差 $e_1(k)$。

$$e_1(k) = r_1(k) - y_1(k) \tag{5-89}$$

(2) 计算主回路控制器 $D_1(z)$的输出 $u_1(k)$。

$$u_1(k) = u_1(k-1) + \Delta u_1(k) \tag{5-90}$$

$$\begin{aligned}\Delta u_1(k) =& K_{P1}[e_1(k) - e_1(k-1)] + K_{I1}e_1(k) \\ &+ K_{D1}[e_1(k) - 2e_1(k-1) + e_1(k-2)]\end{aligned} \tag{5-91}$$

式中,K_{P1}为比例增益;$K_{I1}=K_{P1}\dfrac{T}{T_{I1}}$ 为积分系数;$K_{D1}=K_{P1}\dfrac{T_{D1}}{T}$为微分系数。

(3) 计算副回路的偏差 $e_2(k)$。

$$e_2(k) = r_2(k) - y_2(k) \tag{5-92}$$

(4) 计算副回路控制器 $D_2(z)$的输出 $u_2(k)$。

$$u_2(k) = u_2(k-1) + \Delta u_2(k) \tag{5-93}$$

其中

$$\begin{aligned}\Delta u_2(k) =& K_{P2}[e_2(k) - e_2(k-1)] + K_{I2}e_2(k) \\ &+ K_{D2}[e_2(k) - 2e_2(k-1) + e_2(k-2)]\end{aligned} \tag{5-94}$$

式中,K_{P2}为比例增益;$K_{I2}=K_{P2}\dfrac{T}{T_{I2}}$ 为积分系数;$K_{D2}=K_{P2}\dfrac{T_{D2}}{T}$为微分系数。

5.4.3　副回路微分先行串级控制算法

为了防止主控制器输出(也就是副控制器的给定值)过大而引起副回路的不稳定,同时也为了克服副对象惯性较大而引起调节品质的恶化,在副回路的反馈通道中加入微分控制,称为副回路微分先行,系统的结构如图 5.26 所示。

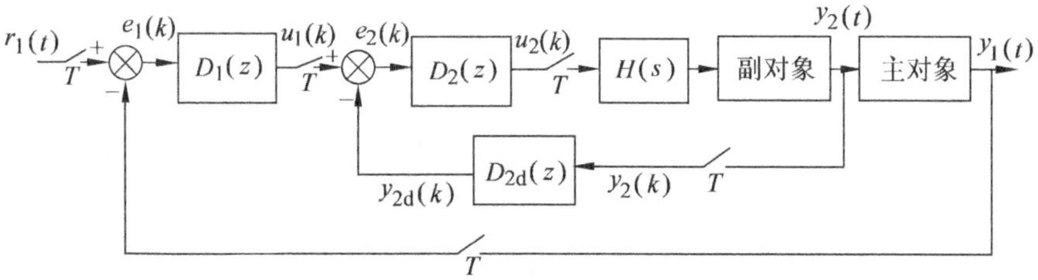

图 5.26　副回路微分先行的串级控制系统

微分先行部分的传递函数为

$$D_{2d}(s) = \frac{Y_{2d}(s)}{Y_2(s)} = \frac{T_2 s + 1}{\alpha T_2 s + 1} \tag{5-95}$$

式中,α 为微分放大系数。

式(5-95)相应的微分方程为

$$\alpha T_2 \frac{\mathrm{d}y_{2d}(t)}{\mathrm{d}t} + y_{2d}(t) = T_2 \cdot \frac{\mathrm{d}y_2(t)}{\mathrm{d}t} + y_2(t) \tag{5-96}$$

写成差分方程为

$$\frac{\alpha T_2}{T}[y_{2d}(k)-y_{2d}(k-1)]+y_{2d}(k)=\frac{T_2}{T}[y_2(k)-y_2(k-1)]+y_2(k) \quad (5\text{-}97)$$

整理得

$$\begin{aligned} y_{2d}(k)&=\frac{\alpha T_2}{\alpha T_2+T}y_{2d}(k-1)+\frac{T_2+T}{\alpha T_2+T}y_2(k)-\frac{T_2}{\alpha T_2+T}y_2(k-1)\\ &=\phi_1 y_{2d}(k-1)+\phi_2 y_2(k)-\phi_3 y_2(k-1) \end{aligned} \quad (5\text{-}98)$$

式中，$\phi_1=\frac{\alpha T_2}{\alpha T_2+T}$；$\phi_2=\frac{T_2+T}{\alpha T_2+T}$；$\phi_3=\frac{T_2}{\alpha T_2+T}$。系数 ϕ_1,ϕ_2,ϕ_3 可以先离线计算，并存入指定内存单元，以备计算机控制时调用。下面给出副回路微分先行的串级控制算法。

（1）计算主回路的偏差 $e_1(k)$。

$$e_1(k)=r_1(k)-y_1(k) \quad (5\text{-}99)$$

（2）计算主控制器的输出 $u_1(k)$。

$$u_1(k)=u_1(k-1)+\Delta u_1(k) \quad (5\text{-}100)$$

$$\begin{aligned}\Delta u_1(k)=&K_{P1}[e_1(k)-e_1(k-1)]+K_{I1}e_1(k)\\ &+K_{D1}[e_1(k)-2e_1(k-1)+e_1(k-2)]\end{aligned} \quad (5\text{-}101)$$

（3）计算微分先行部分的输出 $y_{2d}(k)$。

$$y_{2d}(k)=\phi_1 y_{2d}(k-1)+\phi_2 y_2(k)-\phi_3 y_2(k-1) \quad (5\text{-}102)$$

（4）计算副回路的偏差 $e_2(k)$。

$$e_2(k)=r_2(k)-y_{2d}(k) \quad (5\text{-}103)$$

（5）计算副回路控制器 $D_2(z)$的输出 $u_2(k)$。

$$u_2(k)=u_2(k-1)+\Delta u_2(k) \quad (5\text{-}104)$$

$$\Delta u_2(k)=K_{P2}[e_2(k)-e_2(k-1)]+K_{I2}e_2(k) \quad (5\text{-}105)$$

串级控制系统中，副回路给系统带来一系列优点：串级控制较单回路控制系统有更强的抑制扰动的能力，通常副回路抑制扰动的能力比单回路控制高出十几倍乃至上百倍，因此，设计此类系统时应把主要的扰动包含在副回路中；对象的纯滞后比较大时，若用单回路控制，则过渡过程时间长、超调量大、参数恢复较慢、控制质量较差，采用串级控制可以克服对象纯滞后带来的影响，改善系统的控制性能；对于具有非线性的对象，采用单回路控制，在负荷变化时，不相应地改变控制器参数，系统的性能很难满足要求，若采用串级控制，把非线性对象包含在副回路中，由于副控回路是随动系统，能够适应操作条件和负荷的变化，自动改变副调节器的给定值，因而控制系统仍有良好的控制性能。

在串级控制系统中，主、副控制器的选型非常重要。对于主控制器，为了减少稳态误差，提高控制精度，应具有积分控制，为了使系统反应灵敏，动作迅速，应加入微分控制，因此主控制器应具有 PID 控制规律；对于副控制器，通常可以选用比例控制，当副控制器的比例系数不能太大时，则应加入积分控制，即采用 PI 控制规律，副回路较少采用 PID 控制规律。

5.5 前馈-反馈控制技术

按偏差的反馈控制能够产生作用的前提是被控量必须偏离设定值。也就是说，在干扰作用下，生产过程的被控量必然是先偏离设定值，然后通过对偏差进行控制，以抵消干扰的影响。如果干扰不断增加，则系统总跟在干扰作用之后波动，特别是系统滞后严重时，波动更严重。前馈控制则是按扰动量进行控制，当系统出现扰动时，前馈控制就按扰动量直接产生校正作用，以抵消扰动的影响。这是一种开环控制形式，在控制算法和参数选择合适的情况下，可以达到很高的精度。

5.5.1 前馈控制的结构和原理

前馈控制的典型结构如图 5.27 所示。图中，$G_n(s)$是被控对象扰动通道的传递函数；$D_n(s)$是前馈控制器的传递函数；$G(s)$是被控对象控制通道的传递函数；n、u、y 分别为扰动量、控制量、被控量。

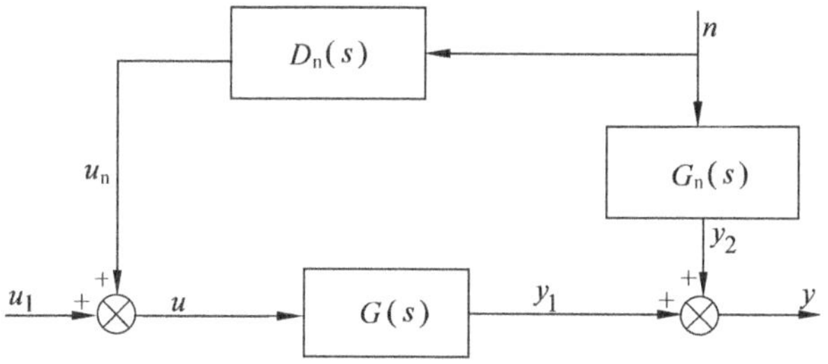

图 5.27 前馈控制的典型结构

为了便于分析扰动的影响，假定 $u_1=0$，则有

$$Y(s)=Y_1(s)+Y_2(s)=[D_n(s)G(s)+G_n(s)]N(s) \tag{5-106}$$

若要使前馈作用完全补偿扰动作用，则应使扰动引起的被控量的变化为零，即 $Y(s)=0$，因此式(5-106)中应使

$$D_n(s)G(s)+G_n(s)=0 \tag{5-107}$$

由此可得前馈控制器的传递函数为

$$D_n(s)=-\frac{G_n(s)}{G(s)} \tag{5-108}$$

在实际生产过程中，因为前馈控制是一个开环系统，因此很少只采用前馈控制方案，通常采用前馈和反馈控制相结合的方案。

5.5.2 前馈-反馈控制结构

采用前馈控制和反馈控制相结合的控制结构，既能发挥前馈控制对扰动的补偿作用，又能保留反馈控制对偏差的控制作用。图 5.28 给出了前馈-反馈控制结构。

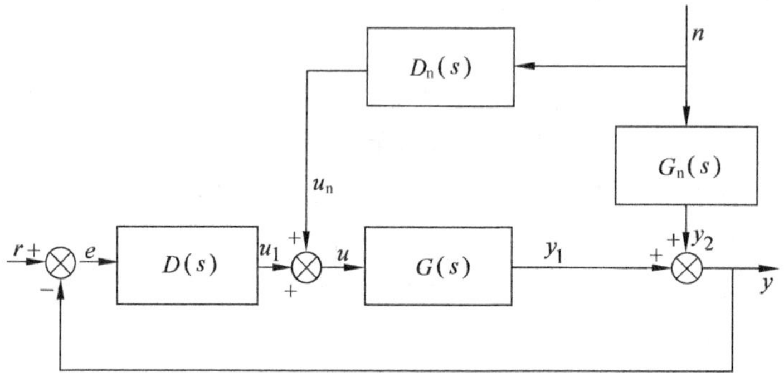

图 5.28　前馈-反馈控制结构

由图 5.28 可知,前馈-反馈控制结构是在反馈控制的基础上增加了一个扰动的前馈控制,由于完全补偿的条件没有发生变化,因此仍然有

$$D_n(s) = -\frac{G_n(s)}{G(s)}$$

实际应用中,还常采用前馈-串级控制结构,如图 5.29 所示。图中,$D_1(s)$和 $D_2(s)$分别为主、副控制器的传递函数;$G_1(s)$和 $G_2(s)$分别为主、副对象。

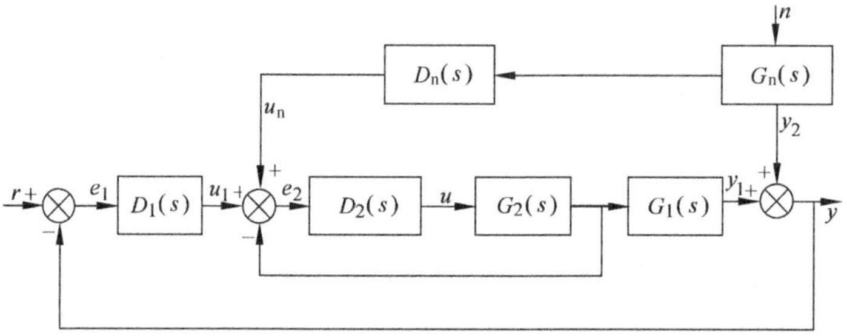

图 5.29　前馈-串级控制结构

前馈-串级控制能及时克服进入前馈回路和串级副回路的干扰对被控量的影响,因前馈控制的输出不是直接作用于执行机构,而是补充到串级控制副回路的给定值中,这样就降低了对执行机构动态响应性能的要求,这也是前馈-串级控制结构被广泛采用的原因。

例 5-3　在锅炉的水位控制系统中,锅炉汽包水位控制系统的控制目标是:保持给水流量 D 和蒸汽流量 G 平衡,以控制水位 H 为设定值 H_0。

锅炉的给水流量 D 和蒸汽流量 G(表征系统负荷)的变化是引起汽包水位 H 变化的主要扰动。为了控制水位 H,系统采用了前馈-串级反馈控制结构,以前馈控制蒸汽流量 G,以串级控制的内控制回路控制给水流量 D,水位 H 作为系统的最终输出量,以串级控制的外控制回路进行闭环控制。

由于整个控制系统要求蒸汽流量 G、给水流量 D 以及锅炉水位 H 3 个现场信号,故又称为三冲量水位控制系统。

图5.30所示为火电厂锅炉汽包三冲量水位控制系统示意图。

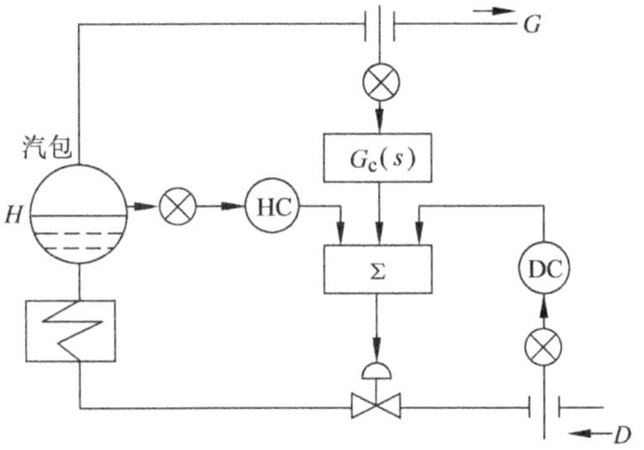

图5.30 火电厂锅炉汽包三冲量水位控制系统示意图

图5.31所示为锅炉汽包水位控制系统框图。其中，$G_g(s)$为蒸汽流量水位通道的传递函数；$G_o(s)$为给水流量水位通道的传递函数；$G_d(s)$为给水流量反馈通道的传递函数；$G_c(s)$为蒸汽流量前馈补偿环节的传递函数；$G_{p2}(s)$为副控制器（给水控制器）的传递函数；$G_{p1}(s)$为主控制器（水位控制器）的传递函数；K_g、K_d、K_h分别是蒸汽流量、给水流量、锅炉水位等测量装置的传递函数；K_u为执行机构的传递函数。

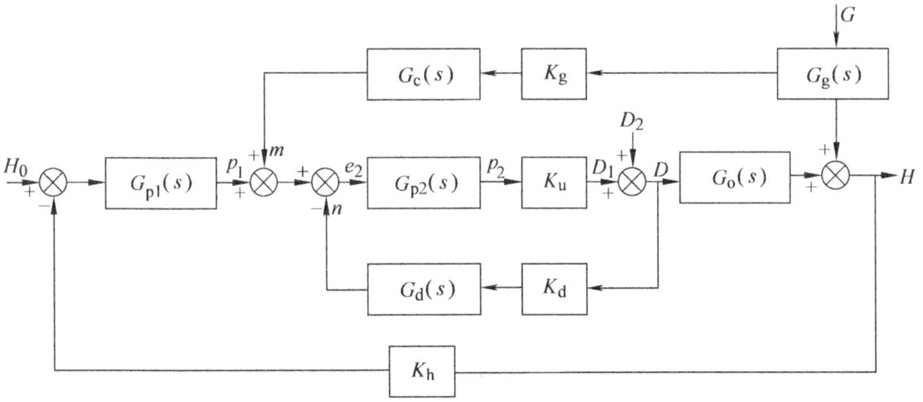

图5.31 锅炉汽包水位控制系统框图

当系统负荷变化引起蒸汽流量的变化时，通过前馈通道和串级内回路的补偿控制，将迅速改变给水流量，以适应蒸汽流量的变化，并减小对水位的影响；流量D_2表征由于各种原因引起的给水流量的扰动，这个扰动主要由内回路闭环反馈控制进行补偿；不管由于何种原因（包括前馈控制未能对蒸汽流量变化进行完全补偿的情况），锅炉水位偏离设定值时，串级主控回路都以闭环反馈控制进行总补偿控制，使锅炉水位维持在设定值。

5.5.3 数字前馈-反馈控制算法

下面以前馈-反馈控制系统为例，介绍计算机前馈控制系统的算法步骤。图 5.32 是计算机前馈-反馈控制系统框图。图中，T 为采样周期，$D_n(z)$为前馈控制器，$D(z)$为反馈控制器，$H(s)$为零阶保持器。$D_n(z)$、$D(z)$是由数字计算机实现的。

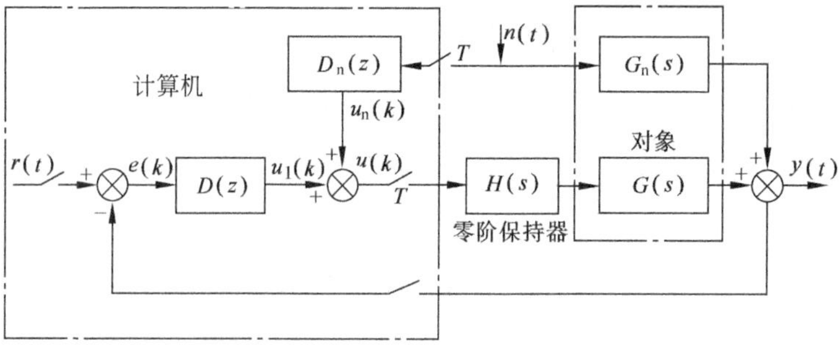

图 5.32 计算机前馈-反馈控制系统框图

若 $G_n(s)=\dfrac{K_1}{1+T_1 s}e^{-\tau_1 s}$，$G(s)=\dfrac{K_2}{1+T_2 s}e^{-\tau_2 s}$，令 $\tau=\tau_1-\tau_2$，则

$$D_n(s)=\frac{U_n(s)}{N(s)}=K_f\frac{s+\dfrac{1}{T_2}}{s+\dfrac{1}{T_1}}e^{-\tau s} \tag{5-109}$$

式中，$K_f=-\dfrac{K_1T_2}{K_2T_1}$。

由式(5-109)可得前馈调节器的微分方程为

$$\frac{du_n(t)}{dt}+\frac{1}{T_1}u_n(t)=K_f\left[\frac{dn(t-\tau)}{dt}+\frac{1}{T_2}n(t-\tau)\right] \tag{5-110}$$

假如选择采样频率 f_s 足够高，即采样周期 $T=1/f_s$ 足够短，则可对上述微分离散化，得到差分方程。设纯滞后时间 τ 是采样周期 T 的整数倍，即 $\tau=mT$，离散化时令 $u_n(t)\approx u_n(k)$，$n(t-\tau)\approx n(k-m)$，$dt\approx T$，可得

$$\frac{du_n(t)}{dt}\approx\frac{u_n(k)-u_n(k-1)}{T}$$

$$\frac{dn(t-\tau)}{dt}\approx\frac{n(k-m)-n(k-m-1)}{T}$$

将上述关系代入式(5-110)并整理，可以得到差分方程如下。

$$u_n(k)=A_1u_n(k-1)+B_m n(k-m)+B_{m+1}n(k-m-1) \tag{5-111}$$

式中，$A_1=\dfrac{T_1}{T+T_1}$；$B_m=K_f\dfrac{T_1(T+T_2)}{T_2(T+T_1)}$；$B_{m+1}=-K_f\dfrac{T_1}{T+T_1}$。

根据上述差分方程，可以编写相应的计算机软件，用计算机实现前馈调节器。计算机前

馈-反馈控制的算法步骤如下。

(1) 计算反馈控制的偏差 $e(k)$。

$$e(k) = r(k) - y(k) \tag{5-112}$$

(2) 计算反馈控制器(PID)的输出 $u_1(k)$。

$$u_1(k) = u_1(k-1) + \Delta u_1(k) \tag{5-113}$$

$$\begin{aligned}\Delta u_1(k) = & K_P[e(k) - e(k-1)] + K_I e(k) \\ & + K_D[e(k) - 2e(k-1) + e(k-2)]\end{aligned} \tag{5-114}$$

(3) 计算前馈调节器 $D_n(s)$的输出 $u_n(k)$。

$$\Delta u_n(k) = A_1 \Delta u_n(k-1) + B_m \Delta n(k-m) + B_{m+1} \Delta n(k-m-1) \tag{5-115}$$

$$u_n(k) = u_n(k-1) + \Delta u_n(k) \tag{5-116}$$

(4) 计算前馈-反馈调节器的输出 $u(k)$。

$$u(k) = u_n(k) + u_1(k) \tag{5-117}$$

5.6 解耦控制技术

早期的过程控制系统，主要是单回路单变量的调节，随着石油、化工、冶金等生产过程对控制的要求越来越高，往往在系统中用若干控制回路控制多个变量。由于各控制回路之间可能存在相互关联、相互耦合，因而构成了多输入多输出的多变量控制系统。

例如，化工生产中的精馏塔，其两端组分的控制采用如图 5.33 所示的控制方案。图中，D_1 为塔顶组分控制器，它的输出 u_1 用来控制调节阀 RV_1，调节进入塔顶的回流量 q_r，以便控制塔顶组分 y_1。D_2 为塔釜组分控制器，它的输出 u_2 用来控制调节阀 RV_2，调节进入再沸器的加热蒸汽量 q_s，以便控制塔底组分 y_2。显然，u_2 的改变不仅影响 y_2，还会引起 y_1 的变化；同样，u_1 的改变不仅影响 y_1，还会引起 y_2 的变化。因此，这两个控制回路之间相互关联、相互耦合。

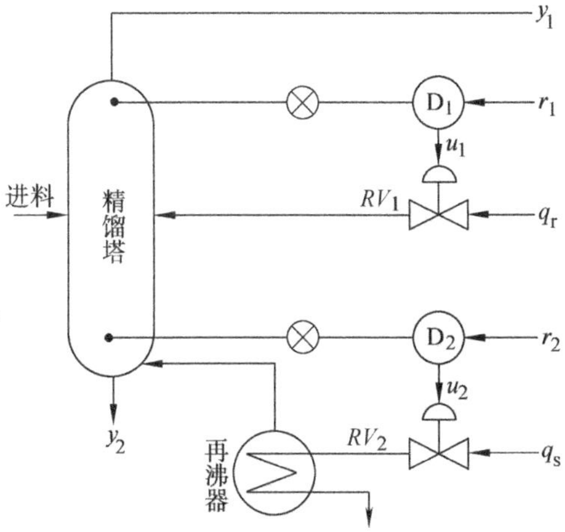

图 5.33　精馏塔组分控制示意图

两个控制回路之间的耦合往往会造成两个回路久久不能平衡，以致无法正常工作，这种耦合关系如图 5.34 所示。

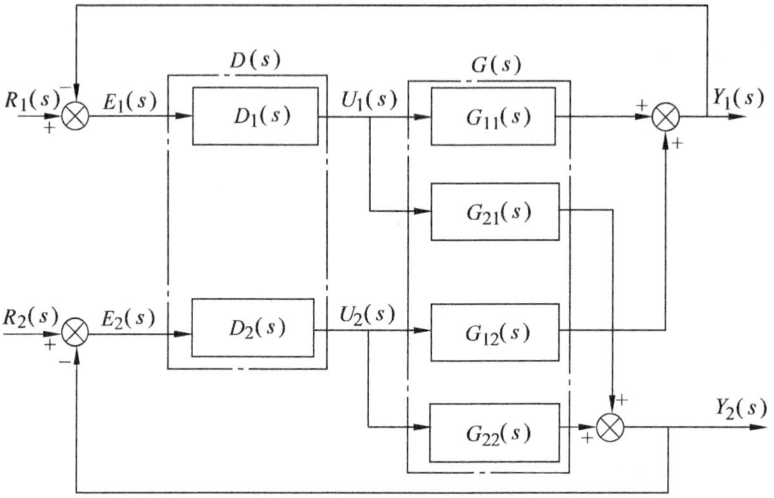

图 5.34　精馏塔组分的耦合关系

图 5.34 中，$R_1(s)$、$R_2(s)$分别为两个组分系统的给定值；$Y_1(s)$、$Y_2(s)$分别为两个组分系统的被控量；$D_1(s)$、$D_2(s)$分别为两个组分调节器的传递函数。

被控对象的传递函数矩阵为

$$\boldsymbol{G}(s)=\begin{bmatrix}G_{11}(s) & G_{12}(s)\\ G_{21}(s) & G_{22}(s)\end{bmatrix} \tag{5-118}$$

则被控对象输入输出之间的传递关系为

$$\begin{bmatrix}Y_1(s)\\ Y_2(s)\end{bmatrix}=\boldsymbol{G}(s)\begin{bmatrix}U_1(s)\\ U_2(s)\end{bmatrix} \tag{5-119}$$

而

$$\begin{bmatrix}U_1(s)\\ U_2(s)\end{bmatrix}=\begin{bmatrix}D_1(s) & 0\\ 0 & D_2(s)\end{bmatrix}\begin{bmatrix}E_1(s)\\ E_2(s)\end{bmatrix}=\boldsymbol{D}(s)\begin{bmatrix}E_1(s)\\ E_2(s)\end{bmatrix} \tag{5-120}$$

式中，$\boldsymbol{D}(s)=\begin{bmatrix}D_1(s) & 0\\ 0 & D_2(s)\end{bmatrix}$为控制矩阵。

根据以上分析，可画出多变量控制系统框图，如图 5.35 所示。

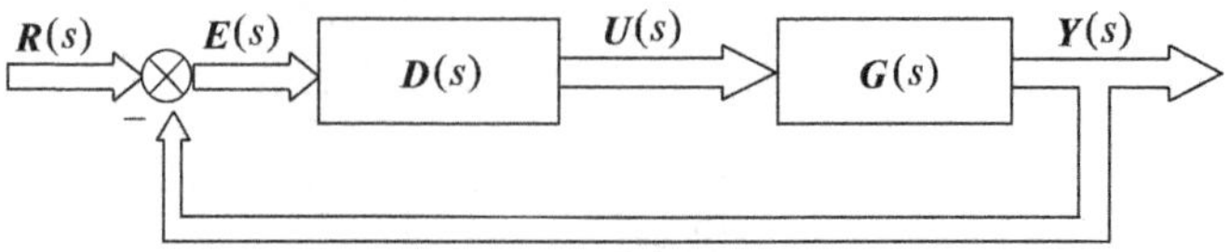

图 5.35　多变量控制系统框图

由图 5.35 可知，多变量控制系统的开环传递函数矩阵为

$$\boldsymbol{G}_{\mathrm{k}}(s)=\boldsymbol{G}(s)\boldsymbol{D}(s) \tag{5-121}$$

闭环传递函数矩阵为

$$\boldsymbol{\Phi}(s)=[\boldsymbol{I}+\boldsymbol{G}_{\mathrm{k}}(s)]^{-1}\boldsymbol{G}_{\mathrm{k}}(s) \tag{5-122}$$

式中，$\boldsymbol{I}$ 为单位矩阵。

5.6.1 解耦控制原理

解耦控制的主要目标是通过设计解耦补偿装置，使各控制器只对各自相应的被控量施加控制作用，从而消除回路之间的相互影响。

对于一个多变量控制系统，如果系统的闭环传递函数矩阵 $\boldsymbol{\Phi}(s)$ 为一个对角矩阵，那么这个多变量控制系统各个控制回路之间就是相互独立的。因此，多变量控制系统解耦的条件是系统的闭环传递函数矩阵 $\boldsymbol{\Phi}(s)$ 为对角矩阵，如式(5-123)所示。

$$\boldsymbol{\Phi}(s)=\begin{bmatrix}\Phi_{11}(s) & 0 & \cdots & 0\\ 0 & \Phi_{22}(s) & \cdots & 0\\ \vdots & \vdots & & \vdots\\ 0 & 0 & \cdots & \Phi_{\mathrm{nn}}(s)\end{bmatrix} \tag{5-123}$$

为了达到解耦的目的，必须在多变量控制系统中引入解耦补偿装置 $\boldsymbol{F}(s)$，如图 5.36 所示。

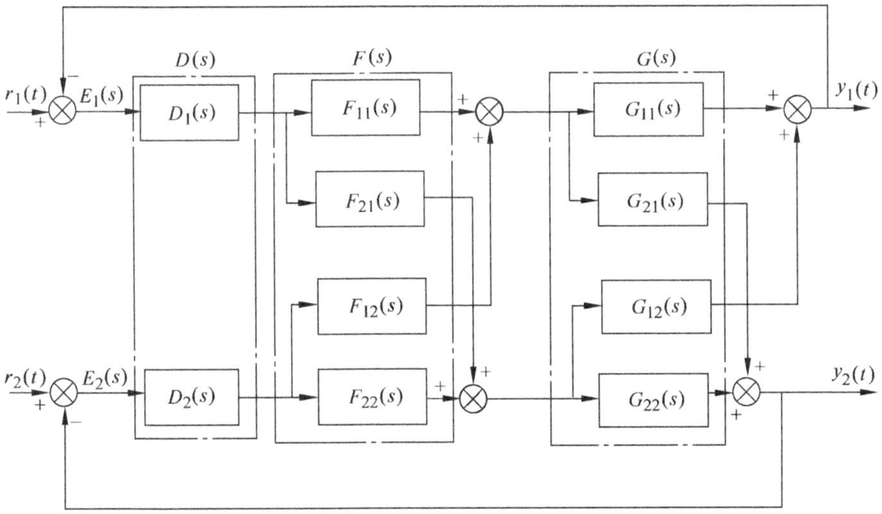

图 5.36　多变量解耦控制系统框图

由式(5-122)可知，为了使系统的闭环传递函数矩阵 $\boldsymbol{\Phi}(s)$ 为对角线矩阵，必须使系统的开环传递函数矩阵 $\boldsymbol{G}_{\mathrm{k}}(s)$ 为对角线矩阵。因为 $\boldsymbol{G}_{\mathrm{k}}(s)$ 为对角线矩阵时，$[\boldsymbol{I}+\boldsymbol{G}_{\mathrm{k}}(s)]^{-1}$ 也必为对角线矩阵，那么 $\boldsymbol{\Phi}(s)$ 必为对角线矩阵。

引入解耦补偿装置后，系统的开环传递函数矩阵变为

$$\boldsymbol{G}_{kf}(s)=\boldsymbol{G}(s)\boldsymbol{F}(s)\boldsymbol{D}(s) \tag{5-124}$$

式中，$\boldsymbol{F}(s)=\begin{bmatrix}F_{11}(s) & F_{12}(s)\\ F_{21}(s) & F_{22}(s)\end{bmatrix}$为解耦补偿矩阵。

由于各控制回路的控制器一般是相互独立的，控制矩阵 $\boldsymbol{D}(s)$本身已为对角线矩阵，因此，设计时只要使 $\boldsymbol{G}(s)$与 $\boldsymbol{F}(s)$的乘积为对角线矩阵，就可使 $\boldsymbol{G}_{kf}(s)$为对角线矩阵，即

$$\begin{bmatrix}G_{11}(s) & G_{12}(s)\\ G_{21}(s) & G_{22}(s)\end{bmatrix}\begin{bmatrix}F_{11}(s) & F_{12}(s)\\ F_{21}(s) & F_{22}(s)\end{bmatrix}=\begin{bmatrix}G_{11}(s) & 0\\ 0 & G_{22}(s)\end{bmatrix}$$

因而，解耦补偿矩阵 $\boldsymbol{F}(s)$为

$$\begin{bmatrix}F_{11}(s) & F_{12}(s)\\ F_{21}(s) & F_{22}(s)\end{bmatrix}=\begin{bmatrix}G_{11}(s) & G_{12}(s)\\ G_{21}(s) & G_{22}(s)\end{bmatrix}^{-1}\begin{bmatrix}G_{11}(s) & 0\\ 0 & G_{22}(s)\end{bmatrix} \tag{5-125}$$

根据上述分析，采用对角线矩阵综合方法，解耦之后的两个控制回路相互独立，如图 5.37 所示。

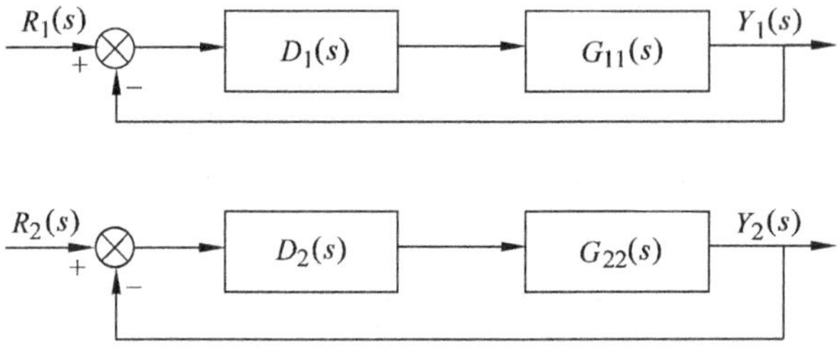

图 5.37 多变量解耦后的等效框图

5.6.2 数字解耦控制算法

当采用计算机控制时，图 5.36 对应的离散化形式如图 5.38 所示。图中，$D_1(z)$和 $D_2(z)$分别为回路 1 和回路 2 的控制器脉冲传递函数，$F_{11}(z)$、$F_{12}(z)$、$F_{21}(z)$、$F_{22}(z)$为解耦补偿装置的脉冲传递函数，$H(s)$为零阶保持器的传递函数，并有广义对象的脉冲传递函数为

$$G_{11}(z)=Z[H(s)G_{11}(s)],\quad G_{12}(z)=Z[H(s)G_{12}(s)]$$
$$G_{21}(z)=Z[H(s)G_{21}(s)],\quad G_{22}(z)=Z[H(s)G_{22}(s)]$$

由图 5.38 可以得到

$$\begin{bmatrix}Y_1(z)\\ Y_2(z)\end{bmatrix}=\begin{bmatrix}G_{11}(z) & G_{12}(z)\\ G_{21}(z) & G_{22}(z)\end{bmatrix}\begin{bmatrix}P_1(z)\\ P_2(z)\end{bmatrix} \tag{5-126}$$

$$\begin{bmatrix}P_1(z)\\ P_2(z)\end{bmatrix}=\begin{bmatrix}F_{11}(z) & F_{12}(z)\\ F_{21}(z) & F_{22}(z)\end{bmatrix}\begin{bmatrix}U_1(z)\\ U_2(z)\end{bmatrix} \tag{5-127}$$

由式(5-126)和式(5-127)可以得到

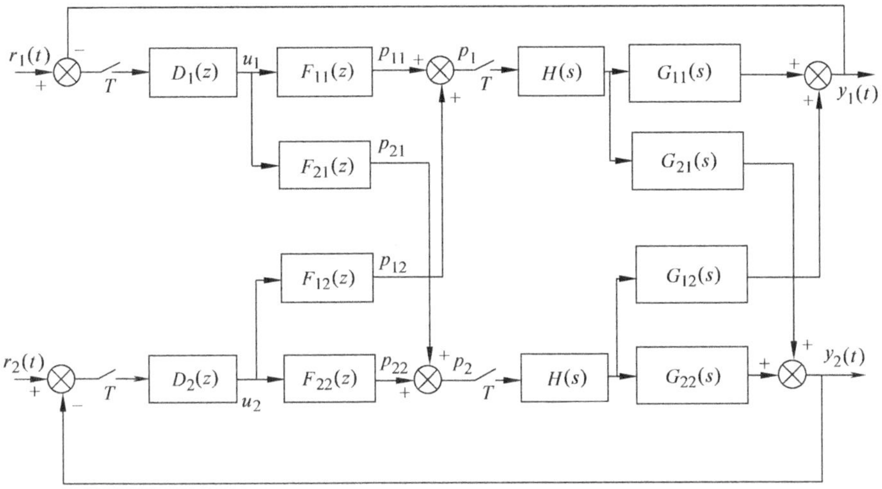

图 5.38 计算机解耦控制系统框图

$$\begin{bmatrix} Y_1(z) \\ Y_2(z) \end{bmatrix} = \begin{bmatrix} G_{11}(z) & G_{12}(z) \\ G_{21}(z) & G_{22}(z) \end{bmatrix} \begin{bmatrix} F_{11}(z) & F_{12}(z) \\ F_{21}(z) & F_{22}(z) \end{bmatrix} \begin{bmatrix} U_1(z) \\ U_2(z) \end{bmatrix} \tag{5-128}$$

根据解耦控制的条件，知

$$\begin{bmatrix} G_{11}(z) & G_{12}(z) \\ G_{21}(z) & G_{22}(z) \end{bmatrix} \begin{bmatrix} F_{11}(z) & F_{12}(z) \\ F_{21}(z) & F_{22}(z) \end{bmatrix} = \begin{bmatrix} G_{11}(z) & 0 \\ 0 & G_{22}(z) \end{bmatrix} \tag{5-129}$$

由此可求得解耦补偿矩阵为

$$\begin{bmatrix} F_{11}(z) & F_{12}(z) \\ F_{21}(z) & F_{22}(z) \end{bmatrix} = \begin{bmatrix} G_{11}(z) & G_{12}(z) \\ G_{21}(z) & G_{22}(z) \end{bmatrix}^{-1} \begin{bmatrix} G_{11}(z) & 0 \\ 0 & G_{22}(z) \end{bmatrix} \tag{5-130}$$

将式(5-130)求得的解耦补偿矩阵 $F(z)$ 化为差分方程形式，即可用计算机编程实现。

以上解耦控制方法虽然是以两变量控制系统为例讨论的，但是对三变量及以上相关联的系统，解耦控制方法同样适用。

习题 5

1. 在 PID 调节器中，比例、积分和微分环节对调节品质各有什么影响？
2. 什么是位置式和增量式 PID 数字控制算法？试比较它们的优缺点。
3. 已知模拟调节器的传递函数为

$$D(s) = \frac{U(s)}{E(s)} = \frac{1+0.17s}{1+0.085s}$$

设采样周期 $T=0.2\text{s}$，试写出相应数字控制器的位置型和增量型控制算式。

4. 什么叫积分饱和作用？它是怎样引起的？可以采取什么办法消除？
5. 在数字 PID 中，采样周期 T 的选择需要考虑哪些因素？

6. 试叙述扩充临界比例度法、扩充响应曲线法、归一参数整定法和优选法整定 PID 参数的步骤。

7. 数字控制器的直接设计步骤是什么？

8. 已知广义被控对象的脉冲传递函数为 $G(z)=\dfrac{2.2z^{-1}}{(1+1.2z^{-1})}$，$T=1\text{s}$，针对单位阶跃输入，按以下要求设计：

(1) 用最少拍有纹波控制器的设计方法设计 $\Phi(z)$ 和 $D(z)$。

(2) 求出数字控制器输出序列 $u(k)$ 的递推序列。

(3) 画出采样瞬间数字控制器的输出曲线和系统的输出曲线。

9. 已知广义被控对象的脉冲传递函数为 $G(z)=\dfrac{z^{-1}(1+z^{-1})}{2(1-z^{-1})^2}$，$T=1\text{s}$，针对单位速度输入，按以下要求进行设计。

(1) 用最少拍无纹波控制器的设计方法设计 $\Phi(z)$ 和 $D(z)$。

(2) 求出数字控制器输出序列 $u(k)$ 的递推序列。

(3) 画出采样瞬间数字控制器的输出曲线和系统的输出曲线。

10. 史密斯预估控制的原理是什么？

11. 计算机串级控制的计算顺序是什么？

12. 前馈控制的完全补偿条件是什么？前馈和反馈相结合有什么好处？

13. 多变量控制系统解耦的条件是什么？

Chapter 6

第6章 计算机控制系统的状态空间分析与设计方法

在经典控制理论中，通常采用能够反映系统输入输出关系的外部描述数学模型(即传递函数模型)分析和设计系统，而现代控制理论则用反映系统内部状态、外部输入和输出关系的状态空间描述数学模型分析和设计系统。由于系统的外部描述只能反映内部描述的能控能观部分，系统的不能控或不能观部分的运动特性用经典控制理论分析不了。因此，学习并掌握基于状态空间描述的计算机控制设计方法十分有意义。特别要指出的是，解决多输入/多输出系统的控制问题时用状态空间法比用传统的经典控制理论法具有更明显的优势。

6.1 线性定常离散系统的状态空间描述

6.1.1 状态方程与输出方程

图 6.1 所示为一个 p 维输入 q 维输出的动态系统的输入输出结构示意图。系统状态是其内部的一些信息(即信号)的集合 $\boldsymbol{x}(k)=[x_1(k) \quad x_2(k) \quad \cdots \quad x_n(k)]^{\mathrm{T}}$。在已知未来外部输入 $\boldsymbol{u}(k)=[u_1(k) \quad u_2(k) \quad \cdots \quad u_p(k)]^{\mathrm{T}}$ 的情况下，这些信息的初值 $x(0)$ 对于确定系统未来输出 $\boldsymbol{y}(k)=[y_1(k) \quad y_2(k) \quad \cdots \quad y_q(k)]^{\mathrm{T}}$ 是充分的，对于确定未来内部行为 $\boldsymbol{x}(k)$ 是充分必要的。

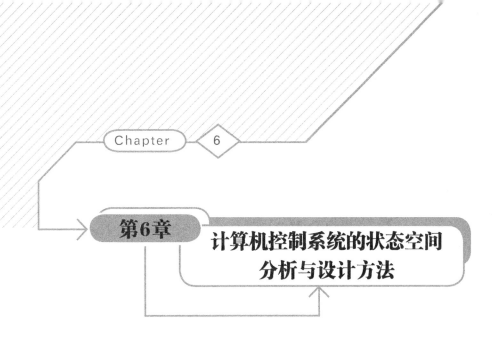

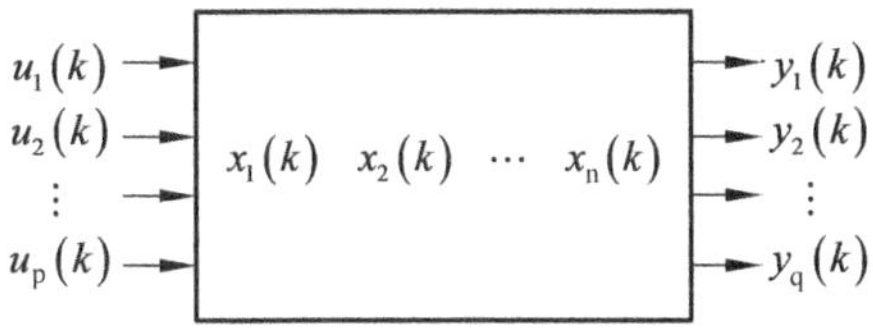

图 6.1　动态系统输入输出结构示意图

一个线性时不变离散系统的状态空间描述可以用一组差分方程表示。

$$\boldsymbol{x}(k+1)=\boldsymbol{F}\boldsymbol{x}(k)+\boldsymbol{G}\boldsymbol{u}(k) \tag{6-1}$$

$$\boldsymbol{y}(k)=\boldsymbol{C}\boldsymbol{x}(k)+\boldsymbol{D}\boldsymbol{u}(k) \tag{6-2}$$

式中，$\boldsymbol{x}(k)$为系统的内部状态，称为状态向量(或状态变量组)，它由 n 个状态分量构成；$\boldsymbol{u}(k)$为系统的输入，称为输入向量(或输入变量组)，它由 p 个输入分量构成；$y(k)$为系统的输出，称为输出向量(输出态变量组)，它由 q 个输出分量构成。$\boldsymbol{F}$、$\boldsymbol{G}$、$\boldsymbol{C}$、$\boldsymbol{D}$ 为系统的参数矩阵，分别被称为系统矩阵、输入矩阵、输出矩阵和传输矩阵。矩阵中的每个元素均为实数，对于定常系统来说为常数。各个矩阵的定义如下。

$$\boldsymbol{F}=\begin{bmatrix} f_{11} & f_{12} & \cdots & f_{1n} \\ f_{21} & f_{22} & \cdots & f_{2n} \\ \vdots & \vdots & & \vdots \\ f_{n1} & f_{n2} & \cdots & f_{nn} \end{bmatrix}=(f_{ij})_{n\times n},\quad \boldsymbol{G}=\begin{bmatrix} g_{11} & g_{12} & \cdots & g_{1p} \\ g_{21} & g_{22} & \cdots & g_{2p} \\ \vdots & \vdots & & \vdots \\ g_{n1} & g_{n2} & \cdots & g_{np} \end{bmatrix}=(g_{ij})_{n\times p}$$

$$\boldsymbol{C}=\begin{bmatrix} c_{11} & c_{12} & \cdots & c_{1n} \\ c_{21} & c_{22} & \cdots & c_{2n} \\ \vdots & \vdots & & \vdots \\ c_{q1} & c_{q2} & \cdots & c_{qn} \end{bmatrix}=(c_{ij})_{q\times n},\quad \boldsymbol{D}=\begin{bmatrix} d_{11} & d_{12} & \cdots & d_{1p} \\ d_{21} & d_{22} & \cdots & d_{2p} \\ \vdots & \vdots & & \vdots \\ d_{q1} & d_{q2} & \cdots & d_{qp} \end{bmatrix}=(d_{ij})_{q\times p}$$

式(6-1)和式(6-2)分别被称为状态方程和输出方程。图 6.2 给出了线性定常离散系统的结构示意图。

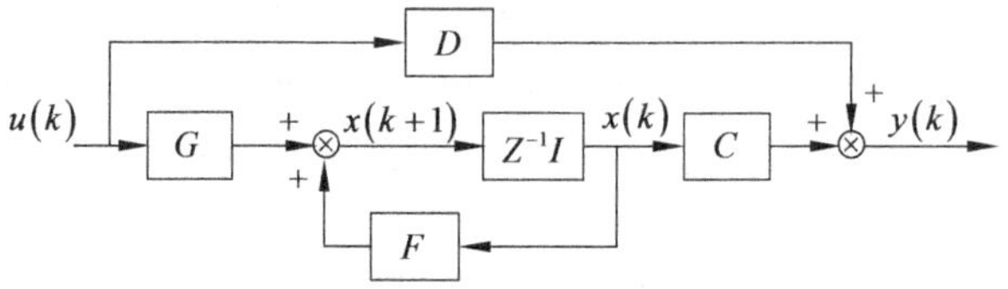

图 6.2　线性定常离散系统的结构示意图

6.1.2　连续系统状态空间数学模型的离散化

线性连续系统的时间离散化问题，其数学实质就是在一定的采样方式和保持方式下，由系统的连续状态空间数学模型导出等价的离散状态空间数学模型，并建立起两者参数矩阵关系的表达式。

为使连续系统的离散化过程是一个等价的变换过程，必须满足如下条件和假设。

① 采样为等周期采样，采样周期 T 足够小且满足香农(Shannon)采样定理，即采样频率 $f_s \geqslant 2f_{\max}$($f_{\max}$为系统信号的最高截止频率)。

② 在离散化之后，系统状态变量、输入变量和输出变量在采样时刻保持不变，即

$$\boldsymbol{x}(k)=\boldsymbol{x}(t)\big|_{t=kT},\quad \boldsymbol{y}(k)=\boldsymbol{y}(t)\big|_{t=kT},\quad \boldsymbol{u}(k)=\boldsymbol{u}(t)\big|_{t=kT} \tag{6-3}$$

③ 保持器为零阶的，即加到系统输入端的输入信号 $\boldsymbol{u}(t)$在采样周期内等于上一个采样

时刻的瞬时值，故有

$$\boldsymbol{u}(t)=\boldsymbol{u}(k)\quad \text{当 } kT\leqslant t\leqslant (k+1)T \text{ 时} \tag{6-4}$$

假定连续时间线性定常系统的状态空间模型为

$$\begin{cases}\dot{\boldsymbol{x}}(t)=\boldsymbol{A}\boldsymbol{x}(t)+\boldsymbol{B}\boldsymbol{u}(t)\\ \boldsymbol{y}(t)=\boldsymbol{C}\boldsymbol{x}(t)+\boldsymbol{D}\boldsymbol{u}(t)\end{cases} \tag{6-5}$$

由连续系统的状态运动求解公式可知，式(6-5)的解为

$$\boldsymbol{x}(t)=\mathrm{e}^{\boldsymbol{A}(t-t_0)}\boldsymbol{x}(t_0)+\int_{t_0}^{t}\mathrm{e}^{\boldsymbol{A}(t-\tau)}\boldsymbol{B}\boldsymbol{u}(\tau)\mathrm{d}\tau \tag{6-6}$$

式中，$\mathrm{e}^{\boldsymbol{A}t}$为系统的指数函数矩阵。令 $t=(k+1)T$，$t_0=kT$，则由式(6-6)可得

$$\boldsymbol{x}(k+1)=\mathrm{e}^{\boldsymbol{A}T}\boldsymbol{x}(k)+\int_{kT}^{(k+1)T}\mathrm{e}^{\boldsymbol{A}[(k+1)T-\tau]}\boldsymbol{B}\boldsymbol{u}(\tau)\mathrm{d}\tau \tag{6-7}$$

将式(6-4)代入式(6-7)中，可得

$$\boldsymbol{x}(k+1)=\mathrm{e}^{\boldsymbol{A}T}\boldsymbol{x}(k)+\int_{kT}^{(k+1)T}\mathrm{e}^{\boldsymbol{A}[(k+1)T-\tau]}\boldsymbol{B}\mathrm{d}\tau\cdot\boldsymbol{u}(k) \tag{6-8}$$

因为$\int_{kT}^{(k+1)T}\mathrm{e}^{\boldsymbol{A}[(k+1)T-\tau]}\boldsymbol{B}\mathrm{d}\tau\overset{t=(k+1)T-\tau}{=}-\int_{T}^{0}\mathrm{e}^{\boldsymbol{A}t}\boldsymbol{B}\,\mathrm{d}t=\left(\int_0^T\mathrm{e}^{\boldsymbol{A}t}\,\mathrm{d}t\right)\boldsymbol{B}$，代入式(6-8) 可得

$$\boldsymbol{x}(k+1)=\mathrm{e}^{\boldsymbol{A}T}\boldsymbol{x}(k)+\left(\int_0^T\mathrm{e}^{\boldsymbol{A}t}\,\mathrm{d}t\right)\boldsymbol{B}\cdot\boldsymbol{u}(k)$$

根据上面的推导可知，在上述约定的3点条件和假设的前提下，时间离散化数学模型为

$$\begin{aligned}\boldsymbol{x}(k+1)&=\boldsymbol{F}\boldsymbol{x}(k)+\boldsymbol{G}\boldsymbol{u}(k)\\ \boldsymbol{y}(k)&=\boldsymbol{C}\boldsymbol{x}(k)+\boldsymbol{D}\boldsymbol{u}(k)\end{aligned} \tag{6-9}$$

其中，

$$\boldsymbol{F}=\mathrm{e}^{\boldsymbol{A}T},\quad \boldsymbol{G}=\left(\int_0^T\mathrm{e}^{\boldsymbol{A}t}\,\mathrm{d}t\right)\boldsymbol{B} \tag{6-10}$$

例 6-1 给定一个连续时间线性定常系统的状态方程为

$$\dot{\boldsymbol{x}}(t)=\boldsymbol{A}\boldsymbol{x}(t)+\boldsymbol{B}\boldsymbol{u}(t)=\begin{bmatrix}0&1\\0&-2\end{bmatrix}\boldsymbol{x}(t)+\begin{bmatrix}0\\1\end{bmatrix}\boldsymbol{u}(t)$$

取采样周期 $T=0.1\mathrm{s}$，试求出其时间离散化数学模型。

解：首先确定连续时间系统的矩阵指数函数 $\mathrm{e}^{\boldsymbol{A}t}$。

$$(s\boldsymbol{I}-\boldsymbol{A})^{-1}=\begin{bmatrix}s&-1\\0&s+2\end{bmatrix}^{-1}=\begin{bmatrix}\dfrac{1}{s}&\dfrac{1}{s(s+2)}\\0&\dfrac{1}{s+2}\end{bmatrix}$$

$$\mathrm{e}^{\boldsymbol{A}t}=L^{-1}[(s\boldsymbol{I}-\boldsymbol{A})^{-1}]=\begin{bmatrix}1&0.5(1-\mathrm{e}^{-2t})\\0&\mathrm{e}^{-2t}\end{bmatrix}$$

接着求解离散化系统的系数矩阵。

$$\boldsymbol{F}=\mathrm{e}^{\boldsymbol{A}T}=\begin{bmatrix}1&0.5(1-\mathrm{e}^{-2T})\\0&\mathrm{e}^{-2T}\end{bmatrix}=\begin{bmatrix}1&0.091\\0&0.819\end{bmatrix}$$

$$\boldsymbol{G}=\left(\int_0^T \mathrm{e}^{\boldsymbol{A}t}\,\mathrm{d}t\right)\boldsymbol{B}=\left\{\int_0^{0.1}\begin{bmatrix}1 & 0.5(1-\mathrm{e}^{-2t})\\0 & \mathrm{e}^{-2t}\end{bmatrix}\mathrm{d}t\right\}\cdot\begin{bmatrix}0\\1\end{bmatrix}=\begin{bmatrix}0.005\\0.091\end{bmatrix}$$

最后可得连续系统时间离散化状态方程为

$$\boldsymbol{e}(k+1)=\begin{bmatrix}1 & 0.091\\0 & 0.819\end{bmatrix}\boldsymbol{x}(k)+\begin{bmatrix}0.005\\0.091\end{bmatrix}\boldsymbol{u}(k)$$

6.2 线性定常离散系统的状态空间分析

6.2.1 状态方程的 z 变换求解

设线性时不变离散系统的状态空间描述为式(6-9),即

$$\boldsymbol{x}(k+1)=\boldsymbol{F}\boldsymbol{x}(k)+\boldsymbol{G}\boldsymbol{u}(k)$$
$$\boldsymbol{y}(k)=\boldsymbol{C}\boldsymbol{x}(k)+\boldsymbol{D}\boldsymbol{u}(k)$$

对上式两边取 z 变换,有

$$z\boldsymbol{X}(z)-z\boldsymbol{X}(0)=\boldsymbol{F}\boldsymbol{X}(z)+\boldsymbol{G}\boldsymbol{U}(z)$$
$$\boldsymbol{Y}(z)=\boldsymbol{C}\boldsymbol{X}(z)+\boldsymbol{D}\boldsymbol{U}(z)$$

整理得

$$\begin{cases}\boldsymbol{X}(z)=(z\boldsymbol{I}-\boldsymbol{F})^{-1}z\boldsymbol{X}(0)+(z\boldsymbol{I}-\boldsymbol{F})^{-1}\boldsymbol{G}\boldsymbol{U}(z)\\\boldsymbol{Y}(z)=\boldsymbol{C}(z\boldsymbol{I}-\boldsymbol{F})^{-1}z\boldsymbol{X}(0)+[\boldsymbol{C}(z\boldsymbol{I}-\boldsymbol{F})^{-1}\boldsymbol{G}+\boldsymbol{D}]\boldsymbol{U}(z)\end{cases}\tag{6-11}$$

对式(6-11)两边取 z 反变换,可得到状态和输出的解为

$$\begin{cases}\boldsymbol{x}(k)=Z^{-1}[(z\boldsymbol{I}-\boldsymbol{F})^{-1}z]\cdot\boldsymbol{x}(0)+Z^{-1}[(z\boldsymbol{I}-\boldsymbol{F})^{-1}\boldsymbol{G}\boldsymbol{U}(z)]\\\boldsymbol{y}(k)=Z^{-1}[\boldsymbol{C}(z\boldsymbol{I}-\boldsymbol{F})^{-1}z]\cdot\boldsymbol{x}(0)+Z^{-1}\{[\boldsymbol{C}(z\boldsymbol{I}-\boldsymbol{F})^{-1}+\boldsymbol{D}]\boldsymbol{U}(z)\}\end{cases}\tag{6-12}$$

在 z 反变换中,标量函数存在下述公式和性质。

$$Z^{-1}\left\{\frac{z}{z-a}\right\}=Z^{-1}\left\{\frac{1}{1-az^{-1}}\right\}=a^k$$

$$Z^{-1}\{W_1(z)W_2(z)\}=\sum_{i=0}^{k}w_1(k-i)w_2(i)$$

其中,$W_1(z)$、$W_2(z)$为 $w_1(k)$、$w_2(k)$的 z 变换。推广到向量函数和矩阵函数,有

$$Z^{-1}\{(\boldsymbol{I}-\boldsymbol{F}z^{-1})^{-1}\}=Z^{-1}\{(z\boldsymbol{I}-\boldsymbol{F})^{-1}z\}=\boldsymbol{F}^k$$

$$Z^{-1}\{(z\boldsymbol{I}-\boldsymbol{F})^{-1}\boldsymbol{G}\boldsymbol{U}(z)\}=Z^{-1}\{(z\boldsymbol{I}-\boldsymbol{F})^{-1}z\cdot z^{-1}\cdot\boldsymbol{G}\boldsymbol{U}(z)\}=\sum_{j=0}^{k-1}\boldsymbol{F}^{k-j-1}\boldsymbol{G}\boldsymbol{u}(j)$$

将其代入式(6-12)可得

$$\begin{cases}\boldsymbol{x}(k)=\boldsymbol{F}^k\cdot\boldsymbol{x}(0)+\sum\limits_{j=0}^{k-1}\boldsymbol{F}^{k-j-1}\boldsymbol{G}\boldsymbol{u}(j)\\\boldsymbol{y}(k)=\boldsymbol{C}\cdot\boldsymbol{F}^k\cdot\boldsymbol{x}(0)+\boldsymbol{C}\cdot\sum\limits_{j=0}^{k-1}\boldsymbol{F}^{k-j-1}\boldsymbol{G}\boldsymbol{u}(j)+\boldsymbol{D}\boldsymbol{u}(k)\end{cases}\tag{6-13}$$

例 6-2 设线性定常系统的状态方程和初始状态分别为

$$x(k+1)=\begin{bmatrix}0 & 1\\ -0.16 & -1\end{bmatrix}x(k)+\begin{bmatrix}1\\1\end{bmatrix}u(k)\qquad x(0)=\begin{bmatrix}1\\-1\end{bmatrix}$$

试求系统单位阶跃输入下的状态方程的解。

解：

$$(z\boldsymbol{I}-\boldsymbol{F})^{-1}=\begin{bmatrix}z & -1\\ 0.16 & z+1\end{bmatrix}^{-1}=\frac{1}{3}\begin{bmatrix}\dfrac{4}{z+0.2}-\dfrac{1}{z+0.8} & \dfrac{5}{z+0.2}-\dfrac{5}{z+0.8}\\ -\dfrac{0.8}{z+0.2}+\dfrac{0.8}{z+0.8} & -\dfrac{1}{z+0.2}-\dfrac{4}{z+0.8}\end{bmatrix}$$

因为输入为单位阶跃函数，由式(6-11)得

$$\begin{aligned}\boldsymbol{X}(z)&=(z\boldsymbol{I}-\boldsymbol{F})^{-1}z\boldsymbol{X}(0)+(z\boldsymbol{I}-\boldsymbol{F})^{-1}\boldsymbol{G}U(z)\\&=(z\boldsymbol{I}-\boldsymbol{F})^{-1}z\boldsymbol{X}(0)+(z\boldsymbol{I}-\boldsymbol{F})^{-1}\boldsymbol{G}\cdot\frac{z}{z-1}\\&=\begin{bmatrix}\dfrac{-51z}{z+0.2}+\dfrac{44z}{z+0.8}+\dfrac{25z}{z-1}\\ \dfrac{10.2z}{z+0.2}-\dfrac{35.2z}{z+0.8}+\dfrac{7z}{z-1}\end{bmatrix}\end{aligned}$$

进行 z 反变换后可得状态方程的解为

$$x(k)=\begin{bmatrix}-51(-0.2)^k+44(-0.8)^k+25\\ 10.2(-0.2)^k-35.2(-0.8)^k+7\end{bmatrix}$$

6.2.2 系统的稳定性

定理 1 对于如式(6-9)描述的 n 阶线性时不变离散系统，原点平衡状态是渐近稳定的充分必要条件为矩阵 $\boldsymbol{F}$ 的全部特征值的幅值均小于 1。

定理 2 对于如式(6-9)描述的 n 阶线性时不变离散系统，原点平衡状态渐近稳定的充分必要条件为对任一给定的 $n\times n$ 正定对称矩阵 $\boldsymbol{Q}$，离散型李雅普诺夫方程 $\boldsymbol{F}^{\mathrm{T}}\boldsymbol{P}\boldsymbol{F}-\boldsymbol{P}=-\boldsymbol{Q}$ 都有唯一 $n\times n$ 正定对称解矩阵 $\boldsymbol{P}$。

例 6-3 设线性定常系统的状态方程为

$$x(k+1)=\begin{bmatrix}0 & 1\\ -0.21 & 1\end{bmatrix}x(k)+\begin{bmatrix}0\\1\end{bmatrix}u(k)$$

试判断系统的稳定性。

解：系统的特征方程为

$$\det(z\boldsymbol{I}-\boldsymbol{F})=\begin{vmatrix}z & -1\\ 0.21 & z-1\end{vmatrix}=(z-0.7)(z-0.3)$$

由于系统的特征值为 0.7 和 0.3，故在单位圆内，该系统渐近稳定。

6.2.3 能控性、能达性和能观性

完全能控性的定义 对于如式(6-9)描述的线性时不变离散时间系统，如果任给初始状

态 $\boldsymbol{x}(0)=\boldsymbol{h}\neq 0$，都存在有限的时间步数 L 和无约束的容许控制 $\boldsymbol{u}(k)(k\in[0,L])$，使系统的状态在 L 步时能满足 $\boldsymbol{x}(L)=0$，则称该系统完全能控。

完全能达性的定义 对于如式(6-9)描述的线性时不变离散时间系统，设 $\boldsymbol{x}(0)=0$，如果任给状态 $\boldsymbol{h}$，都存在有限的时间步数 L 和无约束的容许控制 $\boldsymbol{u}(k)(k\in[0,L])$，使系统的状态在 L 步时能满足 $\boldsymbol{x}(L)=h$，则称该系统完全能达。

完全能观性的定义 对于如式(6-9)描述的线性时不变离散时间系统，如果系统的初始状态 $\boldsymbol{x}(0)$ 都能根据任意的输入 $\boldsymbol{u}(k)(k\in[0,L])$ 和对应的输出 $y(k)(k\in[0,L])$ 估计(即计算)出来，则称该系统完全能观测。

能控能达性判据 对于如式(6-9)描述的 n 阶线性时不变离散时间系统，系统完全能达的充分必要条件是能控判别矩阵 $[\boldsymbol{G}\quad \boldsymbol{FG}\quad \cdots\quad \boldsymbol{F}^{n-1}\boldsymbol{G}]$ 满秩。若系统矩阵 $\boldsymbol{F}$ 非奇异，则能控判别矩阵 $[\boldsymbol{G}\quad \boldsymbol{FG}\quad \cdots\quad \boldsymbol{F}^{n-1}\boldsymbol{G}]$ 满秩是系统完全能控的充分必要条件；若系统矩阵 $\boldsymbol{F}$ 奇异，则能控判别矩阵 $[\boldsymbol{G}\quad \boldsymbol{FG}\quad \cdots\quad \boldsymbol{F}^{n-1}\boldsymbol{G}]$ 满秩是系统完全能控的充分条件。

能观性判据 对于如式(6-9)描述的 n 阶线性时不变离散时间系统，系统完全能观的充分必要条件是能观判别矩阵 $\begin{bmatrix}\boldsymbol{C}\\ \boldsymbol{CF}\\ \vdots\\ \boldsymbol{CF}^{n-1}\end{bmatrix}$ 满秩。

例 6-4 设线性定常系统的状态方程为

$$\boldsymbol{x}(k+1)=\begin{bmatrix}3 & 2\\ 6 & 4\end{bmatrix}\boldsymbol{x}(k)+\begin{bmatrix}1\\ 2\end{bmatrix}\boldsymbol{u}(k)$$

试判断系统的能达性和能控性。

解：系统的能控判别矩阵为

$$[\boldsymbol{G}\quad \boldsymbol{FG}]=\begin{bmatrix}1 & 7\\ 2 & 14\end{bmatrix}$$

显然，能控判别矩阵不满秩，因此系统不完全能达。

由于系统矩阵为奇异，此时不能根据能控判别矩阵的秩判别系统的能控性。事实上，由

$$0=\boldsymbol{x}(1)=\begin{bmatrix}3 & 2\\ 6 & 4\end{bmatrix}\boldsymbol{x}(0)+\begin{bmatrix}1\\ 2\end{bmatrix}\boldsymbol{u}(0)$$

可以导出

$$3x_1(0)+2x_1(0)+u(0)=0$$

这意味着在任意初始状态 $\boldsymbol{x}(0)$ 下，只要构造控制

$$u(0)=-3x_1(0)-2x_1(0)$$

系统就可以一步达到原点，即 $\boldsymbol{x}(1)=0$，因此系统是完全能控的。

6.3　采用状态空间的输出反馈设计法

设线性定常系统被控对象的连续状态方程为

$$\begin{cases}\dot{\boldsymbol{x}}(t)=\boldsymbol{A}\boldsymbol{x}(t)+\boldsymbol{B}\boldsymbol{u}(t)\\ \boldsymbol{x}(t)\big|_{t=t_0}=\boldsymbol{x}(t_0)\\ \boldsymbol{y}(t)=\boldsymbol{C}\boldsymbol{x}(t)\end{cases}\tag{6-14}$$

式中，$\boldsymbol{x}(t)$是 n 维状态向量；$\boldsymbol{u}(t)$是 r 维控制向量；$\boldsymbol{y}(t)$是 m 维输出向量；$\boldsymbol{A}$ 是 $n\times n$ 维状态矩阵；$\boldsymbol{B}$ 是 $n\times r$ 维控制矩阵；$\boldsymbol{C}$ 是 $n\times m$ 维输出矩阵。采用状态空间的输出反馈设计法的目的是：利用状态空间表达式设计出数字控制器 $\boldsymbol{D}(z)$，使得多变量计算机控制系统满足所要求的性能指标，即在控制器 $\boldsymbol{D}(z)$的作用下，系统输出 $\boldsymbol{y}(t)$经过 N 次采样(N 拍)后，跟踪参考输入函数 $\boldsymbol{r}(t)$的瞬变响应时间最小。具有输出反馈的多变量计算机控制系统如图 6.3 所示。

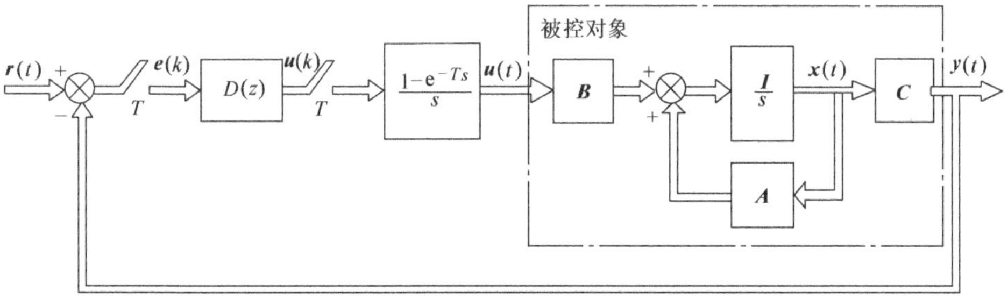

图 6.3　具有输出反馈的多变量计算机控制系统

假设参考输入函数 $\boldsymbol{r}(t)$是 m 维阶跃函数向量，即

$$\boldsymbol{r}(t)=\boldsymbol{r}_0\cdot 1(t)=[r_{01}\quad r_{02}\quad \cdots\quad r_{0m}]^{\mathrm{T}}\cdot 1(t)\tag{6-15}$$

先找出在 $\boldsymbol{D}(z)$的作用下，输出是最少 N 拍跟踪输入的条件。设计时，应首先把被控对象离散化，用离散状态空间方程表示被控对象。

根据式(6-6)～式(6-8)，式(6-14)可以离散化为离散化方程。

$$\begin{cases}\boldsymbol{x}(k+1)=\boldsymbol{F}\boldsymbol{x}(k)+\boldsymbol{G}\boldsymbol{u}(k)\\ \boldsymbol{y}(k)=\boldsymbol{C}\boldsymbol{x}(k)\end{cases}\tag{6-16}$$

其中，$\boldsymbol{F}=\mathrm{e}^{\boldsymbol{A}T}$，$\boldsymbol{G}=\left(\int_0^T \mathrm{e}^{\boldsymbol{A}t}\mathrm{d}t\right)\boldsymbol{B}$。

6.3.1　最少拍无纹波系统的跟踪条件

由式(6-14)中的系统输出方程可知，$\boldsymbol{y}(t)$以最少的 N 拍跟踪参考输入 $\boldsymbol{r}(t)$，必须满足条件：

$$\boldsymbol{y}(N)=\boldsymbol{C}\boldsymbol{x}(N)=\boldsymbol{r}_0\tag{6-17}$$

仅按条件式(6-17)设计的系统将是有纹波系统，为设计无纹波系统，还必须满足条件

$$\dot{x}(N)=0 \tag{6-18}$$

这是因为，在 $NT \leqslant t \leqslant (N+1)T$ 的间隔内，控制信号 $\boldsymbol{u}(t)=\boldsymbol{u}(N)$ 为常向量，由式(6-14)可知，当 $\dot{\boldsymbol{x}}(N)=0$ 时，在 $NT \leqslant t \leqslant (N+1)T$ 的间隔内 $\boldsymbol{x}(t)=\boldsymbol{x}(N)$，而且不改变。也就是说，若使 $t \geqslant NT$ 时的控制信号满足

$$\boldsymbol{u}(t)=\boldsymbol{u}(N) \quad (t \geqslant NT) \tag{6-19}$$

此时 $\boldsymbol{x}(t)=\boldsymbol{x}(N)$ 且不改变，则条件式(6-17)在 $t \geqslant NT$ 时始终满足式(6-20)。

$$\boldsymbol{y}(t)=\boldsymbol{C}\boldsymbol{x}(t)=\boldsymbol{C}\boldsymbol{x}(N)=\boldsymbol{r}_0 \quad (t \geqslant NT) \tag{6-20}$$

下面讨论系统的输出跟踪参考输入所用最少拍数 N 的确定方法。式(6-17)确定的跟踪条件为 m 个，式(6-18)确定的附加跟踪条件为 n 个，为了满足式(6-17)和式(6-18)组成的 $m+n$ 个跟踪条件，$(N+1)$ 个 r 维的控制向量 $\{\boldsymbol{u}(0) \quad \boldsymbol{u}(1) \quad \cdots \quad \boldsymbol{u}(N-1) \quad \boldsymbol{u}(N)\}$ 必须至少提供 $m+n$ 个控制参数，即

$$(N+1)r \geqslant (m+n) \tag{6-21}$$

所以，最少拍数 N 应取满足式(6-21)的最小整数。

6.3.2 输出反馈设计法的设计步骤

1. 将连续状态方程进行离散化

对于由式(6-14)给出的被控对象的连续状态方程，用采样周期 T 对其进行离散化，可求得离散状态方程为式(6-16)。

2. 求满足跟踪条件式(6-17)和附加条件式(6-18)的 $\boldsymbol{U}(z)$

由式(6-13)，被控对象的离散状态方程式(6-16)的解为

$$\boldsymbol{x}(k)=\boldsymbol{F}^k \cdot \boldsymbol{x}(0)+\sum_{j=0}^{k-1} \boldsymbol{F}^{k-j-1} \boldsymbol{G}\boldsymbol{u}(j) \tag{6-22}$$

被控对象在 N 步控制信号 $\{\boldsymbol{u}(0) \quad \boldsymbol{u}(1) \quad \cdots \quad \boldsymbol{u}(N-1)\}$ 作用下的状态为

$$\boldsymbol{x}(N)=\boldsymbol{F}^N \cdot \boldsymbol{x}(0)+\sum_{j=0}^{N-1} \boldsymbol{F}^{N-j-1} \boldsymbol{G}\boldsymbol{u}(j)$$

假定系统的初始条件为 $\boldsymbol{x}(0)=0$，则有

$$\boldsymbol{x}(N)=\sum_{j=0}^{N-1} \boldsymbol{F}^{N-j-1} \boldsymbol{G}\boldsymbol{u}(j) \tag{6-23}$$

根据条件式(6-17)，有

$$\boldsymbol{r}_0=\boldsymbol{y}(N)=\boldsymbol{C}\boldsymbol{x}(N)=\sum_{j=0}^{N-1} \boldsymbol{C}\boldsymbol{F}^{N-j-1} \boldsymbol{G}\boldsymbol{u}(j)$$

用分块矩阵形式表示，可得

$$\boldsymbol{r}_0=\sum_{j=0}^{N-1} \boldsymbol{C}\boldsymbol{F}^{N-j-1} \boldsymbol{G}\boldsymbol{u}(j)=[\boldsymbol{C}\boldsymbol{F}^{N-1}\boldsymbol{G} \vdots \quad \boldsymbol{C}\boldsymbol{F}^{N-2}\boldsymbol{G} \vdots \quad \cdots \quad \vdots \boldsymbol{C}\boldsymbol{F}\boldsymbol{G} \vdots \quad \boldsymbol{C}\boldsymbol{G}]\begin{bmatrix} \boldsymbol{u}(0) \\ \boldsymbol{u}(1) \\ \vdots \\ \boldsymbol{u}(N-2) \\ \boldsymbol{u}(N-1) \end{bmatrix} \tag{6-24}$$

再由条件式(6-18)和式(6-14)可得

$$\dot{\boldsymbol{x}}(N)=\boldsymbol{A}\boldsymbol{x}(N)+\boldsymbol{B}\boldsymbol{u}(N)=0$$

将式(6-23)代入上式,得

$$\sum_{j=0}^{N-1}\boldsymbol{A}\boldsymbol{F}^{N-j-1}\boldsymbol{G}\boldsymbol{u}(j)+\boldsymbol{B}\boldsymbol{u}(N)=0$$

或

$$[\boldsymbol{A}\boldsymbol{F}^{N-1}\boldsymbol{G}\ \vdots\ \ \boldsymbol{A}\boldsymbol{F}^{N-2}\boldsymbol{G}\ \vdots\ \ \cdots\ \ \vdots\ \boldsymbol{A}\boldsymbol{G}\ \vdots\ \ \boldsymbol{B}]\begin{bmatrix}\boldsymbol{u}(0)\\ \boldsymbol{u}(1)\\ \vdots\\ \boldsymbol{u}(N-1)\\ \boldsymbol{u}(N)\end{bmatrix}=0 \tag{6-25}$$

由式(6-24)和式(6-25)可以组成确定$(N+1)$个控制序列$\{\boldsymbol{u}(0)\quad \boldsymbol{u}(1)\quad \cdots\quad \boldsymbol{u}(N-1)\quad \boldsymbol{u}(N)\}$的统一方程组为

$$\begin{bmatrix}\boldsymbol{C}\boldsymbol{F}^{N-1}\boldsymbol{G}\ \vdots & \boldsymbol{C}\boldsymbol{F}^{N-2}\boldsymbol{G}\ \vdots & \cdots & \vdots\ \boldsymbol{C}\boldsymbol{G}\ \vdots & 0\\ \boldsymbol{A}\boldsymbol{F}^{N-1}\boldsymbol{G}\ \vdots & \boldsymbol{A}\boldsymbol{F}^{N-2}\boldsymbol{G}\ \vdots & \cdots & \vdots\ \boldsymbol{A}\boldsymbol{G}\ \vdots & \boldsymbol{B}\end{bmatrix}\begin{bmatrix}\boldsymbol{u}(0)\\ \boldsymbol{u}(1)\\ \vdots\\ \boldsymbol{u}(N-1)\\ \boldsymbol{u}(N)\end{bmatrix}=\begin{bmatrix}\boldsymbol{r}_0\\ 0\end{bmatrix} \tag{6-26}$$

若方程式(6-26)有解,并设解为

$$\boldsymbol{u}(j)=\boldsymbol{P}(j)\boldsymbol{r}_0,\quad (j=0,1,\cdots,N) \tag{6-27}$$

当$k=N$时,控制信号$\boldsymbol{u}(k)$应满足

$$\boldsymbol{u}(k)=\boldsymbol{u}(N)=\boldsymbol{P}(N)\boldsymbol{r}_0,\quad (k\geqslant N)$$

这样就由跟踪条件求得了控制序列$\{\boldsymbol{u}(k)\}$,其z变换为

$$\begin{aligned}\boldsymbol{U}(z)&=\sum_{k=0}^{\infty}\boldsymbol{u}(k)z^{-k}=\left[\sum_{k=0}^{N-1}\boldsymbol{P}(k)z^{-k}+\boldsymbol{P}(N)\sum_{k=N}^{\infty}z^{-k}\right]\boldsymbol{r}_0\\ &=\left[\sum_{k=0}^{N-1}\boldsymbol{P}(k)z^{-k}+\frac{\boldsymbol{P}(N)z^{-N}}{1-z^{-1}}\right]\boldsymbol{r}_0\end{aligned} \tag{6-28}$$

3. 求取误差序列$\{\boldsymbol{e}(k)\}$的z变换$\boldsymbol{E}(z)$

误差向量为

$$\boldsymbol{e}(k)=\boldsymbol{r}(k)-\boldsymbol{y}(k)=\boldsymbol{r}_0-\boldsymbol{C}\boldsymbol{x}(k)$$

假设$\boldsymbol{x}(0)=0$,将式(6-22)代入上式,可得

$$\boldsymbol{e}(k)=\boldsymbol{r}_0-\sum_{j=0}^{k-1}\boldsymbol{C}\boldsymbol{F}^{k-j-1}\boldsymbol{G}\boldsymbol{u}(j)$$

再将式(6-27)代入上式,则

$$\boldsymbol{e}(k)=\left[\boldsymbol{I}-\sum_{j=0}^{k-1}\boldsymbol{C}\boldsymbol{F}^{k-j-1}\boldsymbol{G}\boldsymbol{P}(j)\right]\boldsymbol{r}_0$$

误差序列$\{e(k)\}$的 z 变换为

$$\boldsymbol{E}(z)=\sum_{k=0}^{\infty}\boldsymbol{e}(k)z^{-k}=\sum_{k=0}^{N-1}\boldsymbol{e}(k)z^{-k}+\sum_{k=N}^{\infty}\boldsymbol{e}(k)z^{-k}$$

式中，$\sum_{k=N}^{\infty}\boldsymbol{e}(k)z^{-k}=0$。因为满足跟踪条件式(6-17)和附加条件式(6-18)，即当 $k\geqslant N$ 时误差信号应消失，因此上式可以变为

$$\boldsymbol{E}(z)=\sum_{k=0}^{\infty}\boldsymbol{e}(k)z^{-k}=\sum_{k=0}^{N-1}\left[\boldsymbol{I}-\sum_{j=0}^{k-1}\boldsymbol{C}\boldsymbol{F}^{k-j-1}\boldsymbol{G}\boldsymbol{P}(j)\right]\boldsymbol{r}_0 z^{-k} \tag{6-29}$$

4. 求控制器的脉冲传递函数 $\boldsymbol{D}(z)$

根据式(6-28)和式(6-29)，可以求得控制器的脉冲传递函数 $\boldsymbol{D}(z)$为

$$\boldsymbol{D}(z)=\frac{\boldsymbol{U}(z)}{\boldsymbol{E}(z)} \tag{6-30}$$

例 6-5 设二阶单输入单输出系统，其状态方程为

$$\begin{cases}\dot{\boldsymbol{x}}(t)=\boldsymbol{A}\boldsymbol{x}(t)+\boldsymbol{B}\boldsymbol{u}(t)\\ \boldsymbol{y}(t)=\boldsymbol{C}\boldsymbol{x}(t)\end{cases}$$

其中，$\boldsymbol{A}=\begin{pmatrix}-1&0\\1&0\end{pmatrix}$，$\boldsymbol{B}=\begin{pmatrix}1\\0\end{pmatrix}$，$\boldsymbol{C}=(0\quad 1)$，采样周期 $T=1\text{s}$，试设计最少拍无纹波控制器 $\boldsymbol{D}(z)$。

解： $\boldsymbol{F}=e^{AT}=\begin{bmatrix}e^{-1}&0\\1-e^{-1}&1\end{bmatrix}=\begin{bmatrix}0.368&0\\0.632&1\end{bmatrix}$，$\boldsymbol{G}=\int_0^T \mathrm{e}^{At}\,\mathrm{d}t\boldsymbol{B}=\begin{bmatrix}1-e^{-1}\\e^{-1}\end{bmatrix}=\begin{bmatrix}0.632\\0.368\end{bmatrix}$

离散状态方程为

$$\begin{cases}\boldsymbol{x}(k+1)=\boldsymbol{F}\boldsymbol{x}(k)+\boldsymbol{G}\boldsymbol{u}(k)\\ \boldsymbol{y}(k)=\boldsymbol{C}\boldsymbol{x}(k)\end{cases}$$

要设计无纹波系统，跟踪条件应满足

$$(N+1)r\geqslant(m+n)$$

而 $n=2$，$r=1$，$m=1$，因此取 $N=2$ 即可满足上面的条件。

由式(6-26)可得

$$\begin{bmatrix}\boldsymbol{CFG}&\boldsymbol{CG}&0\\ \boldsymbol{AFG}&\boldsymbol{AG}&\boldsymbol{B}\end{bmatrix}\begin{bmatrix}\boldsymbol{u}(0)\\ \boldsymbol{u}(1)\\ \boldsymbol{u}(2)\end{bmatrix}=\begin{bmatrix}\boldsymbol{r}_0\\0\\0\end{bmatrix}$$

即

$$\begin{bmatrix}0.768&0.368&0\\-0.232&-0.632&1\\0.232&0.632&0\end{bmatrix}\begin{bmatrix}u(0)\\u(1)\\u(2)\end{bmatrix}=\begin{bmatrix}r_0\\0\\0\end{bmatrix}$$

进一步得

$$\begin{bmatrix} u(0) \\ u(1) \\ u(2) \end{bmatrix} = \begin{bmatrix} P(0) \\ P(1) \\ P(2) \end{bmatrix} r_0 = \begin{bmatrix} 1.58 \\ -0.58 \\ 0 \end{bmatrix} r_0$$

即 $P(0)=1.58, P(1)=-0.58, P(2)=0$。

由式(6-28)和 $N=2$ 知

$$\begin{aligned} \boldsymbol{U}(z) &= \left[\sum_{k=0}^{N-1} \boldsymbol{P}(k) z^{-k} + \frac{\boldsymbol{P}(N) z^{-N}}{1-z^{-1}}\right] \boldsymbol{r}_0 = \left[\boldsymbol{P}(0) + \boldsymbol{P}(1) z^{-1} + \frac{\boldsymbol{P}(2) z^{-2}}{1-z^{-1}}\right] \boldsymbol{r}_0 \\ &= (1.58 - 0.58 z^{-1}) r_0 \end{aligned}$$

由式(6-29)和 $N=2$ 知

$$\begin{aligned} \boldsymbol{E}(z) &= \sum_{k=0}^{N-1} \left[\boldsymbol{I} - \sum_{j=0}^{k-1} \boldsymbol{C}\boldsymbol{F}^{k-j-1} \boldsymbol{G}\boldsymbol{P}(j)\right] \boldsymbol{r}_0 z^{-k} = \{\boldsymbol{I} + [\boldsymbol{I} - \boldsymbol{C}\boldsymbol{G}\boldsymbol{P}(0)] z^{-1}\} \boldsymbol{r}_0 \\ &= (1 + 0.418 z^{-1}) r_0 \end{aligned}$$

所以数字控制器 $\boldsymbol{D}(z)$ 为

$$\boldsymbol{D}(z) = \frac{\boldsymbol{U}(z)}{\boldsymbol{E}(z)} = \frac{1.58 - 0.58 z^{-1}}{1 + 0.418 z^{-1}}$$

6.4　采用状态空间的极点配置设计法

大多数控制系统都采用基于反馈构成的闭环结构。反馈控制系统的特点是对内部参数变动和外部环境影响具有较好的抑制作用。在计算机控制系统中，除了使用前面介绍的输出反馈控制外，还较多地使用状态反馈控制，因为由状态输入就可以完全地确定系统未来的行为。

图 6.4 给出了计算机控制系统的典型结构。6.1.2 节讨论了连续的被控对象同零阶保持器一起进行离散化的问题，同时忽略了数字控制器的量化效应，此时图 6.4 可以简化为如图 6.5 所示的离散系统结构。

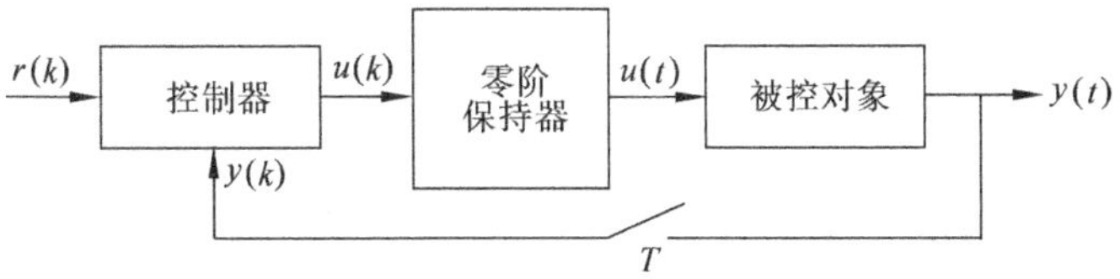

图 6.4　计算机控制系统的典型结构

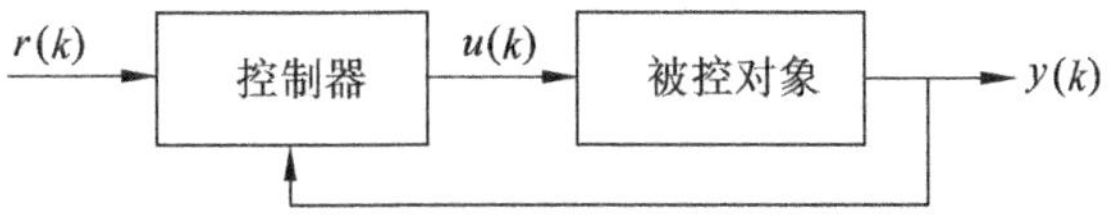

图 6.5　简化的离散系统结构

下面按离散系统的情况讨论控制器的设计。本节讨论利用状态反馈的极点配置方法进行设计控制规律。系统的极点实质上是系统的状态空间数学模型的特征值。由于在系统运动过程中，系统的特征值决定了系统运动的本质特征，因此闭环系统的极点分布与系统的控制性能之间有着密切的关系。极点配置设计就是要通过对反馈控制规律的设计使闭环系统的特征值处于期望的位置。极点配置设计法已成为控制系统设计的一类基本方法。本节首先讨论调节系统 $r(k)=0$ 的情况，然后讨论跟踪输入，即如何引入外界参考输入 $r(k)$。

按极点配置设计的控制器通常由两部分组成：一部分是状态观测器，它根据所量测到的输出量 $y(k)$ 重构出全部状态 $\hat{\boldsymbol{x}}(k)$；另一部分是控制规律，它直接反馈重构的全部状态。图 6-6 显示了 $r(k)=0$ 时调节系统中控制器的结构。

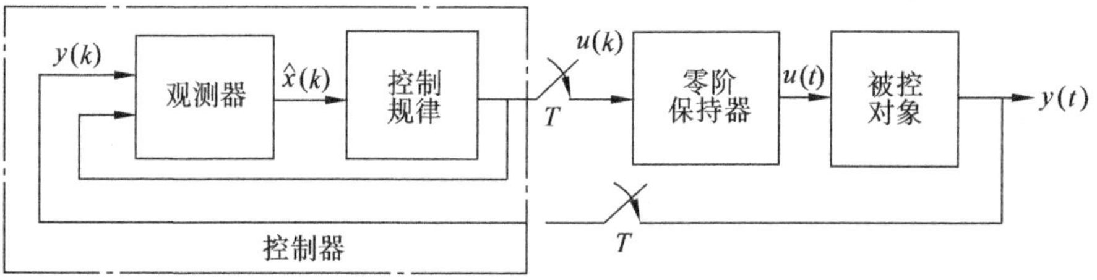

图 6.6　$r(k)=0$ 时调节系统中控制器的结构

6.4.1　按极点配置设计控制规律

为了按极点配置设计控制规律，设控制规律反馈的是实际对象的全部状态，而不是重构的状态，如图 6.7 所示。

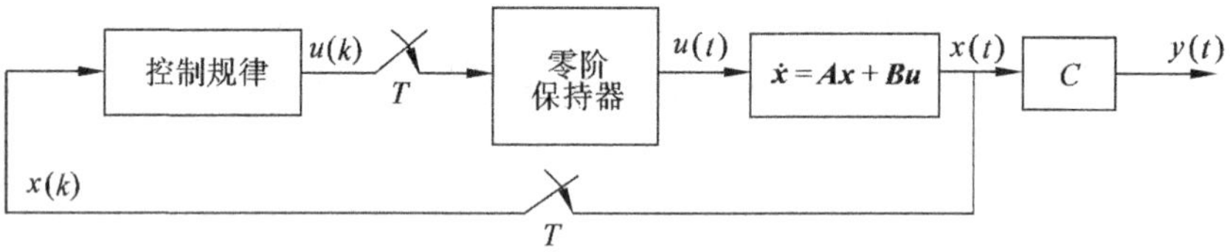

图 6.7　按极点配置设计控制规律

设连续被控对象的状态方程为

$$\begin{cases}\dot{\boldsymbol{x}}(t)=\boldsymbol{A}\boldsymbol{x}(t)+\boldsymbol{B}\boldsymbol{u}(t)\\ \boldsymbol{y}(t)=\boldsymbol{C}\boldsymbol{x}(t)\end{cases}\tag{6-31}$$

由 6.1.2 节可知，相应的离散状态方程为

$$\begin{cases}\boldsymbol{x}(k+1)=\boldsymbol{F}\boldsymbol{x}(k)+\boldsymbol{G}\boldsymbol{u}(k)\\ \boldsymbol{y}(k)=\boldsymbol{C}\boldsymbol{x}(k)\end{cases}\tag{6-32}$$

且

$$\begin{cases} \boldsymbol{F} = \mathrm{e}^{\boldsymbol{A}T} \\ \boldsymbol{G} = \left(\int_0^T \mathrm{e}^{\boldsymbol{A}t}\,\mathrm{d}t\right)\boldsymbol{B} \end{cases} \tag{6-33}$$

其中，T 为采样周期。

若图 6.7 中的控制规律为线性状态反馈，即

$$\boldsymbol{u}(k) = -\boldsymbol{L}\boldsymbol{x}(k) \tag{6-34}$$

则要设计出反馈控制规律 $\boldsymbol{L}$，以使闭环系统的极点处于需要的位置，即使闭环系统具有所需要的极点配置。

将式(6-34)代入式(6-32)，可得闭环系统的状态方程为

$$\boldsymbol{x}(k+1) = (\boldsymbol{F} - \boldsymbol{G}\boldsymbol{L})\boldsymbol{x}(k) \tag{6-35}$$

显然，闭环系统的特征方程为

$$|z\boldsymbol{I} - \boldsymbol{F} + \boldsymbol{G}\boldsymbol{L}| = 0 \tag{6-36}$$

设给定所需要的闭环系统的极点为 $z_i(i=1,2,\cdots,n)$，则很容易求得要求的闭环系统特征方程为

$$\begin{aligned} \beta(z) &= (z-z_1)(z-z_2)\cdots(z-z_n) \\ &= z^n + \beta_1 z^{n-1} + \beta_2 z^{n-2} + \cdots + \beta_n = 0 \end{aligned} \tag{6-37}$$

由式(6-36)和式(6-37)可知，反馈控制规律 $\boldsymbol{L}$ 应满足如下方程。

$$|z\boldsymbol{I} - \boldsymbol{F} + \boldsymbol{G}\boldsymbol{L}| = \beta(z) \tag{6-38}$$

若将式(6-38)的行列式展开，并比较两边 z 的同次幂的系数，则一共可得到 n 个代数方程。对于单输入的情况，$\boldsymbol{L}$ 中未知元素的个数与方程的个数相等，因此一般情况下可获得 $\boldsymbol{L}$ 的唯一解。而对于多输入的情况，仅根据式(6-38)并不能完全确定 $\boldsymbol{L}$，设计计算比较复杂，这时需同时附加其他的限制条件，才能完全确定 $\boldsymbol{L}$。本节只讨论单输入的情况。

可以证明，对于任意的极点配置，$\boldsymbol{L}$ 具有唯一解的充分必要条件是被控对象完全能控，即

$$\mathrm{rank}[\boldsymbol{G}\quad \boldsymbol{F}\boldsymbol{G}\quad \cdots\quad \boldsymbol{F}^{n-1}\boldsymbol{G}] = n \tag{6-39}$$

这个结论的物理意义也很明显，只有当系统的所有状态都是能控的，才能通过适当的状态反馈控制，使得闭环系统的极点配置在任意指定的位置。

由于人们对 s 平面中的极点分布与系统性能的关系比较熟悉，因此可以首先根据相应连续系统性能指标的要求给定 s 平面中的极点，然后再根据 $z_i = \mathrm{e}^{s_i T}(i=1,2,\cdots,n)$ 的关系求得 Z 平面中的极点分布，其中 T 为采样周期。

例 6-6 被控对象的传递函数 $G(s)=\dfrac{1}{s^2}$，采样周期 $T=0.1\mathrm{s}$，采用零阶保持器。现要求闭环系统的动态响应相当于阻尼系数为 $\xi=0.5$，无阻尼自然振荡频率 $\omega_n=3.6$ 的二阶连续系统，用极点配置方法设计状态反馈控制规律 $\boldsymbol{L}$，并求 $u(k)$。

解：被控对象的微分方程为 $\ddot{y}(t)=u(t)$，定义两个状态变量分别为 $x_1(t)=y(t)$，$x_2(t)=\dot{x}_1(t)=\dot{y}(t)$，可得 $\dot{x}_1(t)=x_2(t)$，$\dot{x}_2(t)=\ddot{y}(t)=u(t)$，故有

$$\begin{bmatrix}\dot{x}_1(t)\\ \dot{x}_2(t)\end{bmatrix}=\begin{bmatrix}0 & 1\\ 0 & 0\end{bmatrix}\begin{bmatrix}x_1(t)\\ x_2(t)\end{bmatrix}+\begin{bmatrix}0\\ 1\end{bmatrix}u(t)$$

$$y(t)=\begin{bmatrix}1 & 0\end{bmatrix}\begin{bmatrix}x_1(t)\\ x_2(t)\end{bmatrix}$$

对应的离散状态方程为

$$\begin{cases}\boldsymbol{x}(k+1)=\begin{bmatrix}1 & T\\ 0 & 1\end{bmatrix}\boldsymbol{x}(k)+\begin{bmatrix}\dfrac{T^2}{2}\\ T\end{bmatrix}\boldsymbol{u}(k)\\ y(k)=\begin{bmatrix}1 & 0\end{bmatrix}\boldsymbol{x}(k)\end{cases}$$

代入 $T=0.1\mathrm{s}$ 可得

$$\begin{cases}\boldsymbol{x}(k+1)=\begin{bmatrix}1 & 0.1\\ 0 & 1\end{bmatrix}\boldsymbol{x}(k)+\begin{bmatrix}0.005\\ 0.1\end{bmatrix}\boldsymbol{u}(k)\\ y(k)=\begin{bmatrix}1 & 0\end{bmatrix}\boldsymbol{x}(k)\end{cases}$$

且

$$\begin{cases}\dot{\boldsymbol{x}}(t)=\boldsymbol{A}\boldsymbol{x}(t)+\boldsymbol{B}\boldsymbol{u}(t)\\ y(t)=\boldsymbol{C}\boldsymbol{x}(t)\end{cases}$$

$$\begin{bmatrix}\boldsymbol{G} & \boldsymbol{F}\boldsymbol{G}\end{bmatrix}=\begin{bmatrix}0.005 & 0.015\\ 0.1 & 0.1\end{bmatrix}$$

因为 $\begin{vmatrix}0.005 & 0.015\\ 0.1 & 0.1\end{vmatrix}\neq 0$，所以系统能控。

根据要求，求得 s 平面上两个期望的极点为

$$s_{1,2}=-\xi\omega_n\pm \mathrm{j}\sqrt{1-\xi^2}\,\omega_{\mathrm{n}}=-1.8\pm \mathrm{j}3.12$$

利用 $z=\mathrm{e}^{sT}$ 的关系，可以求得 z 平面上的两个期望的极点为

$$z_{1,2}=0.835\mathrm{e}^{\pm \mathrm{j}0.312}$$

于是得到期望的闭环系统特征方程为

$$\beta(z)=(z-z_1)(z-z_2)=z^2-1.6z+0.7 \tag{6-40}$$

若状态反馈控制规律为

$$\boldsymbol{L}=\begin{bmatrix}L_1 & L_2\end{bmatrix}$$

则闭环系统的特征方程为

$$\begin{aligned}|z\boldsymbol{I}-\boldsymbol{F}+\boldsymbol{G}\boldsymbol{L}|&=\left|\begin{bmatrix}z & 0\\ 0 & z\end{bmatrix}-\begin{bmatrix}1 & 0.1\\ 0 & 1\end{bmatrix}+\begin{bmatrix}0.005\\ 0.1\end{bmatrix}\begin{bmatrix}L_1 & L_2\end{bmatrix}\right|\\ &=z^2+(0.1L_2+0.005L_1-2)z+0.005L_1-0.1L_2+1\end{aligned} \tag{6-41}$$

比较式(6-40)和式(6-41)，可得

$$\begin{cases}0.1L_2+0.005L_1-2=-1.6\\ 0.005L_1-0.1L_2+1=0.7\end{cases}$$

求解上式，得 $L_1=10$，$L_2=3.5$，即

$$\boldsymbol{L}=[10 \quad 3.5]$$

$$\boldsymbol{u}(k)=-\boldsymbol{L}\boldsymbol{x}(k)=-[10 \quad 3.5]\boldsymbol{x}(k)$$

6.4.2　按极点配置设计状态观测器

前面讨论按极点配置设计控制规律时，假定全部状态均可直接用于反馈，而实际上这是难以做到的，因为有些状态无法量测。因此，必须设计状态观测器，根据量测的输出 $y(k)$和 $u(k)$重构全部状态。因而，实际反馈的是重构状态 $\hat{\boldsymbol{x}}(k)$，而不是真实状态 $\boldsymbol{x}(k)$，即 $\boldsymbol{u}(k)=-\boldsymbol{L}\hat{\boldsymbol{x}}(k)$，如图 6.6 所示。常用的状态观测器有 3 种：预报观测器、现时观测器和降阶观测器。

1. 预报观测器

常用的观测器方程为

$$\hat{\boldsymbol{x}}(k+1)=\boldsymbol{F}\hat{\boldsymbol{x}}(k)+\boldsymbol{G}\boldsymbol{u}(k)+\boldsymbol{K}[y(k)-\boldsymbol{C}\hat{\boldsymbol{x}}(k)] \tag{6-42}$$

其中，$\hat{\boldsymbol{x}}$是 x 的状态重构；$\boldsymbol{K}$ 为观测器的增益矩阵。由于$(k+1)$时刻的状态重构只用到 k 时刻的量测值 $y(k)$，因此式(6-42)为预报观测器，其结构如图 6.8 所示。

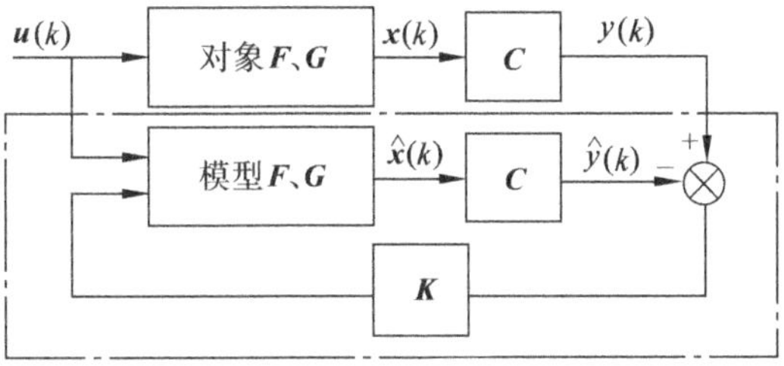

图 6.8　预报观测器

设计观测器的关键在于如何合理地选择观测器的增益矩阵 $\boldsymbol{K}$。定义状态重构误差为

$$\tilde{\boldsymbol{x}}=\boldsymbol{x}-\hat{\boldsymbol{x}} \tag{6-43}$$

则

$$\begin{aligned}\tilde{\boldsymbol{x}}(k+1)&=\boldsymbol{x}(k+1)-\hat{\boldsymbol{x}}(k+1)\\&=\boldsymbol{F}\boldsymbol{x}(k)+\boldsymbol{G}\boldsymbol{u}(k)-\boldsymbol{F}\hat{\boldsymbol{x}}(k)-\boldsymbol{G}\boldsymbol{u}(k)-\boldsymbol{K}[\boldsymbol{C}\boldsymbol{x}(k)-\boldsymbol{C}\hat{\boldsymbol{x}}(k)]\\&=[\boldsymbol{F}-\boldsymbol{K}\boldsymbol{C}][\boldsymbol{x}(k)-\hat{\boldsymbol{x}}(k)]=[\boldsymbol{F}-\boldsymbol{K}\boldsymbol{C}]\tilde{\boldsymbol{x}}(k)\end{aligned} \tag{6-44}$$

因此，如果选择 $\boldsymbol{K}$ 使系统式(6-44)渐近稳定，那么重构误差必定会收敛到零，即使系统式(6-44)是不稳定的，在重构中引入观测量反馈，也能使误差趋于零。式(6-44)称为观测器的误差动态方程，该式表明，可以通过选择 $\boldsymbol{K}$，使状态重构误差动态方程的极点配置在期望的位置上。

如果出现观测器期望的极点 $z_i(i=1,2,\cdots,n)$，就可求得观测器期望的特征方程为

$$\begin{aligned}\alpha(z)&=(z-z_1)(z-z_2)\cdots(z-z_n)\\&=z^n+\alpha_1 z^{n-1}+\alpha_2 z^{n-2}+\cdots+\alpha_n=0\end{aligned} \tag{6-45}$$

由式(6-44)可得观测器的特征方程(即状态重构误差的特征方程)为

$$|z\boldsymbol{I}-\boldsymbol{F}+\boldsymbol{KC}|=0 \tag{6-46}$$

为了获得期望的状态重构性能,由式(6-45)和式(6-46)可得

$$|z\boldsymbol{I}-\boldsymbol{F}+\boldsymbol{KC}|=\alpha(z) \tag{6-47}$$

对于单输入单输出系统,通过比较式(6-47)两边 z 的同次幂的系数,可求得 $\boldsymbol{K}$ 中的 n 个未知数。对于任意的极点配置,$\boldsymbol{K}$ 具有唯一解的充分必要条件是系统完全可观,即

$$\operatorname{rank}\begin{bmatrix}\boldsymbol{C}\\ \boldsymbol{CF}\\ \vdots\\ \boldsymbol{CF}^{n-1}\end{bmatrix}=n \tag{6-48}$$

2. 现时观测器

采用预报观测器时,现时的状态重构 $\hat{\boldsymbol{x}}(k)$ 只用了前一时刻的输出量 $y(k-1)$,使得现时的控制信号 $u(k)$ 中也包含了前一时刻的输出量。当采样周期较长时,这种控制方式将影响系统的性能,为此可采用如下的观测器方程。

$$\begin{cases}\bar{\boldsymbol{x}}(k+1)=\boldsymbol{F}\hat{\boldsymbol{x}}(k)+\boldsymbol{G}\boldsymbol{u}(k)\\ \hat{\boldsymbol{x}}(k+1)=\bar{\boldsymbol{x}}(k+1)+\boldsymbol{K}[\boldsymbol{y}(k+1)-\boldsymbol{C}\bar{\boldsymbol{x}}(k+1)]\end{cases} \tag{6-49}$$

由于$(k+1)$时刻的状态重构 $\hat{\boldsymbol{x}}(k+1)$ 用到现时刻的量测值 $y(k+1)$,因此式(6-49)称为现时观测器。

由式(6-32)和式(6-49)可得状态重构误差为

$$\begin{aligned}\tilde{\boldsymbol{x}}(k+1)&=\boldsymbol{x}(k+1)-\hat{\boldsymbol{x}}(k+1)\\ &=[\boldsymbol{F}\boldsymbol{x}(k)+\boldsymbol{G}\boldsymbol{u}(k)]-\{\bar{\boldsymbol{x}}(k+1)+\boldsymbol{K}[\boldsymbol{C}\boldsymbol{x}(k+1)-\boldsymbol{C}\bar{\boldsymbol{x}}(k+1)]\}\\ &=[\boldsymbol{F}-\boldsymbol{KCF}]\tilde{\boldsymbol{x}}(k)\end{aligned} \tag{6-50}$$

从而求得现时观测器状态重构误差的特征方程为

$$|z\boldsymbol{I}-\boldsymbol{F}+\boldsymbol{KCF}|=0 \tag{6-51}$$

同样,为了获得期望的状态重构性能,可由式(6-52)确定 $\boldsymbol{K}$ 的值。

$$|z\boldsymbol{I}-\boldsymbol{F}+\boldsymbol{KCF}|=\alpha(z) \tag{6-52}$$

和预报观测器一样,系统必须完全能观时才能求得 $\boldsymbol{K}$。

3. 降阶观测器

预报和现时观测器都是根据输出量重构全部状态,即观测器的阶数等于状态的个数,因此称为全阶观测器。实际系统中,所能量测到的 $y(k)$ 中已直接给出了一部分状态变量,这部分状态变量不必通过估计获得。因此,只要估计其余的状态变量就可以了,这种阶数低于全阶的观测器称为降阶观测器。

将原状态向量分成两部分,即

$$\boldsymbol{x}(k)=\begin{bmatrix}\boldsymbol{x}_{\mathrm{a}}(k)\\ \boldsymbol{x}_{\mathrm{b}}(k)\end{bmatrix} \tag{6-53}$$

式中，$\boldsymbol{x}_{\mathrm{a}}(k)$是能够量测到的部分状态；$\boldsymbol{x}_{\mathrm{b}}(k)$是需要重构的部分状态。据此，原被控对象的状态方程式(6-32)可以分块写成

$$\begin{bmatrix}\boldsymbol{x}_{\mathrm{a}}(k+1)\\ \boldsymbol{x}_{\mathrm{b}}(k+1)\end{bmatrix}=\begin{bmatrix}\boldsymbol{F}_{\mathrm{aa}} & \boldsymbol{F}_{\mathrm{ab}}\\ \boldsymbol{F}_{\mathrm{ba}} & \boldsymbol{F}_{\mathrm{bb}}\end{bmatrix}\begin{bmatrix}\boldsymbol{x}_{\mathrm{a}}(k)\\ \boldsymbol{x}_{\mathrm{b}}(k)\end{bmatrix}+\begin{bmatrix}\boldsymbol{G}_{\mathrm{a}}\\ \boldsymbol{G}_{\mathrm{b}}\end{bmatrix}\boldsymbol{u}(k) \tag{6-54}$$

式(6-54)展开后可写成

$$\begin{cases}\boldsymbol{x}_{\mathrm{b}}(k+1)=\boldsymbol{F}_{\mathrm{bb}}\boldsymbol{x}_{\mathrm{b}}(k)+[\boldsymbol{F}_{\mathrm{ba}}\boldsymbol{x}_{\mathrm{a}}(k)+\boldsymbol{G}_{\mathrm{b}}\boldsymbol{u}(k)]\\ \boldsymbol{x}_{\mathrm{a}}(k+1)=\boldsymbol{F}_{\mathrm{aa}}\boldsymbol{x}_{\mathrm{a}}(k)+\boldsymbol{G}_{\mathrm{a}}\boldsymbol{u}(k)+\boldsymbol{F}_{\mathrm{ab}}\boldsymbol{x}_{\mathrm{b}}(k)\end{cases} \tag{6-55}$$

比较式(6-55)与式(6-32)，可建立如下的对应关系。

式(6-32)	式(6-55)
$\boldsymbol{x}(k)$	$\boldsymbol{x}_{\mathrm{b}}(k)$
$\boldsymbol{F}$	$\boldsymbol{F}_{\mathrm{bb}}$
$\boldsymbol{G}\boldsymbol{u}(k)$	$\boldsymbol{F}_{\mathrm{ba}}\boldsymbol{x}_{\mathrm{a}}(k)+\boldsymbol{G}_{\mathrm{b}}\boldsymbol{u}(k)$
$\boldsymbol{y}(k)$	$\boldsymbol{x}_{\mathrm{a}}(k+1)-\boldsymbol{F}_{\mathrm{aa}}\boldsymbol{x}_{\mathrm{a}}(k)-\boldsymbol{G}_{\mathrm{a}}\boldsymbol{u}(k)$
$\boldsymbol{C}$	$\boldsymbol{F}_{\mathrm{ab}}$

参考预报观测器方程式(6-42)，可以写出相应于式(6-55)的观测器方程为

$$\begin{aligned}\hat{\boldsymbol{x}}_{\mathrm{b}}(k+1)=&\boldsymbol{F}_{\mathrm{bb}}\hat{\boldsymbol{x}}_{\mathrm{b}}(k)+[\boldsymbol{F}_{\mathrm{ba}}\boldsymbol{x}_{\mathrm{a}}(k)+\boldsymbol{G}_{\mathrm{b}}\boldsymbol{u}(k)]+\\ &\boldsymbol{K}[\boldsymbol{x}_{\mathrm{a}}(k+1)-\boldsymbol{F}_{\mathrm{aa}}\boldsymbol{x}_{\mathrm{a}}(k)-\boldsymbol{G}_{\mathrm{a}}\boldsymbol{u}(k)-\boldsymbol{F}_{\mathrm{ab}}\hat{\boldsymbol{x}}_{\mathrm{b}}(k)]\end{aligned} \tag{6-56}$$

式(6-56)便是根据已量测到的状态 $\boldsymbol{x}_{\mathrm{a}}(k)$，重构其余状态$\hat{\boldsymbol{x}}_{\mathrm{b}}(k)$的观测器方程。由于$\boldsymbol{x}_{\mathrm{b}}(k)$的阶数低于 $\boldsymbol{x}(k)$的阶数，所以式(6-56)称为降阶观测器。

由式(6-55)和式(6-56)可得状态重构误差为

$$\begin{aligned}\tilde{\boldsymbol{x}}_{\mathrm{b}}(k+1)&=\boldsymbol{x}_{\mathrm{b}}(k+1)-\hat{\boldsymbol{x}}_{\mathrm{b}}(k+1)=(\boldsymbol{F}_{\mathrm{bb}}-\boldsymbol{K}\boldsymbol{F}_{\mathrm{ab}})[\boldsymbol{x}_{\mathrm{b}}(k)-\hat{\boldsymbol{x}}_{\mathrm{b}}(k)]\\ &=(\boldsymbol{F}_{\mathrm{bb}}-\boldsymbol{K}\boldsymbol{F}_{\mathrm{ab}})\tilde{\boldsymbol{x}}_{\mathrm{b}}(k)\end{aligned} \tag{6-57}$$

从而求得降阶观测器状态重构误差的特征方程为

$$|z\boldsymbol{I}-\boldsymbol{F}_{\mathrm{bb}}+\boldsymbol{K}\boldsymbol{F}_{\mathrm{ab}}|=0 \tag{6-58}$$

同理，为了获得期望的状态重构性能，由式(6-45)和式(6-58)可得

$$|z\boldsymbol{I}-\boldsymbol{F}_{\mathrm{bb}}+\boldsymbol{K}\boldsymbol{F}_{\mathrm{ab}}|=\alpha(z) \tag{6-59}$$

观测器的增益矩阵 $\boldsymbol{K}$ 可由式(6-59)求得。若给定降阶观测器的极点，即 $\alpha(z)$为已知，如果仍只考虑单输出(即 $\boldsymbol{x}_{\mathrm{a}}(k)$的维数为 1)的情况，根据式(6-59)即可解得增益矩阵 $\boldsymbol{K}$。

这里，对于任意给定的极点，$\boldsymbol{K}$ 具有唯一解的充分必要条件也是系统完全能观，即式(6-48)成立。

例 6-7 设被控对象的连续状态方程为

$$\begin{cases}\dot{\boldsymbol{x}}(t)=\boldsymbol{A}\boldsymbol{x}(t)+\boldsymbol{B}\boldsymbol{u}(t)\\ \boldsymbol{y}(t)=\boldsymbol{C}\boldsymbol{x}(t)\end{cases} \tag{6-60}$$

其中，$\boldsymbol{A}=\begin{pmatrix}0&1\\0&0\end{pmatrix}$，$\boldsymbol{B}=\begin{pmatrix}0\\1\end{pmatrix}$，$\boldsymbol{C}=(1\quad 0)$，采样周期 $T=0.1\mathrm{s}$，试确定 $\boldsymbol{K}$。

(1) 设计预报观测器,并将观测器特征方程的两个极点配置在 $z_{1,2}=0.2$ 处。

(2) 设计现时观测器,并将观测器特征方程的两个极点配置在 $z_{1,2}=0.2$ 处。

(3) 假定 x_1 是能够量测的状态,x_2 是需要估计的状态,设计降阶观测器,并将观测器特征方程的两个极点配置在 $z_{1,2}=0.2$ 处。

解:将式(6-60)离散化,得离散化状态方程为

$$\begin{cases} \boldsymbol{x}(k+1)=\boldsymbol{F}\boldsymbol{x}(k)+\boldsymbol{G}\boldsymbol{u}(k) \\ y(k)=\boldsymbol{C}\boldsymbol{x}(k) \end{cases} \tag{6-61}$$

其中

$$\boldsymbol{F}=\mathrm{e}^{AT}=\begin{bmatrix}1 & T\\0 & 1\end{bmatrix},\quad \boldsymbol{G}=\int_0^T \mathrm{e}^{At}\,\mathrm{d}tB=\begin{bmatrix}\dfrac{T^2}{2}\\T\end{bmatrix} \tag{6-62}$$

将 $T=0.1\mathrm{s}$ 代入式(6-62),得

$$\boldsymbol{F}=\begin{bmatrix}1 & 0.1\\0 & 1\end{bmatrix},\quad \boldsymbol{G}=\begin{bmatrix}0.005\\0.1\end{bmatrix}$$

(1) 由已知条件可知

$$\alpha(z)=(z-z_1)(z-z_2)=(z-0.2)^2=z^2-0.4z+0.04=0 \tag{6-63}$$

$$\begin{aligned}|z\boldsymbol{I}-\boldsymbol{F}+\boldsymbol{KC}|&=\left|\begin{bmatrix}z & 0\\0 & z\end{bmatrix}-\begin{bmatrix}1 & 0.1\\0 & 1\end{bmatrix}+\begin{bmatrix}k_1\\k_2\end{bmatrix}\begin{bmatrix}1 & 0\end{bmatrix}\right|\\&=z^2-(2-k_1)z+1-k_1+0.1k_2=0\end{aligned} \tag{6-64}$$

比较式(6-63)和式(6-64),得

$$\begin{cases}2-k_1=0.4\\1-k_1+0.1k_2=0.04\end{cases}$$

解得

$$\begin{cases}k_1=1.6\\k_2=6.4\end{cases},\quad 即\ \boldsymbol{K}=\begin{bmatrix}1.6\\6.4\end{bmatrix}$$

(2) 由已知条件可知

$$\alpha(z)=(z-z_1)(z-z_2)=(z-0.2)^2=z^2-0.4z+0.04=0 \tag{6-65}$$

$$\begin{aligned}|z\boldsymbol{I}-\boldsymbol{F}+\boldsymbol{KCF}|&=\left|\begin{bmatrix}z & 0\\0 & z\end{bmatrix}-\begin{bmatrix}1 & 0.1\\0 & 1\end{bmatrix}+\begin{bmatrix}k_1\\k_2\end{bmatrix}\begin{bmatrix}1 & 0\end{bmatrix}\begin{bmatrix}1 & 0.1\\0 & 1\end{bmatrix}\right|\\&=z^2+(k_1-2+0.1k_2)z+1-k_1=0\end{aligned} \tag{6-66}$$

比较式(6-65)和式(6-66),得

$$\begin{cases}k_1-2+0.1k_2=-0.4\\1-k_1=0.04\end{cases}$$

解得

$$\begin{cases}k_1=0.96\\k_2=6.4\end{cases},\quad 即\ \boldsymbol{K}=\begin{bmatrix}0.96\\6.4\end{bmatrix}$$

(3) 由前面知

$$F=\begin{bmatrix}1 & 0.1\\0 & 1\end{bmatrix}=\begin{bmatrix}\boldsymbol{F}_{\mathrm{aa}} & \boldsymbol{F}_{\mathrm{ab}}\\\boldsymbol{F}_{\mathrm{ba}} & \boldsymbol{F}_{\mathrm{bb}}\end{bmatrix}$$

$$\alpha(z)=(z-0.2)=0 \tag{6-67}$$

$$|z\boldsymbol{I}-\boldsymbol{F}_{\mathrm{bb}}+\boldsymbol{K}\boldsymbol{F}_{\mathrm{ab}}|=z-1+0.1\boldsymbol{K} \tag{6-68}$$

比较式(6-67)和式(6-68),得

$$\boldsymbol{K}=8$$

6.4.3 按极点配置设计控制器

前面分别讨论了对如图6.6所示的调节系统($r(k)=0$的情况)按极点配置设计的控制规律和状态观测器,这两部分组成了状态反馈控制器。下面详细讨论一下该状态反馈控制器。

1. 控制器的组成

设被控对象的离散状态方程为

$$\begin{cases}\boldsymbol{x}(k+1)=\boldsymbol{F}\boldsymbol{x}(k)+\boldsymbol{G}\boldsymbol{u}(k)\\\boldsymbol{y}(k)=\boldsymbol{C}\boldsymbol{x}(k)\end{cases} \tag{6-69}$$

设控制器由预报观测器和状态反馈控制规律组合而成,即

$$\begin{cases}\hat{\boldsymbol{x}}(k+1)=\boldsymbol{F}\hat{\boldsymbol{x}}(k)+\boldsymbol{G}\boldsymbol{u}(k)+\boldsymbol{K}[\boldsymbol{y}(k)-\boldsymbol{C}\hat{\boldsymbol{x}}(k)]\\\boldsymbol{u}(k)=-\boldsymbol{L}\hat{\boldsymbol{x}}(k)\end{cases} \tag{6-70}$$

2. 分离性原理

由式(6-69)和式(6-70)构成的闭环系统(图6.6)的状态方程可以写成

$$\begin{cases}\boldsymbol{x}(k+1)=\boldsymbol{F}\boldsymbol{x}(k)-\boldsymbol{G}\boldsymbol{L}\hat{\boldsymbol{x}}(k)\\\hat{\boldsymbol{x}}(k+1)=\boldsymbol{K}\boldsymbol{C}\boldsymbol{x}(k)+(\boldsymbol{F}-\boldsymbol{G}\boldsymbol{L}-\boldsymbol{K}\boldsymbol{C})\hat{\boldsymbol{x}}(k)\end{cases} \tag{6-71}$$

再将式(6-71)改写成

$$\begin{bmatrix}\boldsymbol{x}(k+1)\\\hat{\boldsymbol{x}}(k+1)\end{bmatrix}=\begin{bmatrix}\boldsymbol{F} & -\boldsymbol{G}\boldsymbol{L}\\\boldsymbol{K}\boldsymbol{C} & \boldsymbol{F}-\boldsymbol{G}\boldsymbol{L}-\boldsymbol{K}\boldsymbol{C}\end{bmatrix}\begin{bmatrix}\boldsymbol{x}(k)\\\hat{\boldsymbol{x}}(k)\end{bmatrix} \tag{6-72}$$

由式(6-72)构成的闭环系统的特征方程为

$$\begin{aligned}\gamma(z)&=\left|z\boldsymbol{I}-\begin{bmatrix}\boldsymbol{F} & -\boldsymbol{G}\boldsymbol{L}\\\boldsymbol{K}\boldsymbol{C} & \boldsymbol{F}-\boldsymbol{G}\boldsymbol{L}-\boldsymbol{K}\boldsymbol{C}\end{bmatrix}\right|\\&=\begin{vmatrix}z\boldsymbol{I}-\boldsymbol{F} & \boldsymbol{G}\boldsymbol{L}\\-\boldsymbol{K}\boldsymbol{C} & z\boldsymbol{I}-\boldsymbol{F}+\boldsymbol{G}\boldsymbol{L}+\boldsymbol{K}\boldsymbol{C}\end{vmatrix}\\&=\begin{vmatrix}z\boldsymbol{I}-\boldsymbol{F}+\boldsymbol{G}\boldsymbol{L} & \boldsymbol{G}\boldsymbol{L}\\z\boldsymbol{I}-\boldsymbol{F}+\boldsymbol{G}\boldsymbol{L} & z\boldsymbol{I}-\boldsymbol{F}+\boldsymbol{G}\boldsymbol{L}+\boldsymbol{K}\boldsymbol{C}\end{vmatrix}\text{(第二列加到第一列得)}\\&=\begin{vmatrix}z\boldsymbol{I}-\boldsymbol{F}+\boldsymbol{G}\boldsymbol{L} & \boldsymbol{G}\boldsymbol{L}\\0 & z\boldsymbol{I}-\boldsymbol{F}+\boldsymbol{K}\boldsymbol{C}\end{vmatrix}\text{(第二行减去第一行得)}\end{aligned}$$

$$= |zI - F + GL| \cdot |zI - F + KC|$$
$$= \beta(z) \cdot \alpha(z) = 0$$

即

$$\gamma(z) = \beta(z) \cdot \alpha(z) \tag{6-73}$$

由此可见，式(6-72)构成的闭环系统的 $2n$ 个极点由两部分组成：一部分是按状态反馈控制规律设计所给定的 n 个控制极点；另一部分是按状态观测器设计所给定的 n 个观测器极点，这就是“分离性原理”。根据这一原理，可以分别设计系统的控制规律和观测器，从而使控制器的设计得以简化。

3. 状态反馈控制器的设计步骤

综上所述，可以归纳出采用状态反馈的极点配置法设计控制器的步骤如下。

① 按闭环系统的性能要求给定几个控制极点。

② 按极点配置设计状态反馈控制规律，得到 $\boldsymbol{L}$。

③ 合理给定观测器的极点，并选择观测器的类型，计算观测器增益矩阵 $\boldsymbol{K}$。

④ 最后根据设计的控制规律和观测器，由计算机实现。

4. 观测器及观测器类型的选择

以上讨论了采用状态反馈控制器的设计，控制极点是按闭环系统的性能要求设置的，因而控制极点成为整个系统的主导极点。观测器极点的设置应使状态重构具有较快的跟踪速度。如果量测输出中没有大的误差或噪声，则可考虑观测器极点都设置在 z 平面的原点。如果量测输出中含有较大的误差或噪声，则可考虑按观测器极点对应的衰减速度比控制极点对应的衰减速度快 4～5 倍的要求设置。观测器的类型选择应考虑以下两点：

① 如果控制器的计算延时与采样周期处于同一数量级，则可考虑选用预报观测器，否则可用现时观测器。

② 如果量测输出比较准确，而且它是系统的一个状态，则可考虑用降阶观测器，否则用全阶观测器。

例 6-8 已知在例 6-6 中系统的离散状态方程为

$$\boldsymbol{x}(k+1) = \begin{bmatrix} 1 & 0.1 \\ 0 & 1 \end{bmatrix} \boldsymbol{x}(k) + \begin{bmatrix} 0.005 \\ 0.1 \end{bmatrix} \boldsymbol{u}(k)$$

并且知道系统是能控的。系统的输出方程为

$$y(k) = [1 \quad 0] \boldsymbol{x}(k)$$

系统的采样周期 $T=0.1\text{s}$，试设计状态反馈控制器，使控制极点配置在 $z_1=0.6$，$z_2=0.8$，使观测器(预报观测器)的极点配置在 $0.9 \pm \text{j}0.1$ 处。

解：由例 6-6 和例 6-7 可知，系统是能控和能观的。根据分离性原理，系统控制器的设计可按以下步骤进行。

(1) 设计控制规律。

求对应控制极点 $z_1=0.6$，$z_2=0.8$ 的特征方程。

$$\beta(z)=(z-z_1)(z-z_2)=(z-0.6)(z-0.8)=z^2-1.4z+0.48=0$$

而

$$|z\boldsymbol{I}-\boldsymbol{F}+\boldsymbol{GL}|=z^2+(0.1L_2+0.005L_1-2)z+0.005L_1-0.1L_2+1=0$$

由

$$\beta(z)=|z\boldsymbol{I}-\boldsymbol{F}+\boldsymbol{GL}|$$

可解得

$$\begin{cases}0.1L_2+0.005L_1-2=-1.4\\0.005L_1-0.1L_2+1=0.48\end{cases}$$

即

$$\begin{cases}L_1=8\\L_2=5.6\end{cases}$$

故有

$$\boldsymbol{L}=[8\quad 5.6]$$

(2) 设计预报观测器。

求对应观测器极点 $0.9\pm j0.1$ 的特征方程。

$$\begin{aligned}\alpha(z)&=(z-z_1)(z-z_2)=(z-0.9-j0.1)(z-0.9+j0.1)\\&=z^2-1.8z+0.82=0\end{aligned}$$

而

$$|z\boldsymbol{I}-\boldsymbol{F}+\boldsymbol{KC}|=z^2-(2-k_1)z+1-k_1+0.1k_2=0$$

由

$$\alpha(z)=|z\boldsymbol{I}-\boldsymbol{F}+\boldsymbol{KC}|$$

可解得

$$\begin{cases}2-k_1=1.8\\1-k_1+0.1k_2=0.82\end{cases}$$

即

$$\begin{cases}k_1=0.2\\k_2=0.2\end{cases}$$

故有

$$\boldsymbol{K}=\begin{bmatrix}0.2\\0.2\end{bmatrix}$$

(3) 设计控制器。

系统的状态反馈控制器为

$$\begin{cases}\hat{\boldsymbol{x}}(k+1)=\boldsymbol{F}\hat{\boldsymbol{x}}(k)+\boldsymbol{Gu}(k)+\boldsymbol{K}[y(k)-C\hat{x}(k)]\\\boldsymbol{u}(k)=-\boldsymbol{L}\hat{\boldsymbol{x}}(k)\end{cases}$$

且有

$$L=[8\quad 5.6],\quad K=\begin{bmatrix}0.2\\0.2\end{bmatrix}$$

前面讨论了调节系统的设计，即在图 6.6 中 $r(k)=0$ 的情况。在调节系统中，控制的目的在于有效地克服干扰的影响，使系统维持在平衡状态。不失一般性，系统的平衡状态可取为零状态，假设干扰为随机的脉冲型干扰，且相邻脉冲干扰之间的间隔大于系统的响应时间。当出现脉冲干扰时，它将引起系统偏离零状态。当脉冲干扰撤除后，系统将从偏离的状态逐渐回到零状态。

然而，对于阶跃型或常值干扰，前面设计的控制器不一定使系统具有满意的性能。按照前面的设计，其控制规律为状态的比例反馈，因此若在干扰加入点的前面不存在积分作用，则对于常值干扰，系统的输出将存在稳态误差。克服稳态误差的一个有效方法是加入积分控制。下面研究如何按极点配置设计 PI(比例积分)控制器，以克服常值干扰引起的稳态误差。

设被控对象的离散状态方程为

$$\begin{cases}\boldsymbol{x}(k+1)=\boldsymbol{F}\boldsymbol{x}(k)+\boldsymbol{G}\boldsymbol{u}(k)+\boldsymbol{v}(k)\\ \boldsymbol{y}(k)=\boldsymbol{C}\boldsymbol{x}(k)\end{cases}\tag{6-74}$$

其中，$\boldsymbol{v}(k)$为阶跃干扰。显然，当 $k\geqslant 1$ 时，$\Delta\boldsymbol{v}(k)=0$。对式(6-74)两边取差分得

$$\begin{cases}\Delta\boldsymbol{x}(k+1)=\boldsymbol{F}\Delta\boldsymbol{x}(k)+\boldsymbol{G}\Delta\boldsymbol{u}(k),\quad k\geqslant 1\\ \Delta\boldsymbol{y}(k+1)=\boldsymbol{C}\Delta\boldsymbol{x}(k+1)\end{cases}\tag{6-75}$$

将式(6-75)改写为

$$\begin{cases}\boldsymbol{y}(k+1)=\boldsymbol{y}(k)+\boldsymbol{CF}\Delta\boldsymbol{x}(k)+\boldsymbol{CG}\Delta\boldsymbol{u}(k),\quad k\geqslant 1\\ \Delta\boldsymbol{x}(k+1)=\boldsymbol{F}\Delta\boldsymbol{x}(k)+\boldsymbol{G}\Delta\boldsymbol{u}(k)\end{cases}\tag{6-76}$$

令

$$\boldsymbol{m}(k)=\begin{bmatrix}\boldsymbol{y}(k)\\ \Delta\boldsymbol{x}(k)\end{bmatrix}\quad \bar{\boldsymbol{F}}=\begin{bmatrix}\boldsymbol{I} & \boldsymbol{CF}\\ 0 & \boldsymbol{F}\end{bmatrix}\quad \bar{\boldsymbol{G}}=\begin{bmatrix}\boldsymbol{CG}\\ \boldsymbol{G}\end{bmatrix}\tag{6-77}$$

则有

$$\boldsymbol{m}(k+1)=\bar{\boldsymbol{F}}\boldsymbol{m}(k)+\bar{\boldsymbol{G}}\Delta\boldsymbol{u}(k)\tag{6-78}$$

仍然利用按极点配置设计控制规律的算法，针对式(6-78)设计如下的状态反馈控制规律

$$\Delta\boldsymbol{u}(k)=-\boldsymbol{L}\boldsymbol{m}(k)=-\boldsymbol{L}_1\boldsymbol{y}(k)-\boldsymbol{L}_2\Delta\boldsymbol{u}(k)\tag{6-79}$$

其中

$$\boldsymbol{L}=[\boldsymbol{L}_1\quad \boldsymbol{L}_2]\tag{6-80}$$

再对式(6-79)两边作求和运算，得

$$\boldsymbol{u}(k)=-\boldsymbol{L}_1\sum_{i=1}^{k}\boldsymbol{y}(i)-\boldsymbol{L}_2\boldsymbol{x}(k)\tag{6-81}$$

显然，式(6-81)中的 $\boldsymbol{u}(k)$由两部分组成：前项代表积分控制，由于假设 $\boldsymbol{r}(k)=0$，平衡状态又取为零状态，所以式(6-81)是输出量的积分控制；后项代表状态的比例控制，并要求所有的状态直接反馈。式(6-81)称为按极点配置设计的 PI 控制规律。图 6.9 所示为采用 PI

控制规律的系统结构。

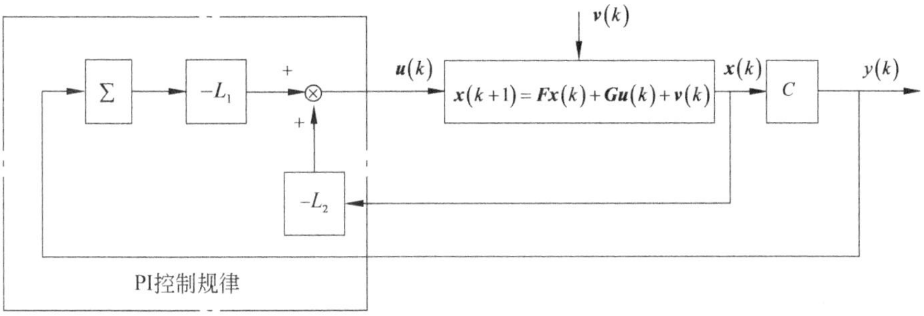

图 6.9 采用 PI 控制规律的系统结构

那么，为什么这样的控制规律能够抑制阶跃型干扰，而无稳态误差呢？下面将予以说明。将式(6-79)代入式(6-78)，得

$$m(k+1) = (\bar{F} - \bar{G}L)m(k) \tag{6-82}$$

矩阵 $\bar{F}-\bar{G}L$ 的特征值即给定的闭环极点，显然它们都应在单位圆内，即式(6-82)所示的闭环系统一定是渐近稳定的，从而对任何初始条件，均有

$$\lim_{k\to\infty} m(k) = 0 \tag{6-83}$$

由于 $y(k)$是 $m(k)$的一个状态，显然也应有

$$\lim_{k\to\infty} y(k) = 0 \tag{6-84}$$

式(6-84)表明，尽管存在常值干扰 $v(k)$，输出的稳态值终将回到零，即不存在稳态误差。

在图 6.9 中，PI 控制规律要求全部状态直接反馈，实际上这是不现实的。因此可仿照前面类似的方法，通过构造观测器获得状态重构$\hat{x}(k)$，然后再线性反馈$\hat{x}(k)$。图 6.10 给出了含有观测器的 PI 控制器的系统结构。

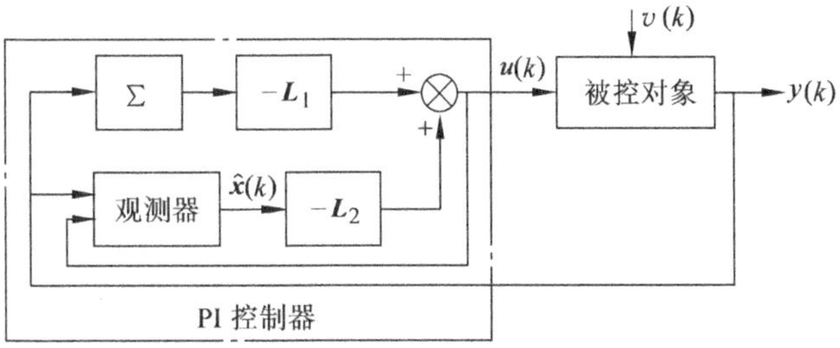

图 6.10 含有观测器的 PI 控制器的系统结构

6.4.4 跟踪系统设计

为了消除常值干扰产生的稳态误差，前文讨论了调节系统 $r(k)=0$ 的 PI 控制规律设计。在图 6.9 的基础上，可以很容易地画出引入参考输入时相应的跟踪系统的结构，如

图 6.11 所示。

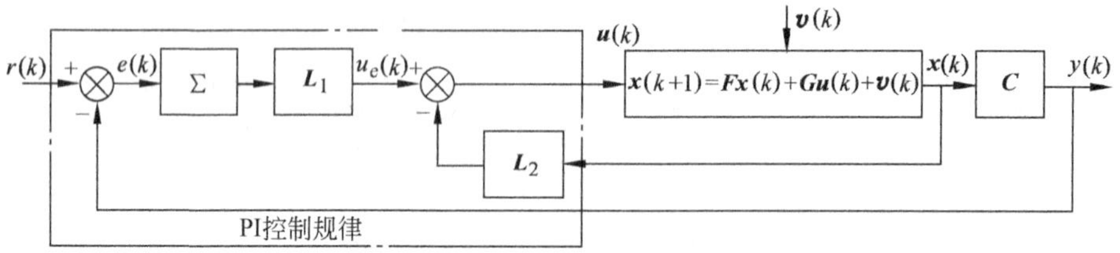

图 6.11　带 PI 控制规律的跟踪系统

根据图 6.11 可得控制规律为

$$\boldsymbol{u}(k)=\boldsymbol{L}_1\sum_{i=1}^{k}\boldsymbol{e}(i)-\boldsymbol{L}_2\boldsymbol{x}(k) \tag{6-85}$$

其中，$\boldsymbol{L}_1$ 和 $\boldsymbol{L}_2$ 仍按极点配置方法设计，见式(6-79)。对于这样的控制规律，在常值参考输入以及常值干扰作用下均不存在稳态误差，下面说明这一点。

根据叠加原理，可分别考虑以下两种情况：①$r(k)=0$，$\boldsymbol{v}(k)=$常数；②$r(k)=$常数，$\boldsymbol{v}(k)=0$。对于情况①，图 6.11 可化简为图 6.9，前面已经说明图 6.9 的控制规律对常值干扰不存在稳态误差。对于情况②，即只考虑常值参数输入的情况，系统可描述为

$$\boldsymbol{x}(k+1)=\boldsymbol{F}\boldsymbol{x}(k)+\boldsymbol{G}\boldsymbol{u}(k) \tag{6-86}$$

$$y(k)=\boldsymbol{C}\boldsymbol{x}(k) \tag{6-87}$$

$$\boldsymbol{u}(k)=\boldsymbol{u}_e(k)-\boldsymbol{L}_2\boldsymbol{x}(k) \tag{6-88}$$

$$\boldsymbol{u}_e(k)=\boldsymbol{L}_1\sum_{i=0}^{k}\boldsymbol{e}(i) \tag{6-89}$$

将式(6-88)代入式(6-86)，得

$$\boldsymbol{x}(k+1)=(\boldsymbol{F}-\boldsymbol{G}\boldsymbol{L}_2)\boldsymbol{x}(k)+\boldsymbol{G}\boldsymbol{u}_e(k) \tag{6-90}$$

$$\boldsymbol{x}(\infty)=(\boldsymbol{I}-\boldsymbol{F}+\boldsymbol{G}\boldsymbol{L}_2)^{-1}\boldsymbol{G}\boldsymbol{u}_e(\infty) \tag{6-91}$$

由式(6-87)可得

$$y(\infty)=\boldsymbol{C}\boldsymbol{x}(\infty)=\boldsymbol{C}(\boldsymbol{I}-\boldsymbol{F}+\boldsymbol{G}\boldsymbol{L}_2)^{-1}\boldsymbol{G}\boldsymbol{u}_e(\infty) \tag{6-92}$$

由于按极点配置法设计的闭环系统是渐近稳定的，所以当 $r(k)=$常数时，一定有 $y(\infty)=$常数，从而根据式(6-92)也一定有 $\boldsymbol{u}_e(\infty)=$常数。根据式(6-89)，$\boldsymbol{u}_e(\infty)$是误差 $e(k)=r(k)-y(k)$的积分，所以一定有 $e(\infty)=0$，即 $y(\infty)=r(\infty)$。也就是说，对于常值参考输入，系统的稳态误差等于零。事实上，由图 6.11 可知，因在系统的开环回路中有一个积分环节，故上面的结论是很明显的。

为了进一步提高系统的无静差度，还可引入参考输入 $r(k)$的顺馈控制。带 PI 控制规律和输入顺馈的跟踪系统如图 6.12 所示。

图 6.12 比图 6.11 多了一个输入顺馈通道，控制规律中的其他参数 $\boldsymbol{L}_1$ 和 $\boldsymbol{L}_2$ 仍用和以前一样的方法进行设计。剩下的问题是如何确定顺馈增益系数 $\boldsymbol{L}_3$。仿照前面式(6-92)的推导不难求得当 $r(k)=$常数时

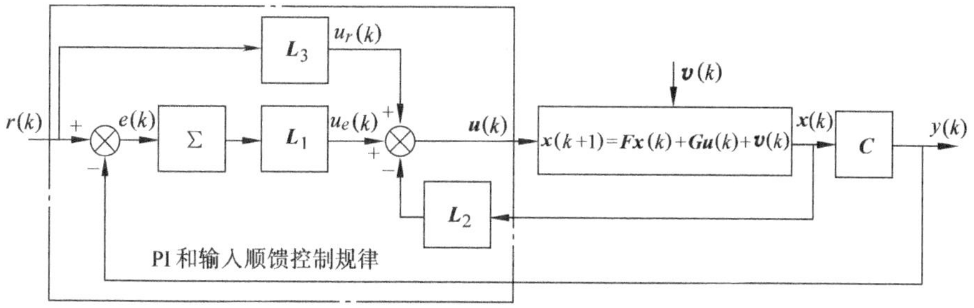

图 6.12　带 PI 控制规律和输入顺馈的跟踪系统

$$y(\infty) = \boldsymbol{C}(\boldsymbol{I}-\boldsymbol{F}+\boldsymbol{G}\boldsymbol{L}_2)^{-1}\boldsymbol{G}[\boldsymbol{u}_r(\infty)+\boldsymbol{u}_e(\infty)] \tag{6-93}$$

稳态时有 $y(\infty)=r(\infty)$，同时希望在式(6-93)中 $\boldsymbol{u}_e(\infty)=0$，以提高系统的无静差度，因此得到

$$\boldsymbol{u}_r(\infty) = \frac{1}{\boldsymbol{C}(\boldsymbol{I}-\boldsymbol{F}+\boldsymbol{G}\boldsymbol{L}_2)^{-1}\boldsymbol{G}}r(\infty) = \boldsymbol{L}_3 r(\infty) \tag{6-94}$$

从而得

$$\boldsymbol{L}_3 = \frac{1}{\boldsymbol{C}(\boldsymbol{I}-\boldsymbol{F}+\boldsymbol{G}\boldsymbol{L}_2)^{-1}\boldsymbol{G}} \tag{6-95}$$

在图 6.12 中仍然要求全部状态直接反馈，这在实际上常常是不现实的，因此可仿照与前面类似的方法，通过构造观测器获得状态重构 $\hat{\boldsymbol{x}}(k)$，然后再反馈 $\hat{\boldsymbol{x}}(k)$。最后画出包含观测器及积分的控制器，如图 6.13 所示。在图 6.13 中，可根据需要选用前面讨论过的任何一种形式的观测器。

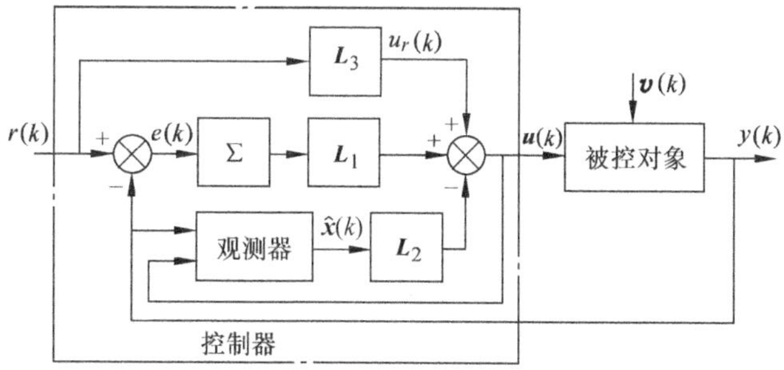

图 6.13　带观测器及 PI 控制规律和顺馈控制的跟踪系统

6.5　采用状态空间的最优化设计法

前面用极点配置法解决了系统的综合问题，其主要设计参数是闭环极点的位置，而且仅限于单输入单输出系统。本节将讨论更一般的控制问题。假设过程对象是线性的，且可以是时变的并有多个输入和多个输出，另外在模型中还加入了过程噪声和测量噪声。若性能

指标是状态和控制信号的二次型函数，则综合的问题被形式化为使此性能指标为最小的问题，由此得到的最优控制器是线性的，这样的问题称为线性二次型(Linear Quadratic，LQ)控制问题。如果在过程模型中考虑了高斯随机扰动，则称为线性二次型高斯(Linear Quadratic Gaussian，LQG)控制问题。

本节首先在所有状态都可用的条件下导出了LQ问题的最优控制规律，如果全部状态是不可测的，就必须估计出它们，这可用状态观测器完成。然后对随机扰动过程，可以求出使估计误差的方差为最小的最优估计器，即卡尔曼滤波器，这种估计器的结构与状态观测器相同，但其增益矩阵 $\boldsymbol{K}$ 的确定方法不同，而且它一般为时变的。最后根据分离性原理求解LQG问题的最优控制，并采用卡尔曼(Kalman)滤波器估计状态。采用LQG最优控制器的调节系统($r(k)=0$)结构如图6.14所示。

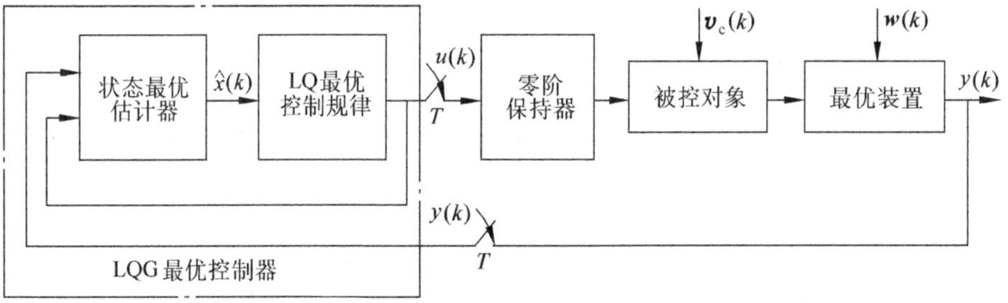

图6.14　采用LQG最优控制器的调节系统($r(k)=0$)结构

6.5.1　LQ最优控制器设计

现在求解完全状态信息情况下的LQ最优控制问题。其最优控制器由离散动态规划确定。

1. 问题的描述

首先考虑确定性的情况，即无过程干扰 $v_c(k)$ 和量测噪声 $\boldsymbol{w}(k)$ 的情况。设被控对象的连续状态方程为

$$\begin{cases}\dot{\boldsymbol{x}}(t)=\boldsymbol{A}\boldsymbol{x}(t)+\boldsymbol{B}\boldsymbol{u}(t), & \boldsymbol{x}(0)\ \text{给定}\\ \boldsymbol{y}(t)=\boldsymbol{C}\boldsymbol{x}(t)\end{cases}\tag{6-96}$$

且连续的被控对象和离散控制器之间采用零阶保持器连接，即

$$\boldsymbol{u}(t)=\boldsymbol{u}(k)\qquad kT\leqslant T\leqslant(k+1)T\tag{6-97}$$

式中，T 为采样周期。

为了便于分析和设计，先将式(6-96)按6.1.2节的离散化方法求得离散状态方程为

$$\begin{cases}\boldsymbol{x}(k+1)=\boldsymbol{F}\boldsymbol{x}(k)+\boldsymbol{G}\boldsymbol{u}(k)\\ y(k)=\boldsymbol{C}\boldsymbol{x}(k)\end{cases}\tag{6-98}$$

式中，

$$\begin{cases} \boldsymbol{F} = \mathrm{e}^{\boldsymbol{A}T} \\ \boldsymbol{G} = \left(\int_0^T \mathrm{e}^{\boldsymbol{A}t}\,\mathrm{d}t\right)\boldsymbol{B} \end{cases} \tag{6-99}$$

系统控制的目的是按线性二次型性能指标函数

$$\boldsymbol{J} = \boldsymbol{x}^{\mathrm{T}}(NT)\boldsymbol{Q}_0\boldsymbol{x}(NT) + \int_0^{NT}[\boldsymbol{x}^{\mathrm{T}}(t)\bar{\boldsymbol{Q}}_1\boldsymbol{x}(t) + \boldsymbol{u}^{\mathrm{T}}(t)\bar{\boldsymbol{Q}}_2\boldsymbol{u}(t)]\mathrm{d}t \tag{6-100}$$

为最小，设计离散的最优控制器 $\boldsymbol{L}$，使

$$\boldsymbol{u}(k) = -\boldsymbol{L}\boldsymbol{x}(k) \tag{6-101}$$

其中，加权矩阵 $\boldsymbol{Q}_0$ 和 $\bar{\boldsymbol{Q}}_1$ 是非负定对称矩阵；$\bar{\boldsymbol{Q}}_2$ 为正定对称阵；N 为正整数。

式(6-100)为 LQ 最优控制器。带 LQ 最优控制器的调节系统($r(k)=0$)结构如图 6.15 所示。

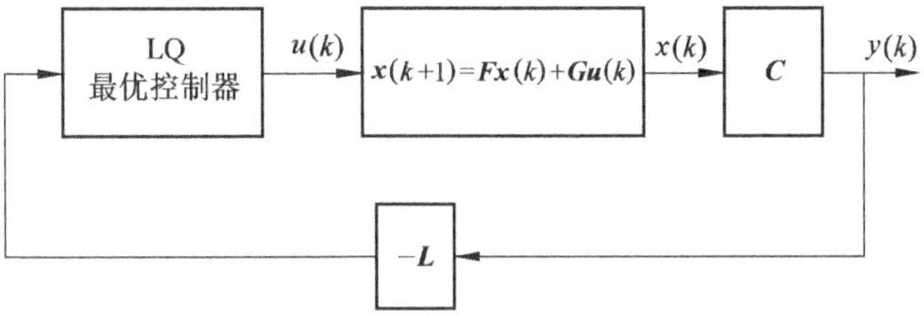

图 6.15 带 LQ 最优控制器的调节系统($r(k)=0$)结构

当 N 为有限时，称为有限时间最优调节器问题。实际上，应用最多的是要求 $N=\infty$，设计无限时间最优调节器，计算 $\boldsymbol{L}(k)$ 的稳态解。

2. 二次型性能指标函数的离散化

二次型性能指标函数式(6-100)是以连续时间形式给出的，并可进一步表示为

$$\boldsymbol{J} = \boldsymbol{x}^{\mathrm{T}}(NT)\boldsymbol{Q}_0\boldsymbol{x}(NT) + \sum_{k=0}^{N-1}\boldsymbol{J}(k) \tag{6-102}$$

且

$$\boldsymbol{J}(k) = \int_{kT}^{(k+1)T}[\boldsymbol{x}^{\mathrm{T}}(t)\bar{\boldsymbol{Q}}_1\boldsymbol{x}(t) + \boldsymbol{u}^{\mathrm{T}}(t)\bar{\boldsymbol{Q}}_2\boldsymbol{u}(t)]\mathrm{d}t \tag{6-103}$$

根据式(6-96)和式(6-97)，当 $kT\leqslant t\leqslant(k+1)T$ 时，可以解得

$$\begin{aligned} \boldsymbol{x}(t) &= \mathbf{e}^{\boldsymbol{A}(t-kT)}\boldsymbol{x}(k) + \int_{kT}^{t}\mathbf{e}^{\boldsymbol{A}(t-\tau)}\boldsymbol{B}\boldsymbol{u}(\tau)\mathrm{d}\tau \\ &= \mathbf{e}^{\boldsymbol{A}(t-kT)}\boldsymbol{x}(k) + \int_{kT}^{t}\mathbf{e}^{\boldsymbol{A}(t-\tau)}\mathrm{d}\tau\boldsymbol{B}\boldsymbol{u}(k) \end{aligned} \tag{6-104}$$

将式(6-104)和式(6-97)代入式(6-103)并整理，得

$$\boldsymbol{J}(k) = \boldsymbol{x}^{\mathrm{T}}(k)\boldsymbol{Q}_1\boldsymbol{x}(k) + 2\boldsymbol{x}^{\mathrm{T}}(k)\boldsymbol{Q}_{12}\boldsymbol{u}(k) + \boldsymbol{u}^{\mathrm{T}}(k)\bar{\boldsymbol{Q}}_2\boldsymbol{u}(k) \tag{6-105}$$

式中

$$\boldsymbol{Q}_1 = \int_0^T \mathbf{e}^{\boldsymbol{A}^{\mathrm{T}}t}\bar{\boldsymbol{Q}}_1\mathrm{e}^{\boldsymbol{A}t}\mathrm{d}t \tag{6-106}$$

$$\boldsymbol{Q}_{12} = \left[\int_0^T \mathrm{e}^{\boldsymbol{A}^{\mathrm{T}}t}\overline{\boldsymbol{Q}}_1\left(\int_0^t \mathrm{e}^{\boldsymbol{A}\tau}\mathrm{d}\tau\right)\mathrm{d}t\right]\boldsymbol{B} \tag{6-107}$$

$$\boldsymbol{Q}_2 = \boldsymbol{B}^{\mathrm{T}}\left[\int_0^T\left(\int_0^t \mathrm{e}^{\boldsymbol{A}^{\mathrm{T}}\tau}\mathrm{d}\tau\right)\overline{\boldsymbol{Q}}_1\left(\int_0^t \mathrm{e}^{\boldsymbol{A}\tau}\mathrm{d}\tau\right)\mathrm{d}t\right]\boldsymbol{B} + \overline{\boldsymbol{Q}}_2 T \tag{6-108}$$

将式(6-105)代入式(6-102)，得到等效的离散二次型性能指标函数为

$$\boldsymbol{J} = \boldsymbol{x}^{\mathrm{T}}(N)\boldsymbol{Q}_0\boldsymbol{x}(N) + \sum_{k=0}^{N-1}\left[\boldsymbol{x}^{\mathrm{T}}(k)\boldsymbol{Q}_1\boldsymbol{x}(k) + 2\boldsymbol{x}^{\mathrm{T}}(k)\boldsymbol{Q}_{12}\boldsymbol{u}(k) + \boldsymbol{u}^{\mathrm{T}}(k)\boldsymbol{Q}_2\boldsymbol{u}(k)\right] \tag{6-109}$$

3. 最优控制规律计算

对式(6-98)所示的离散被控对象，若使式(6-109)所示的离散二次型性能指标函数为最小，则式(6-101)所示的离散控制规律 $\boldsymbol{L}$ 的递推公式为

$$\boldsymbol{u}(k) = -\boldsymbol{L}(k)\boldsymbol{x}(k) \tag{6-110}$$

$$\boldsymbol{L}(k) = [\boldsymbol{Q}_2 + \boldsymbol{G}^{\mathrm{T}}\boldsymbol{S}(k+1)\boldsymbol{G}]^{-1}[\boldsymbol{G}^{\mathrm{T}}\boldsymbol{S}(k+1)\boldsymbol{F} + \boldsymbol{Q}_{12}^{\mathrm{T}}] \tag{6-111}$$

$$\begin{aligned}\boldsymbol{S}(k) = &[\boldsymbol{F} - \boldsymbol{G}\boldsymbol{L}(k)]^{\mathrm{T}}\boldsymbol{S}(k+1)[\boldsymbol{F} - \boldsymbol{G}\boldsymbol{L}(k)] + \boldsymbol{L}^{\mathrm{T}}(k)\boldsymbol{Q}_2\boldsymbol{L}(k) + \boldsymbol{Q}_1 \\ &- \boldsymbol{L}^{\mathrm{T}}(k)\boldsymbol{Q}_{12}^{\mathrm{T}} - \boldsymbol{Q}_{12}\boldsymbol{L}(k)\end{aligned} \tag{6-112}$$

$$\boldsymbol{S}(N) = \boldsymbol{Q}_0 \tag{6-113}$$

并有

$$\boldsymbol{J}_{\min} = \boldsymbol{x}^{\mathrm{T}}(0)\boldsymbol{S}(0)\boldsymbol{x}(0) \tag{6-114}$$

其中，$k=N-1, N-2, \cdots$

下面用离散动态规划证明以上结论。在证明以上结论前，可利用配方的方法求式(6-115)的最小值。

$$\boldsymbol{F}(u) = \boldsymbol{u}^{\mathrm{T}}\boldsymbol{s}\boldsymbol{u} + \boldsymbol{r}^{\mathrm{T}}\boldsymbol{u} + \boldsymbol{u}^{\mathrm{T}}\boldsymbol{r} \tag{6-115}$$

其中，$\boldsymbol{s}$ 是对称正定的 $n\times n$ 阶矩阵，而 $\boldsymbol{u}$ 和 $\boldsymbol{r}$ 都是 n 维向量。把 $\boldsymbol{F}(u)$重写成

$$\begin{aligned}\boldsymbol{F}(u) &= \boldsymbol{u}^{\mathrm{T}}\boldsymbol{s}\boldsymbol{u} + \boldsymbol{r}^{\mathrm{T}}\boldsymbol{u} + \boldsymbol{u}^{\mathrm{T}}\boldsymbol{r} \\ &= \boldsymbol{u}^{\mathrm{T}}\boldsymbol{s}\boldsymbol{u} + \boldsymbol{r}^{\mathrm{T}}\boldsymbol{u} + \boldsymbol{u}^{\mathrm{T}}\boldsymbol{r} + \boldsymbol{r}^{\mathrm{T}}\boldsymbol{s}^{-1}\boldsymbol{r} - \boldsymbol{r}^{\mathrm{T}}\boldsymbol{s}^{-1}\boldsymbol{r} \\ &= (\boldsymbol{u} + \boldsymbol{s}^{-1}\boldsymbol{r})^{\mathrm{T}}\boldsymbol{s}(\boldsymbol{u} + \boldsymbol{s}^{-1}\boldsymbol{r}) - \boldsymbol{r}^{\mathrm{T}}\boldsymbol{s}^{-1}\boldsymbol{r}\end{aligned} \tag{6-116}$$

就可求出函数的最小值。

式(6-116)第一项总是非负的，因此当

$$\boldsymbol{u} = -\boldsymbol{s}^{-1}\boldsymbol{r} \tag{6-117}$$

时，就得到 $\boldsymbol{F}(u)$的最小值为

$$\boldsymbol{F}_{\min} = -\boldsymbol{r}^{\mathrm{T}}\boldsymbol{s}\boldsymbol{r} \tag{6-118}$$

利用以上配方的方法，就可证明式(6-110)～式(6-114)成立。

令

$$\boldsymbol{J}_{\mathrm{i}} = \boldsymbol{x}^{\mathrm{T}}(N)\boldsymbol{Q}_0\boldsymbol{x}(N) + \sum_{k=0}^{N-1}\left[\boldsymbol{x}^{\mathrm{T}}(k)\boldsymbol{Q}_1\boldsymbol{x}(k) + 2\boldsymbol{x}^{\mathrm{T}}(k)\boldsymbol{Q}_{12}\boldsymbol{u}(k) + \boldsymbol{u}^{\mathrm{T}}(k)\boldsymbol{Q}_2\boldsymbol{u}(k)\right] \tag{6-119}$$

当 $i=N$ 时，由式(6-119)可得

$$\boldsymbol{J}_N = \boldsymbol{x}^{\mathrm{T}}(N)\boldsymbol{S}(N)\boldsymbol{x}(N) \tag{6-120}$$

其中

$$\boldsymbol{S}(N) = \boldsymbol{Q}_0$$

当 $i=N-1$ 时，由式(6-119)和式(6-120)可得

$$\begin{aligned}\boldsymbol{J}(N-1) =& \boldsymbol{J}_N + \boldsymbol{x}^{\mathrm{T}}(N-1)\boldsymbol{Q}_1\boldsymbol{x}(N-1) + 2\boldsymbol{x}^{\mathrm{T}}(N-1)\boldsymbol{Q}_{12}\boldsymbol{u}(N-1)\\ &+ \boldsymbol{u}^{\mathrm{T}}(N-1)\boldsymbol{Q}_2\boldsymbol{u}(N-1)\end{aligned} \tag{6-121}$$

利用式(6-98)和式(6-120)可得

$$\begin{aligned}\boldsymbol{J}(N-1) =& [\boldsymbol{Fx}(N-1) + \boldsymbol{Gu}(N-1)]^{\mathrm{T}}\boldsymbol{S}(N)[\boldsymbol{Fx}(N-1) + \boldsymbol{Gu}(N-1)]\\ &+ \boldsymbol{x}^{\mathrm{T}}(N-1)\boldsymbol{Q}_1\boldsymbol{x}(N-1) + \boldsymbol{x}^{\mathrm{T}}(N-1)\boldsymbol{Q}_{12}\boldsymbol{u}(N-1)\\ &+ \boldsymbol{u}^{\mathrm{T}}(N-1)\boldsymbol{Q}_{12}^{\mathrm{T}}\boldsymbol{x}(N-1) + \boldsymbol{u}^{\mathrm{T}}(N-1)\boldsymbol{Q}_2\boldsymbol{u}(N-1)\end{aligned} \tag{6-122}$$

进一步表示为

$$\begin{aligned}\boldsymbol{J}(N-1) =& \boldsymbol{x}^{\mathrm{T}}(N-1)[\boldsymbol{Q}_1 + \boldsymbol{F}^{\mathrm{T}}\boldsymbol{S}(N)\boldsymbol{F}]\boldsymbol{x}(N-1)\\ &+ \boldsymbol{u}^{\mathrm{T}}(N-1)[\boldsymbol{Q}_2 + \boldsymbol{G}^{\mathrm{T}}\boldsymbol{S}(N)\boldsymbol{G}]\boldsymbol{u}(N-1)\\ &+ \boldsymbol{x}^{\mathrm{T}}(N-1)[\boldsymbol{Q}_{12} + \boldsymbol{F}^{\mathrm{T}}\boldsymbol{S}(N)\boldsymbol{G}]\boldsymbol{u}(N-1)\\ &+ \boldsymbol{u}^{\mathrm{T}}(N-1)[\boldsymbol{Q}_{12}^{\mathrm{T}} + \boldsymbol{G}^{\mathrm{T}}\boldsymbol{S}(N)\boldsymbol{F}]\boldsymbol{x}(N-1)\end{aligned} \tag{6-123}$$

利用式(6-110)和式(6-111)，可求得控制规律为

$$\boldsymbol{u}(N-1) = -\boldsymbol{L}(N-1)\boldsymbol{x}(N-1) \tag{6-124}$$

$$\boldsymbol{L}(N-1) = [\boldsymbol{Q}_2 + \boldsymbol{G}^{\mathrm{T}}\boldsymbol{S}(N)\boldsymbol{G}]^{-1}[\boldsymbol{G}^{\mathrm{T}}\boldsymbol{S}(N)\boldsymbol{F} + \boldsymbol{Q}_{12}^{\mathrm{T}}] \tag{6-125}$$

将式(6-124)和式(6-125)代入式(6-122)可得

$$[\boldsymbol{J}(N-1)]_{\min} = \boldsymbol{x}^{\mathrm{T}}(N-1)\boldsymbol{S}(N-1)\boldsymbol{x}(N-1) \tag{6-126}$$

且

$$\begin{aligned}\boldsymbol{S}(N-1) =& [\boldsymbol{F} - \boldsymbol{GL}(N-1)]^{\mathrm{T}}\boldsymbol{S}(N)[\boldsymbol{F} - \boldsymbol{GL}(N-1)] + \boldsymbol{L}^{\mathrm{T}}(N-1)\boldsymbol{Q}_2\boldsymbol{L}(N-1)\\ &+ \boldsymbol{Q}_1 - \boldsymbol{L}^{\mathrm{T}}(N-1)\boldsymbol{Q}_{12}^{\mathrm{T}} - \boldsymbol{Q}_{12}\boldsymbol{L}(N-1)\end{aligned}$$

仿照以上方法和步骤可以求得 $\boldsymbol{u}(N-2)$、$\boldsymbol{u}(N-3)$、…、$\boldsymbol{u}(k)$，最后将以上计算 $\boldsymbol{u}(k)$ 的公式归纳为式(6-110)～式(6-114)，即证得结论。

当终端时刻(NT)为有限时，利用递推公式(6-111)～式(6-113)可求得 $\boldsymbol{L}(k)$ 的时变解。实际应用最多的是求(NT)→∞的情况，因而需要计算 $\boldsymbol{L}(k)$ 的定常解，这时可利用该递推公式进行计算，直到 $\boldsymbol{S}(k)$ 和 $\boldsymbol{L}(k)$ 收敛到稳态值为止。

例 6-9 设被控对象的连续状态方程为

$$\dot{\boldsymbol{x}}(t) = \boldsymbol{Ax}(t) + \boldsymbol{Bu}(t)$$

其中，$\boldsymbol{A}=\begin{bmatrix}0 & 1\\ 0 & -1\end{bmatrix}$，$\boldsymbol{B}=\begin{bmatrix}0\\ 1\end{bmatrix}$，连续二次型性能指标函数中的加权矩阵为

$$\boldsymbol{Q}_0=\begin{bmatrix}1 & 0\\ 0 & 0\end{bmatrix},\quad \bar{Q}_1=\begin{bmatrix}1 & 0\\ 0 & 0\end{bmatrix},\quad \bar{Q}_2=0.01$$

采样周期 $T=0.5\mathrm{s}$。求解 LQ 最优控制器 $\boldsymbol{L}$。

解：利用式(6-99)求得

$$\boldsymbol{F}=\begin{bmatrix}1 & 0.39347\\0 & 0.60653\end{bmatrix},\quad \boldsymbol{G}=\begin{bmatrix}0.10653\\0.39347\end{bmatrix}$$

利用式(6-106)～式(6-108)求得

$$\boldsymbol{Q}_1=\begin{bmatrix}0.5 & 0.10653\\0.10653 & 0.02912\end{bmatrix},\quad \boldsymbol{Q}_{12}=\begin{bmatrix}0.018469\\0.005674\end{bmatrix},\quad \boldsymbol{Q}_2=0.0061963$$

由式(6-111)～式(6-113)求得

$$\begin{cases}\boldsymbol{L}=[4.2379\quad 2.2216]\\ \boldsymbol{S}=\begin{bmatrix}0.51032 & 0.11479\\0.11479 & 0.040289\end{bmatrix}\end{cases}$$

6.5.2 状态最优估计器设计

所有状态全用于反馈，这在实际中是难以做到的，因为有些状态无法量测，即便能够量测，量测到的信号中可能还含有噪声，下面讨论状态最优估计。

设连续被控对象的状态方程为

$$\begin{cases}\dot{\boldsymbol{x}}=\boldsymbol{A}\boldsymbol{x}+\boldsymbol{B}\boldsymbol{u}+\boldsymbol{v}_c\\ \boldsymbol{y}=\boldsymbol{C}\boldsymbol{x}+\boldsymbol{w}\end{cases}\tag{6-127}$$

式中，$\boldsymbol{v}_c$ 为过程干扰；$\boldsymbol{w}$ 为量测噪声。设 $\boldsymbol{v}_c$ 和 $\boldsymbol{w}$ 为高斯白噪声，即

$$\boldsymbol{E}\boldsymbol{v}_c(t)=0,\quad \boldsymbol{E}\boldsymbol{v}_c(t)\boldsymbol{v}_c^{\mathrm{T}}(\tau)=\boldsymbol{V}_c\delta(t-\tau)\tag{6-128}$$

$$\boldsymbol{E}\boldsymbol{w}(t)=0,\quad \boldsymbol{E}\boldsymbol{w}(t)\boldsymbol{w}^{\mathrm{T}}(\tau)=\boldsymbol{W}\delta(t-\tau)\tag{6-129}$$

式中，$\boldsymbol{V}_c$ 是非负定对称阵；$\boldsymbol{W}$ 是正定对称阵，并假设 $\boldsymbol{v}_c(t)$ 和 $\boldsymbol{w}(t)$ 互不相关。

1. 连续被控对象的状态方程的离散化

为了设计离散的 Kalman 滤波器，可首先将式(6-127)所示的连续模型进行离散化，从而采样系统的 Kalman 滤波问题便转化为相应的离散系统的设计问题。

方程式(6-127)的解可以写为

$$\boldsymbol{x}(t)=\mathrm{e}^{\boldsymbol{A}(t-t_0)}\boldsymbol{x}(t_0)+\int_{t_0}^{t}\mathrm{e}^{\boldsymbol{A}(t-\tau)}\boldsymbol{B}\boldsymbol{u}(\tau)\mathrm{d}\tau+\int_{t_0}^{t}\mathrm{e}^{\boldsymbol{A}(t-\tau)}\boldsymbol{v}_c(\tau)\mathrm{d}\tau\tag{6-130}$$

这里也假定在连续的被控对象前面有一个零阶保持器，因而有

$$\boldsymbol{u}(t)=\boldsymbol{u}(kT)\quad kT\leqslant t\leqslant(k+1)T\tag{6-131}$$

其中 T 为采样周期，令 $t_0=kTt=(k+1)T$，则由式(6-130)可得

$$\boldsymbol{x}(k+1)=\mathrm{e}^{\boldsymbol{A}T}\boldsymbol{x}(k)+\left(\int_0^T\mathrm{e}^{\boldsymbol{A}t}\mathrm{d}t\right)\boldsymbol{B}\cdot\boldsymbol{u}(k)+\int_0^T\mathrm{e}^{\boldsymbol{A}t}\boldsymbol{v}_c(kT+T-t)\mathrm{d}t\tag{6-132}$$

式(6-132)可写成

$$\boldsymbol{x}(k+1)=\boldsymbol{F}\boldsymbol{x}(k)+\boldsymbol{G}\boldsymbol{u}(k)+\boldsymbol{v}_d(k)\tag{6-133}$$

其中，

$$\boldsymbol{F} = \mathrm{e}^{\boldsymbol{A}T}, \quad \boldsymbol{G} = \left(\int_0^T \mathrm{e}^{\boldsymbol{A}t}\mathrm{d}t\right)\boldsymbol{B} \tag{6-134}$$

$$\boldsymbol{v}_{\mathrm{d}}(k) = \int_0^T \mathrm{e}^{\boldsymbol{A}t}\boldsymbol{v}_{\mathrm{c}}(kT + T - t)\mathrm{d}t \tag{6-135}$$

式(6-133)为等效的离散模型，$\boldsymbol{v}_{\mathrm{d}}(k)$是等效的离散随机序列，可以求得

$$\begin{aligned}\boldsymbol{E}\boldsymbol{v}_{\mathrm{d}}(k) &= \boldsymbol{E}\left[\int_0^T \mathrm{e}^{\boldsymbol{A}t}\boldsymbol{v}_{\mathrm{c}}(kT + T - t)\mathrm{d}t\right] \\ &= \int_0^T \mathrm{e}^{\boldsymbol{A}t}[\boldsymbol{E}\boldsymbol{v}_{\mathrm{c}}(kT + T - t)]\mathrm{d}t = 0\end{aligned} \tag{6-136}$$

$$\begin{aligned}\boldsymbol{E}\boldsymbol{v}_{\mathrm{d}}(k)\boldsymbol{v}_{\mathrm{d}}^{\mathrm{T}}(j) &= \boldsymbol{E}\left[\int_0^T \mathrm{e}^{\boldsymbol{A}t}\boldsymbol{v}_{\mathrm{c}}(kT + T - t)\mathrm{d}t\right]\left[\int_0^T \mathrm{e}^{\boldsymbol{A}\tau}\boldsymbol{v}_{\mathrm{c}}(jT + T - \tau)\mathrm{d}\tau\right]^{\mathrm{T}} \\ &= \int_0^T\int_0^T \mathrm{e}^{\boldsymbol{A}t}[\boldsymbol{E}\boldsymbol{v}_{\mathrm{c}}(kT + T - t)\boldsymbol{v}_{\mathrm{c}}^{\mathrm{T}}(jT + T - \tau)]\mathrm{e}^{\boldsymbol{A}^{\mathrm{T}}\tau}\mathrm{d}t\mathrm{d}\tau = \boldsymbol{V}\delta_{\mathrm{kj}}\end{aligned} \tag{6-137}$$

其中

$$\boldsymbol{V} = \int_0^T\int_0^T \mathrm{e}^{\boldsymbol{A}t}\boldsymbol{V}_{\mathrm{c}}\delta(\tau - t)\mathrm{e}^{\boldsymbol{A}^{\mathrm{T}}\tau}\mathrm{d}t\mathrm{d}\tau = \int_0^T \mathrm{e}^{\boldsymbol{A}t}\boldsymbol{V}_{\mathrm{c}}\mathrm{e}^{\boldsymbol{A}^{\mathrm{T}}\tau}\mathrm{d}\tau \tag{6-138}$$

$$\delta_{\mathrm{ij}} = \begin{cases}1, & k = j \\ 0, & k \neq j\end{cases} \tag{6-139}$$

故有

$$\boldsymbol{E}\boldsymbol{v}_{\mathrm{d}}(k) = 0, \quad \boldsymbol{E}\boldsymbol{v}_{\mathrm{d}}(k)\boldsymbol{v}_{\mathrm{d}}^{\mathrm{T}}(j) = \boldsymbol{V}\delta_{\mathrm{kj}} \tag{6-140}$$

同理，有

$$\boldsymbol{E}\boldsymbol{w}(k)\boldsymbol{w}^{\mathrm{T}}(j) = \boldsymbol{W}\delta_{\mathrm{kj}} \tag{6-141}$$

可见，$\boldsymbol{v}_{\mathrm{d}}(k)$是等效的离散白噪声序列，其协方差可以由式(6-138)计算出来。

进一步将系统的量测方程离散化为

$$\boldsymbol{y}(k) = \boldsymbol{C}\boldsymbol{x}(k) + \boldsymbol{w}(k) \tag{6-142}$$

这样就得到连续被控对象式(6-127)对应的离散被控对象为

$$\begin{cases}\boldsymbol{x}(k+1) = \boldsymbol{F}\boldsymbol{x}(k) + \boldsymbol{G}\boldsymbol{u}(k) + \boldsymbol{v}_{\mathrm{d}}(k) \\ \boldsymbol{y}(k) = \boldsymbol{C}\boldsymbol{x}(k) + \boldsymbol{w}(k)\end{cases} \tag{6-143}$$

从而系统式(6-127)的状态最优估计问题便转化成离散系统式(6-143)的 Kalman 滤波问题。

2. Kalman 滤波公式的推导

在方程式(6-143)中，由于存在随机的干扰 $\boldsymbol{v}_{\mathrm{d}}(k)$和随机的测量噪声 $\boldsymbol{w}(k)$，因此系统的状态向量 $\boldsymbol{x}(k)$也为随机向量，而 $\boldsymbol{y}(k)$是能够量测的输出量。问题是根据量测的输出量 $\boldsymbol{y}(k)$估计 $\boldsymbol{x}(k)$，若记 $\boldsymbol{x}(k)$的估计量为$\hat{\boldsymbol{x}}(k)$，则

$$\tilde{\boldsymbol{x}} = \boldsymbol{x}(k) - \hat{\boldsymbol{x}}(k) \tag{6-144}$$

为状态估计误差，因而

$$\boldsymbol{P}(k) = E\tilde{\boldsymbol{x}}(k)\tilde{\boldsymbol{x}}^{\mathrm{T}}(k) \tag{6-145}$$

为状态估计误差的协方差阵，显然 $\boldsymbol{P}(k)$为对称非负定阵。这里估计的准则为：根据量测

$\boldsymbol{y}(k)$、$\boldsymbol{y}(k-1)$、…最优地估计出$\hat{\boldsymbol{x}}(k)$，以使$\boldsymbol{P}(k)$极小（由于$\boldsymbol{P}(k)$是非负定阵，因而可以比较其大小），这样的估计称为最小方差估计。

根据最优估计理论，最小方差估计为

$$\hat{\boldsymbol{x}}(k)=E[\boldsymbol{x}(k)\mid \boldsymbol{y}(k),\boldsymbol{y}(k-1),\cdots] \tag{6-146}$$

即$\boldsymbol{x}(k)$的最小方差估计$\hat{\boldsymbol{x}}(k)$等于在给定了直到k时刻的所有量测量y的情况下$\boldsymbol{x}(k)$的条件期望。为了后面推导的方便，下面引入更一般的记号。

$$\hat{\boldsymbol{x}}(k)(j\mid k)=E[\boldsymbol{x}(j)\mid \boldsymbol{y}(k),\boldsymbol{y}(k-1),\cdots] \tag{6-147}$$

$k>j$，表示根据直到现时刻的量测量估计过去时刻的状态，通常称这样的情况为平滑或内插；$k<j$，表示根据直到现时刻的量测量估计将来时刻的状态，通常称这样的情况为预报或外推；$k=j$，表示根据直到现时刻的量测量估计现时刻的状态，通常称这样的情况为滤波。本节讨论的状态最优估计问题指的是滤波问题。为了便于后面的推导，根据式(6-147)进一步引入如下记号：

$\hat{\boldsymbol{x}}(k-1)\triangleq\hat{\boldsymbol{x}}(k-1\mid k-1)$	为$k-1$时刻的状态估计
$\tilde{\boldsymbol{x}}(k-1)=\boldsymbol{x}(k-1)-\hat{\boldsymbol{x}}(k-1)$	为$k-1$时刻的状态估计误差
$\boldsymbol{P}(k-1)=E\tilde{\boldsymbol{x}}(k-1)\tilde{\boldsymbol{x}}^{\mathrm{T}}(k-1)$	为$k-1$时刻的状态估计误差协方差阵
$\hat{\boldsymbol{x}}(k\mid k-1)$	为一步预报估计
$\tilde{\boldsymbol{x}}(k\mid k-1)=\boldsymbol{x}(k)-\hat{\boldsymbol{x}}(k\mid k-1)$	为一步预报估计误差
$\boldsymbol{P}(k\mid k-1)=E\tilde{\boldsymbol{x}}(k\mid k-1)\tilde{\boldsymbol{x}}^{\mathrm{T}}(k\mid k-1)$	为一步预报估计误差协方差阵
$\hat{\boldsymbol{x}}(k)\triangleq\hat{\boldsymbol{x}}(k\mid k)$	为k时刻的状态估计
$\tilde{\boldsymbol{x}}(k)=\boldsymbol{x}(k)-\hat{\boldsymbol{x}}(k)$	为k时刻的状态估计误差
$\boldsymbol{P}(k)=E\tilde{\boldsymbol{x}}(k)\tilde{\boldsymbol{x}}^{\mathrm{T}}(k)$	为k时刻的状态估计误差协方差阵

先求一步预报，根据式(6-147)和式(6-133)可得

$$\begin{aligned}\hat{\boldsymbol{x}}(k\mid k-1)&=E[\boldsymbol{x}(k)\mid \boldsymbol{y}(k-1),\boldsymbol{y}(k-2),\cdots]\\&=E\{[\boldsymbol{Fx}(k-1)+\boldsymbol{Gu}(k-1)+\boldsymbol{v}_{\mathrm{d}}(k-1)]\mid \boldsymbol{y}(k-1),\boldsymbol{y}(k-2),\cdots\}\\&=E[\boldsymbol{Fx}(k-1)\mid \boldsymbol{y}(k-1),\boldsymbol{y}(k-2),\cdots]+E[\boldsymbol{Gu}(k-1)\mid \boldsymbol{y}(k-1),\\&\quad\ \boldsymbol{y}(k-2),\cdots]+E[\boldsymbol{v}_{\mathrm{d}}(k-1)\mid \boldsymbol{y}(k-1),\boldsymbol{y}(k-2),\cdots]\end{aligned} \tag{6-148}$$

根据前面的定义，式(6-148)中的第一项为$\boldsymbol{F}\hat{\boldsymbol{x}}(k-1)$。由于$\boldsymbol{u}(k-1)$是输入到被控对象的确定性量，因此式(6-148)中的第二项仍为$\boldsymbol{Gu}(k-1)$。第三项中由于$\boldsymbol{y}(k-1)$，$\boldsymbol{y}(k-2)$，…均与$\boldsymbol{v}_{\mathrm{d}}(k-1)$不相关，因此根据式(6-136)，第三项应为零，从而求得一步预报方程为

$$\hat{\boldsymbol{x}}(k\mid k-1)=\boldsymbol{F}\hat{\boldsymbol{x}}(k-1)+\boldsymbol{Gu}(k-1) \tag{6-149}$$

根据式(6-133)和式(6-149)，可以求得一步预报估计误差为

$$\begin{aligned}\tilde{\boldsymbol{x}}(k\mid k-1)&=\boldsymbol{x}(k)-\hat{\boldsymbol{x}}(k\mid k-1)\\&=[\boldsymbol{Fx}(k-1)+\boldsymbol{Gu}(k-1)+\boldsymbol{v}_{\mathrm{d}}(k-1)]-\boldsymbol{F}\hat{\boldsymbol{x}}(k-1)-\boldsymbol{Gu}(k-1)\\&=\boldsymbol{F}\tilde{\boldsymbol{x}}(k-1)+\boldsymbol{v}_{\mathrm{d}}(k-1)\end{aligned} \tag{6-150}$$

从而可进一步求得一步预报估计误差的协方差阵为

$$
\begin{aligned}
\boldsymbol{P}(k \mid k-1) &= E\widetilde{\boldsymbol{x}}(k \mid k-1)\widetilde{\boldsymbol{x}}^{\mathrm{T}}(k \mid k-1) \\
&= E[\boldsymbol{F}\widetilde{\boldsymbol{x}}(k-1)+\boldsymbol{v}_{\mathrm{d}}(k-1)][\boldsymbol{F}\widetilde{\boldsymbol{x}}(k-1)+\boldsymbol{v}_{\mathrm{d}}(k-1)]^{\mathrm{T}} \\
&= \boldsymbol{F}[E\widetilde{\boldsymbol{x}}(k-1)\widetilde{\boldsymbol{x}}^{\mathrm{T}}(k-1)]\boldsymbol{F}^{\mathrm{T}}+\boldsymbol{F}[E\widetilde{\boldsymbol{x}}(k-1)\boldsymbol{v}_{\mathrm{d}}^{\mathrm{T}}(k-1)] \\
&\quad +[E\boldsymbol{v}_{\mathrm{d}}(k-1)\widetilde{\boldsymbol{x}}^{\mathrm{T}}(k-1)]\boldsymbol{F}^{\mathrm{T}}+E[\boldsymbol{v}_{\mathrm{d}}(k-1)\boldsymbol{v}_{\mathrm{d}}^{\mathrm{T}}(k-1)]
\end{aligned}
\tag{6-151}
$$

根据前面的定义，式(6-151)中第一项为 $\boldsymbol{F}\boldsymbol{P}(k-1)\boldsymbol{F}^{\mathrm{T}}$。根据式(6-133)，$\boldsymbol{v}_{\mathrm{d}}(k-1)$只影响 $\boldsymbol{x}(k)$，与 $\boldsymbol{x}(k-1)$不相关，因此 $\boldsymbol{v}_{\mathrm{d}}(k-1)$也与 $\boldsymbol{y}(k-1)=\boldsymbol{C}\boldsymbol{x}(k-1)+\boldsymbol{w}(k-1)$不相关，而 $\widetilde{\boldsymbol{x}}(k-1)=\boldsymbol{x}(k-1)-\hat{\boldsymbol{x}}(k-1)$，$\hat{\boldsymbol{x}}(k-1)$中也只包含了直到 $k-1$ 时刻的量测量 y 的信息，因此 $\boldsymbol{v}_{\mathrm{d}}(k-1)$与$\hat{\boldsymbol{x}}(k-1)$也不相关，从而式(6-151)第二项和第三项均为零。根据式(6-137)，显然式(6-151)中的第四项应等于 $\boldsymbol{V}$，从而式(6-151)简化为

$$
\boldsymbol{P}(k \mid k-1)=\boldsymbol{F}\boldsymbol{P}(k-1)\boldsymbol{F}^{\mathrm{T}}+\boldsymbol{V} \tag{6-152}
$$

设 $\boldsymbol{x}(k)$的最小方差估计具有如下形式：

$$
\hat{\boldsymbol{x}}(k)=\hat{\boldsymbol{x}}(k \mid k-1)+\boldsymbol{K}(k)[\boldsymbol{y}(k)-\boldsymbol{C}\hat{\boldsymbol{x}}(k \mid k-1)] \tag{6-153}
$$

其中 $\boldsymbol{K}(k)$称为状态估计器或 Kalman 滤波增益矩阵。该估计器方程具有明显的物理意义，式中第一项$\hat{\boldsymbol{x}}(k|k-1)$是 $\boldsymbol{x}(k)$的一步最优预报估计，它是根据直到 $k-1$ 时刻的所有量测量的信息得到的关于 $\boldsymbol{x}(k)$的最优估计，式中第二项是修正项，它根据最新的量测量信息 $\boldsymbol{y}(k)$对最优预报估计进行修正。在第二项中，

$$
\hat{\boldsymbol{y}}(k \mid k-1)=\boldsymbol{C}\hat{\boldsymbol{x}}(k \mid k-1) \tag{6-154}
$$

是关于量测量 $\boldsymbol{y}(k)$的一步预报估计，而

$$
\widetilde{\boldsymbol{y}}(k \mid k-1)=\boldsymbol{y}(k)-\hat{\boldsymbol{y}}(k \mid k-1)=\boldsymbol{y}(k)-\boldsymbol{C}\hat{\boldsymbol{x}}(k \mid k-1) \tag{6-155}
$$

是关于量测量 $\boldsymbol{y}(k)$的一步预报误差，也称新息(innovation)，即它包含了最新量测量的信息，因此式(6-153)表示的状态最优估计可以看成是一步最优预报与新息的加权平均，其中增强矩阵 $\boldsymbol{K}(k)$可认为是加权矩阵，从而问题变为如何合适地选择 $\boldsymbol{K}(k)$，以获得 $\boldsymbol{x}(k)$的最小方差估计，即使得状态估计误差协方差

$$
\boldsymbol{P}(k)=E\widetilde{\boldsymbol{x}}(k)\widetilde{\boldsymbol{x}}^{\mathrm{T}}(k)=E[\boldsymbol{x}(k)-\hat{\boldsymbol{x}}(k)][\boldsymbol{x}(k)-\hat{\boldsymbol{x}}(k)]^{\mathrm{T}} \tag{6-156}
$$

为最小。由于式(6-153)是关于 $\boldsymbol{y}(k)$的线性方程，因此使式(6-156)最小的估计是关于 $\boldsymbol{x}(k)$的线性最小方差估计，由于前面假设 $\boldsymbol{v}_{\mathrm{d}}(k)$和 $\boldsymbol{w}(k)$均为高斯白噪声序列，因此 $\boldsymbol{x}(k)$和 $\boldsymbol{y}(k)$也将均为正态分布的随机序列，根据估计理论可知，所得线性最小方差估计即为最小方差估计。如果只是假设 $\boldsymbol{v}_{\mathrm{d}}(k)$和 $\boldsymbol{w}(k)$均为白噪声序列，那么所得状态最优估计就是线性最小方差估计，但不一定是最小方差估计。

现在的问题变为，寻求 $\boldsymbol{K}(k)$，以使 $\boldsymbol{P}(k)$极小。可以证明，使 $\boldsymbol{P}(k)=E\widetilde{\boldsymbol{x}}(k)\widetilde{\boldsymbol{x}}^{\mathrm{T}}(k)$极小等价于使如下的标量函数

$$
J=E\widetilde{\boldsymbol{x}}(k)\widetilde{\boldsymbol{x}}^{\mathrm{T}}(k) \tag{6-157}
$$

极小。式中，J 表示 $\boldsymbol{x}(k)$的各个分量的方差之和，因而它是标量。下面按此准则寻求 $\boldsymbol{K}(k)$。根据式(6-142)和式(6-153)可求得 $\boldsymbol{x}(k)$的状态估计误差为

$$
\widetilde{\boldsymbol{x}}(k)=\boldsymbol{x}(k)-\hat{\boldsymbol{x}}(k)=\boldsymbol{x}(k)-\hat{\boldsymbol{x}}(k \mid k-1)-\boldsymbol{K}(k)[\boldsymbol{y}(k)-\boldsymbol{C}\hat{\boldsymbol{x}}(k \mid k-1)]
$$

$$= \tilde{\boldsymbol{x}}(k \mid k-1) - \boldsymbol{K}(k)\boldsymbol{C}\tilde{\boldsymbol{x}}(k \mid k-1) - \boldsymbol{K}(k)\boldsymbol{w}(k)$$

$$= [\boldsymbol{I} - \boldsymbol{K}(k)\boldsymbol{C}]\tilde{\boldsymbol{x}}(k \mid k-1) - \boldsymbol{K}(k)\boldsymbol{w}(k) \tag{6-158}$$

根据式(6-158),进一步求得状态估计误差的协方差阵为

$$\begin{aligned}\boldsymbol{P}(k) &= E\tilde{\boldsymbol{x}}(k)\tilde{\boldsymbol{x}}^{\mathrm{T}}(k) \\ &= E\{[\boldsymbol{I} - \boldsymbol{K}(k)\boldsymbol{C}]\tilde{\boldsymbol{x}}(k \mid k-1) - \boldsymbol{K}(k)\boldsymbol{w}(k)\}\{[\boldsymbol{I} - \boldsymbol{K}(k)\boldsymbol{C}]\tilde{\boldsymbol{x}}(k \mid k-1) \\ &\quad - \boldsymbol{K}(k)\boldsymbol{w}(k)\}^{\mathrm{T}} \\ &= [\boldsymbol{I} - \boldsymbol{K}(k)\boldsymbol{C}]\boldsymbol{P}(k \mid k-1)[\boldsymbol{I} - \boldsymbol{K}(k)\boldsymbol{C}]^{\mathrm{T}} + \boldsymbol{K}(k)\boldsymbol{W}\boldsymbol{K}^{\mathrm{T}}(k)\end{aligned} \tag{6-159}$$

在式(6-159)中,由于 $\boldsymbol{w}(k)$ 与 $\tilde{\boldsymbol{x}}(k|k-1)$ 不相关,因此交叉相乘项的期望值为零。

为了在式(6-159)中寻求 $\boldsymbol{K}(k)$,以使 $\boldsymbol{P}(k)$ 极小,可让 $\boldsymbol{K}(k)$ 取得一个增量 $\Delta\boldsymbol{K}(k)$,即 $\boldsymbol{K}(k)$ 变为 $\boldsymbol{K}(k)+\Delta\boldsymbol{K}(k)$,从而使 $\boldsymbol{P}(k)$ 相应地变为 $\boldsymbol{P}(k)+\Delta\boldsymbol{P}(k)$。根据式(6-159)可求得

$$\begin{aligned}\Delta\boldsymbol{P}(k) &= [-\Delta\boldsymbol{K}(k)\boldsymbol{C}]\boldsymbol{P}(k \mid k-1)[\boldsymbol{I} - \boldsymbol{K}(k)\boldsymbol{C}]^{\mathrm{T}} \\ &\quad + [\boldsymbol{I} - \boldsymbol{K}(k)\boldsymbol{C}]\boldsymbol{P}(k \mid k-1)[-\boldsymbol{C}^{\mathrm{T}}\Delta\boldsymbol{K}^{\mathrm{T}}(k)] + \Delta\boldsymbol{K}(k)\boldsymbol{W}\boldsymbol{K}^{\mathrm{T}}(k) + \boldsymbol{K}(k)\boldsymbol{W}\Delta\boldsymbol{K}^{\mathrm{T}}(k) \\ &= -\Delta\boldsymbol{K}(k)\boldsymbol{R}^{\mathrm{T}} - \boldsymbol{R}\Delta\boldsymbol{K}^{\mathrm{T}}(k)\end{aligned} \tag{6-160}$$

式中,

$$\boldsymbol{R} = [\boldsymbol{I} - \boldsymbol{K}(k)\boldsymbol{C}]\boldsymbol{P}(k \mid k-1)\boldsymbol{C}^{\mathrm{T}} - \boldsymbol{K}(k)\boldsymbol{W} \tag{6-161}$$

如果 $\boldsymbol{K}(k)$ 能使得式(6-159)中的 $\boldsymbol{P}(k)$ 取极小值,那么对于任意的增益 $\Delta\boldsymbol{K}(k)$,均应有 $\Delta\boldsymbol{P}(k)=0$,要使这一点成立,则必须有

$$\begin{aligned}\boldsymbol{R} &= [\boldsymbol{I} - \boldsymbol{K}(k)\boldsymbol{C}]\boldsymbol{P}(k \mid k-1)\boldsymbol{C}^{\mathrm{T}} - \boldsymbol{K}(k)\boldsymbol{W} \\ &= \boldsymbol{P}(k \mid k-1)\boldsymbol{C}^{\mathrm{T}} - \boldsymbol{K}(k)[\boldsymbol{C}\boldsymbol{P}(k \mid k-1)\boldsymbol{C}^{\mathrm{T}} + \boldsymbol{W}] = 0\end{aligned} \tag{6-162}$$

$$\boldsymbol{K}(k) = \boldsymbol{P}(k \mid k-1)\boldsymbol{C}^{\mathrm{T}}[\boldsymbol{C}\boldsymbol{P}(k \mid k-1)\boldsymbol{C}^{\mathrm{T}} + \boldsymbol{W}]^{-1} \tag{6-163}$$

式(6-163)可以看出,原先假设 $\boldsymbol{W}$ 为正定对称阵的条件可以放宽为 $\boldsymbol{C}\boldsymbol{P}(k|k-1)\boldsymbol{C}^{\mathrm{T}}+\boldsymbol{W}$ 为正定对称阵。

最后将所有的 Kalman 滤波递推公式归纳如下。

$$\hat{\boldsymbol{x}}(k \mid k-1) = \boldsymbol{F}\hat{\boldsymbol{x}}(k-1) + \boldsymbol{G}\boldsymbol{u}(k-1) \tag{6-164}$$

$$\hat{\boldsymbol{x}}(k) = \hat{\boldsymbol{x}}(k \mid k-1) + \boldsymbol{K}(k)[\boldsymbol{y}(k) - \boldsymbol{C}\hat{\boldsymbol{x}}(k \mid k-1)] \tag{6-165}$$

$$\boldsymbol{K}(k) = \boldsymbol{P}(k \mid k-1)\boldsymbol{C}^{\mathrm{T}}[\boldsymbol{C}\boldsymbol{P}(k \mid k-1)\boldsymbol{C}^{\mathrm{T}} + \boldsymbol{W}]^{-1} \tag{6-166}$$

$$\boldsymbol{P}(k \mid k-1) = \boldsymbol{F}\boldsymbol{P}(k-1)\boldsymbol{F}^{\mathrm{T}} + \boldsymbol{V} \tag{6-167}$$

$$\boldsymbol{P}(k) = [\boldsymbol{I} - \boldsymbol{K}(k)\boldsymbol{C}]\boldsymbol{P}(k \mid k-1)[\boldsymbol{I} - \boldsymbol{K}(k)\boldsymbol{C}]^{\mathrm{T}} + \boldsymbol{K}(k)\boldsymbol{W}\boldsymbol{K}^{\mathrm{T}}(k) \tag{6-168}$$

$\hat{\boldsymbol{x}}(0)$ 和 $\boldsymbol{P}(0)$ 给定,$k=1,2,\cdots$。

从上面的递推公式可以看出,若 Kalman 滤波增益矩阵 $\boldsymbol{K}(k)$ 已知,则根据式(6-164)和式(6-165)便可依次计算出状态最优估计 $\boldsymbol{x}(k)$,$k=1,2,\cdots$,因此必须先计算 $\boldsymbol{K}(k)$。

3. Kalman 滤波增益矩阵 $\boldsymbol{K}(k)$ 的计算

$\boldsymbol{K}(k)$ 可以直接根据式(6-166)~式(6-168)的递推公式计算,下面给出迭代计算的程序流程。

① 给定参数 $\boldsymbol{F}$、$\boldsymbol{C}$、$\boldsymbol{V}$、$\boldsymbol{W}$、$\boldsymbol{P}(0)$,给定迭代计算的总步数 N,并置 $k=1$。

② 按式(6-167)计算 $\boldsymbol{P}(k|k-1)$。

③ 按式(6-168)计算 $\boldsymbol{P}(k)$。

④ 按式(6-166)计算 $\boldsymbol{K}(k)$。

⑤ 如果 $k=N$,则转⑦,否则转⑥。

⑥ $k\leftarrow k+1$,转②。

⑦ 输出 $\boldsymbol{K}(k)$ 和 $\boldsymbol{P}(k)$,$k=1,2,\cdots,N$。

在上述迭代过程中,当 k 逐渐增加时,$\boldsymbol{K}(k)$ 和 $\boldsymbol{P}(k)$ 将趋于稳态值。而且只要初始 $\boldsymbol{P}(0)$ 是非负定对称阵,则 $\boldsymbol{K}(k)$ 和 $\boldsymbol{P}(k)$ 的稳态值将与 $\boldsymbol{P}(0)$ 无关。因此,如果只需要计算 $\boldsymbol{K}(k)$ 的稳态值,则可取 $\boldsymbol{P}(0)=0$ 或 $\boldsymbol{P}(0)=\boldsymbol{I}$。

6.5.3 LQG 最优控制器设计

LQG 最优控制器由 LQ 最优控制器和状态最优估计器两部分组成。设连续被控对象(即式(6-127))的离散状态方程式为

$$\begin{cases}\boldsymbol{x}(k+1)=\boldsymbol{F}\boldsymbol{x}(k)+\boldsymbol{G}\boldsymbol{u}(k)+\boldsymbol{v}_{\mathrm{d}}(k)\\ \boldsymbol{y}(k)=\boldsymbol{C}\boldsymbol{x}(k)+\boldsymbol{w}(k)\end{cases}$$

则由状态最优估计器和 LQ 最优控制器组成的 LQG 最优控制器的方程为

$$\hat{\boldsymbol{x}}(k\mid k-1)=\boldsymbol{F}\hat{\boldsymbol{x}}(k-1)+\boldsymbol{G}\boldsymbol{u}(k-1) \tag{6-169}$$

$$\hat{\boldsymbol{x}}(k)=\hat{\boldsymbol{x}}(k\mid k-1)+\boldsymbol{K}(k)[\boldsymbol{y}(k)-\boldsymbol{C}\hat{\boldsymbol{x}}(k\mid k-1)] \tag{6-170}$$

$$\boldsymbol{u}(k)=-\boldsymbol{L}(k)\hat{\boldsymbol{x}}(k) \tag{6-171}$$

显然,设计 LQG 最优控制器的关键是按分离性原理分别计算 Kalman 滤波器增益矩阵 $\boldsymbol{K}$ 和最优控制器 $\boldsymbol{L}$。图 6.14 已给出了采用 LQG 最优控制器的系统框图。

为了计算 LQG 最优控制器,首先按式(6-166)～式(6-168)迭代计算 $\boldsymbol{K}(k)$,直至趋于稳态值 $\boldsymbol{L}$ 为止。闭环系统的调节性能取决于最优控制器,而最优控制器的设计又依赖于被控对象的模型(矩阵 $\boldsymbol{A}$、$\boldsymbol{B}$、$\boldsymbol{C}$)、干扰模型(协方差阵 $\boldsymbol{V}$、$\boldsymbol{W}$)和二次型性能指标函数中的加权矩阵($\boldsymbol{Q}_0$、$\bar{\boldsymbol{Q}}_1$、$\bar{\boldsymbol{Q}}_2$)的选取。被控对象的模型可以通过机理分析方法、实验方法和系统辨识方法获取。Kalman 滤波器增益矩阵 $\boldsymbol{K}$ 的计算取决于过程干扰协方差阵 $\boldsymbol{V}$ 和量测噪声协方差阵 $\boldsymbol{W}$,而最优控制器 $\boldsymbol{L}$ 的计算又取决于加权矩阵。在设计过程中,一般凭经验或试凑给出 $\boldsymbol{V}$、$\boldsymbol{W}$ 和加权矩阵,通过不断调整,逐步达到满意的调节系统。

6.5.4 跟踪系统设计

前面讨论了调节系统(图 6.14)的设计,它主要考虑系统的抗干扰性能。对于跟踪系统,除了保证系统应有较好的抗干扰性能外,还要求系统对参考输入具有好的跟踪响应性能。因此,对于跟踪系统,可首先按调节系统设计,使其具有较好的抗干扰性能,然后再按一定的方式引入参考输入,使其满足跟踪性能的要求。

由于这里的 LQG 系统与 6.4 节的采用状态空间的极点配置法设计的系统具有完全相同的结构,因此这里可用 6.4.4 节介绍的方法引入参考输入。6.4 节中主要讨论了单输入单

输出的情况，本节中的LQG问题适用于一般的多变量系统，为了消除由于模型参数不准确引起的跟踪稳态误差和常值干扰产生的稳态误差，可采用与图6.13类似的系统结构，即带最优估计器及PI和顺馈控制的跟踪系统，如图6.16所示。

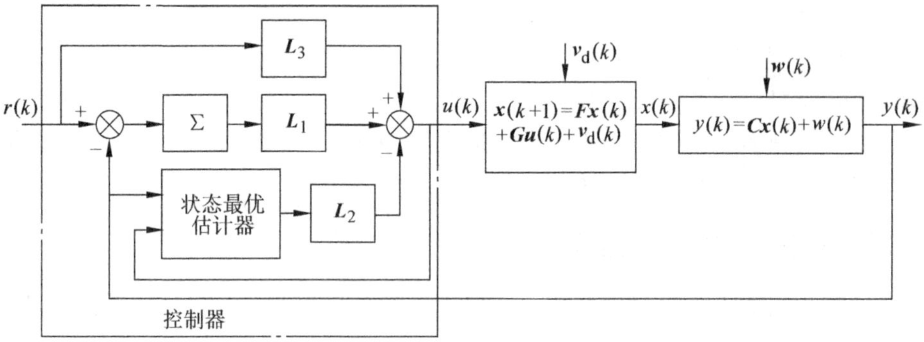

图6.16　带最优估计器及PI和顺馈控制的跟踪系统

在图6.16中，状态最优估计按6.5.2节中给出的方法进行设计，L_1 和 L_2 按6.4.4节中介绍PI调节的方法进行设计。进一步提高系统的无静差度，可以引入顺馈增益矩阵 L_3，参考式(6-95)求得(假设控制量和输出量的维数相等)

$$L_3 = [C(I-F+GL_2)^{-1}G]^{-1} \tag{6-172}$$

习题 6

1. 给定一个连续时间线性定常系统的状态方程和输出方程为

$$\begin{bmatrix}\dot{x}_1(t)\\ \dot{x}_2(t)\end{bmatrix} = \begin{bmatrix}0 & 1\\ 0 & -1\end{bmatrix}\begin{bmatrix}x_1(t)\\ x_2(t)\end{bmatrix} + \begin{bmatrix}0\\ 1\end{bmatrix}u(t)$$

$$y(t) = \begin{bmatrix}0 & 1\\ 0 & -1\end{bmatrix}\begin{bmatrix}x_1(t)\\ x_2(t)\end{bmatrix}$$

设采样周期为 $T=0.1$s，试求其时间离散化数学模型。

2. 设线性定常系统的状态方程和初始状态分别为

$$x(k+1) = \begin{bmatrix}0 & 1\\ -0.16 & -0.8\end{bmatrix}x(k) + \begin{bmatrix}0\\ 1\end{bmatrix}u(k),\quad x(0) = \begin{bmatrix}-1\\ 1\end{bmatrix}$$

试求系统单位阶跃输入下的状态方程的解。

3. 设被控对象的传递函数为

$$G(s) = \frac{1}{s(0.1s+1)}$$

采样周期为 $T=0.1$s，采用零阶保持器。按极点配置法设计状态反馈控制规律 L 和 $u(k)$，使闭环系统的极点配置在 z 平面的 $z_{1,2}=0.8\pm j0.25$ 处。

4. 什么是分离性原理？该原理有何指导意义？

Chapter 7

第7章 计算机控制系统的软件设计技术

与其他计算机应用系统一样，计算机控制系统也分硬件和软件两部分。只有硬件的计算机叫裸机，它不能实现任何功能，只是计算机控制系统的基础设备；软件则是计算机控制系统的核心，计算机只有在配备了所需的各种软件之后，才能展现多种功能。只有通过软件与硬件的相互配合，计算机才能实现各种控制策略、控制算法和控制目标。本章主要介绍有关计算机控制系统的软件基础、应用程序设计与实现技术、人机接口技术、监控组态软件技术及软件抗干扰技术。

7.1 计算机控制软件概述

软件在计算机系统中与硬件相互依存，它是包含程序、数据及其相关文档的完整集合。程序是按事先设计的功能和性能要求执行的指令序列；数据是使程序能正常操纵信息的数据结构；文档是与程序开发、维护和使用有关的图文材料。计算机控制软件是计算机控制系统中非常重要的部分。

7.1.1 计算机软件基础

计算机软件根据功能可以分为系统软件和应用软件两类。

1. 系统软件

系统软件用来管理计算机系统的资源，并以尽可能简便的形式向用户提供使用资源的服务，包括操作系统、支撑软件、系统实用程序、系统扩充程序（操作系统的扩充、汉化）、网络系统软件、设备驱动程序、通信处理程序等。其中操作系统是最基本的系统软件，是计算机系统的资源（硬件和软件）管理者，同时又是用户与计算机硬件系统之间的接口。用户通过操作系统高效、方便、安全、可靠地使用计算机。

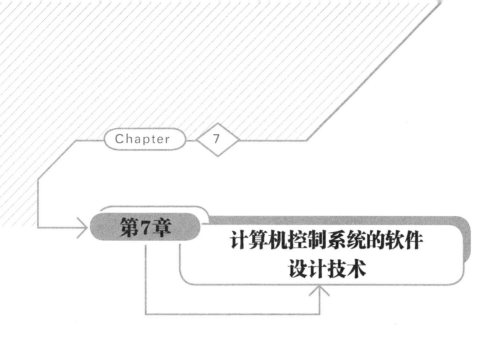

常用的微型机操作系统有 DOS、NOVELL、UNIX、Linux、OS/2、Windows、MAC 等。Microsoft 公司的 Windows XP、Windows 2003、Windows 2007、Windows 7、indows 10 等是目前很受欢迎的操作系统。

有些操作系统专用于单个微机，称为单用户操作系统，如 DOS 操作系统。有些操作系统专用于多个终端的主机，称为多用户操作系统，如 UNIX 操作系统。还有些操作系统专用于网络系统，称为网络操作系统，如 Novell、Windows NT、Windows 2000 Server、Windows 2003 Server、Windows 2007 Server 等。还有部分操作系统专用于嵌入式开发系统，称为嵌入式操作系统，如 Windows CE、Palm OS、Linux 等。

支撑软件是辅助开发人员进行软件开发的各种工具软件。借助支撑软件可以完成软件开发工作，提高软件生产效率，改善软件产品质量等，它主要包括软件开发工具、软件测评工具、界面工具、转换工具、软件管理工具、语言处理程序、数据库管理系统、网络支持软件以及其他支持软件。

2. 应用软件

应用软件是软件公司或用户为解决某类应用问题而专门研制的软件，主要包括科学和工程计算机软件、文字处理软件、数据处理软件、图形软件、图像处理软件、应用数据库软件、事务管理软件、辅助类软件、控制类软件等。

7.1.2 计算机控制系统软件的组成

为了实现对工业现场的检测和控制，必须把现场的参数进行采样、量化、转换，才能输入计算机进行处理，处理结果又必须转换为模拟信号驱动执行机构进行控制动作输出。计算机控制系统软件从整体结构上看，可以分为设备控制层、过程控制层、调度层、管理层以及决策层 5 个层次。

(1) 设备控制层。

设备控制层实现对车间各设备单独控制，保证设备按生产工艺要求正常工作。

(2) 过程控制层。

过程控制层按照工艺生产过程实现控制，可以选择恰当的控制策略和方案进行实时控制，使生产过程目标达到最优。

(3) 调度层。

调度层协调组织各车间、部门按计划进行生产，以满足企业市场要求。

(4) 管理层。

管理层对生产过程、生产质量、人员、物料等生产管理要素进行管理。

(5) 决策层。

决策层根据前面各层的数据进行统计、分析，为企业领导提供决策支持。

7.1.3 计算机控制系统软件的设计

计算机控制系统软件属于应用软件，就是面向控制系统本身的程序，它是根据系统的具体要求，由用户自己设计的。软件设计的方法有两种：一种是由用户利用计算机语言自己编制需要的应用程序；另一种是利用组态软件选择相应的模块，进行功能的综合。

由于计算机控制系统中控制任务的实现与管理功能的实现都需要借助软件完成，因而在计算机控制系统中软件起到了非常重要的作用。软件设计的好坏将直接影响控制系统的运行效率和各项性能指标的最终实现。另外，选择好的操作系统和好的程序设计语言对程序运行效率也非常重要。在实时工业控制应用系统中，为了实现特定的应用目标，需要进行应用程序的设计和开发。过去，由于技术发展水平的限制，应用程序一般都需要应用单位自行开发或委托专业单位进行开发，系统的可靠性和其他性能指标难以得到保证，系统的实施周期一般也比较长。随着计算机控制系统应用的深入发展，那种小规模的、解决单一问题的应用程序已不能满足控制系统的需要，于是出现了由专业化公司投入大量人力、财力研制开发的用于工业过程计算机控制、可满足不同规模控制系统的商品化软件，即工业控制组态软件。常见的组态软件有组态王、intouch、iFix、RSView、WinCC 等。对最终的应用系统用户而言，他们并不需要了解这类软件的各种细节，经短期培训后，所需做的工作仅是填表式的组态。由于这些商品化软件的研制单位具有丰富的系统开发经验，并且软件产品已经过考核和许多实际项目的成功应用，所以可靠性和各项性能指标都可得到保证。

同软件的发展历程一样，计算机控制系统软件的发展也经历了从针对某一具体控制问题进行程序设计，到逐渐针对抽象的通用性问题或中大型控制系统进行规范化、系统化的软件工程设计的发展阶段。在软件工程中，程序设计的主要特点是：使用软件语言进行程序设计，这种软件语言并不仅指程序设计语言，还包括需求定义语言、软件功能语言、软件设计语言等。不同于以往的程序设计方法，软件工程适合于开发不同规模的软件，开发的软件适合于所基于的硬件向超高速、大容量、微型化和网络化方向发展。在开发过程中，决定软件质量的因素不仅是技术水平，更重要的还取决于软件开发过程中的管理水平。随着过程计算机控制系统的内涵与外延不断扩大，社会需求对过程计算机控制系统的要求越来越高，因而其科学的软件设计方法也应按软件工程的方法进行。

7.1.4　计算机控制系统软件的功能

在整个计算机控制系统中，硬件大部分可以直接从市场上购买到，因此软件部分就成了影响整个系统性能的关键。过程控制的特殊性要求控制软件具有实时多任务的特点，包括数据采集与输出、数据处理与算法实现、图形显示及人机对话、实时数据的存储、检索管理、实时通信等，这些任务都要求在同一台计算机上同时运行。

计算机控制系统软件一般应具有以下功能。

① 实时数据采集——采集现场控制设备的状态及过程参数。

② 控制策略——为控制系统提供可供选择的控制策略方案。

③ 闭环输出——在软件支持下进行闭环控制输出，以达到优化控制的目的。

④ 报警监视——处理数据报警及系统报警。

⑤ 画面显示——使来自设备的数据与计算机图形画面上的各元素关联起来。

⑥ 报表输出——各类报表的生成和打印输出。

⑦ 数据存储——存储历史数据并支持历史数据的查询。

⑧ 系统保护——自诊断、掉电处理、备用通道切换和为提高系统可靠性、可维护性采取的措施。

⑨ 通信功能——各控制单元间、操作站间、子系统间的数据通信功能。

⑩ 数据共享——具有与第三方程序连接的接口，方便数据共享。

从上述性能要求可以得到衡量一个过程控制系统软件性能优劣的主要指标有以下 4 个。

① 系统功能是否完善，能否提供足够多的控制算法(包括若干种高级控制算法)。

② 系统内各种功能能否完善地协调运行，如在进行实时采样和控制输出的同时，又能同时显示画面、打印管理报表和进行数据通信操作。

③ 保证人机接口良好，需要有丰富的画面和报表形式、较多的操作指导信息。另外，操作要灵活、方便。

④ 系统的可扩展性性能如何，即是否能不断地满足用户的新要求和一些特殊的需求。

由于对过程控制软件提出的功能和指标要求比一般的软件要求要高出很多，因此对过程控制系统软件设计者也相应提出了较高的要求。设计者不仅应具备丰富的自动控制理论知识和实际经验，还须深入了解计算机系统软件，包括操作系统、数据库等方面的知识。他应该既熟悉控制现场要求，又熟练掌握编程技术。

7.2 计算机控制系统应用程序设计技术

7.2.1 计算机控制系统应用程序设计原则

计算机控制系统应用程序属于应用软件，对其设计应符合软件设计的设计原则。

1) 可靠性

软件系统规模越大越复杂，其可靠性也越来越难以保证。应用本身对系统运行的可靠性要求越来越高，软件系统的可靠性也直接关系设计自身的声誉和生存发展竞争能力。软件可靠性意味着该软件在测试运行过程中避免可能发生的故障的能力，且一旦发生故障后，具有解脱和排除故障的能力。软件可靠性和硬件可靠性本质上的区别是：后者为物理机理的衰变和老化所致，而前者是由于设计和实现的错误所致。所以，软件可靠性必须在设计阶段就确定。

2) 健壮性

健壮性又称鲁棒性，是指软件对于规范要求以外的输入能够判断出这个输入不符合规范要求，并能有合理的处理方式。软件健壮性是一个比较模糊的概念，但却是非常重要的软件外部度量标准。软件设计是否健壮直接反映了分析设计和编码人员的水平。

3) 可修改性

要求以科学的方法设计软件，使之有良好的结构和完备的文档，系统性能易于调整。

4）容易理解

软件的可理解性是其可靠性和可修改性的前提。它并不仅是文档清晰可读的问题，更要求软件本身具有简单明了的结构。这在很大程度上取决于设计者的洞察力和创造性，以及对设计对象掌握的透彻程度，当然它还依赖于设计工具和方法的适当运用。

5）可测试性

可测试性就是设计一个适当的数据集合，用来测试所建立的系统，并保证系统得到全面的检验。

6）效率性

软件的效率性一般用程序的执行时间和所占用的内存容量度量。在达到原理要求功能指标的前提下，程序运行所需时间越短和占用存储容量越小，效率越高。

7）标准化

在结构上实现开放，基于业界开放式标准，符合国际、国家和工信部的规范。

8）先进性

满足客户要求，系统性能可靠，易于维护。

9）可扩展性

软件设计完毕后要留有升级接口和升级空间。

7.2.2　计算机控制系统应用程序的软件工程设计方法

随着计算机控制系统的发展、网络技术的广泛应用，硬件条件得到很大改善；相应地，对计算机控制系统的应用软件也提出了新的要求。在当今的计算机控制系统中，软件占据相当重要的地位。从控制器级的控制算法程序，到上层的图形组态软件，软件在计算机控制系统中占据的地位越来越重要。而由于计算机控制系统中网络的引入，包括现场总线、各类专用控制网、局域网以及国际互联网的引入，软件对它们的支持也显得更加重要。

软件本身具有很多特点。其中，软件的复杂性是最突出的。软件的复杂性来自于它所反映的实际问题的复杂性，也来自于程序逻辑结构的复杂性。软件的复杂性决定了软件开发是一件困难的事情。在计算机控制系统的应用软件开发中，开发人员除了需要具备软件开发的相关知识外，还需要具备相关控制领域的专门知识，这对软件人员提出了很高的要求，同时也进一步加深了其软件开发的困难程度。

基于这样的认识，“软件工程”的概念在1968年北大西洋公约组织的一个会议上被提出。对“软件工程”的定义，过去已经有许多学者做出了不同的解释。这里采用1983年IEEE给出的定义：“软件工程是开发、运行、维护和修复软件的系统方法。”其中“软件”的定义为：计算机程序、方法、规则、相关的文档资料以及在计算机上运行时所必需的数据。

软件工程包括3个要素：方法、工具和过程。

1）方法

软件工程的方法为软件开发提供了“如何做”的技术。它包括多方面的任务，如项目计划与估算、软件系统需求分析、数据结构、系统总体结构的设计、算法的设计、编码、测试以及维护等。软件工程方法常采用某种特殊的语言或图形的表达方法及一套质量保证标准。

2）工具

软件工程的工具为软件工程方法提供了自动的或半自动的软件支撑环境。目前已经开发出的许多软件工具都能够支持上述的软件工程方法，而且已经有人把诸多软件工具集成起来，使得一种工具产生的信息可以为其他工具所用，这样建立起一种称为计算机辅助软件工程(Computer Aided Software Engineering，CASE)的软件开发支撑系统。CASE将各种软件工具、开发机器和一个存放开发过程信息的工程数据库组合起来，形成一个软件工程环境。

3）过程

软件工程的过程则是将软件工程的方法和工具综合起来，以达到合理、及时地进行计算机软件开发的目的。过程定义了方法使用的顺序、要求交付的文档资料、为保证质量和协调变化所需要的管理及软件开发各个阶段完成的里程碑。软件工程就是包含上述方法、工具及过程在内的一些步骤。

同其他事物一样，软件也有一个孕育、诞生、成长、成熟、衰亡的生存过程，一般称其为计算机软件的生存期。根据这一思想，把上述基本的过程活动进一步展开，可以得到软件生存期的6个步骤，即制订计划、需求分析和定义、软件设计、程序编写、软件测试及运行和维护。下面对这6个步骤的任务进行描述。

(1) 制订计划。

确定要开发的软件系统的总目标，给出它的功能、性能、可靠性以及接口等方面的要求；由系统分析员和用户合作，研究完成该项软件任务的可行性，探讨解决问题的可能方案，并对可利用的资源(如计算机硬件、软件、人力等)、成本、可取得的效益、开发的进度做出估计，制订出完成开发任务的实施计划，连同可行性研究报告提交管理部门审查。

(2) 需求分析和定义。

对待开发软件提出的需求进行分析并给出详细的定义。软件人员和用户共同讨论决定哪些需求是可以满足的，并对其加以确切的描述，然后编写出软件需求说明书或系统功能说明书及初步的系统用户手册，提交管理机构评审。

(3) 软件设计。

设计是软件工程的技术核心。在设计阶段，设计人员把已确定了的各项需求转换成一个相应的体系结构。结构中的每一个组成部分都是意义明确的模块，每个模块都与某些需求对应，即概要设计。进而对每个模块要完成的工作进行具体描述，为源程序的编写打下基础，即详细设计。所有设计中的考虑都应以设计说明书的形式加以描述，供后续工作使用并提交评审。

(4) 程序编写。

把软件设计转换成计算机可以接收的程序代码，即写成以某一特定程序设计语言表示的“源程序清单”，这一步工作也称为编码。写出的代码应当是结构良好、清晰易读且与设计一致。

(5) 软件测试。

测试是保证软件质量的重要手段,其主要方式是在设计测试用例的基础上检验软件的各个组成部分。首先是进行单元测试,查找各模块在功能上和结构上存在的问题并加以纠正;其次是进行组装测试,将已测试过的模块按一定的顺序组装起来;最后按规定的各项需求逐项进行有效性测试,决定已开发的软件是否合格,能否交付用户使用。

(6) 运行和维护。

已交付的软件投入使用,便进入运行阶段。这一阶段可能持续若干年,甚至几十年。软件在运行中可能由于多方面的原因,需要对它进行修改。其原因可能是因为运行中发现了软件中的错误需要修正,或者是为了适应变化了的软件工作环境,也可能是为了增强软件的功能需要进行变更。

类似于在其他工程项目中安排各道工序,为反映软件在其生存期内各种活动应如何组织,上面给出的6个步骤之间应如何衔接,需要用软件生存期模型做出直观的图示表达。软件生存期模型是从软件项目需求定义直至软件经使用后废弃为止,跨越整个生存期的系统开发、运作和维护实施的全部过程、活动和任务的结构框架。到现在为止,已经提出了多种软件生存期模型,如瀑布模型、快速原型法、增量模型、螺旋模型、喷泉模型、变换方法、极限编程、微软过程模型等。

下面介绍几种典型的开发模型。

1. 瀑布模型

1970年,温斯顿·罗伊斯(Winston Royce)提出了著名的"瀑布模型",直到20世纪80年代早期,它一直是唯一被广泛采用的软件开发模型。

瀑布模型的核心思想是按工序将问题化简,将功能的实现与设计分开,便于分工协作,即采用结构化的分析与设计方法将逻辑实现与物理实现分开。将软件生命周期按时间划分为制订计划、需求分析、软件设计、编码实现、软件测试和运行维护6个基本活动,并且规定了它们自上而下、相互衔接的固定次序,如同瀑布流水,逐级下落。瀑布模型软件开发示意图如图7.1所示。

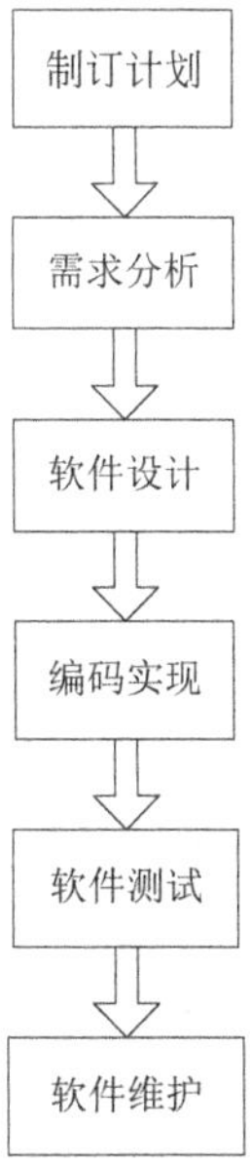

图7.1 瀑布模型软件开发示意图

瀑布模型有以下优点。

① 瀑布模型为项目提供了按阶段划分的检查点。

② 当前一阶段完成后,只需关注后续阶段。每个阶段的工作成果都是下一个阶段工作的出发点,一旦完成了一个阶段的工作,就不能再返回重新进行该阶段的任务。

③ 可将增量迭代应用于瀑布模型。迭代1解决最大的问题,每次迭代产生一个可运行的版本,同时增加更多的功能,每次迭代必须经过质量和集成测试。

④ 它提供了一个模板,这个模板使得分析、设计、编码、测试和支持的方法可以在该模板下有一个共同的指导。

瀑布模型有以下缺点。

① 各个阶段的划分完全固定，阶段之间产生大量的文档，极大地增加了工作量。

② 由于开发模型是线性的，用户只有等到整个过程的末期，才能看到开发成果，从而增加了开发风险。

③ 通过过多的强制完成日期和里程碑跟踪各个项目阶段。

④ 瀑布模型最突出的缺点是不适应用户需求的变化。瀑布模型完全不允许在开发流程上出现反复，因此在开发周期比较长的大型项目中，即使需求分析的结果是非常准确有效的，也会由于用户需求随环境和时间的变化而在最终的软件实体中不能得到完美的满足。瀑布模型对需求变化的适应能力严重制约了面向网络时代的新型软件开发项目的有效实施。

2. 快速原型法

快速原型法的第一步是建立一个快速原型，实现客户或未来用户与系统的交互，用户或客户对原型进行评价，通过用户的反馈调整需求分析结果，用户对需求认可后再进行后续的软件设计和实现工作。显然，快速原型法可以克服瀑布模型的缺点，减少由于软件需求不明确带来的开发风险，具有显著的效果。快速原型法软件开发示意图如图 7.2 所示。

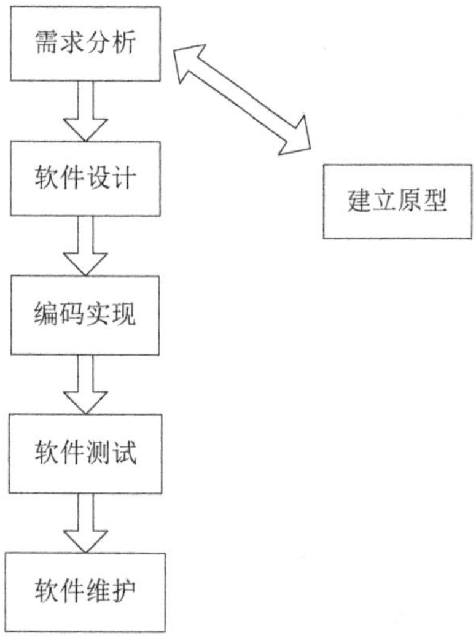

图 7.2　快速原型法软件开发示意图

快速原型法的优点如下。

① 减少了开发时间，大大提高了系统的开发效率。这主要是由于最终用户更加积极地参与系统的开发，尤其是信息系统需求的确定。

② 由于用户在看到原型以前往往很难理解和详细陈述其需求，而且用户看到的是实际工作模型，而不是用单调的语言或图描述的需求，因此，通过快速原型法，使信息需求的定义工作更直观、简单。

③ 通过一系列对原型的修改和完善，大大增加了用户对设计的满意程度，进而提高了系统的质量。

④ 减少了系统开发的费用。

快速原型法的缺点如下。

① 分析和设计上的深度不够，从而可能造成在未能很好地理解用户需求的情况下就着手代码的编写。

② 原型法中的第一个工作原型可能并不是一个最优方案。

③ 通过原型法开发的系统不具备灵活性，难以适应用户需求的变化。

④ 工作原型不一定容易修改。

3. 增量模型

增量模型又称为演化模型。在增量模型中，软件被作为一系列的增量构件设计、实现、集成和测试，每一个构件都是由多种相互作用的模块组成的提供特定功能的代码片段构成的。增量模型在各个阶段并不交付一个可运行的完整产品，而是交付满足客户需求的一个子集的可运行产品。整个软件的开发和交付是逐构件递增的，因此被称为“增量模型”。增量模型软件开发示意图如图 7.3 所示。

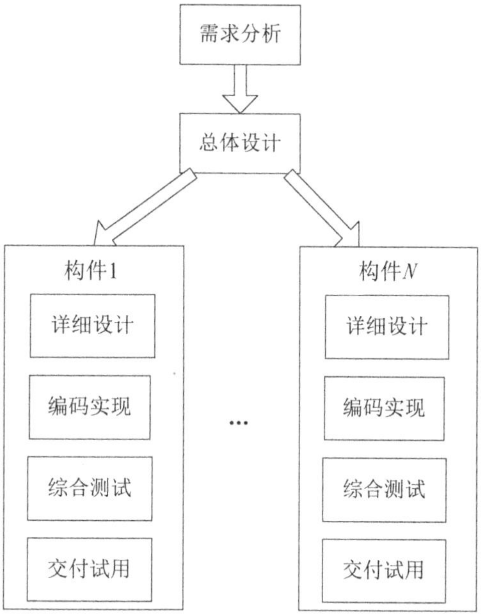

图 7.3 增量模型软件开发示意图

增量模型存在如下优点。

① 将软件分解为相对独立的构件，一个构件一个构件地开发交付，可以化解大型软件的复杂性。

② 在每个构件先后交付用户使用的过程中，可以尽早得到用户的反馈信息，更好地适应客户的需求变化。

③ 用户可以不断地看到所开发的软件，从而降低开发风险。

④ 用户可以逐步熟悉系统的工作方式和操作方式，降低用户培训的难度。

增量模型存在以下缺点。

① 由于各个构件是逐渐并入已有的软件体系结构中的，所以加入构件必须不破坏已构造好的系统部分，这需要软件具有开放式的体系结构。

② 在开发过程中，需求的变化是不可避免的。增量模型的灵活性使其适应这种变化的能力大大增强，但也很容易退化为边做边改模式，从而使软件过程失去整体性。

③ 构件划分在增量模型中非常重要，但是要准确地划分构件却十分困难。

4. 螺旋模型

1988年,Barry Boehm正式发表了软件系统开发的螺旋模型,它将瀑布模型和快速原型模型结合起来,强调了其他模型忽视的风险分析,特别适合于大型复杂的系统。螺旋模型软件开发示意图如图7.4所示。

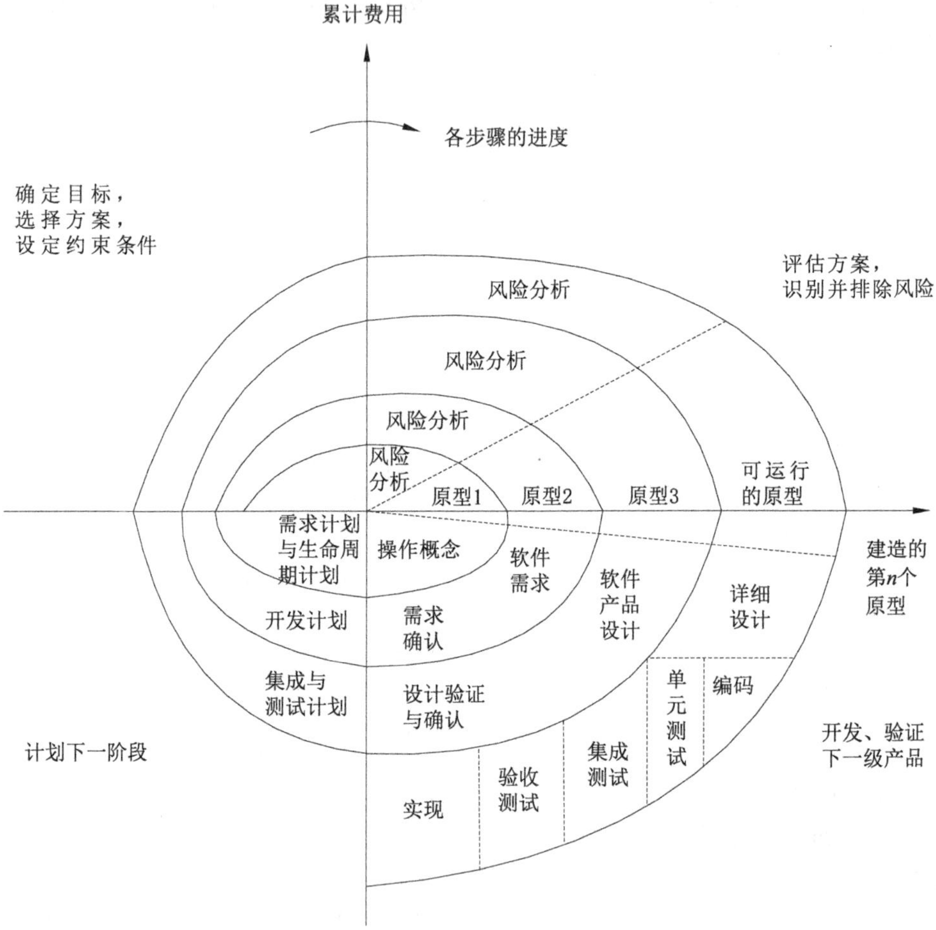

图7.4 螺旋模型软件开发示意图

在螺旋模型中,软件开发按照螺旋状的路径反复进行,每个周期都会在不同的层次上完成软件原型的构建,通过对原型的不断改进和细化得到最终的软件。同时,在螺旋模型的每个开发循环中,都会经历阶段目标的确定和风险分析的步骤,以不断发现和排除软件开发过程中的各种风险因素,全面掌控软件开发的进度和成本。

螺旋模型的优点如下。

① 螺旋模型由风险驱动,强调可选方案和约束条件,从而支持软件的重用,有助于将软件质量作为特殊目标融入产品开发中。

② 螺旋模型的开发目标是逐步提高的，这有助于开发过程的控制和管理。

③ 软件在整个开发过程中，以原型的方式逐步演化，不断迭代，最终得到可以交付使用的软件系统。

螺旋模型的缺点如下。

① 螺旋模型强调风险分析，但要求许多用户接受和相信这种分析，并做出相关反应是不容易的，因此这种模型往往适用于内部的大规模软件开发。

② 如果执行风险分析将大大影响项目的利润，那么进行风险分析毫无意义，因此，螺旋模型只适合于大规模的软件项目。

③ 软件开发人员应擅长寻找可能的风险，准确分析风险，否则将会带来更大的风险。但是发现、预测和控制风险是一项难度很大的工作。

5. 喷泉模型

喷泉模型是一种在面向对象方法学中应用很广泛的软件开发过程。在喷泉模型软件开发的各个阶段中，系统表达都采用统一的对象模型，这样每个阶段的工作都是对上一阶段产生的对象模型进行细化的过程，反复迭代促进软件系统的演化。在相邻的两个开发阶段之间并没有明确清晰的工作边界，总是存在局部的反复。喷泉模型的软件开发示意图如图7.5所示。

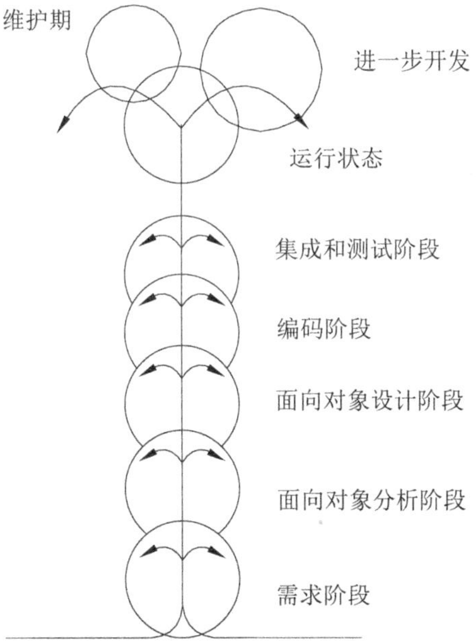

图7.5　喷泉模型的软件开发示意图

喷泉模型的优点如下。

① 各个阶段采用统一的系统模型，这样有助于相邻阶段之间的衔接和配合。

② 软件开发的整体过程和每个阶段内部的开发方式都是对系统的逐步细化和精化过

程，系统的演化既有继承性，又有扩展性。

喷泉模型的缺点如下。

① 仅适用于面向对象方法学。面向对象技术是喷泉模型可以实现的基础。

② 喷泉模型各个开发阶段之间边界模糊，阶段成果不清晰独立，过程中的质量监控比较困难，不易实现过程中的评审和质量控制。

6. 变换模型

变换模型是一种适合于形式化开发方法的模型，它使用形式化技术将软件的需求分析和设计结果表达为数学上严格和无歧义的形式，再使用自动化软件工具将其逐步变换编译为最终的可执行代码。变换模型必须有严格的数学理论和形式化技术的支持。

变换模型的优点如下。

① 只要需求分析的结果可以良好地形式化表达，程序代码的生成就可以自动完成。

② 变换模型中最终软件的质量仅取决于需求分析的结果，因此可使用快速原型法在需求分析结束后进行需求验证。快速原型可以由变换工具自动生成，也可以人工设计。

③ 过程中没有人工参与，缺乏开发人员可以理解的软件文档，给软件的维护和重用都带来了困难。

变换模型完全依赖于形式化理论的完善和自动化工具的支持，因此在实际中很难满足所需条件，目前尚处于研究和实验阶段。

7. 极限编程

极限编程(Extreme Programming，XP)是由 Kent Beck 在 1996 年提出的。“极限”是指，对比传统的项目开发方式，XP 强调把它列出的每个方法和思想做到极限、做到最好；其他 XP 不提倡的(如开发前期的整体设计等)则一概忽略。

极限编程的主要优点有：

① 采用简单计划策略，不需要长期计划和复杂模型，开发周期短。

② 全过程采用迭代增量开发、反馈修正和反复测试的方法，能够适应用户经常变化的需求。

极限编程的主要缺点有：

① 目前主要在小规模项目上应用并取得成功，但是否适用于中等规模或大规模软件产品，须慎重考虑。

② 由于这个模型较新，所以产品交付后维护成本是否降低不能确定。

③ 对编码人员的经验要求高。

8. 微软过程模型

微软过程模型起始于微软开发软件应用程序的过程。它经过演化，与其他一些流行的过程模型中最有效的原理相结合，形成一个模型。微软过程模型可以跨越所有的工程类型，如基于阶段类型的、里程碑驱动的、基于迭代模型等类型。微软过程模型的核心思想是“同步”和“稳定”，强调既要符合软件开发中演进和迭代的规律，也要在不同的阶段实现软件配置的“固定化”，以减少变动对各个不同开发小组的影响。

微软过程模型本质上更适合微软公司大型产品化软件的开发任务,同时也存在对于需要对市场和用户需求进行快速反应的网络时代的软件开发不太适应的问题,微软公司目前已经在进行调整。

微软过程模型的主要优点有:

① 强调在一个产品开发的早期对市场和用户需求有详尽的分析,做好全面的规划和开发风险评估。

② 在开发任务确定后,微软通常建立多个开发小组并行地开发软件的不同部分,各个小组通过频繁地进行产品同步确保都使用了其他小组开发成果的最新版本。

③ 当产品开发进行到某个相对独立的时间结点(称为里程碑),可以完整地完成软件的一部分功能时,此时的各部分开发结果就要进行冻结,不能再随意修改,以确保后续的开发工作有相对稳定的开发基础。当所有里程碑都实现的时候,整个软件开发的工作也就完全结束了。

微软过程模型的主要缺点有:

① 微软过程模型是微软公司自己的软件开发经验的总结,缺乏一般性的软件工程理论指导,也缺乏通用性。

② 微软过程模型更适合面向市场的产品化软件开发,对于大型的任务型软件开发不太适合。

③ 微软过程模型在前期进行软件开发需求的调研,在后期很难再对软件开发目标进行大的调整。

7.3 计算机控制系统中的人机交互技术

7.3.1 人机交互的概念及其要求

1. 人机交互的概念

在计算机控制系统中,操作人员与计算机之间常常需要互通信息,操作人员需要了解过程中的工作参数、指标、结果等。必要时,还要人工干预计算机的某些控制过程,如修改某些控制指标,选择控制算法,对过程重新组态等。人机交互(Human-Machine Interaction,HMI)就是人与机器之间传递、交换信息的媒介。人机交互也是用户使用计算机系统或其他系统的综合操作环境。

这里的"交互"实际是一种双向的信息传递和交换,可由人向机器系统输入信息,也可由机器系统向使用者反馈信息。通常通过一定的人机界面实现,如键盘上的击键、鼠标的移动、开关的切换、操纵杆的运动、人的语音姿势动作等都可以作为系统的输入,而屏幕上的符号或图形的显示、指示灯的闪烁、喇叭的声音都可作为系统的输出。

人机交互技术涉及多个领域的知识,如认知心理学、电子技术、计算机技术、信息技术、人机工程学、艺术设计、人工智能及与具体机器系统相关的知识。

2. 计算机控制系统中人机交互的基本要求

计算机控制系统中人机交互非常重要，人机交互的设计会影响计算机控制系统的可操作性、可靠性、安全性等。计算机控制系统中的人机交互设计应着重考虑可理解性和易操作性。

1）可理解性

计算机控制系统中的人机交互首先应该让操作人员能够快速、正确地理解操作的步骤、方法和要求。可理解性包括确定性、关联性、层次性、一致性等要素。

确定性是指在人机交互界面中出现的符号、文字、图形等表示的含义能一目了然，力求做到直观形象。

关联性是指在人机交互界面中出现的显示内容和操作布局能够分类排列，力求展示相关的联系。

层次性是指在人机交互界面中出现的显示内容和操作布局能够考虑先后关系、轻重缓急，力求展示层次关系。

一致性是指在人机交互界面中表示相同含义的符号、文字、图形、颜色、声音等能够保持一致，无二义性。

2）易操作性

在操作人员理解的基础上，能够快速、正确地按照要求进行操作。易操作性包括方便性、有序性、健壮性、安全性等要素。

方便性是指交互设备在力矩、角度、位置、形状等方面能够适应操作人员的正常操纵，力求有较好的舒适性，减少疲劳。

有序性是指交互设备能够适应有关联的操作，通过连贯、互锁、互联等装置实现正常的有序操作。

健壮性是指交互界面能够允许有一定程度的误操作，通过提示、撤销、暂停、中止以及失效处理避免误操作引起的不良后果。

安全性是指交互界面能提供必要的手段，防止非法窃取和破坏数据、进行非法操作等，通过登录、恢复、锁定和审核等措施保证操作安全。

7.3.2 人机交互的设计技术

1. 人机交互的基本要素

人机交互的基本要素包括交互设备、交互软件和人的因素。

交互设备包括各种数字文字输入输出设备、图形图像输入输出设备、声音姿势触觉设备和三维交互设备等。在计算机控制系统中，除了传统的输入输出设备（如键盘、鼠标、开关、指示灯、显示器等）外，触摸屏应用越来越广泛。

交互软件是人机交互系统的核心。人机界面是交互软件的主要组成部分。在计算机控制系统中，系统组态和监控软件有着重要的作用，后面将重点介绍。

人的因素指的是用户操作模型，与用户的各种特征有关。“任务”将用户和机器系统的行为有机地结合起来。在计算机控制系统中，在设计人机交互软件时，必须了解人与机器的特点、操作人员的特点。

人适应的工作有设计、规划、应变、选择、判断、决策、探索、创造、娱乐、休闲等。机器适应的工作有重复、单调、枯燥、笨重、危险、高速、慢速、精确、运算、可靠等。用户的类型有开发者、管理者、操纵者。

2. 人机交互的操作模型

人机交互的操作模型通常有指令型、对话型、操作导航型、搜寻浏览型等。

指令型操作模型比较简单，通常输入字符型指令或拨动开关按钮进行输入信息，系统的输出以显示字符、指示灯和声音为主。

对话型操作模型需要有双向互动、支持对话机制的输入输出设备，输入设备也可以是比较简单的选择按钮，但输出是能提供选择菜单的显示设备。

操作导航型操作模型可通过图形用户界面，如由"视窗"(Window)"图标"(Icon)、"选单"(Menu)以及"指标"(Pointer)组成的 WIMP 界面，引导操作者完成规定的任务。

搜寻浏览型操作模型也需要图形用户界面的支持，完成的任务是搜寻信息、寻求帮助，如 Google 的搜寻引擎、一些控制系统的联机帮助手册就是这种操作模型的实例。

7.4　计算机控制系统的组态软件技术

随着工业自动化水平的提高，计算机在工业领域广泛使用，人们对工业自动化的要求越来越高，种类纷繁的控制设备和仪表也越来越多地应用于工业计算机控制系统，传统的工业控制软件已无法满足系统设计及开发的各种需求。在开发传统的工业控制软件时，需要从底层逐级编写源程序，开发周期长，被控对象一旦有变动，或控制目标需要改进，就必须修改控制系统的源程序，导致软件的开发周期长、维护困难；对开发成功的工控软件又由于每个控制项目的不同使其重复使用率低，导致软件移植的成本非常昂贵。

通用工业自动化组态软件的出现为解决实际工程问题提供了一种崭新的方法。组态软件能够很好地解决传统工业控制软件存在的开发效率低下、维护困难、移植成本高等多种问题，使用户能根据自己的控制对象和控制目的快速进行参数配置、操作界面设计、控制算法选择，以建立数据采集和过程监视的软件系统。工业组态软件已经成为工业计算机控制系统中不可缺少的组成部分。本节主要介绍一般工业组态软件的特点与功能、组态软件的组成结构以及一些典型的组态软件产品。

7.4.1　组态软件及其特点

工业组态软件是用于工业控制中数据采集和过程监控的应用软件，它们为用户快速构建工业自动控制系统中的应用软件提供了方便。组态软件也称为人机界面/监视控制和数据采集软件，记为 HMI/SCADA(Human and Machine Interface/Supervisory Control and Data Acquisition)或 SCADA。

所谓“组态”，就是使用软件工具对计算机及其软件的各种资源进行配置，使计算机或软件按照预先设定自动执行特定的任务。组态是一种模块化组合的软件配置方式，用户通过类似搭积木的配置方式设计所需求的软件功能，而不需要大量编写计算机程序。组态软件采用实时数据库和开放的数据接口，广泛支持各种 I/O 设备和通信网络，提供丰富的图形工具。利用组态软件，工程设计人员可以高效地构建一个适合用户需求的控制系统。组态软件的主要特点有通用性、扩展性、可维护性、可移植性、实时多任务、高效率。

1. 通用性

组态软件的通用性体现在它提供了丰富的底层设备的输入输出驱动、开放式数据库以及画面制作工具，用户根据实际工程需求开发具有动画效果、数据实时处理、历史数据报表以及动态曲线生成的上位机软件系统不同功能，不受行业限制。

2. 扩展性

组态软件的扩展性体现在组态软件的供应商通常会不断完善和扩展软件功能，更新和升级各种设备的驱动程序和控制算法。当需要扩大控制系统规模、改变系统结构、扩展系统功能时，不需要做很多修改就能方便地完成软件的更新和升级。

3. 可维护性

组态软件通常以工程项目的形式帮助开发一个控制系统的软件，完成一个工程项目后，可以自动生成大量的文档资料，包括 I/O 参数设置、变量定义说明、图形界面、源程序等，大大方便了日后的维护工作，包括纠正存在的错误、完善现有的功能、适应更新的设备等。

4. 可移植性

组态软件提供了多种编程手段，提供类 BASIC 语言、类 C 语言、Java 语言等高级语言，以及图形化的编程工具，利用这些高级语言和图形化编程工具设计的控制算法具有良好的可移植性，即在某个组态软件平台下开发的控制算法，可以快速地移植到另一个组态软件平台中。

5. 实时多任务

组态软件支持实时多任务。例如，实时数据采集与输出、数据处理与算法实现、图形显示及人机交互、实时数据的存储、检索管理、实时通信等多个任务能在同一台计算机上同时完成。实时多任务是计算机控制系统最基本的特点，组态软件能最大程度地满足绝大部分控制系统对快速性的要求。

6. 高效率

组态软件本身具有良好的操作界面，并提供大量的设计和制作工具，能快速构建一个具有动画效果、实时数据处理、历史数据与曲线并存和网络通信功能的工程，可大大提高控制系统中应用软件的开发效率。

7.4.2 组态软件的功能

组态软件的功能主要有数据采集、处理及控制、数据库管理、过程监控和人机交互。

1. 数据采集、处理及控制

组态软件可以实现系统实时监测被测量，包括对现场设备、仪表的输入开关量及模拟量的测量；实现数据实时处理、计算；实时输出给被控对象的开关量及模拟量控制信号。

2. 数据库管理

通用工业组态软件以分布式实时数据库为整个软件的核心，负责将采集的实时数据进行处理、发布和存储。数据库通常具备强大的数据处理功能，有丰富的参数类型，可实现累计、统计、线性化和多种运算等功能。用户可根据实际需要，将采集到的数据加入数据库中，以方便对采集的数据进行管理。

3. 过程监控

组态软件根据用户环境和需求配置所连接的各硬件设备参数。组态软件利用各种功能模块完成实时监控、产生功能报表、显示历史曲线、实时曲线、报警等功能，实现整个监控过程，易于操作。组态软件支持对下位机和上位机的过程监控。下位机通常具有一定的控制功能，如可编程控制器(PLC)多用于现场的实时控制，其速度快、可靠性高、稳定性好，但受其自身的限制，对于一些特殊的复杂控制，以及和其他特殊设备相关的控制功能则无法执行。上位机多用于监控下位机的运行和人机交互中给出命令的执行情况。上位机的控制脚本编写更容易，而且可执行涉及多个下位机的监控和实时数据库相关的控制动作，但上位机在实时性、可靠性和稳定性方面与下位机有一定的差距。

4. 人机交互

组态软件提供面向工程开发人员和面向操作人员的人机交互界面。前者为工程开发人员配置组态参数、设计控制脚本、设计操作界面提供必要的工具和良好的开发环境。后者在控制系统运行时为操作人员提供对系统的监控功能。

利用组态软件开发通用型人机界面，可大大提高控制质量和降低开发成本，缩短开发周期。这也要求组态软件本身具有一定的开放性，能够支持流行的软件结构和浏览器界面，支持网络环境的应用。

7.4.3　组态软件的组成结构

工业组态软件的组成结构从软件使用的工作环境角度看是由系统开发环境和系统运行环境组成的，它们相互独立，又密切相关。

① 系统开发环境是对工业组态软件应用开发的环境，也可以说是编程环境，相当于一套完整的工具软件，在该环境下，工程人员开发自己的应用系统，设计整个软件系统的构架；建立一系列用户数据文件，生成图形目标应用系统，供系统运行时使用；设计控制系统人机交互界面；编制系统检测、控制功能、策略程序以及完成设备的驱动挂接。系统开发环境由若干个组态程序组成，如图形界面组态程序、实时数据库组态程序等。

② 系统运行环境是目标应用程序被装入工业控制计算机内存并将软件系统投入实时运行的环境，它是一个独立的运行系统，按照用户指定的方式进行各种处理，完成组态设计功能。在系统运行环境下，工程人员可以通过人机交互界面监控现场数据、动画显示，并实

施控制指令的手动、自动输出，此外还可以进行数据报表输出以及报警提示。系统运行环境由若干个运行程序组成，如界面运行程序、实时数据库运行程序等。

工业组态软件的组态功能强大，每一个功能都具有一定的独立性，其组成形式是一个集成的软件平台，所以其结构还可以按组件功能进行划分，具体包括如下 6 部分。

① 工程管理器：用于工程的创建与管理。

② 开发系统：创建工程界面，进行系统参数的配置以及调用程序组件。

③ 运行系统：用于运行开发的软件系统。

④ 实时数据库：是工业组态软件系统数据处理的核心，负责实时数据处理、历史数据处理以及报警等数据服务请求处理。

⑤ I/O 驱动程序：用于 I/O 设备通信，进行数据交换。通用的标准驱动程序可以支持 DDE 标准和 OPC 标准的 I/O 设备。

⑥ 控制策略编辑器：采用标准的图形化编程方式，包括变量、数学运算、逻辑控制、程序编写、数字点处理等在内的基本运算，并且内置常规 PID 控制、比例控制、开关控制等丰富的算法，对于标度变换、线性化处理等功能以及更复杂的控制策略开发，提供开放的算法开发平台，用户可以根据需要进行脚本的二次开发，将自己的控制程序嵌入系统中。

7.4.4 组态软件的发展

随着工业控制系统应用的深入，在面临规模更大、控制更复杂的控制系统时，人们逐渐意识到原有的上位机编程开发方式对项目来说费时、费力、得不偿失。20 世纪 80 年代末，随着 PC 和 Windows 操作系统的普及，美国的 Wonderware 公司推出第一个商品化的组态软件 InTouch，提供了不同厂家、不同设备对应的 I/O 驱动模块。20 世纪 90 年代中期，组态软件在国内的应用逐渐得到普及。随着它的快速发展，工业组态软件对实时数据库、实时控制、数据采集监控、通信、开放数据接口、I/O 设备的广泛支持已经成为它的主要功能特色，各种智能仪表、可编程逻辑控制器、调节器都可以在软件中找到相应的驱动模块，并与上位工业控制计算机进行数据通信，工业组态软件越来越趋于通用，已经成为工业计算机控制系统的灵魂。

7.4.5 几种组态软件产品介绍

近几年，工业组态软件得到广泛的重视和迅速的发展。目前，国内市场上的组态软件产品有国外软件商提供的产品，如美国 Intellution 公司的 iFix/Fix、美国 Wonderware 公司的 InTouch、德国 Siemens 公司的 WinCC、美国 Rockwell 公司的 RSView；国内自行开发的产品，如北京亚控公司的组态王、三维力控科技公司的力控、昆仑通态的 MCGS、华富的 ControX 等。下面简单介绍几种常见的工业组态软件。

1. InTouch

美国 Wonderware 公司的 InTouch 堪称组态软件的鼻祖，它率先推出 16 位 Windows 环境下的组态软件，在国际上曾得到较高的占有率。InTouch 软件图形功能比较丰富，使用较方便,但控制功能较弱。其 I/O 硬件驱动丰富,只是使用动态数据交换连接方式,实时性较差;另外,它的驱动程序须单独购买。32 位 Windows 环境下的 7.0 版在网络和数据管理方面有所加强,并实现了所谓的实时关系数据库,但其实只是在 SQL Server 上增加了数据传输插件而已。在 32 位 Windows 环境下,InTouch 已受到其他产品的猛烈冲击。

2. iFix/Fix

美国 Intellution 公司一直致力于工业自动化软件的开发和应用,是工业自动化软件的技术和市场主导者。其 Fix 产品系列较全,包括 DOS 版、16 位 Windows 版、32 位 Windows 版、OS/2 版和其他一些版本,功能较 InTouch 强,但实时性仍欠缺,总体技术一般。其 I/O 硬件驱动丰富,只是驱动程序也必须单独购买。最新推出的 iFix 是全新模式的组态软件,思想和体系结构都比较新,提供的功能也较完整。但对系统资源耗费巨大,用户最明显的感受就是缓慢,而且经常受 Windows 操作系统影响而导致不稳定。

3. WinCC

WinCC(Windows Control Center,视窗控制中心)是德国西门子公司开发的一款组态软件。WinCC 吸收了当代在操作和监控系统中最前沿的软件技术,提供了适用于工业控制的图形显示、消息、归档以及报表的功能模块、高性能的过程耦合、快速的画面更新以及可靠的数据,具有很强的实时性。但西门子公司似乎仅是想把这个产品作为其硬件的陪衬,对第三方硬件的支持也不热衷。若选用西门子公司的硬件,可以免费得到 WinCC,但对使用其他公司硬件的用户不是一个好的选择。

4. MCGS

MCGS(Monitor and Control Generated System)是一款典型的工业组态软件,1995 年由北京昆仑通态自动化软件科技公司推出,在环保、石油、航天、制药、煤矿、水处理、电力、化工、冶金、矿山、运输、机械、食品等几十个行业有广泛的应用。通用版的 MCGS 能够在 Windows 平台上运行,通过对现场数据的采集处理,以动画显示、报警处理、流程控制、实时曲线、历史曲线、报表输出等多种方式向用户提供解决实际工程问题的方案。它充分利用了 Windows 图形功能完备、界面一致性好的特点,提供丰富、生动的人机互动画面。MCGS 支持多硬件设备,是可以实现"与设备无关"的软件,用户不必因外部设备的局部改动担心会影响整个系统。MCGS 具有良好的可维护性和可扩充性,比以往使用专用机开发的工业控制系统更具有通用性,在自动化领域有着广泛的应用。

5. KingView

组态王 KingView 是亚控公司在国内推出的工业组态软件产品,是国内出现较早的组态软件产品之一。早期的组态王仿造 InTouch,只是个人机接口。到了 5.1 版本,在数据管理和开放性方面有了一些改进,但体系结构却没有实质性的突破,还没有摆脱早期形成的不合理的程序构架,其网络功能较为薄弱,支持不了真正意义上的分布式系统。6 系列以后的版本在体系结构上有了很大改进。

6. ForceControl

力控 ForceControl 是北京力控元通科技有限公司(前身为北京三维力控科技有限公司)

推出的组态软件。从时间概念上说，力控也是国内较早就已经出现的组态软件之一。其产品支持微软的32/64位 Windows 及 Windows Server 操作系统，具有系统的稳定性、产品的灵活性、使用的便捷性等特点。力控组态是一个应用规模可以自由伸缩的体系结构，整个力控系统及其各个产品都由一些组件程序按照一定的方式组合而成。在力控组态中，实时数据库是全部产品数据的核心，力控组态的最大优点是其基于真正意义上的分布式实时数据库的三层结构，而且它的实时数据库结构为可组态的"活结构"。在力控组态中，所有应用(如趋势、报警等)对远程数据的引用方法都和引用本地数据完全相同，这是力控组态分布式特点的主要体现。

7. ControX

华富计算机公司的 ControX 组态软件为工控用户提供了强大的实时曲线、历史曲线、报警、数据报表及报告功能。作为国内最早加入 OPC(工业标准 OLE for Process Control)组织的软件开发商，ControX 内建 OPC 支持，并提供数十种高性能驱动程序，提供面向对象的脚本语言编辑器，支持 ActiveX 组件和插件的即插即用，并支持通过 ODBC 连接外部数据库。ControX 同时提供网络支持和 Web Server 功能。

7.5 计算机控制系统的软件抗干扰技术

窜入计算机控制系统的干扰，其频谱往往很宽，且具有随机性，采用硬件抗干扰措施只能抑制某个频率段的干扰，仍有一些干扰会侵入系统。因此，为确保应用程序按照给定的顺序有秩序地运行，除采取硬件抗干扰技术外，还必须在程序设计中采取措施，以提高软件的可靠性，减少软件错误的发生以及在发生软件错误的情况下仍能使系统恢复正常运行。这样，软件抗干扰措施和硬件抗干扰措施构成双道抗干扰防线，这将大大提高计算机控制系统的可靠性。

软件抗干扰技术要考虑的内容有这样几个方面：一是当干扰使运行程序发生混乱，导致程序乱飞或陷入死循环时，采取使程序重新纳入正轨的措施，如指令冗余、软件陷阱等技术；二是采取软件的方法抑制叠加在模拟输入信号上噪声的影响，如数字滤波技术；三是主动发现错误，及时报告，有条件时可以自动纠正，即开机自检、错误的检测和故障诊断。本节将介绍经常采用的软件抗干扰技术，如指令冗余技术、软件陷阱技术、数字滤波技术、开机自检和故障诊断技术等。

7.5.1 指令冗余技术

通常，计算机的指令由操作码和操作数两部分组成。操作码指明 CPU 完成什么样的操作(如传送、算术计算、转移等)。操作数是操作码的操作对象(如立即数、寄存器、存储器等)。一般的计算机指令都不会超过3B，且多为单字节指令。单字节指令仅有操作码，隐含操作数；双字节指令的第一个字节是操作码，第二个字节是操作数；三字节指令的第一个字节为操作码，后两个字节是操作数。CPU 取指令的过程是先取操作码，后取操作数，当一条完整指令执行完后，紧接着取下一条指令的操作码、操作数。整个操作时序完全由程序计数器 PC 控制。因此，当 PC 受到干扰后，往往将一些操作数当作指令码执行，引起程序混乱，出现程序“跑飞”现象。当程序“跑飞”到某个单字节指令时，自己会进入正确的轨道；当程序“跑飞”到某一双字节指令上时，有可能落到其操作数上，从而继续出错；当程序“跑飞”到三字节指令上时，因它有两个操作数，继续出错的机会就更大。为了使“跑飞”的程序迅速纳入正轨，可以采用指令冗余技术。

所谓指令冗余技术，是指在程序的关键地方人为地加入一些单字节指令 NOP，或将有效单字节指令重写。当程序“跑飞”到某条单字节指令上，就不会发生将操作数当作指令执行的错误，使程序迅速纳入正轨。常用的指令冗余技术有两种：NOP 指令的使用和重要指令冗余。

1. NOP 指令的使用

NOP 指令的使用是指令冗余技术的一种重要方式，通常在双字节指令和三字节指令之后插入两个单字节 NOP 指令。这样，即使因为“跑飞”使程序落到操作数上，由于两个空操作指令 NOP 的存在，也不会将后面的指令当操作数执行，从而使程序纳入正轨。

通常，在一些对程序流向起重要作用的指令（如 RET 等）和某些对系统工作状态起重要作用的指令（如 SETB 等）的前面插入两条 NOP 指令，以保证“跑飞”的程序迅速纳入轨道，确保这些指令正确执行。

2. 重要指令冗余

重要指令冗余也是指令冗余的一种方式。通常在对程序流向起决定作用或对系统工作状态有重要作用的指令后边，可重复写这些指令，以确保这些指令正确执行。

值得注意的是，虽然加入冗余指令能提高软件系统的可靠性，但却降低了程序的执行效率。所以，在一个程序中，“指令冗余”不能过多，否则会降低程序的执行效率。

7.5.2　软件陷阱技术

指令冗余技术可以使“跑飞”的程序恢复正常工作，其条件是：“跑飞”的程序必须落在程序区且冗余指令必须得到执行。若“跑飞”的程序进入非程序区（如 EPROM 未使用的空间或某些数据表格区），采用指令冗余技术就不能使“跑飞”的程序恢复正常，这时可以设定软件陷阱。

所谓软件陷阱，就是当 PC 失控，造成程序“跑飞”而进入非程序区时，在非程序区设置一些拦截程序，将失控的程序引至复位入口地址 0000H 或处理错误程序的入口地址 ERR，在此处将程序转向专门对程序出错进行处理的程序，使程序纳入正轨。

软件陷阱一般安排在以下 5 种地方。

① 未使用的中断向量区。

② 未使用的大片 ROM 区。

③ 表格。

④ 运行程序区。

⑤ RAM 数据保护的条件陷阱。

7.5.3 数字滤波技术

一般计算机控制系统的模拟输入信号中，均含有种种噪声和干扰，它们来自被测量信号源本身、传感器、外界干扰等。为了准确测量和控制，必须消除被测信号中的噪声和干扰。噪声有两大类：一类为周期性的；另一类为随机的。周期性噪声的典型代表为 50Hz 的工频干扰。对于这类信号，采用积分时间等于 20ms 的整数倍的双积分式 A/D 转换器，可有效地消除其影响。对于随机性噪声，可以用数字滤波的方法削弱或滤除。

所谓数字滤波，就是通过一定的计算或判断程序减少干扰在有用信号中的比重。它实质上是一种程序滤波。数字滤波克服了模拟滤波器的不足，在计算机控制系统中得到广泛的应用。它与模拟滤波器相比，有以下 3 个优点。

① 数字滤波是用程序实现的，不需要增加硬设备，所以可靠性高、稳定性好。

② 数字滤波可以对频率很低(如 0.01Hz)的信号实现滤波，克服了模拟滤波器的缺陷。

③ 数字滤波器可以根据信号的不同，采用不同的滤波方法或滤波参数，具有灵活、方便、功能强的特点。

数字滤波方法主要有两类：一类是基于程序逻辑判断的方法；另一类是基于模拟滤波器的方法。前者以逻辑判断和简单计算为基础，常用的算法有算术平均法、递推平均滤波法、中位值法等。后者以模拟滤波器的传递函数为基础，将其离散化并用程序实现。

1. 算术平均值法

平均法的基本原理是通过对某点数据连续采样多次，取其算术平均值作为该点采样结果。这种方法可以减少周期性干扰对采集结果的影响。

算术平均值法是要为输入的 N 个采样数据 $x_i(i=1,\cdots,N)$ 寻找一个 y，使 y 与各采样值间的偏差的平方和最小，即

$$E=\min\left[\sum_{i=1}^{N}(y-x_i)^2\right] \tag{7-1}$$

由一元函数求极值原理可得，当

$$y=\frac{1}{N}\sum_{i=1}^{N}x_i \tag{7-2}$$

时，可以满足式(7-1)，式(7-2)即算术平均值的算法。

算术平均值法适用于对一般的具有随机干扰的信号滤波，它特别适用于信号本身在某一数值范围附近作上下波动的情况，如流量、液面等信号的测量。算术平均值法对信号的平滑滤波程度完全取决于 N。当 N 较大时，平滑度高，但灵敏度低，即外界信号的变化对测量计算结果 y 的影响小；当 N 较小时，平滑度低，但灵敏度较高。对 N 的选取应按具体情况加以选择，如对一般流量测量，可取 $N=8,9,\cdots,16$；对压力等测量，可取 $N=4$。

2. 递推平均滤波法

一般的算术平均值滤波法会降低实际采样频率，如每采样 5 次取平均值，会使实际采样

频率降低 5 倍。如采用递推平均滤波法，即每采样一次，只舍去最早的一个采样值，与保留下来的前($N-1$)次采样值做平均，就可以不降低采样频率。

3. 递推加权平均滤波法

递推加权平均值滤波法在递推平均滤波法的基础上提高了新采样值在平均值中的比重，其数学表达式为

$$y = r_1x_1 + r_2x_2 + \cdots + r_Nx_N \tag{7-3}$$

其中，$r_i(i=1,2,\cdots,N)$为加权系数，且有 $r_1+r_2+\cdots+r_N=1, r_N>r_{N-1}>\cdots>r_1>0$。

4. 中位值法

中位值滤波法的原理是对被测参数连续采样 m 次，m 应该大于 3 且是奇数，并按大小顺序排列，再取中间值作为本次采样的有效数据。中位值滤波法和平均值滤波法结合起来使用，滤波效果会更好，即在每个采样周期，先用中位值滤波法得到 m 个滤波值，再对这 m 个滤波值进行算术平均，得到可用的被测参数。

5. 限幅限速滤波法

由于大的随机干扰或采样器的不稳定，使得采样数据偏离实际值太远，为此采用上、下限限幅，即

当 $y(n) \geqslant y_H$ 时，取 $y(n)=y_H$(上限值)。

当 $y(n) \leqslant y_L$ 时，取 $y(n)=y_L$(下限值)。

当 $y_L<y(n)<y_H$ 时，取 $y(n)$。

限速(也称限制变化率)的算法为

当$|y(n)-y(n-1)| \leqslant \Delta y_0$ 时，取 $y(n)$。

当$|y(n)-y(n-1)|>\Delta y_0$ 时，取 $y(n)=y(n-1)$。

其中，Δy_0 为两次相邻采样值之差的可能的最大变化量。Δy_0 的选取取决于采样周期 T 及被测参数 y 应有的正常变化率。因此，一定要按实际情况确定 Δy_0、y_H、y_L，否则非但达不到滤波效果，反而会降低控制品质。

6. 基于模拟滤波器的滤波方法

上述 4 种滤波方法都是基于程序逻辑判断的方法，主要用于抑制特定的干扰，描述其滤波器的频率特性比较困难。而基于模拟滤波器的滤波方法具有严格的理论基础，可以通过对模拟调节器进行离散化得到。

常用的 RC 低通滤波器的传递函数为

$$\frac{y(s)}{x(s)} = \frac{1}{1+T_f s} \tag{7-4}$$

其中，$T_f=RC$，它的滤波效果取决于滤波时间常数 T_f。因此，模拟 RC 滤波器不可能对极低频率的信号进行滤波。为此，人们模仿式(7-4)的模拟滤波器做成一阶惯性滤波器，也称低通滤波器。

将式(7-4)写成差分方程

$$T_f \frac{y(n)-y(n-1)}{T_s}+y(n)=x(n) \tag{7-5}$$

稍加整理得

$$y(n)=\frac{T_s}{T_f+T_s}x(n)+\frac{T_f}{T_f+T_s}y(n-1) \tag{7-6}$$

其中，$\alpha=\frac{T_f}{T_f+T_s}$称为滤波系数，且$0<\alpha<1$；$T_s$为采样周期；$T_f$为滤波器时间常数。

根据上述惯性滤波器的频率特性，滤波系数α越大，带宽越窄，滤波频率也越低，因此需要根据实际情况适当选取α值，使得被测参数既不出现明显的纹波，反应又不太迟缓。

上述讨论的数字滤波方法在实际中究竟选取哪一种，应视具体情况而定。算术平均值滤波法和递推平均值滤波法适用于周期性干扰，递推加权平均值滤波法适用于纯迟延较大的被控对象，中位值滤波法和限幅限速滤波法适用于偶然的脉冲干扰，基于模拟滤波器的惯性滤波法适用于高频及低频的干扰信号。如果同时采用几种滤波方法，一般先用中位值滤波法或限幅滤波法，然后再用平均值滤波法。如果应用不恰当，非但达不到滤波效果，反而会降低控制品质。

7.5.4 开机自检与故障诊断技术

任何一个系统出现错误和故障都是难免的，出现错误和故障不可怕，可怕的是出现了错误和故障还不知道。在计算机控制系统中，为了提高可靠性，必须有错误和故障的检查和诊断措施，软件上常用的措施有开机自检和故障诊断。

1. 开机自检

开机自检是指在系统运行功能模块前首先进行的检查，以保证系统投入运行前各主要单元电路和器件处在正常工作状态。

开机自检的内容有：

(1) 存储器的读写功能。

存储器包括内部存储器、外部存储器、串行接口的存储器，检查内容包括能够正常的读和写，有关数据区的标志是否正确，数据校验位是否正确。

(2) 输入输出口的读写功能。

控制系统中为提高可靠性，要求开机后先检查有关输入输出口是否处于正常工作状态，若发现异常状态，则不能进入运行模式。

(3) 设备和系统的自检。

开机自检通常还包括设备和系统的自检。许多外设都提供检查功能，所以可在开机时先检查这些设备是否正常。另外，控制系统本身有许多配置也可在开机自检时确定，如外部存储器容量、当前设备地址、外接接口数量等。

外部存储器容量可通过读写程序确定，当前设备地址通常由状态开关设置，外接接口数量的确定也可由状态开关设置，有些可扩展的接口数量也可通过软件判断。还有 I^2C 接口的器件，也可在开机自检中确定其有关参数。

2. 故障诊断

故障诊断最基本的功能包括错误检查和错误指示。错误检查通常在各个运行模块中完成，而错误指示通常由一个独立的模块构成。

在控制系统中，对每个功能模块都要考虑出现错误的可能，对每个外设和接口的读写程序也要考虑出错的可能。一旦发现错误，由错误指示模块显示错误的信息。

错误指示模块入口参数通常有两个：一个是出错代码；另一个是错误描述。出错代码可标识错误类型等基本信息；错误描述用于较复杂的系统，可指示具体的出错原因和位置等。

错误指示模块的功能是根据出错代码和错误描述，通过特定的方式（如指示灯、数码显示器、图形和字符显示器、音响设备和打印设备等）向外界指示错误信息。

另外，在一些可靠性要求较高的控制系统中，还要考虑错误自动修复和冗余设备的自动切换功能。

习题 7

1. 计算机控制系统应用程序的设计原则是什么？
2. 控制系统中对人机交互有哪些要求？
3. 什么是“组态”？组态软件的主要功能有哪些？
4. 什么是软件冗余技术？它包括哪些方法？
5. 什么叫作软件陷阱？软件陷阱一般在程序的什么地方？
6. 什么是数字滤波？数字滤波有哪些优点？
7. 简述算术平均值滤波的基本原理。

Chapter 8

第8章 计算机先进控制技术

计算机先进控制技术主要解决传统的、经典的计算机控制技术无法解决的问题，代表着计算机控制技术最新的发展方向，并且与多种智能控制技术是相互交融、相互促进发展的。因此，学习计算机先进控制技术，了解计算机控制技术未来的发展方向是十分有意义的。本章将介绍几种先进的计算机控制技术，如动态矩阵控制、模型算法控制、模型预测控制、显式模型预测控制、基于凸优化的快速模型预测控制等。

8.1 动态矩阵控制

动态矩阵控制(Dynamic Matrix Control，DMC)由 Culter 在 1980 年提出，是一种基于系统阶跃响应的预测控制算法，它主要适用于渐近稳定的线性对象。对于弱非线性对象，可首先在工作点处进行线性化处理，然后使用 DMC 算法；对于不稳定对象，可用常规 PID 控制使其稳定后再使用 DMC 算法。

DMC 算法主要由预测模型、滚动优化和反馈校正三部分构成，下面分别予以介绍。

8.1.1 预测模型

在 DMC 中，首先需要测定对象单位阶跃响应的采样值 $a_i=a(iT)$，$i=1,2,\cdots$。其中，T 为采样周期。对于渐近稳定的 $a_i=a(iT)$，$i=1,2,\cdots$ 对象，阶跃响应在某一时刻 $t_N=NT$ 后将趋于平稳，以致 $a_i(i>N)$ 与 a_N 的误差和量化误差及测量误差有相同的数量级，因为可认为 a_N 已近似等于阶跃响应的稳态值 $a_s=a(\infty)$。这样，对象的动态信息就可以近似用有限集合 $\{a_1,a_2,\cdots,a_N\}$ 加以描述。这个集合的参数构成了 DMC 的模型参数，向量 $\boldsymbol{a}=[a_1,a_2,\cdots,a_N]^{\mathrm{T}}$ 称为模型向量，N 称为建模时域。

虽然阶跃响应是一种非参数模型，但由于线性系统具有比例和叠加性质，故利用这组模型参

数$\{a_i\}$已足以预测对象在未来的输出值。在k时刻，假定控制作用保持不变时，对未来N个时刻的输出有初始预测值$\tilde{y}_0(k+i|k)$，$i=1,2,\cdots,N$(例如，在稳态起动时便可取$\tilde{y}_0(k+i|k)=y(k)$)，则当k时刻控制有一增量$\Delta u(k)$时，即可算出在其作用下未来时刻的输出值。

$$\tilde{y}_0(k+i \mid k)=\tilde{y}_0(k+i \mid k)+a_i\Delta u(k),\quad i=1,2,\cdots,N \tag{8-1}$$

同样，在M个连续的控制增量$\Delta u(k),\cdots,\Delta u(k+M-1)$作用下，未来各时刻的输出值为

$$\tilde{y}_M(k+i \mid k)=\tilde{y}_0(k+i \mid k)+\sum_{j=1}^{\min(M,i)} a_{i-j+1}a_i \times \Delta u(k+j-1),\quad i=1,2,\cdots,N \tag{8-2}$$

其中，y的下标表示控制量变化的次数；$k+i|k$表示k时刻对$k+i$时刻的预测。显然，在任一时刻k，只要知道了对象输出的初始值$\tilde{y}_0(k+i|k)$，就可根据未来的控制增量由预测模型式(8-2)计算未来的对象输出。这里，式(8-1)只是预测模型式(8-2)在$M=1$情况下的特例。

8.1.2 滚动优化

DMC是一种以优化确定控制策略的算法，在每一时刻k，要确定从该时刻起的M个控制增量$\Delta u(k),\cdots,\Delta u(k+M-1)$，使被控对象在其作用下未来$P$时刻的输出预测值$\tilde{y}_M(k+i|k)$尽可能接近给定的期望值$\omega(k+i)$，$i=1,2,\cdots,P$(图8.1)。这里，$M$、$P$分别称为控制时域与优化时域，它们的意义可从图8.1直接看出。为了使问题有意义，通常规定$M\leqslant P\leqslant N$。

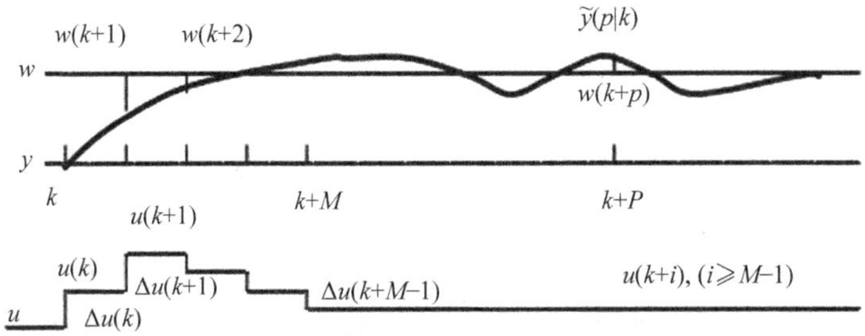

图8.1 动态矩阵控制的优化策略

在控制过程中，往往不希望控制增量$\Delta u(k)$变化过于剧烈，这一因素可在优化性能指标中加入软约束予以考虑。因此，k时刻的优化性能指标可表示为

$$\min J(k)=\sum_{i=1}^{P} q_i[w(k+i)-\tilde{y}_M(k+i \mid k)]^2+\sum_{j=1}^{M} r_i\Delta u^2(k+j-1) \tag{8-3}$$

其中q_i、r_i是权系数，它们分别表示对跟踪误差及控制量变化的抑制。

在不考虑约束的情况下，上述问题就是以$\Delta u(k)=[\Delta u(k),\cdots,\Delta u(k+M-1)]^{\mathrm{T}}$为优化变量，在动态模型式(8-2)下使性能指标式(8-3)最小的优化问题。为了求解这一优化问题，首先可利用预测模型式(8-2)导出性能指标中的$\tilde{y}$与Δu的关系，这一关系可用向量形式表示为

$$\tilde{y}_{PM}(k)=\tilde{y}_{P0}(k)+A\Delta u_M(k) \tag{8-4}$$

其中

$$\tilde{\boldsymbol{y}}_{PM}(k)=\begin{bmatrix}\tilde{\boldsymbol{y}}_M(k+1|k)\\ \vdots \\ \tilde{\boldsymbol{y}}_M(k+P|k)\end{bmatrix},\quad \tilde{\boldsymbol{y}}_{P0}(k)=\begin{bmatrix}\tilde{\boldsymbol{y}}_0(k+1|k)\\ \vdots \\ \tilde{\boldsymbol{y}}_0(k+P|k)\end{bmatrix},\quad \boldsymbol{A}=\begin{bmatrix}a_1 & \cdots & 0\\ \vdots & \ddots & \vdots\\ a_M & \cdots & a_1\\ \vdots & & \vdots\\ a_P & \cdots & a_{P-M+1}\end{bmatrix}$$

这里，$\boldsymbol{A}$ 是由阶跃响应系数 a_i 组成的 $P\times M$ 阵，称为动态矩阵。式中，向量 $\tilde{y}$ 的第一个下标表示所预测的未来输出的个数，第二个下标为控制量变化的次数。

同样，性能指标函数式(8-3)也可写成向量形式：

$$\min J(k) = \| w_p(k) - \tilde{y}_{PM}(k) \|_Q^2 + \| \Delta u_M(k) \|_R^2 \tag{8-5}$$

其中，$w_p(k)=[w(k+1),\cdots,w(k+P)]^T$，$\boldsymbol{Q}=diag(q_1,q_2,\cdots,q_p)$，$\boldsymbol{R}=diag(r_1,r_2,\cdots,r_M)$。由权系数构成的对角矩阵 $\boldsymbol{Q}$、$\boldsymbol{R}$ 分别称为误差权矩阵和控制权矩阵。

将式(8-4)代入式(8-5)，可得

$$\min J(k)= \| w_p(k)-\tilde{y}_{P0}(k)-A\Delta u_M(k) \|_o^2+ \| \Delta u_M(k) \|_o^2$$

在 k 时刻，$w_p(k)$和$\tilde{y}_{P0}(k)$均为已知，使 $J(k)$取极小的 $\Delta u_M(k)$可通过极值必要条件 $dJ(k)/d\Delta u_M(k)=0$ 求得

$$\Delta u_M(k) = (\boldsymbol{A}^T\boldsymbol{QA} + R)^{-1}\boldsymbol{A}^T\boldsymbol{Q}[\omega_p(k) - \tilde{\boldsymbol{y}}_{PM}(k)] \tag{8-6}$$

它给出了 $\Delta u(k),\cdots,\Delta u(k+M-1)$的最优值。但 DMC 并不把它们当作应实现的解，而只是取其中的即时控制增量 $\Delta u(k)$构成实际控制 $u(k)=u(k-1)+\Delta u(k)$作用于对象。到下一时刻，它又提出类似的优化问题求出 $\Delta u(k+1)$，这就是所谓的“滚动优化”策略。

根据式(8-6)可以求出

$$\Delta u(k) = \boldsymbol{C}^T\Delta u_M(k) = \boldsymbol{d}^T[\omega_p(k) - \tilde{\boldsymbol{y}}_{P0}(k)] \tag{8-7}$$

其中，P 维行向量

$$\boldsymbol{d}^T = \boldsymbol{C}^T(\boldsymbol{A}^T\boldsymbol{QA} + \boldsymbol{R})^{-1}\boldsymbol{A}^T\boldsymbol{Q} \triangleq [d_1,d_2,\cdots,d_r] \tag{8-8}$$

称为控制向量。M 维行向量 $C^T=[1\quad 0\quad \cdots\quad 0]$表示取首元素的运算。一旦优化策略确定，则 $\boldsymbol{d}^T$ 可由式(8-8)一次离线算出。这样，若不考虑约束，优化问题的在线求解就简化为直接计算控制律(8-7)，它只涉及向量之差及点积运算。

8.1.3 反馈校正

在 k 时刻把控制 $u(k)$实际加于对象时，相当于在对象输入端加上了一个幅值 $\Delta u(k)$的阶跃，利用预测模型式(8-1)，可算出在其作用下未来时刻的输出预测值。

$$\tilde{\boldsymbol{y}}_{N1}(k) = \tilde{\boldsymbol{y}}_{N0}(k) + \alpha\Delta u(k) \tag{8-9}$$

式(8-9)实际上就是式(8-1)的向量形式，其中 N 维向量 $\tilde{\boldsymbol{y}}_{N1}(k)$和 $\tilde{\boldsymbol{y}}_{N0}(k)$的构成及含义同前述相似。由于 $\tilde{\boldsymbol{y}}_{N1}(k)$的元素是未加入 $\Delta u(k+1),\cdots,\Delta u(k+M-1)$时的输出预测值，故经移位后，它们可作为 $k+1$ 时刻的初始预测值进行新的优化计算。然而，由于实际存在模型失配、环境干扰等未知因素，由式(8-9)给出的预测值有可能偏离实际值，因此，若不及时利用实际信息进行反馈校正，进一步的优化就会建立在虚假的基础上。为此，在 DMC 中，到下一采样时刻，首先要检测对象的实际输出 $y(k+1)$，并把它与由式(8-9)算出的模型

预测输出 $\tilde{y}(k+1|k)$相比，构成输出误差

$$e(k+1)=y(k+1)-\tilde{y}(k+1\mid k) \tag{8-10}$$

这一误差信息反映了模型中未包括的不确定因素对输出的影响，可用来预测未来的输出误差，以补充基于模型的预测。由于对误差产生缺乏因果性的描述，故误差预测只能采用时间序列方法，例如，可用 $e(k+1)$加权的方式修正对未来输出的预测。

$$\tilde{y}_{\mathrm{eor}}(k+1)=\tilde{y}_{\mathrm{N1}}(k)+\boldsymbol{h}e(k+1) \tag{8-11}$$

$\tilde{y}_{\mathrm{eor}}(k+1)=\begin{bmatrix}\tilde{y}_{\mathrm{eor}}(k+1|k+1)\\ \vdots \\ \tilde{y}_{\mathrm{eor}}(k+N|k+1)\end{bmatrix}$为校正后的输出预测向量，由权系数组成的 N 维向量 $\boldsymbol{h}=[h_1 \quad \cdots \quad h_N]^{\mathrm{T}}$ 称为校正向量。

在 $k+1$ 时刻，由于时间基点的变动，预测的未来时间点也将移到 $k+2,k+3,\cdots,k+N+1$，因此，$\tilde{y}_{\mathrm{eor}}(k+1)$的元素还须通过移位才能称为 $k+1$ 时刻的初始预测值。

$$\tilde{y}_0(k+1+i\mid k+1)=\tilde{y}_{\mathrm{ror}}(k+1+i\mid k+1),\quad i=1,\cdots,N-1 \tag{8-12}$$

而 $\tilde{y}_0(k+1+N|k+1)$由于模型的截断，可由 $\tilde{y}_{\mathrm{ror}}(k+N|k+1)$近似。这一初始预测值的设置可用向量形式表示为

$$\tilde{y}_{\mathrm{N0}}(k+1)=S\tilde{y}_{\mathrm{ror}}(k+1) \tag{8-13}$$

其中 $S=\begin{bmatrix}0 & 1 & & 0\\ & \ddots & \ddots & \\ 0 & & 0 & 1\end{bmatrix}$为移位阵。

有了 $\tilde{y}_{\mathrm{N0}}(k+1)$，又可像上面那样进行 $k+1$ 时刻的优化计算，求出 $\Delta u(k+1)$。整个控制就是以这种结合反馈校正的滚动优化方式反复在线进行的，其算法结构可由图 8.2 表示。

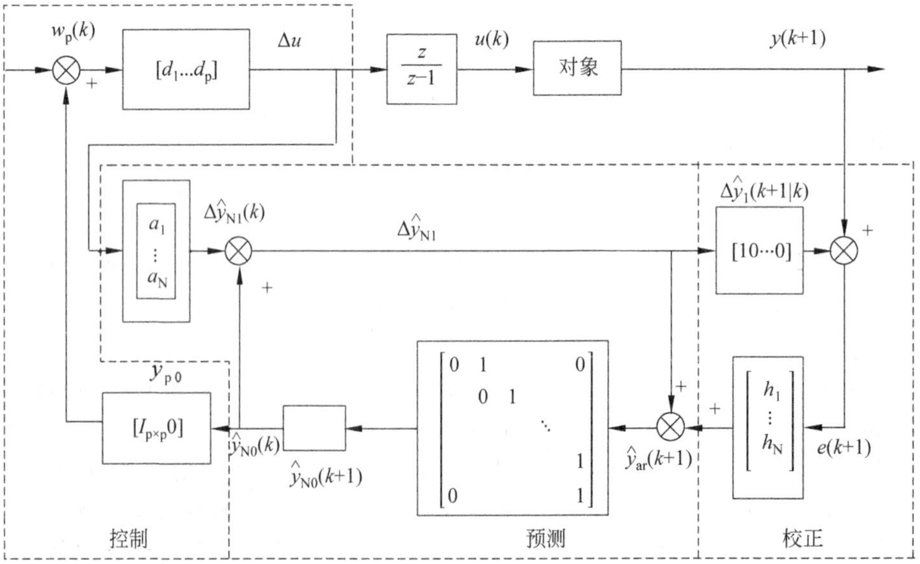

图 8.2 动态矩阵控制

由图 8.2 可知，DMC 算法由预测、控制、校正三部分构成。

由于 DMC 是一种基于模型的控制，DMC 的在线计算由初始化模块和实时控制模块组成。初始化模块用于检测系统投入运行后第一步被控对象的实际输出 $y(k)$，有了这个值，才可以进行之后的运行；第二步是实时控制模块，用于实现系统的整个运行过程，对未来输出的预测值只需要设置一个 N 维数组，设定值 w 是定值。若需要跟踪时变的轨线，则还应编制一设定值模块，在线计算每一时刻的期望值。

根据上文对 DMC 算法的描述，其每一个采样时刻的在线计算流程都可表示为图 8.3。

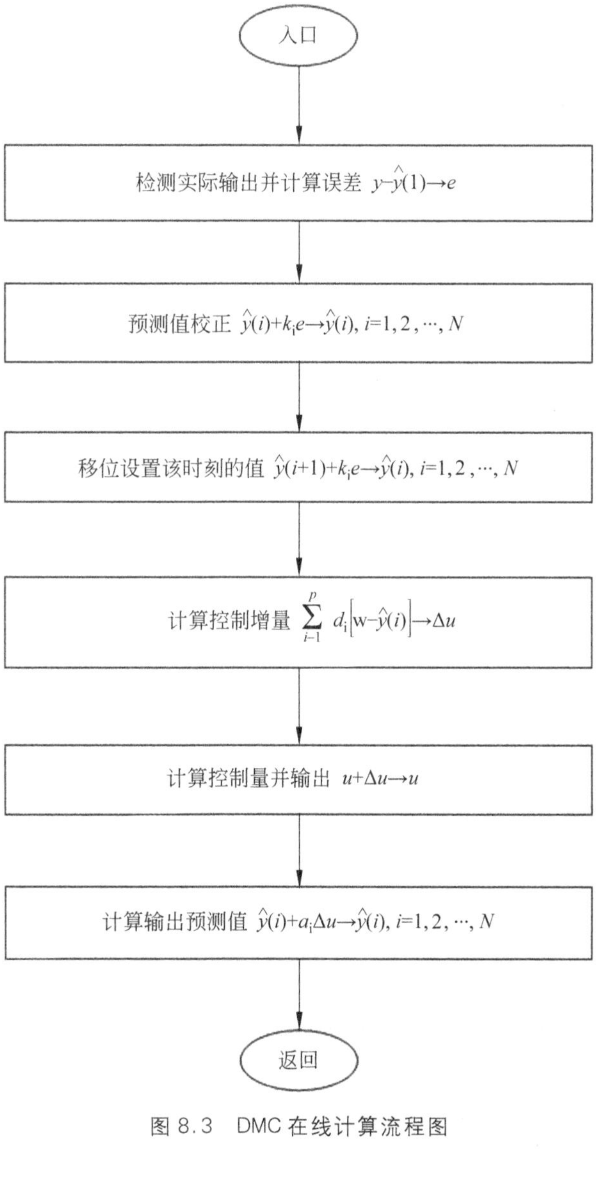

图 8.3　DMC 在线计算流程图

8.2 模型算法控制

模型算法控制(Model Algorithm Control, MAC)又称模型预测启发控制(Model Predictive Heuristic Control, MPHC),由梅拉理查雷特等于20世纪70年代后期提出。与DMC相同,MAC也适用于渐近稳定的线性对象,但其设计的前提不是对象的阶跃响应,而是其脉冲响应。

MAC控制算法主要由预测模型、参考轨迹和滚动优化三部分组成,下面分别进行介绍并给出仿真实例。

8.2.1 预测模型

对于线性对象,如果已知其单位脉冲响应的采样值 $g_1, g_2, \cdots$,则可根据离散卷积公式写出其输入与输出的关系。

$$y(k+1) = \sum_{j=1}^{\infty} g_i u(k+1-j) \tag{8-14}$$

这里,u、y 分别是输入量、输出量相对于稳态工作点的偏移值。对于渐近稳定的对象,由于 $\lim\limits_{j\to\infty} g_i = 0$,故总能找到一个时刻 $t_N = NT$,使得以后的脉冲响应值 $g_j (j > N)$ 与测量和量化误差有相同的数量级,以致实际可视为0而予以忽略。这样,对象的动态就可近似用一个有限项卷积表示的预测模型描述。

$$y_M(k+1) = \sum_{j=1}^{N} g_i u(k+1-j) \tag{8-15}$$

这一模型可用来预测对象在未来时刻的输出值,其中 y 的下标 M 表示模型输出。由于模型向量 $\boldsymbol{g} = [g_1 \quad g_2 \quad \cdots \quad g_N]^{\mathrm{T}}$ 通常存放在计算机内存中,故也有文献中称其为内部模型。

8.2.2 参考轨迹

在MAC中,控制系统的期望输出是由从现时实际输出 $y(k)$ 出发且向设定值 c 光滑过渡的一条参考轨迹规定的。在 k 时刻的参考轨迹可由其在未来采样时刻的值 $y_r(k+i)$,$i=1,2,\cdots$ 描述,它通常可取作一阶指数变化的形式。此时,$y_r(k+i) = y(k) + [c - y(k)](1 - e^{(-T/\tau)i})$,$i = 1,2,\cdots$,,其中下标 r 表示参考输出,τ 是参考轨迹的时间常数,T 为采样周期。若 $\alpha = \exp(-T/\tau)$,则上式也可写作:

$$y_r(k+i) = \alpha^i y(k) + (1-\alpha^i)c, \quad i = 1,2,\cdots \tag{8-16}$$

如果 $c = y(k)$,则对应调节问题,而 $c \neq y(k)$ 对应跟踪问题。

显然,τ 越小,α 越小,参考轨迹就能越快地到达设定点 c。α 是MAC中的一个重要设计参数,它对闭环系统的动态特性和鲁棒性都有关键作用。

8.2.3　滚动优化

在 MAC 中，k 时刻的优化准则是要选择未来 P 个控制量，使在未来 P 个时刻的预测输出 y_P（下标 P 表示预测）尽可能接近由参考轨迹确定的期望输出 y_r（图 8.4）。这一优化性能指标可写作：

$$\min J(k)=\sum_{i=1}^{P} w_i[y_P(k+i)-y_r(k+i)]^2 \tag{8-17}$$

式中，P 为优化时域，w_i 为非负权系数，它们决定了各采样时刻的误差在性能指标 $J(k)$ 中占的比重。

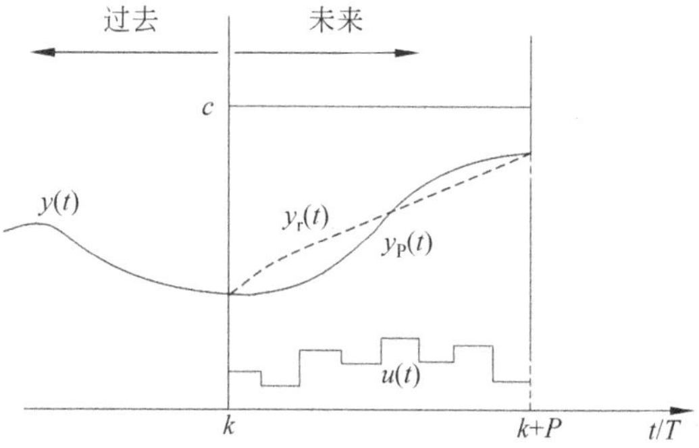

图 8.4　模型算法控制的参考轨迹和优化

为了得到预测输出值 y_P，可采取两种方法。

1）开环预测

直接把由预测模型式(8-15)计算的模型输出 y_M 当作预测输出，即

$$y_P(k+i)=y_M(k+i),\quad i=1,2,\cdots,P \tag{8-18}$$

根据式(8-15)，可写出它们的详细表达式为

$$\begin{aligned}
y_P(k+1)&=g_1u(k)+g_2u(k-1)+\cdots+g_Nu(k+1-N)\\
y_P(k+2)&=g_1u(k+1)+g_2u(k)+\cdots+g_Nu(k+2-N)\\
&\vdots\\
y_P(k+P)&=g_1u(k+P-1)+g_2u(k+P-2)+\cdots+g_Nu(k+P-N)
\end{aligned} \tag{8-19}$$

将式(8-19)代入性能指标函数式(8-17)中，并注意 $u(k),\cdots,u(k+P-1)$ 是待确定的优化变量，一般情况下，可通过优化算法求出它们，并将即时控制量 $u(k)$ 作用于实际对象。

这一算法的结构可见图 8.5 中不带虚线的部分。由于 y_P 的计算没有用到实际输出信息 y，而只依赖于模型输出，故称为开环预测。

如果不考虑约束并且对象无纯滞后或非最小相位特性，则上述优化问题的求解可简化为令性能指标式(8-17)中的各项误差为 0，并逐项递推求解出 $u(k),u(k+1),\cdots$。这时，无论优化时域 P 取多大，即时最优控制律 $u(k)$ 的计算只取决于 $y_P(k+1)=y_r(k+1)$。由此可求得

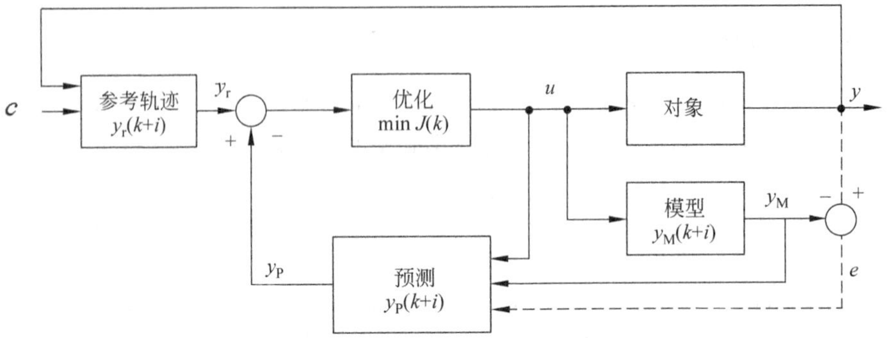

图 8.5　模型算法控制的开环预测和闭环预测

$$u(k)=\frac{y_r(k+1)-g_2u(k-1)-\cdots-g_Nu(k-N+1)}{g_1} \tag{8-20}$$

在这种情况下,一步优化与 P 步优化所得的即时控制律相同。

上述开环预测的明显缺点是:当存在模型误差时,由于模型预测不准确,所以将会产生静差。为了说明这一点,我们把对象的实际脉冲响应系数用向量 $\tilde{g}^T=[\tilde{g}_1 \quad \cdots \quad \tilde{g}_N]^T$ 表示,$\tilde{g}\neq g$。考虑最简单的无约束一步优化情况,这时预测输出为 $y_P(k+1)=y_M(k+1)=g^Tu(k)=y_r(k+1)=\alpha y(k)+(1-\alpha)c$,实际输出为 $y(k+1)=\tilde{g}^Tu(k)$,其中 $u(k)=[u(k)\cdots u(k-N+1)]^T$。当控制达到稳定时,$y(k)$、$u(k)$均保持为常量不再变化,我们将其分别记为 y_i、u_i,则由上述两式可得

$$\left(\sum_{i=1}^{N}g_\mathrm{i}\right)u_\mathrm{i}=ay_\varepsilon+(1-a)c$$

$$y_\varepsilon=\left(\sum_{i=1}^{N}\tilde{g}_\mathrm{i}\right)u_\mathrm{i}$$

由此可得 $y_\varepsilon=\dfrac{(1-a)\left(\sum_{i=1}^{N}\tilde{g}_\mathrm{i}\right)c}{\left(\sum_{i=1}^{N}g_\mathrm{i}\right)-a\left(\sum_{i=1}^{N}\tilde{g}_\mathrm{i}\right)}$。

只要 $\sum_{i=1}^{N}\tilde{g}_\mathrm{i}\neq\sum_{i=1}^{N}g_\mathrm{i}$,输出与设定值间就存在静差 $d_\varepsilon=c-y_\varepsilon=\dfrac{\left(\sum_{i=1}^{N}g_\mathrm{i}\right)-\left(\sum_{i=1}^{N}\tilde{g}_\mathrm{i}\right)}{\left(\sum_{i=1}^{N}g_\mathrm{i}\right)-a\left(\sum_{i=1}^{N}\tilde{g}_\mathrm{i}\right)}c$。因此,有必要以实测的输出信息构成闭环预测,以校正对未来输出的预测值。

2) 闭环预测

闭环预测与开环预测的差别在于:在构成输出预测值 y_P 时,除了利用模型预测值 y_M 外,还附加了一误差项 e,其一般形式为

$$e(k)=y(k)-y_{\mathrm{M}}(k)$$
$$=y(k)-\sum_{j=1}^{N}g_iu(k-j) \tag{8-21}$$

闭环预测的实质相当于DMC中的误差校正。由于采用了反馈校正原理,所以它可以在模型失配时有效地消除静差。仍考虑前面讨论的无约束一步优化算法,这时的预测输出改变为

$$y_{\mathrm{P}}(k+1)=y_{\mathrm{M}}(k+1)+e(k)$$
$$=g^{\mathrm{T}}u(k)+y(k)-g^{\mathrm{T}}u(k-1)$$
$$=y_{\mathrm{r}}(k+1)=ay(k)+(1-a)c$$

当达到稳态时,有$(\sum_{j=1}^{N}g_i)u_i+y_\varepsilon-(\sum_{j=1}^{N}g_i)u_i=ay_{\mathrm{r}}+(1-a)c$或$y_j=c$,即控制是无静差的,这一带有反馈校正的闭环预测相当于在图8.5中引入了虚线所示的反馈部分。实际的MAC无一例外地采用了闭环预测的策略。

在考虑无约束一步优化时,采用闭环预测的最优控制量可通过$y_{\mathrm{M}}(k+1)+e(k)=y_{\mathrm{r}}(k+1)$导出,其表达式为

$$u(k)=[ay(k)+(1-a)c-y(k)]+\sum_{i=1}^{N}g_iu(k-i)-\sum_{i=2}^{N}g_iu(k+1-i)/g_1$$
$$=[(1-a)(c-y(k))+g_{\mathrm{N}}u(k-N)]+\sum_{i=1}^{N-1}(g_i-g_{i+1})u(k-i)/g_1 \tag{8-22}$$

显然,在计算机内存中只需存储固定的参数$g_1,g_1-g_2,\cdots,g_{N-1}-g_N,g_N$,过去$N$个时刻的控制输入$u(k-1),\cdots,u(k-N)$以及参考轨迹参数$\alpha$、$c$,在每一时刻检测$y(k)$后,即可由式(8-22)算出$u(k)$。

上述一步优化的MAC算法虽然简单,但它不适用于有时滞或非最小相位特性的对象,前者$g_1=0$将使式(8-22)失效,后者则会引起不稳定的控制。此外,由于控制律(8-22)的计算对g_1十分敏感,对于小的g_1值,很小的模型误差就会引起$u(k)$大幅度偏离最优值,控制效果将明显变差。所以,这种一步优化算法很难为实际工业控制所接受。为了使MAC能形成实用的工业控制算法,有必要采用多步优化的策略。在多步优化时,应考虑采用不同的优化时域P和控制时域M,并把性能指标修改为如下更一般的形式。

$$\min J(k)=\sum_{i=1}^{P}q_i[y_{\mathrm{P}}(k+1)-y_{\mathrm{r}}(k+i)^2]+\sum_{j=1}^{M}r_iu^2(k+j-1) \tag{8-23}$$

8.2.4 实例仿真

例8-1 选取一线性系统

$$\boldsymbol{x}(k+1)=\boldsymbol{A}x(k)+\boldsymbol{B}_{\mathrm{u}}u(k)+w(t)$$
$$\boldsymbol{y}(k)=\boldsymbol{C}x(k)+\boldsymbol{D}u(k)$$

其性能指标函数为$\min J=\boldsymbol{Y}^{\mathrm{T}}\boldsymbol{QY}+\boldsymbol{U}^{\mathrm{T}}\boldsymbol{RU}$;采样时间$T_{\mathrm{s}}=0.1\mathrm{s}$;

其中

$$\boldsymbol{A}=\begin{bmatrix} 0.1555 & -13.7665 & -0.0604 & 0 & 0 & 0 \\ 0.0010 & 1.0008 & 0.0068 & 0 & 0 & 0 \\ 0 & 0.0374 & 0.9232 & 0 & 0 & 0 \\ 0.0015 & -0.1024 & -0.0003 & 0.1587 & -13.6705 & -0.0506 \\ 0 & 0.0061 & 0 & 0.0006 & 0.9929 & 0.0057 \\ 0 & 0.0001 & 0 & 0 & 0.0366 & 0.9398 \end{bmatrix}$$

$$\boldsymbol{B}_{u}\begin{bmatrix} 0.0001 & 0 \\ 0 & 0 \\ -0.0036 & 0 \\ 0 & 0.0001 \\ 0 & 0 \\ 0 & -0.0028 \end{bmatrix},\quad \boldsymbol{C}=\begin{bmatrix} 0 & 362.995 & 0 & 0 & 0 & 0 \\ 0 & 0 & 0 & 0 & 362.995 & 0 \end{bmatrix},$$

$$\boldsymbol{D}=\begin{bmatrix} 0 & 0 \\ 0 & 0 \end{bmatrix},\quad \boldsymbol{Q}=1.5\times\boldsymbol{I}_{20\times 20},\quad \boldsymbol{R}=\boldsymbol{I}_{6\times 6}。$$

其输入及输出曲线如图 8.6 所示。

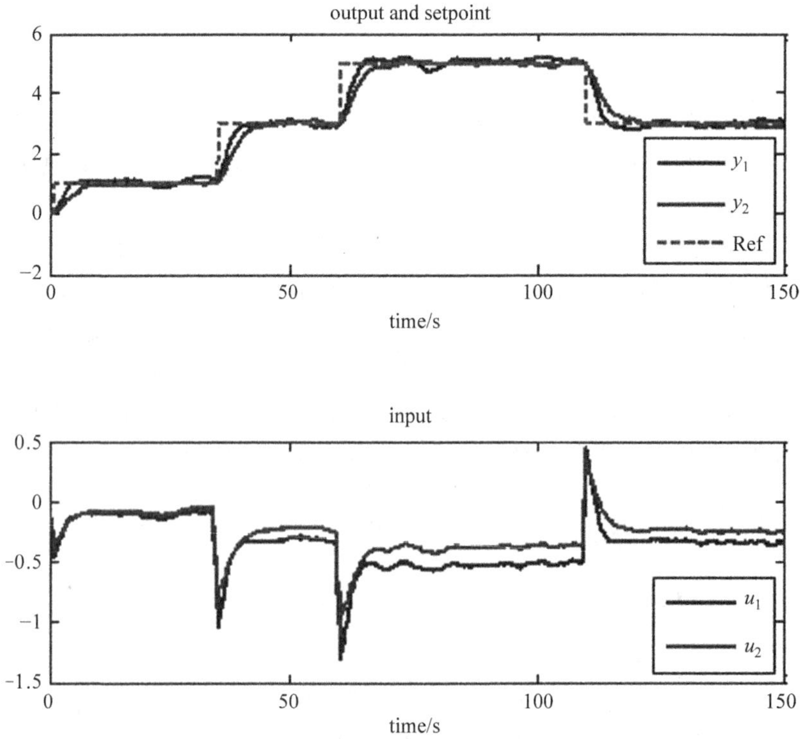

图 8.6 输入及输出曲线

完成 1500 步仿真所需的在线计算时间为 0.2805s，每一步迭代所需的时间为 0.0375s。

8.3　模型预测控制

8.3.1　模型预测控制的基本原理

所有实际的控制问题都会受到各种类型约束的限制。而且很多问题的约束都是作用在状态变量上的。虽然在某些控制问题的初始设计阶段中可以忽略这些约束，但是由于大部分的系统都是在约束边界附近运行的(例如，很多的过程控制问题中，最优稳定状态的工作点就在约束边界上)，所以这些约束还是会给系统带来不可避免的影响。在这种情况下，我们需要在控制器设计时就将约束考虑在内。

处理约束的一种常用方法是抗积分饱和(Anti-windup)法。这种方法能够适用于简单的系统，如单输入单输出(Sigle-Input Sigle-Output，SISO)系统。虽然通过改进，抗积分饱和法也能够处理某一类多输入多输出(Multiple-Input Multiple-Output，MIMO)问题，但是对于复杂的 MIMO 问题——特别是同时存在输入约束和状态约束的时候，抗积分饱和就显得捉襟见肘。

这时，模型预测控制(Model Predictive Control，MPC)就应运而生。这是现代控制应用的一个典型的成功范例。MPC 作为处理多变量约束控制问题的一种有效手段出现在过程工业——特别是石油化工工业中已经有 30 年了，该技术的理论基础已经趋于成熟。近几年，MPC 开始越来越多地用于电力电子和机电系统，其主要优势在于：MPC 为带约束的 MIMO 问题提供了"一站式服务(one-stop-shop)"；MPC 能够便捷地处理状态约束。

MPC 是一种基于求解在线最优化控制问题的算法。MPC 也称为滚动时域控制(Receding Horizon Control，RHC)，其主要特点为

① 在 k 时刻对当前状态 $x(k)$，考虑当前和未来约束，在线求解一个开环的最优控制问题。

② 对于求得的最优控制序列，仅应用序列的第一个元素。

③ 在下一个 $k+1$ 时刻，利用新的状态 $x(k+1)$ 重复以上过程。

将状态 $x(k)$ 的量测值作为当前状态，那么最优解就构成一个闭环策略。如果并不直接测量 $x(k)$ 值，而是用状态观测器得到的一个估计值代替状态 $x(k)$ 值，也能够构成一个闭环策略。总之，我们假设 $x(k)$ 是可以量测的。图 8.7 显示了 RHC 算法的主要原理。

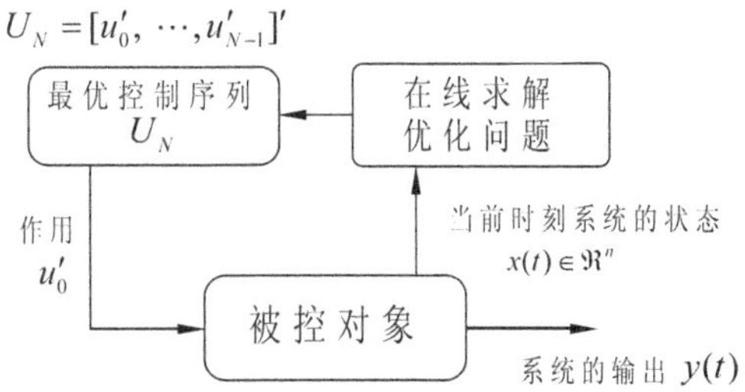

图 8.7　模型预测控制原理

MPC 既可以用多项式模型描述，也可以用状态空间模型描述。本书中采用的模型形式主要是状态空间模型。MPC 系统一般采用线性模型描述，解决在线优化的可行性、稳定性以及性能问题。虽然非线性系统中对这些问题的研究已经有了长足的进展，但是在实际应用时还是存在很多的问题，其中包括在线计算方案的可实现性及有效性。

虽然滚动时域控制和模型预测控制的思想可以追溯到 20 世纪 60 年代，但是在 20 世纪 80 年代，随着动态矩阵控制（Dynamic Matrix Control，DMC）以及广义预测控制（Generalized Predictive Control，GPC）思想的提出，人们才真正开始广泛研究该问题。看上去 DMC 和 GPC 这两种方法的基本思想非常相似，但是 DMC 和 GPC 发展形成的控制目标相差甚远。DMC 用于处理石化工业中的多变量约束控制问题。DMC 未出现前，一般都利用变量选择器、优先级规则、分离器和时滞补偿器等构成一个单回路控制器处理多变量约束控制问题，其效果并不明显。DMC 采用的模型多为时域模型，即有限脉冲响应模型或阶跃响应模型。而 GPC 既吸收了自适应控制适用于随机系统、在线辨识等的优点，又保持了预测控制算法滚动优化等特点。GPC 多采用输入输出模型（即传递函数模型），并允许对象是随机的、不确定的。而 DMC 的对象必须是确定的，不存在显式干扰的。另外，GPC 并不适用于多变量约束问题的控制。

如今，在 MPC 的研究中多采用状态空间模型。我们考虑如下的线性离散时间模型

$$x(k+1)=Ax(k)+Bu(k),\quad x(0)=x_0 \tag{8-24}$$

其中，$\boldsymbol{x}(k)\in\mathbb{R}^n$ 和 $\boldsymbol{u}(k)\in\mathbb{R}^m$ 分别表示状态和控制输入。通过引入以下的开环最优化问题，构造一个滚动时域控制形式。

$$J_{(n,m)}(x_0)=\min_u\begin{bmatrix}x^{\mathrm{T}}(n)P_0x(n)+\sum_{k=0}^{n-1}x^{\mathrm{T}}(k)Qx(k)\\+\sum_{k=0}^{m-1}u^{\mathrm{T}}(k)Ru(k)\end{bmatrix} \tag{8-25a}$$

$$\text{s.t.}\quad Ex+Fu\leqslant\psi \tag{8-25b}$$

当问题(8-25)不存在约束时，求解的是一个标准的线性二次调节（Linear Quadratic Regulation，LQR）问题。先求解一个代数 Riccati 方程，找到反馈增益矩阵，可以得到需要的静态状态反馈控制律，产生最优控制序列。该反馈律能够对任何半正定权值矩阵 $\boldsymbol{Q}$ 和任何正定矩阵 $\boldsymbol{R}$，保证系统的闭环稳定性。

例 8-2 考虑一个连续时间双积分器系统，其采样间隔 $T_s=0.1\text{s}$，那么其离散时间模型可以写成

$$\boldsymbol{x}(k+1)=\boldsymbol{Ax}(k)+\boldsymbol{Bu}(k) \tag{8-26a}$$

$$\boldsymbol{y}(k+1)=\boldsymbol{Cx}(k) \tag{8-26b}$$

其中，

$$\boldsymbol{A}=\begin{bmatrix}1&1\\0&1\end{bmatrix};\quad \boldsymbol{B}=\begin{bmatrix}0.5\\1\end{bmatrix};\quad \boldsymbol{C}=[1\quad 0]$$

利用无限时域 LQR 方法设计控制器。选择权重矩阵为 $\boldsymbol{Q}_x=\boldsymbol{I},\boldsymbol{Q}_u=0.1$。我们希望最后的输出能够接近参考值 $r=10$。

首先求解一个无约束问题，图 8.8 显示了无约束情况下输出变量和输入变量的变化曲线。

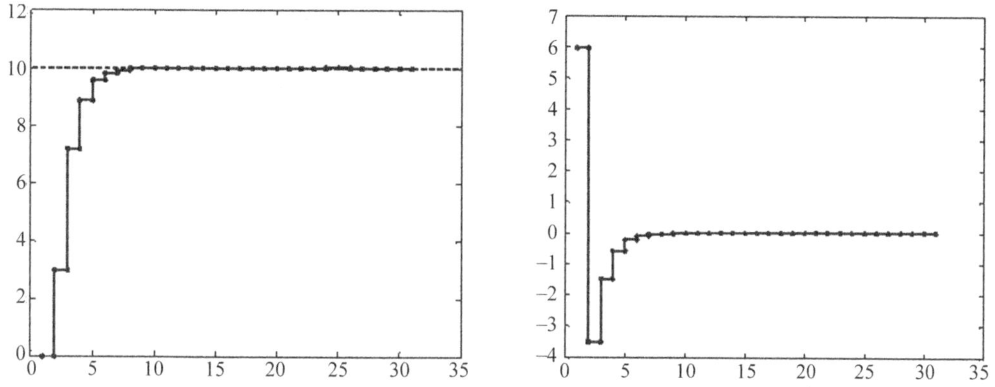

(a) 无约束下输出变量的变化曲线　　(b) 无约束下输入变量的变化曲线

图 8.8　无约束情况下系统的输出变量和输入变量的变化曲线

接下来，将输入变量限定在 $|u(k)|\leqslant 5$ 内，利用 MPC 得到如图 8.9 所示的输出变量和输入变量的变化曲线。从图 8.9(b) 中可以看出，该输入曲线被约束在[−5,5]的区间。而图 8.9(a) 中的输出变量并未受到很大的影响。

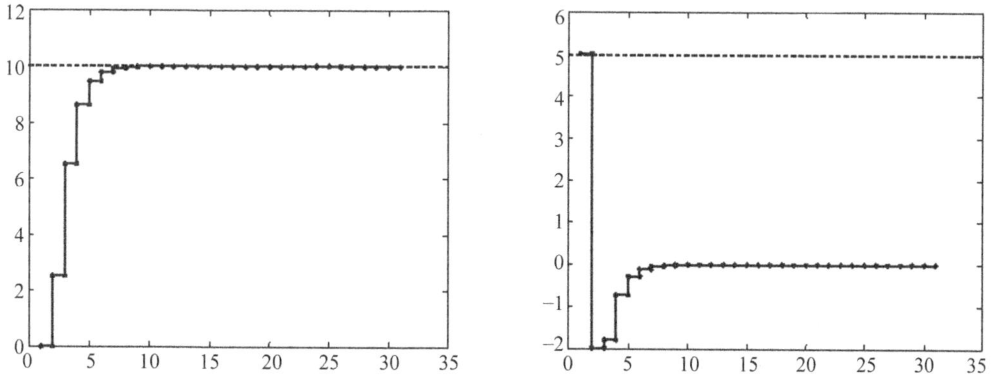

(a) $|u(k)|\leqslant 5$ 约束下系统输出变量的变化曲线　　(b) $|u(k)|\leqslant 5$ 约束下系统输入变量的变化曲线

图 8.9　约束 $|u(k)|\leqslant 5$ 情况下系统的输出变量和输入变量的变化曲线

我们将约束限制得更严厉一点，即 $|u(k)|\leqslant 1$，同样应用 MPC，得到如图 8.10 所示的结果。从图 8.10(b) 中可以看出，输入变量能够满足约束条件。

由本例可见，在满足输入约束条件下，MPC 得到的输出变化平稳，响应时间和稳定时间短。

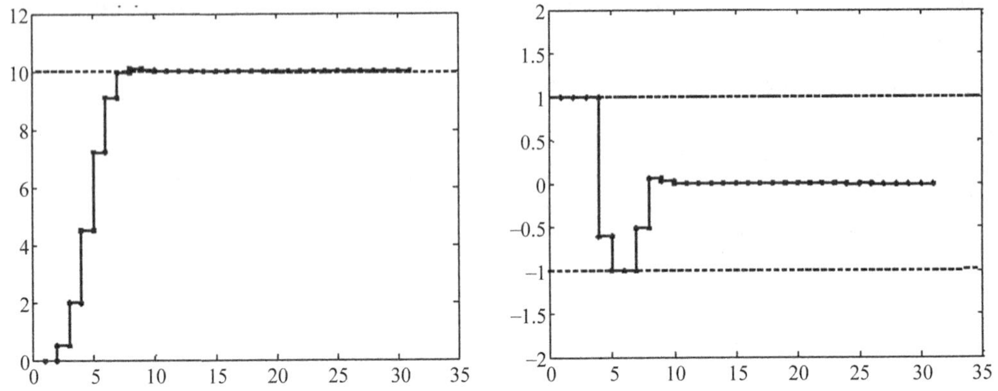

(a) $|u(k)|\leqslant 1$约束下输出变量的变化曲线　　(b) $|u(k)|\leqslant 1$约束下输入变量的变化曲线

图 8.10　约束$|u(k)|\leqslant 1$情况下系统的输出变量和输入变量的变化曲线

在实际应用中，MPC 还存在以下 3 个问题。

① 如何构造一个可行问题，能够使得算法产生可执行的控制动作。

② 如何保证系统的闭环稳定性。

③ 如何从开环最优控制问题的解中得到所需要的闭环性能。

由于仅求解有限时间最优控制问题不能保证全局满足约束，即 RHC 策略可能会将状态带入可行集之外。另外，RHC 不能保证稳定性，除非在最优问题上强加一个特殊的结构。在 8.3.2 节会阐述如何构造一个有限最优控制问题，能够使相关的 RHC 保证稳定性和可行性。

以上讨论的 RHC(MPC)原理和方法同样也适用于非线性模型预测控制(滑动时域控制)。所谓非线性模型预测控制，也就是说其动态系统是非线性的(可以是微分方程、Wiener 模型，或者是神经网络等)。和上面介绍的线性 MPC 不同的是，在非线性 MPC 中还没能解决可行性问题，以及开环性能与实际闭环性能之间的失配问题。非线性 MPC 的另一个难点在于，非线性 MPC 在线最优化求解的是一个非线性规划，可能无法保证会收敛到一个全局最优值。而线性 MPC 求解的是一个二次规划，能够保证得到一个全局最优值。另外，即使可以通过局部最优化保证系统的稳定性，系统的性能也会明显恶化。

对线性系统而言，在每个采样间隔都需要找到一个全局最优值，以保证稳定性。如果时域是无限的，那么在某个采样间隔上的可行性就意味着全局的可行性。但是，对于非线性系统，无法数值求解无限时域问题。虽然理论上可以求解一个带终端约束的最优化问题，但是实际求解中，约束的计算非常复杂，而且仅能保证系统的渐近稳定性。另外，即使存在一个可行解，也无法保证系统的全局收敛性。

为了保证全局最优性和全局可行性，并且能够处理一个带终端约束问题，在混杂模型预测控制中，终端约束被一个“终端域”代替，而系统状态必须在时域的终点进入这个终端域。在该域内存在另一个控制器，能够使得系统渐近稳定。但是这种方法需要确定该终端域是不变的，这样还是要求解一个全局最优化问题。

8.3.2 模型预测控制的可行性和稳定性分析

考虑以下离散时间线性时不变系统

$$x(k+1)=Ax(k)+Bu(k) \tag{8-27}$$

现在求解如下形式的约束有限时间最优控制（Constrained Finite-Time Optimal Control，CFTOC）问题。

$$J_N^*(x(0))=\min_{u_0,\cdots,u_{N-1}}\left\{\sum_{k=0}^{N-1}(u_k^T Q_u u_k+x_k^T Q_x x_k)+x_N^T Q x_N\right\} \tag{8-28a}$$

$$\text{subj. to}\quad x_k\in\mathbb{X},\quad u_{kl}\in\mathbb{U},\quad \forall k\in\{1,2,\cdots,N-1\} \tag{8-28b}$$

$$x_N\in T_{set} \tag{8-28c}$$

$$x_{k+1}=Ax_k+Bu_k,\quad x_0=x(0) \tag{8-28d}$$

$$Q_x\geqslant 0,Q_{x_N}\geqslant 0,Q_u>0 \tag{8-28e}$$

其中，$U_N\in\mathbb{R}^n$是最优化变量，而$x\in\mathbb{R}^n$是参数，且$Q_u\in\mathbb{R}^{m\times m}$，$Q_x\in\mathbb{R}^{n\times n}$，$Q_{x_N}\in\mathbb{R}^{n\times n}$。

可行性定义 如果存在一个输入序列U_N，满足约束式（8-28b），那么对最优化问题（8-28）来说，系统状态x是可行的。

因此，当且仅当$x\in\chi_N$时，最优化问题（8-28）是可行的。

无限时间可行性定义 如果根据最优化问题（8-28）对$x(0)$的可行性得到最优化问题的全局可行性，即对所有的$x(k)$，$k\geqslant 0$，问题（8-28）是可行的，那么受到滚动时域控制的系统状态$x(0)$就是无限时间可行的。

因此，当（且仅当）$x(0)$包含在可行集χ_N的任意控制不变子集$\mathcal{S}_{inv}$内，系统（8-27）的RHC控制器仅是无限时间可行的。

$$\mathcal{S}_{inv}=\{x(0)\in\chi_N\mid\forall x(0)\in\mathcal{S}_{inv},\exists u(0)\in\mathbb{U},\text{s.t. }Ax(0)+Bu(0)\in\mathcal{S}_{inv}\}$$

注意，RHC可能可以（也可能不可以）得到子集$\mathcal{S}_{inv}$的不变性，即如果当构建控制问题（8-28）时采取另外的测量，那么$x(0)\in\mathcal{S}_{inv}$仅表示RHC的无限时间可行性。例如，问题（8-28）中的额外约束$Ax(0)+Bu(0)\in\mathcal{S}_{inv}$，对得到无限时间可行性并没有什么帮助。但是，大多数保证无限时间可行性的普遍方法是在问题（8-28）中增加一个终端约束$x_N\in\mathcal{O}_\infty^{LQR}$，即$\mathcal{T}_{set}\in\mathcal{O}_\infty^{LQR}$。如果一个可行序列$U_N=[u_0^T,u_1^T,\cdots,u_{N-1}^T]^T$是在$k$时刻得到的，那么它是根据终端集约束$x_N\in\mathcal{O}_\infty^{LQR}$得到的，并且$U_N=[u_1^T,u_2^T,\cdots,u_{N-1}^T,Kx_N]^T$在$k+1$时刻也是一个可行序列，这样就能够保证全局可行性。

为了保证无限时间可行性，终端集$\mathcal{T}_{set}$没有必要等于集合$\mathcal{O}_\infty^{LQR}$。但是，如果$\mathcal{T}_{set}$等于任意控制不变集，那么肯定能够保证无限时间可行性。

终端集$\mathcal{T}_{set}$（8-28c）对可行集χ_N大小有显著的影响。如果$\mathcal{T}_{set}$是控制不变的（如$\mathcal{T}_{set}=\mathcal{O}_\infty^{LQR}$），那么$\chi_N\subseteq\chi_{N+1}$。另一方面，如果$\mathcal{T}_{set}=\mathbb{X}$，那么$\chi_N\supseteq\chi_{N+1}$。

注意，无限时间可行性并不能说明系统的指数稳定性。也就是说，如果应用了RHC，不能保证状态会进入终端集$\mathcal{O}_\infty^{LQR}$,因为输入需要在每个时间步长内重新计算。

为了保证 RHC 的指数稳定性,一般需要通过修改开环最优化控制问题(8-28)的形式实现。大部分普遍使用的方法是强加一个不变终端集约束(如$\mathcal{O}_\infty^{LQR}$)和一个等价于局部指数 Lyapunov 函数的终端代价 $x_N^T P x_N$,即 Lyapunov 函数的衰退率必须由阶段代价限定,以此保证 RHC 的指数稳定性。如果 $x\in\mathcal{O}_\infty^{LQR}$ 和输入 $u=Kx$ 作用于系统,就有

$$x_N^T P x_N = x_N^T Q_x x_N + x_N^T Q_u x_N + x_{N+1}^T P x_{N+1} \tag{8-29}$$

对 $Q_x>0$,可以从式(8-28a)中得到$\exists\rho>0$,使得

$$\begin{aligned}J_N^*(x_1)-J_N^*(x_0)=&\left(\sum_{k=1}^{N}(u_k^T Q_u x_k + x_k^T Q_x x_k)+x_{N+1}^T P x_{N+1}\right)\\&-\left(\sum_{k=0}^{N-1}(u_k^T Q_u x_k + x_k^T Q_x x_k)+x_N^T P x_N\right)\\=&\underbrace{-x_0^T Q_x x_0 - u_0^T Q_u x_0}_{\leqslant -\rho\|x_0\|_2^2}\\&+\underbrace{x_{N+1}^T P x_{N+1}+x_N^T Q_x x_N + x_N^T Q_u x_N - x_N^T P x_N}_{=0}\end{aligned} \tag{8-30}$$

所以,如果终端代价选择为 ARE(代数 Riccatti 方程)的解,并且终端集约束 $x_N\in\mathcal{O}_\infty^{LQR}$ 加入到问题(8-28)中,那么函数 $J_N^*(x)$是一个 Lyapunov 函数,且闭环系统是指数稳定的。

本节假设 RHC 用于二次型性能指标中。如果控制目标是线性的,那么可以通过选择终端权矩阵 P,使得$-\|Px\|_p+\|PAx\|_p+\|Qx\|_p\leqslant 0$ 保证 RHC 的渐近稳定性。这里,下标 P 表示线性范数(如 $p=1$ 或 $p=\infty$),且矩阵 P 必须是列满秩的。

下面总结终端集约束 $x_N\in\mathcal{T}_{set}$,反馈律 $\kappa(x)$(对 $x\in\mathcal{T}_{set}$)和保证 RHC 指数稳定性的终端代价 $V(x_N)$的一般条件。

① 约束满足性:$\mathcal{T}_{set}\subseteq\mathbb{X}$,$\kappa(x)\in\mathbb{U}$,$\forall x\in\mathcal{T}_{set}$。

② 不变性:$x\in\mathcal{T}_{set}\Rightarrow x^+\in\mathcal{T}_{set}$。

③ 稳定性:存在 $\rho>0$,使得 $V(x^+)-V(x)\leqslant -l(x,u)$,,其中 $l(\cdot)$表示阶段代价(这里,$l(x,u)=x^T Q_x x+u^T Q_u u$)。

保证稳定的第二种广泛使用的方法是收缩约束。在开环系统(8-28)上增加一个约束,使得某种范数的状态减小(如$\|x_{k+1}\|\leqslant\|x_k\|$)。如果能够适当地选择约束,可以保证指数稳定性。但是,收缩约束不能保证无限时间可行性。

下面举一个数值实例说明终端集对可行集 χ_N 大小的影响。

例 8-3 考虑以下双积分器系统

$$x(k+1)=\begin{pmatrix}1 & 1\\0 & 1\end{pmatrix}x(k)+\begin{pmatrix}1\\0.5\end{pmatrix}u(k)$$

其约束为

$$-1 \leqslant u(k) \leqslant 1, \quad \forall k \geqslant 0$$

$$\begin{pmatrix} -5 \\ -5 \end{pmatrix} \leqslant x(k) \leqslant \begin{pmatrix} 5 \\ 5 \end{pmatrix}, \quad \forall k \geqslant 1$$

我们的目标是当满足输入和状态约束时，调节系统状态到原点。

图 8.11 分别显示了对 $\mathcal{T}_{\mathrm{set}} = \mathbb{R}^n$ 和 $\mathcal{T}_{\mathrm{set}} = \mathcal{O}_\infty^{LQR}$ 时得到的两个闭环轨迹。

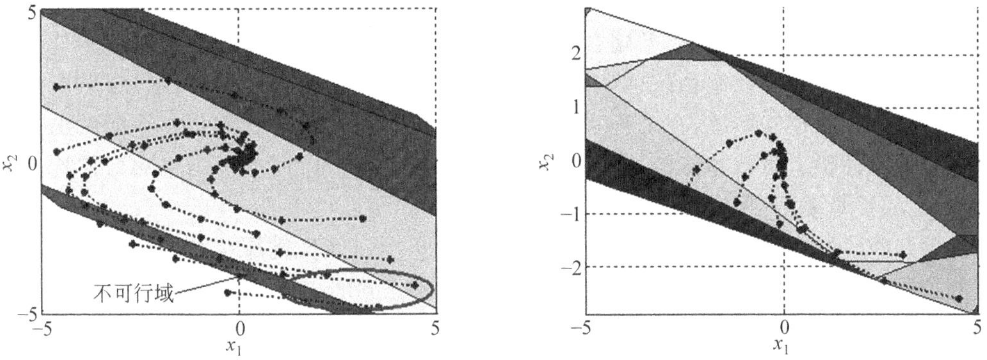

(a) 终端集为整个实向量空间的闭环轨迹　　(b) 终端集为不变集子集的闭环轨迹

图 8.11　终端集变化时系统的闭环轨迹图

从图 8.11(a)中可以看出，当 $\mathcal{T}_{\mathrm{set}} = \mathbb{R}^n$ 时，可能会产生导致不可行性的输入序列。如果用图 8.11(b)所示的终端集约束 $\mathcal{T}_{\mathrm{set}} = \mathcal{O}_\infty^{LQR}$ 时，能够保证无限时间可行性，但是可以看出状态可行集 χ_{N} 会相对较小。

8.4 显式模型预测控制

模型预测控制基于滑动时域在线反复优化的思想求解无限时间约束最优控制问题。由于采用了预测模型，滚动优化、反馈校正和多步预测等新的控制策略获取了更多的系统运行信息，使得模型预测控制具有良好的控制性能，并能在一定程度上有效地抑制系统模型的不精确和外界干扰对系统控制性能的影响。模型预测控制技术已经在石油、化工等流程工业领域获得了广泛应用，取得了巨大的经济效益与社会效益。现今在全世界范围内，在大型石油、化工公司的最新生产装置中，几乎没有不使用模型预测控制技术的。

基于在线反复优化的传统模型预测控制技术的主要不足是：

(1) 由于模型预测控制的反复在线优化计算特点，使得模型预测控制技术只能适用于问题规模不大或者系统的动态变化较慢的场合(如过程控制系统)，难以适用于采样速率较高的系统和动态变化较快的系统，如电机系统、电力系统、电力电子系统、机械振动控制系统、汽车电子控制等系统。

(2) 从工程实践中逐步发展起来的模型预测控制技术，在理论的研究方面(系统的性能分析和综合分析)存在明显的滞后。主要原因是：由于预测控制算法的反复在线优化计算特点，闭环模型预测控制系统本质上属于一类隐性的非线性系统。隐性是指难以建立闭环预测控制系统的输入与输出之间的一个显式关系表达式，系统的主要设计参数都是以蕴含的方式出现在闭环传递函数中，因而很难对闭环模型预测控制系统进行理论上的分析。

(3) 实际系统的模型总具有一定的非线性特性和时变特性，模型的结构与参数总具有一定的摄动特性，以及模型总存在一定的外部干扰。通常情况下是以一定的线性标称模型近似实际模型，然后基于标称模型建立预测控制算法。因此，必须分析模型误差和外部干扰存在时的标称模型预测控制系统的实际控制性能。由于理论上分析的困难，对于按标称模型设计的模型预测控制系统，在工程实际中的运行之前，还不能对它的控制性能做出一个较准确的估计与评价。虽然鲁棒模型预测控制在设计阶段就考虑模型不确定和外部扰动的影响，但是在线计算复杂，保守性大，难以应用。

最近几年，国内外对于减少模型预测控制的在线计算时间、提高在线计算速度和扩大模型预测控制技术适用范围的研究非常活跃，特别是 Bemporad 等学者在显式模型预测控制(Explicit Model Predictive Control，EMPC)方面所做的开创性工作。

优化问题中的最优决策向量 $U^*(x(0))$ 取决于系统的初始 $x(0)$，即当 $x(0)$ 的值改变时，$U_N^*(x(0))$ 也随之改变。通常，当改变 $x(0)$ 的值时，都是重新求解优化问题，这也是模型预测控制需要反复在线求解优化问题的原因。因而，模型预测控制通常应用在问题的规模不是很大或问题的动态行为变化不是很快(或采样速率不是很高)的场合。如果把系统的状态 $x(0)$ 看作优化问题的参数向量，设法求解得到当 $x(0)$ 在我们感兴趣的区域内改变时最优决策向量 $U_N^*(x(0))$ 的变化规律，或设法得到 U_N^* 与 $x(0)$ 之间的显式函数关系，就可以避免模型预测控制算法的反复在线优化计算，就可以对模型预测控制的作用机制有更深入的了解。

Bemporad 等学者把多参数规划理论引入线性时不变对象的约束二次优化控制问题的求解中，对系统的状态区域(即参数区域)进行凸划分，离线计算得到对应每个状态分区上的状态反馈最优显式控制律，并建立了显式模型预测控制系统。这样就把基于反复在线优化计算的闭环模型预测控制系统(本质上是属于一类隐性的非线性系统)转化为与之等价的显式 PWA(Piece Wise Affine)系统(显式模型预测控制系统)，其主要意义在于：

① 我们知道闭环模型预测控制系统本质上属于非线性系统，通常很难建立该非线性系统类似 $x(t+1)=f(x(t),u(t))$ 的显式表达式。PWA 系统属于一类典型的非线性系统模型，有助于对闭环模型预测控制系统的认识。

② 建立与闭环模型预测控制系统等价的 PWA 模型，有助于简化在线计算工作量。在线计算量简化为：确定当前系统的状态 $x(t)$ 属于哪个多面体集 CR^i，而对应 CR^i 的最优控制，已由离线计算得到，在线无须反复优化计算，因而有助于扩大模型预测控制的应用范围，使得显式模型预测控制能够应用在问题规模较大和采样速率较高的场合。

③ 基于闭环预测控制系统的 PWA 模型，可以建立闭环预测控制系统的性能分析方法(如稳定性分析，吸收域分析)。

显式模型预测控制分为离线计算和在线查找两个步骤，主要过程如图 8.12 所示。即离线计算时，应用多参数规划方法对系统的状态区域(即参数区域)进行凸划分，并离线计算得到对应每个状态分区上的状态反馈最优控制律(状态的线性控制律)，如图 8.13 所示；在线计算时(图 8.12 中的虚线箭头)，只确定当前时刻的系统状态处在状态的哪个分区，并按照该分区上的最优控制律计算当前时刻的最优控制量。

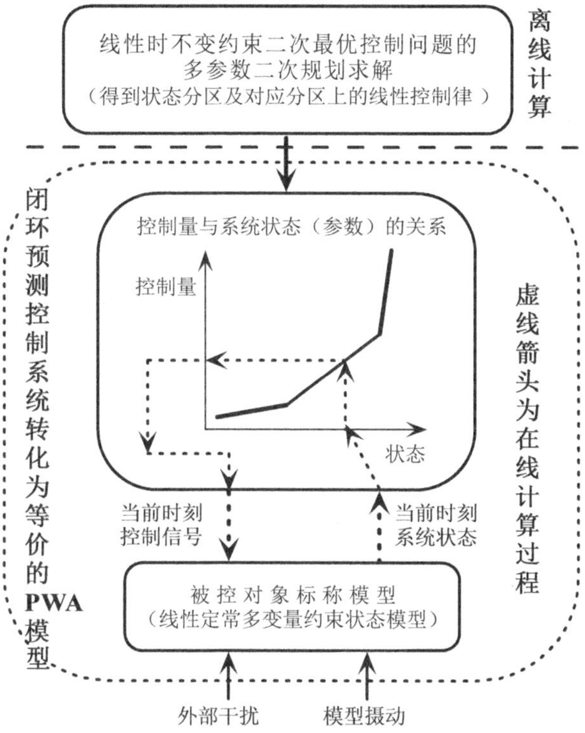

图 8.12　显式模型预测控制的主要过程

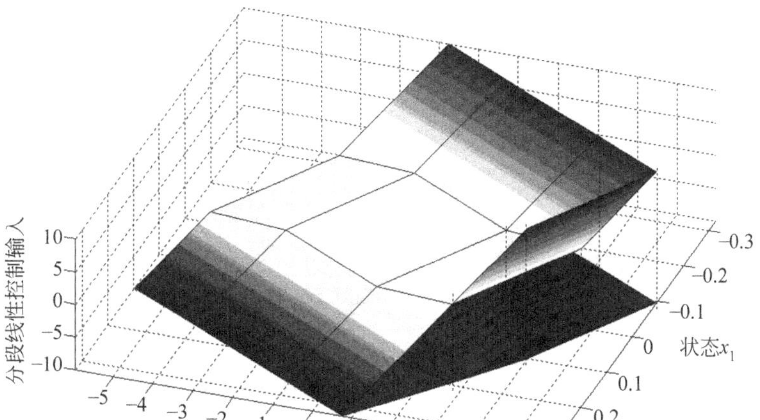

图 8.13　状态区域划分及状态分区上的状态反馈最优控制律

显式模型预测控制由于在线时无须做反复的优化计算，因而相比较基于反复在线优化计算的传统(隐式)模型预测控制，其在线计算时间大为减少。此外，由于对应于每个状态分区上的最优控制律是状态的简单线性关系，因而控制律的软件实现简单、可靠。在工程实际中，显式模型预测控制算法有望用单片微控制器或者嵌入式系统实现。

为克服模型预测控制的不足，Alberto Bemporad 等学者提出了显式模型预测控制方法。对于处理小规模问题，显式模型预测控制方法是一种相对较快的快速预测控制方法。该方法在 MPC 算法中引入了多参数二次规划理论，其计算过程大致可分为两部分：离线计算和在线计算。在离线计算部分，主要利用多参数二次规划方法对被控系统的整个状态区域进行凸划分，然后计算求解得到所有参数区域和相应区域的控制律，同时确定各状态与控制律之间的映射关系。而在线计算可以理解为查表过程，即控制器读取当前时刻的状态，通过查找确定系统当前状态值对应的状态分区和相应的控制律，选取该控制律的第一个控制量作用于被控系统，得到下一时刻的状态值。显式模型预测控制方法用简单的数据查表过程替换预测控制方法反复在线计算过程，大大减少了预测控制方法的在线计算量，提高了算法的运行效率，从而达到快速计算的目的。下面对该方法的两个部分分别详细介绍。

8.4.1 离线计算

考虑如下离散线性时不变系统，状态空间方程如式(8-31)所示。

$$\begin{aligned}&x(t+1)=Ax(t)+Bu(t)\\&y(t)=Cx(t)\\&\text{s.t.}\quad x_{\min}\leqslant x(t)\leqslant x_{\max}\\&u_{\min}\leqslant u(t)\leqslant u_{\max}\end{aligned}\tag{8-31}$$

其中 $x(t)\in R^n$ 为系统状态，$u(t)\in R^m$ 为系统控制输入，$y(t)\in R^p$ 为系统输出。

若该系统所有时刻的状态均可测，则可定义该系统的性能指标函数(也称目标函数或代价函数等)为

$$J(U_{\mathrm{T}},x(0))=\|Px_{\mathrm{T}}\|_2+\sum_{k=0}^{T-1}(\|Qx_{\mathrm{k}}\|_2+\|Ru_k\|_2)\tag{8-32}$$

整理后，系统式(8-31)的最优控制问题可表示为

$$\begin{aligned}&\min J(U_{\mathrm{T}},x(0))=\|Px_{\mathrm{T}}\|_2+\sum_{k=0}^{T-1}(\|Qx_{\mathrm{k}}\|_2+\|Ru_{\mathrm{k}}\|_2)\\&\text{s.t.}\quad Ex_{\mathrm{k}}+Lu_{\mathrm{k}}\leqslant M,\quad k=0,1,\cdots,T-1\\&x_{\mathrm{k+1}}=Ax_{\mathrm{k}}+Bu_{\mathrm{k}},\quad k\geqslant 0\\&x_0=x(0),\quad x_{\mathrm{N}}\in\chi_{\mathrm{f}}\end{aligned}\tag{8-33}$$

其中，x_{T} 为终端状态，$\chi_{\mathrm{f}}=\{x\in R^n\mid H_{\mathrm{f}}x\leqslant K_{\mathrm{f}}\}$ 为一多面体，$X\subseteq\boldsymbol{R}^n$ 为满足最优控制问题(8-33)中约束条件的所有 $x(0)$ 的集合，U_{T}(即$[u_0,u_1,\cdots,u_{\mathrm{T}-1}]$)为决策向量，$\boldsymbol{P}$ 为终端状态权重矩阵，$\boldsymbol{Q}$ 为状态权重矩阵，$\boldsymbol{R}$ 为输入权重矩阵，T 为预测步长。

对于上述最优控制问题(8-33),可运用多参数二次规划理论进行求解,具体过程如下。

首先引入替换式子

$$x(k)=A^k x(0)+\sum_{j=0}^{k-1}A^j Bu(k-1-j) \tag{8-34}$$

则最优控制问题(8-33)可转化为

$$V(x(0))=\frac{1}{2}x'(0)\boldsymbol{Y}x(0)+\min_{U}\left\{\frac{1}{2}U'\boldsymbol{H}U+x'(0)\boldsymbol{F}U,\text{s. t.}\quad \boldsymbol{G}U\leqslant\boldsymbol{W}+\boldsymbol{E}x(0)\right\} \tag{8-35}$$

其中矩阵 $\boldsymbol{Y}$、$\boldsymbol{H}$、$\boldsymbol{F}$、$\boldsymbol{G}$、$\boldsymbol{W}$、$\boldsymbol{E}$ 均可通过式(8-33)和矩阵 $\boldsymbol{Q}$、$\boldsymbol{R}$ 计算得到。

令 $z\triangleq U+\boldsymbol{H}^{-1}\boldsymbol{F}'x(0)$,则式(8-35)可进一步转换为标准形式的二次优化问题:

$$\begin{aligned}V_z(x)&=\min_z\frac{1}{2}z'\boldsymbol{H}z\\ \text{s. t.}\quad &\boldsymbol{G}z\leqslant\boldsymbol{W}+\boldsymbol{S}x(0)\end{aligned} \tag{8-36}$$

其中,$\boldsymbol{S}=\boldsymbol{E}+\boldsymbol{G}\boldsymbol{H}^{-1}\boldsymbol{F}$,$V_z(x)=V(x)-\frac{1}{2}x'(\boldsymbol{Y}-\boldsymbol{F}\boldsymbol{H}^{-1}\boldsymbol{F}')x$。

对于上述问题(8-36),可以通过定义其拉格朗日(Lagrange)函数进行求解。拉格朗日乘数法的基本思路是通过增加变量将优化问题中的约束条件加权到目标函数中,从而将含约束条件的优化问题转化为无约束优化问题。式(8-36)的 Lagrange 函数可以表示为

$$L(z,\lambda)=\frac{1}{2}z'Hz+\lambda(G^iz-W^i-S^ix) \tag{8-37}$$

其中 λ_i 为不等式约束条件中的 Lagrange 因子。对于 Lagrange 函数式(8-37),对其进行求偏导可得到满足极值问题的必要条件:

$$\nabla_z L(z,\lambda)=Hz+\lambda G'=0 \tag{8-38}$$

若满足 $\nabla_z L(\bar{z},\bar{\lambda})=0$ 的 $\bar{z}$ 同时满足约束条件,则 $\bar{z}$ 为极值点,此时的优化条件即 KKT (Karush-Kuhn-Tucker)条件:

$$Hz+G'\lambda=0,\quad \lambda\in R^q \tag{8-39a}$$

$$\lambda_i(G^iz-W^i-S^ix)=0,\quad i=1,2,\cdots,q \tag{8-39b}$$

$$\lambda\geqslant 0 \tag{8-39c}$$

$$Gz\leqslant W+Sx \tag{8-39d}$$

通过求解式(8-39a)可得到 $z=-H^{-1}G'\lambda$,将结果代入式(8-39b)得到松弛互补条件:

$$\lambda(-GH^{-1}G'\lambda-W-Sx)=0 \tag{8-40}$$

该条件可等价为 $\lambda=0$ 或 $G^iz-W^i-S^ix=0$,可保证极值点在可行域的边界上。

令该拉格朗日函数的有效约束为 $\tilde{\lambda}$,对式(8-40)进行求解后得

$$\tilde{\lambda}=-(\tilde{G}H^{-1}\tilde{G}')^{-1}(\widetilde{W}+\tilde{S}x) \tag{8-41}$$

其中,$\tilde{G}$、$\widetilde{W}$、$\tilde{S}$ 为与 $\tilde{\lambda}$ 相关的一组约束组合,并且存在 $(\tilde{G}H^{-1}\tilde{G}')^{-1}$,再将式(8-41)代入

$z=-H^{-1}G'\lambda$，则有

$$z = H^{-1}\widetilde{G}'(\widetilde{G}H^{-1}\widetilde{G}')^{-1}(\widetilde{W}+\widetilde{S}x) \tag{8-42}$$

将式(8-42)代入等式 $z \triangleq U+H^{-1}F'x(0)$ 中，可得最优控制问题(8-43)的控制律为

$$U = H^{-1}\widetilde{G}'(\widetilde{G}H^{-1}\widetilde{G}')^{-1}(\widetilde{W}+\widetilde{S}x) - H^{-1}F'x(0) \tag{8-43}$$

由此可见，控制律 U 是关于状态 $\boldsymbol{x}$ 的显式表达式。

将式(8-41)和式(8-42)分别代入式(8-39c)和(8-39d)后可得

$$\begin{cases} -(GH^{-1}\widetilde{G}')(\widetilde{W}+\widetilde{S}x) \geqslant 0 \\ GH^{-1}\widetilde{G}'(GH^{-1}\widetilde{G}')(\widetilde{W}+\widetilde{S}x) \leqslant W+Sx \end{cases} \tag{8-44}$$

求解上述两个不等式，可得初始状态 $x(0)$ 对应的临界区域 CR_0。

为简化计算，将控制律式(8-43)标记为 $U=Fx+G, x\in CR_0$。根据滚动优化思想，选取控制序列 U 的第一项作用于被控对象，则该项可表示为

$$u_0 = fx+g, x \in CR_0 \tag{8-45}$$

对于该预测控制问题，根据以上步骤，运用二次规划理论就可得到当前状态的临界区域 CR_0，在下一时刻，重复相同的过程可查找完状态空间区域 X 的剩余部分 CR_{rest}，其示意图如图 8.14 所示。其中 CR_i 为某一定义域 X 中的状态分区，$i\in\{1,2,\cdots,M\}$，M 为状态分区个数，该状态分区上相应的控制律为

$$u_i = f_i x + g_i, \quad x \in CR_i \tag{8-46}$$

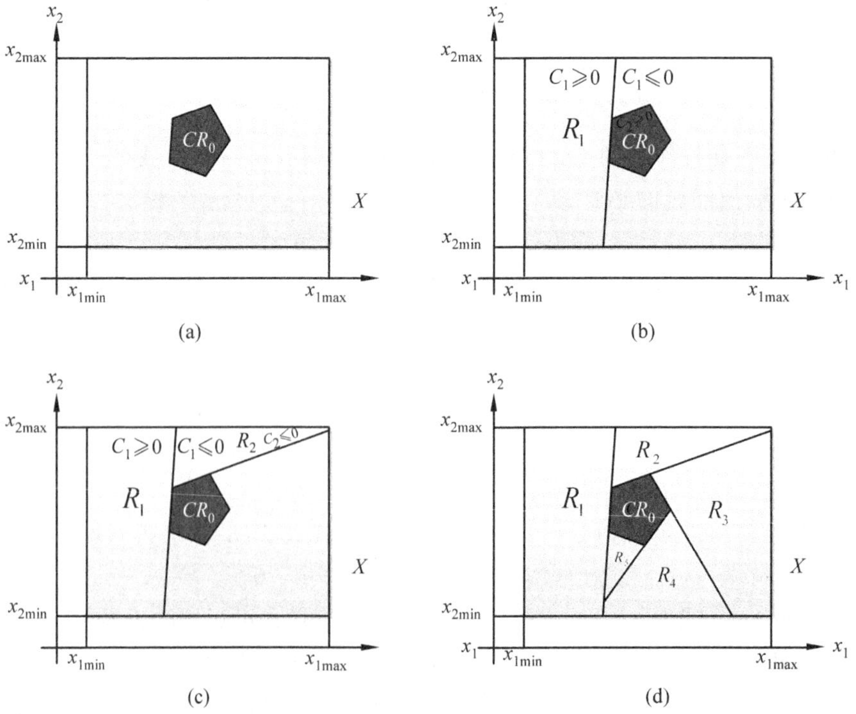

图 8.14　状态空间划分过程

8.4.2　在线计算

根据8.4.1节所述，显式模型预测控制运用多参数二次规划理论离线计算出最优控制问题的状态分区以及各状态分区上相应的控制律，具体可表示为

$$u(t)=\begin{cases}F_1x(t)+G_1 & H_1x\leqslant K_1\\ \cdots & \\ F_Mx(t)+G_M & H_Mx\leqslant K_M\end{cases} \tag{8-47}$$

其中，H_i 和 K_i 为描述状态分区信息的矩阵，F_i 和 G_i 为描述关于状态 $x(t)$ 控制律信息的矩阵，这些矩阵均被存储于线性表中。显式模型预测控制的在线计算过程则转化为简单的在线查表过程，即控制器读取系统当前的状态值 $x(t)$，根据该值确定系统当前状态所在的状态区域，再利用式(8-47)所示的控制律 $u(t)$ 和状态 $x(t)$ 的函数计算相应的控制律，并将该控制律的第一项作用于被控对象，更新系统的状态；在下一时刻，重新读取系统状态，重复上述过程，从而得到被控系统的全部控制律。

在线计算过程实际上是在线查表过程，而查表过程算法的不同会影响系统控制的实时性和快速性。目前，在线计算过程常用的算法有以下4种。

(1) 顺序查找法。

该方法先对离线计算所得的状态分区按照一定顺序进行编号，然后逐个比较系统当前状态是否在该状态分区内部，若否，则继续比较，直到查找出该状态所在的状态分区；若是，则调用相应的状态值和控制律之间的函数，求解出控制律。在最坏情况下，使用顺序查找法需要遍历所有的状态分区，因此顺序查找法也是效率最低的算法。

(2) 可达分区算法。

该方法先读取系统状态，用顺序查找法找出该状态对应的状态分区，然后计算相应的控制律并应用到被控系统中；而在下一采样时刻，直接在上一分区的可达分区中执行顺序查找法，再计算控制律，重复上述过程即可得到所有控制律。在极端情况下，系统每个分区的可达分区可能为系统的所有状态分区，此时可达分区算法完全等效于顺序查找法。但在大多数情况下，系统每个分区的可达分区数会远远少于分区总数，所以该算法所需的在线计算时间远小于直接查找法。

(3) 哈希表算法。

EMPC算法的在线计算过程若使用哈希表算法，则需先对离线计算所得的状态分区和控制律进行预处理，在线计算过程则直接使用哈希函数计算当前状态所在的多胞体集合，然后再在该集合内部对多个状态分区进行编号，使用顺序查找法确定该状态对应的正确分区和控制律。

(4) 二叉树算法。

二叉树算法需要根据被选定的一组参考超平面数据，确定最终目标状态所在的分区。在定位状态 $x(t)$ 时，将该状态直接代入根结点的划分超平面。该方法只需判断状态点和被选定的超平面的位置关系，就能确定该状态所在的分区，无须像顺序查找法一样依次判断状态点和

每个分区的位置关系。采用二叉树算法,其计算复杂度可由原来的 $O(n*m)$ 降低至 $O(\log n)$(其中 n 为状态分区数,m 为每个分区的约束个数),从而提升算法的在线计算速度。

综上所述,EMPC 算法用离线计算和在线查找替代传统 MPC 算法的反复在线计算,提高了计算速度和控制效率,一定程度上弥补了模型预测控制方法难以应用于动态变化快、采样频率较高系统的不足。

8.4.3 实例仿真

例 8-4 选取一线性系统:

$$x(k+1)=\boldsymbol{A}x(k)+\boldsymbol{B}u(k)$$
$$y(k)=\boldsymbol{C}x(k)+\boldsymbol{D}u(k)$$

其性能指标函数为 $\min J=\boldsymbol{Y}^{\mathrm{T}}\boldsymbol{QY}+\boldsymbol{U}^{\mathrm{T}}\boldsymbol{RU}$;采样时间 $T_s=0.1\mathrm{s}$;其中

$$\boldsymbol{A}=\begin{bmatrix}0 & 0 & 0 & 1 & 0 & 0\\ 0 & 0 & 0 & 0 & 1 & 0\\ 0 & 0 & 0 & 0 & 0 & 1\\ 0 & -3.0158 & -0.5717 & -16.0167 & 0.0195 & -0.0033\\ 0 & 53.0055 & -23.4049 & 66.2134 & -0.6097 & 0.2030\\ 0 & -37.0773 & 69.3978 & -46.3162 & 0.8492 & -0.3729\end{bmatrix}\quad \boldsymbol{B}=\begin{bmatrix}0\\ 0\\ 0\\ 3.7596\\ -15.5421\\ 10.8717\end{bmatrix}$$

$$\boldsymbol{C}=\begin{bmatrix}1 & 0 & 0 & 0 & 0 & 0\\ 0 & 1 & 0 & 0 & 0 & 0\\ 0 & 0 & 1 & 0 & 0 & 0\end{bmatrix}$$

约束条件 $x_{\max}=x_{\min}=[0.02\quad 0.01\quad 0.01\quad 0.01\quad 0.01\quad 0.01]^{\mathrm{T}}$。

令初始状态 $x_0=[0\quad 0\quad 0\quad 10^{-3}\quad 10^{-3}\quad 0]^{\mathrm{T}}$。

经 MPT 工具箱离线处理后得到的状态分区如图 8.15 所示。

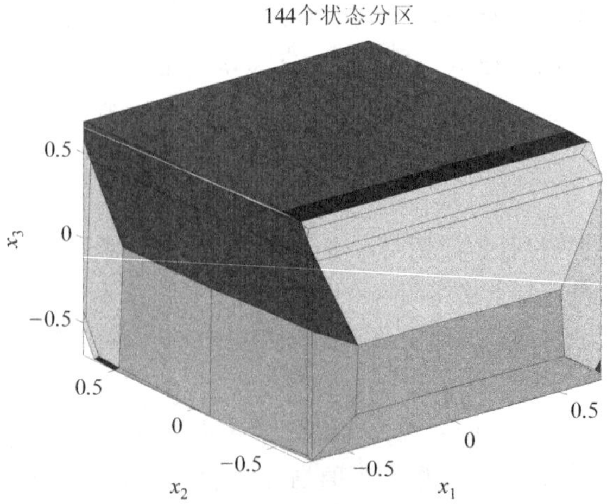

图 8.15 离线状态分区图

8.5 基于凸优化的快速模型预测控制

8.5.1 凸优化工具 CVXGEN 简介

凸优化工具 CVXGEN 是一种在线软件工具，利用该工具可以将特定的问题以一种高级语言形式描述，并生成相应的 C 代码，编译该代码后即可生成相应凸优化问题的高速可靠求解器。该工具主要利用 DCP(Disciplined Convex Programming)技术将问题集转换为中等大小的凸二次规划问题，其产生的代码不基于任何库，因此能够嵌入相应的系统进行实时求解。图 8.16 给出了通用解析求解器和凸优化工具 CVXGEN 的工作原理，其中图 8.16(a)为通用解析求解器的工作原理，在求解过程中需要反复调用包含问题结构和数据的信息计算出最优解 x^*，因此求解过程相对较慢；而图 8.16(b)为凸优化工具 CVXGEN 的工作原理，该方法先对问题集进行描述生成相应的源代码，编译后得到其求解器，再对问题进行实例化，然后调用其求解器计算最优解，此方法无须反复调用包含问题结构和数据的信息，从而提高求解速度。

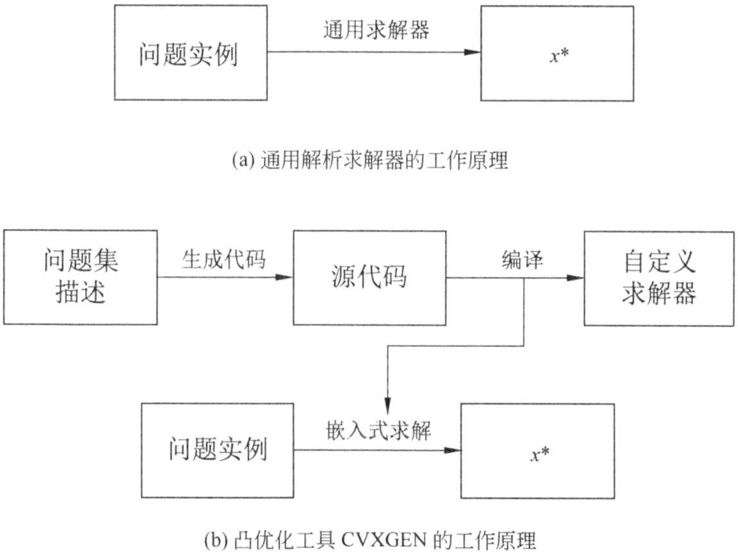

图 8.16 通用解析求解器和凸优化工具 CVXGEN 的工作原理

8.5.2 CVXGEN 求解器的生成

在计算速度上，凸优化工具生成的自定义求解器比通用求解器拥有几个数量级的优势，但是该工具需要使用特定语言进行编程，所以本节将简单介绍求解器生成的过程和使用说明。

图 8.17 为基于凸优化工具 CVXGEN 的模型预测控制方法使用框图，首先需在 CVXGEN 中使用特定语言描述系统问题，经编译后得到相应的高速求解器，而生成的求解器可以在 MATLAB 或 Linux 环境下使用，通过该求解器可以快速求解预测控制问题。

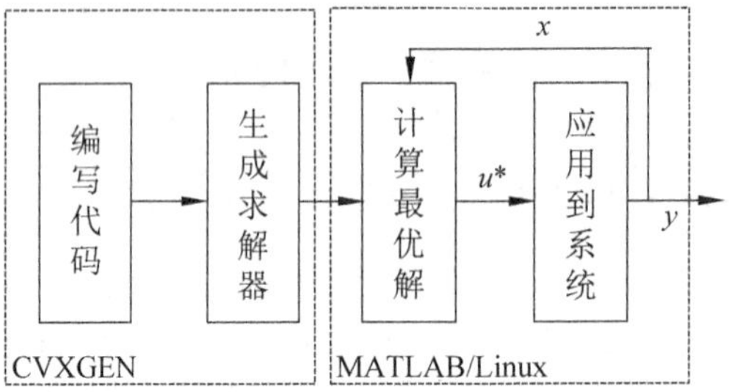

图 8.17　基于凸优化工具 CVXGEN 的模型预测控制方法使用框图

1. 编写代码

图 8.18 为 CVXGEN 的代码编写界面，其中维数(dimensions)部分需要描述问题的规模，包括状态、输入和预测步长的大小；参数(parameters)部分只需填写预测控制问题中涉及的参数名称及相应的维数，无须赋予具体数值，只有当求解器被调用时，才赋予各参数相应的数值；变量(variables)部分需要填写预测控制问题中涉及的变量及相应的维数，该部分和参数部分类似，只需给予变量名和相应的维数以及属性；目标函数(minimize)和约束(subject to)即描述预测控制问题的性能指标函数和相应约束条件的表达式。上述所有问题的描述均要求属性是凸或仿射的。

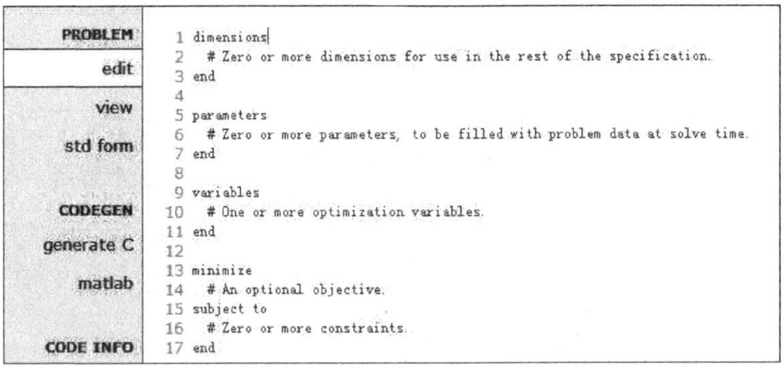

图 8.18　CVXGEN 的代码编写界面

2. 代码编译

在代码编写界面完成对问题的描述后，若代码无错，便可对描述后的问题进行编译，代码编译页面如图 8.19 所示。经编译后便得到相应的高速求解器，其中包含了若干文件，各文件列表及说明见表 8.1。

表 8.1　CVXGEN 编译后生成的各文件列表及说明

文　件　名	文件说明
Makefile	Linux 环境下需调用的基本 makefile 文件

续表

文　件　名	文件说明
csolve. c	运行 CVXGEN 求解器的可编译文件，用于生成 mex 文件
csolve. m	csolve. c 文件在 m 语言下的转换
cvxsolve. m	CVX 方法的求解文件，可直接调用
description. cvxgen	在 CVXGEN 代码编写页面描述问题的源代码
ldl. c	solver. c 文件的基本测试代码
make_csolve. m	通过调用 mex 命令可以生成 csolve 的 mex 文件
solver. c	求解 QP 问题的核心文件
testsolver. c	测试文件
util. c	CVXGEN 算法中的通用文件
solver. h	所有相关变量和函数定义的头文件

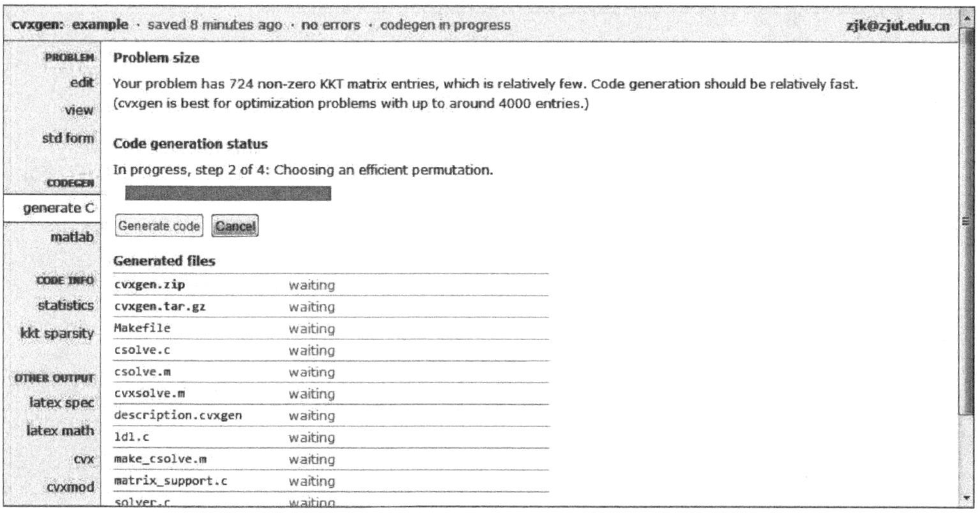

图 8.19　代码编译页面

3. 接口使用

生成的求解器提供了 C 接口和 MATLAB 接口。若使用 C 接口，则可直接将求解器应用到相应模型中，并在 Linux 环境下使用 gcc 编译器编译相应的文件得到所需的结果。而在 MATLAB 环境下，需将编译后生成的 cvxgen. m 文件添加到相应路径下，然后调用相应代码得到 cvxgen. mex32(或 cvxgen. mex64)文件，该过程和在 MATLAB 环境中调用 mex 命令功能类似，都是为了得到核心算法的动态链接库文件，以便其在 MATLAB 环境中调用。

8.5.3 算法控制性能分析

考虑如下形式的预测控制问题：

$$\begin{aligned}&\min J=\sum_{\tau=t}^{t+T-1}(x(\tau)^{\mathrm{T}}Qx(\tau)+u(\tau)^{\mathrm{T}}\boldsymbol{R}u(\tau))\\&\text{s.t.}\quad x(t+1)=\boldsymbol{A}x(t)+\boldsymbol{B}u(t)+w(t)\\&u_{\min}\leqslant u\leqslant u_{\max}\\&x_{\min}\leqslant x\leqslant x_{\max}\end{aligned}\tag{8-48}$$

其中状态矩阵 $\boldsymbol{A}\in\boldsymbol{R}^{n\times n}$，输入矩阵 $\boldsymbol{B}\in\boldsymbol{R}^{n\times m}$，扰动项 $w(t)\in\boldsymbol{R}^{n}$，状态和输入权重矩阵分别为 $\boldsymbol{Q}\in\boldsymbol{R}^{n\times n}$、$R\in\boldsymbol{R}^{m\times m}$。

为分析算法的适用范围和快速求解能力，将上述预测控制问题(8-48)实例化，得到下述不同规模的实例，并将算法应用其中。分别选取如下 3 个实验对象。

(1) 选取状态维数 $n=4$，输入变量 $m=1$ 作为实验对象一。

式(8-48)中的状态和输入权重矩阵分别为 $\boldsymbol{Q}=[10\quad 10\quad 100\quad 100]$、$\boldsymbol{R}=0.1$；状态、输入和扰动项分别为

$$\boldsymbol{A}=\begin{bmatrix}0&1&0&0\\0&-0.0883&0.6293&0\\0&0&0&1\\0&-0.2357&27.8285&0\end{bmatrix},\quad \boldsymbol{B}=\begin{bmatrix}0\\0.8832\\0\\2.3566\end{bmatrix},\quad w(t)=0$$

系统的约束条件为

$$u_{\max}=-u_{\min}=5$$

$$x_{\max}=-x_{\min}=[0.7\quad 0.7\quad 0.7\quad 0.7]^{\mathrm{T}}$$

(2) 选取状态维数 $n=5$，输入变量 $m=3$ 作为实验对象二。

式(8-48)中的状态和输入权重矩阵分别为 $\boldsymbol{Q}=\boldsymbol{I}_{5\times 5}$、$\boldsymbol{R}=\boldsymbol{I}_{3\times 3}$；扰动项 $w(t)=\boldsymbol{R}^{5}$ 为随机生成的扰动；而随机状态矩阵 $\boldsymbol{A}$、$\boldsymbol{B}$ 分别为

$$\boldsymbol{A}=\begin{bmatrix}0.1119&0.1171&-0.5073&0.1720&-0.5186\\-0.3229&-0.4788&-0.8873&-0.0496&0.1733\\-0.4266&-0.3296&-0.5519&0.0700&-0.3233\\0.9620&-0.0672&0.1270&-0.1813&-0.1275\\0.6305&0.3104&0.1490&0.3283&0.2105\end{bmatrix}$$

$$\boldsymbol{B}=\begin{bmatrix}0.7802&0.4359&0.8176\\0.0811&0.4468&0.7948\\0.9294&0.3063&0.6443\\0.7757&0.5085&0.3786\\0.4868&0.5108&0.8116\end{bmatrix}$$

系统的约束条件为

$$u_{\max}=-u_{\min}=[0.2\quad 0.2\quad 0.2]^{\mathrm{T}}$$

$$x_{\max}=-x_{\min}=[10\quad 10\quad 10\quad 10\quad 10]^{\mathrm{T}}$$

(3) 选取状态维数 $n=8$,输入变量 $m=4$ 作为实验对象三。

式(8-48)中的状态和输入权重矩阵分别为 $\boldsymbol{Q}=\boldsymbol{I}_{8\times 8}$、$\boldsymbol{R}=\boldsymbol{I}_{4\times 4}$;扰动项 $w(t)\in\boldsymbol{R}^{8}$ 为随机扰动;随机状态矩阵 $\boldsymbol{A}$、$\boldsymbol{B}$ 分别为

$$\boldsymbol{A}=\begin{bmatrix} 0.0642 & -0.0568 & -0.0673 & -0.5273 & -0.3319 & -0.3735 & 0.0344 & 0.7085 \\ -0.3605 & -0.0511 & -0.0960 & -0.1557 & -0.2595 & 0.3269 & 0.0145 & -0.7907 \\ 0.3323 & -0.1863 & 0.5357 & -0.0546 & -0.1778 & 0.1227 & -0.2571 & 0.7806 \\ 0.1075 & 0.5890 & -0.0872 & 0.0967 & -0.1122 & -0.0102 & -0.0108 & 0.1182 \\ 0.0473 & -0.3066 & -0.3726 & -0.0914 & 0.0044 & 0.0639 & 0.0814 & 0.3501 \\ 0.1804 & -0.1694 & 0.5614 & 0.1553 & -1.0606 & -0.5480 & 0.1493 & -0.5827 \\ 0.0915 & -0.2433 & 0.4323 & 0.1372 & -0.1600 & -0.0296 & -0.1305 & -0.2066 \\ -0.3296 & -0.4111 & -0.0804 & -0.4379 & 0.4350 & 0.5616 & -0.0828 & -0.0974 \end{bmatrix}$$

$$\boldsymbol{B}=\begin{bmatrix} 0.6797 & 0.9037 & 0.4799 & 0.2399 \\ 0.1366 & 0.8909 & 0.9047 & 0.8865 \\ 0.7212 & 0.3342 & 0.6099 & 0.0287 \\ 0.1068 & 0.6987 & 0.6177 & 0.4899 \\ 0.6538 & 0.1978 & 0.8594 & 0.1679 \\ 0.4942 & 0.0305 & 0.8055 & 0.9787 \\ 0.7791 & 0.7441 & 0.5767 & 0.7127 \\ 0.7150 & 0.5000 & 0.1829 & 0.5005 \end{bmatrix}$$

系统的约束条件为

$$u_{\max}=-u_{\min}=[0.2\quad 0.2\quad 0.2\quad 0.2]^{\mathrm{T}}$$

$$x_{\max}=-x_{\min}=[10\quad 10\quad 10\quad 10\quad 10\quad 10\quad 10\quad 10]^{\mathrm{T}}$$

1. CVXGEN 处理结果

为分析基于凸优化的快速模型预测控制方法处理复杂问题的能力,将上述实验对象一、二、三分别在 CVXGEN 中进行问题描述、编译后得到各自的编译器。

表 8.2 给出了各对象经 CVXGEN 处理后的结果,其中包含了模型的尺寸、KKT 矩阵信息和代码生成所需的时间等。由表 8.2 可知,随着问题规模的增大,求解器中的相关变量数增加,CVXGEN 需要处理的 KKT 矩阵会更复杂,所需的矩阵求解时间变长,从而生成求解器所需的时间(代码生成时间)也会增加;而对于同一实例,求解器中的参数项不会随预测步长增加而增加,该参数项仅为预测控制问题求解过程中所需的参数,但式子中涉及预测步长等信息的相关变量会随着预测步长的增加而增大,KKT 矩阵的相关数据也随之增大,因此生成求解器所需的时间也会增加。例如,对于状态个数为 4、输入个数为 1、预测步长为 5 的

实验对象一，经 CVXGEN 编译后生成求解器所需的时间为 10.1s，而该实例经显式模型预测控制方法的 MPT 工具箱离线计算状态分区和控制律所需的时间为 563.2069s。但对于状态个数为 8，输入个数为 4，预测步长为 10 的对象三，其填充后的 KKT 矩阵中非零项个数为 4636，而 CVXGEN 能够处理的填充后 KKT 矩阵中非零项上限为 4000，此时已经超出 CVXGEN 可处理的问题范围，可能导致求解器生成失败。因此，基于凸优化的快速模型预测控制方法可处理的问题规模经转换后 KKT 矩阵中的非零项不能超过 4000。

表 8.2 各对象经 CVXGEN 处理后的结果

求解器中的各项信息	模型类型(状态维数，输入维数)					
	对象一(4,1)		对象二(5,3)		对象三(8,4)	
预测步长	$T=5$	$T=10$	$T=5$	$T=10$	$T=5$	$T=10$
参数项	60	60	107	107	250	250
原变量数	30	55	48	88	72	132
求解器中变量数	65	120	101	186	101	186
求解器中等式	24	44	30	55	48	88
求解器中不等式	105	195	179	334	117	222
KKT 矩阵维数	299	55	489	909	383	718
KKT 矩阵求解时间/s	7.0	44.5	44.7	93.9	84.5	379.5
KKT 矩阵原始非零项	694	1299	1243	2333	1432	2722
填充后 KKT 矩阵非零项	893	1683	1739	3314	2381	4636
填充因子	1.29	1.30	1.40	1.42	1.66	1.70
代码生成时间/s	10.1	57.5	56.6	111.1	100.4	429.7
代码大小/kB	389	697	726	1361	1153	2233

2. 仿真结果

为分析算法的可行性，本节给出了利用凸优化工具 CVXGEN 生成的求解器和利用工具箱 CVX 对实验对象一进行仿真后得到的结果，其中 CVX 工具箱是由斯坦福大学 Michael Grant 和 Stephen Boyd 教授开发的凸优化问题求解工具，该工具能够有效处理线性规划问题、二次规划问题、二阶锥规划问题、半定规划问题等，且该工具相对于 CVXGEN 编程更加简单方便，应用也更加广泛。

图 8.20 为实验对象一在预测步长 $T=10$ 时各状态变量的仿真曲线。由图 8.20 可知，两种方法下各状态的仿真曲线几乎一致，该结果验证了基于凸优化工具 CVXGEN 的快速模型预测控制方法的可行性。

3. 在线计算时间分析

为分析基于凸优化工具 CVXGEN 的模型预测控制方法的快速性，将上述经 CVXGEN

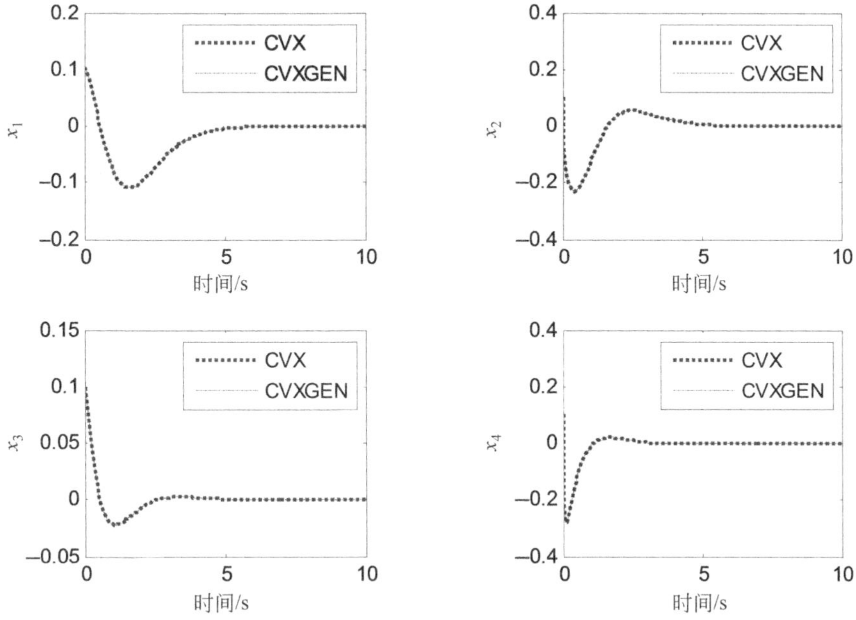

图 8.20 对象一各状态变量的仿真曲线

处理后得到的各求解器分别应用于不同实验对象。表 8.3 给出了利用工具箱 CVX 和 CVXGEN 对不同对象模型进行 200 步仿真的在线计算时间和每步迭代计算最优解的平均优化时间。本书所有仿真均在处理器为因特尔酷睿 i3 3220、内存为 4GB DDR3、最大单核时钟速度为 3.30GHz 的计算机上完成。

表 8.3 不同实验对象的在线计算时间(单位：秒)

模型类型(状态维数、输入维数、预测步长)	在线计算时间/s		每一步优化计算时间/s	
	CVX	CVXGEN	CVX	CVXGEN
对象一(4,1,10)	14.2963	0.0325	4.0421	0.0065
对象二(5,3,10)	20.1135	0.0431	7.1431	0.0078
对象三(8,4,5)	37.7796	0.0628	9.4598	0.0113

由表 8.3 可知，随着对象模型的复杂性增大，不论是利用凸优化工具箱 CVX，还是基于凸优化 CVXGEN 的快速模型预测控制方法进行求解，在线计算时间和每一步优化计算时间都会增加；但对于同一个对象，利用 CVXGEN 生成的求解器在线计算时间均远远小于利用 CVX 工具箱的在线计算时间；同样，每一步迭代计算最优解所需的平均时间也远远小于使用 CVX 工具箱求解所用的优化计算时间。例如，状态维数为 4、输入维数为 1、预测步长为 10 的实验对象一，利用 CVX 工具箱的在线计算时间为 14.2963s，每一步计算最优解所需

的时间为4.0421s，而利用CVXGEN的在线计算时间为0.0325s，每一步迭代计算最优解所需的时间为0.0065s，比利用CXV工具箱的求解时间快600多倍。

综合比较后可知，基于凸优化的快速模型预测控制方法不仅有良好的控制效果，而且在计算效率方面具有明显的优势，一定程度上解决了MPC因在线计算量大而无法适用于动态变化较快系统、EMPC随着问题规模增大需要更大存储空间和求解时间的问题。

Chapter 9

第9章 三自由度直升机半实物仿真与实时控制

随着计算机控制技术的不断发展，计算机仿真技术的应用领域不断扩大，越来越受到重视，但纯数字的仿真方法并未考虑真实的外部环境。在很多实际过程中，很难准确获得系统的数学模型，所以也就无从建立起 Simulink 所描述的精确框图，有时因为实际模型的复杂性，建立起来的模型也不确定，所以需要将实际系统模型放置在仿真系统中进行仿真研究。这样的仿真经常被称为"硬件在环"(Hardware-In-Loop，HIL)的仿真，又常被称为半实物仿真。

在实际应用中，通过纯数值仿真方法实现的控制器在系统实际控制中可能达不到期望的控制效果，甚至控制器完全不能用，这是因为在纯数值仿真中忽略了实际系统的某些特性或参数。要解决这样的问题，引入半实物仿真的概念十分必要。

本章将通过实际例子介绍 Quanser 三自由度直升机半实物仿真系统的构造与实验，搭建起理论仿真研究与实时控制之间的桥梁。

9.1 Quanser 三自由度直升机的系统结构和数学模型

小型无人直升机是目前国内外各高校和研究机构的研究热点之一，它在军用和民用两方面都具有很高的研究价值。由 Quanser 公司生产的三自由度直升机是一个含实物的实时实验平台。该平台具有较强的实验性和直观性，被广泛应用于控制理论研究中。诸多的控制算法应用于该模型，也取得了不错的科研成果。Quanser 公司设计的实时控制软件 Quarc 与 MATLAB/Simulink 无缝连接并且能够自动将 Simulink 模块转为 C 代码，具有很好的实时性。实验者不用手动编写代码，可以花更多的时间在控制系统的设计和性能的研究上。

图 9.1 为三自由度直升机的实物图和力学示意图。从图 9.1(a)和图 9.1(b)中可以看到它由基座、平衡杆、配重块、前电机、后电机、电滑环、各自由度上的编码器、主动干扰系统(Active Disturbance System，ADS)等组成。

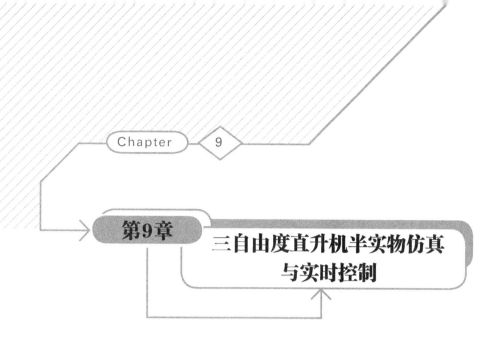

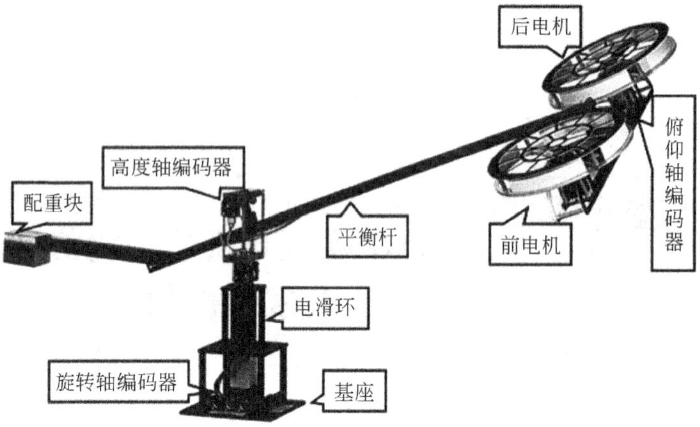

(a) 三自由度直升机结构图(无ADS)

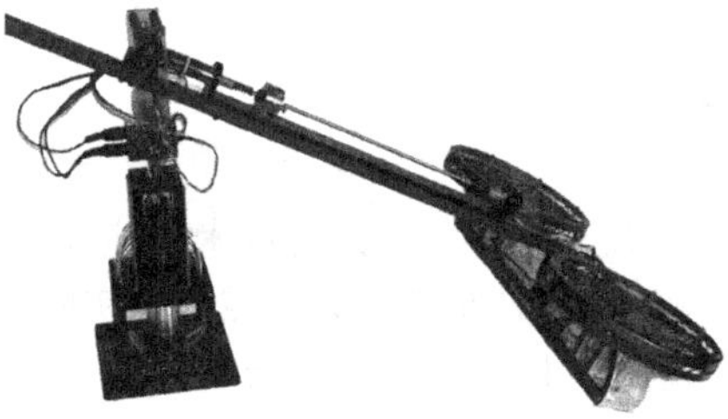

(b) 主动干扰系统(ADS)

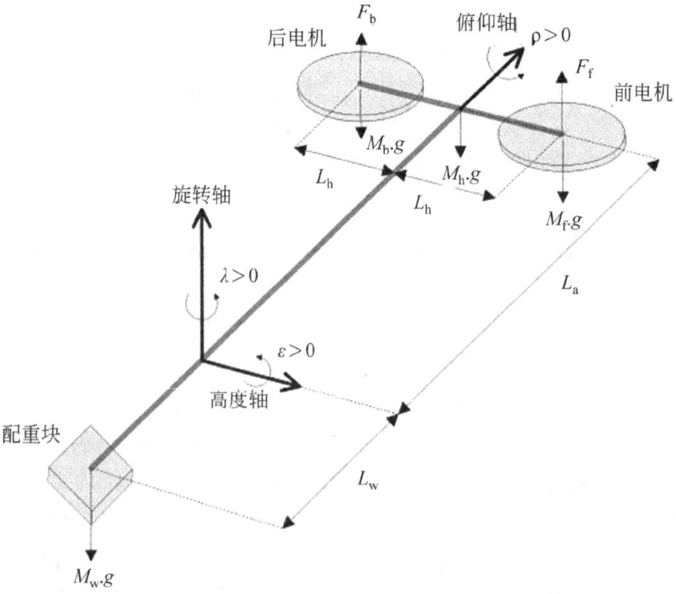

(c) 三自由度直升机的力学结构图

图 9.1　三自由度直升机的实物图和力学示意图

图 9.1(c)为三自由度直升机的力学示意图。由该图可知直升机 3 个自由度的旋转轴分别为高度(elevation)轴、俯仰(pitch)轴、旋转(travel)轴。

由此可分别建立 3 个轴的动力学方程。

(1) 高度轴。

如图 9.1(c)所示,高度轴就是穿过支点且垂直于此直升机运动平面的轴。高度角就是直升机的平衡杆在起始位置和它的高度运动位置之间的夹角。在此模型中,前后螺旋桨产生的升力分别为 F_f 和 F_b,产生的升力和为 $F_m=F_f+F_b$,由 F_m 控制高度轴的运动。当 $F_m>\boldsymbol{M}_w\cdot g$ 时,直升机上升;反之,直升机下降。容易得到:俯仰角越大,直升机飞得越高。假设机体水平时 $\varepsilon=0$,根据力矩平衡方程可以得到

$$J_e\ddot{\varepsilon}=K_fL_a(U_f+U_b)\cos p-M_hgL_a\cos\varepsilon$$

式中,K_f 为电机推力系数,单位为 N/V;U_f 和 U_b 分别为前后电机的控制输入电压,单位为 V。

在俯仰角比较小的情况下,高度角在平衡点附近的运动方程可近似为

$$\ddot{\varepsilon}=\frac{K_fL_a(U_f+U_b)-M_hgL_a}{J_\varepsilon} \tag{9-1}$$

高度轴相关参数表的定义见表 9.1。

表 9.1　高度轴相关参数表

参　　数	描　　述	参　数　值
J_ε	高度轴转动惯量	$m_hL_a^2+m_wL_w^2$
$\ddot{\varepsilon}$	高度轴旋转角加速度	计算得到
U_f,U_b	前后电机电压	产生 F_f,F_b
K_f	螺旋桨升力常量	0.1188N/V
L_a	旋转轴与直升机本体之间的距离	0.660m
L_w	旋转轴和配重块之间的距离	0.470m
T_g	高度轴有效重力距	$T_g=M_hgL_a-M_bgL_w$
m_h	两个螺旋桨组件的质量和	$M_h=2M_f=2M_b=1.150$kg
m_w	配重块的质量	1.87kg

(2) 俯仰轴。

如图 9.1(c)所示的简化模型:俯仰轴是指穿过直升机的两螺旋桨中点并且垂直于直升机运动平面的轴。俯仰角是指直升机的两螺旋桨偏离水平位置的夹角。俯仰轴的运动由前后螺旋桨产生的升力差控制。若 $F_f>F_b$,直升机就会产生正向倾斜,反之,产生负向倾斜。容易得到,俯仰角越大,直升机的倾斜越明显。其俯仰轴的运动方程如下。

$$J_p\ddot{P}=K_f(U_f-U_b)L_h$$

$$\ddot{P}=\frac{K_f L_h(U_f-U_b)}{J_p} \tag{9-2}$$

俯仰轴相关参数的定义见表 9.2。

表 9.2 俯仰轴相关参数表

参　数	描　述	参 数 值
J_p	俯仰轴转动惯量	$2m_f L_h^2$
$\ddot{p}$	俯仰轴旋转角加速度	计算得到
L_h	俯仰轴与各电机之间的距离	0.178m
m_f, m_b	前后螺旋桨组件的质量	$m_f=m_b=0.713\text{kg}$

(3) 旋转轴。

如图 9.1(c)所示的模型：旋转轴是穿过直升机的支点并且垂直于直升机运动平面的轴。旋转角是直升机平衡杆的开始位置和水平运动位置之间的夹角。直升机倾斜必然会产生俯仰角，同时会在旋转方向产生一个推力，产生旋转加速度，但若俯仰角为零，就没有力可以传给旋转轴。容易得到，旋转角越大，直升机水平方向飞行的距离越大。旋转轴的运动方程为

$$J_\lambda \ddot{\lambda}=K_f L_a(U_f+U_b)\sin p\cos\varepsilon+K_f L_h(U_f-U_b)\sin\varepsilon$$

当高度角在平衡点附近时，$\varepsilon\approx 0$，俯仰角较小时，$\sin p\approx p$，此时以俯仰角为输入的旋转通道的微分方程可近似为

$$\ddot{\lambda}=\frac{K_f(U_f+U_b)L_a}{J_\lambda}p \tag{9-3}$$

由式(9-3)可知，俯仰角越大，旋转速度越快，但不是为了达到更快的旋转速度，就认为俯仰角越大越好。由于考虑到人坐在直升机中的舒适度，就要保持直升机能平稳飞行，所以在考虑旋转速度的同时，要注意俯仰角不能过大。

对式 (9-1)、式(9-2)和式(9-3)进行公式推导，定义状态变量为

$$x^T=[\varepsilon, p, \lambda, \dot{\varepsilon}, \dot{p}, \dot{\lambda}]$$

输入为

$$u=[U_f, U_b]'$$

输出为

$$y^T=[\varepsilon, p, \lambda]$$

将动力学方程线性化后表示成状态方程：

$$\begin{cases}\dot{x}=\boldsymbol{A}x+\boldsymbol{B}u\\ y=\boldsymbol{C}x+\boldsymbol{D}u\end{cases}$$

其中，

$$\begin{bmatrix} \dot{\varepsilon} \\ \dot{p} \\ \dot{\lambda} \\ \ddot{\varepsilon} \\ \ddot{p} \\ \ddot{\lambda} \end{bmatrix} = \boldsymbol{A} \begin{bmatrix} \varepsilon \\ p \\ \lambda \\ \dot{\varepsilon} \\ \dot{p} \\ \dot{\lambda} \end{bmatrix} + \boldsymbol{B} \begin{bmatrix} U_{\mathrm{f}} \\ U_{\mathrm{b}} \end{bmatrix}$$

得到

$$\boldsymbol{A} = \begin{bmatrix} 0 & 0 & 0 & 1 & 0 & 0 \\ 0 & 0 & 0 & 0 & 1 & 0 \\ 0 & 0 & 0 & 0 & 0 & 1 \\ 0 & 0 & 0 & 0 & 0 & 0 \\ 0 & 0 & 0 & 0 & 0 & 0 \\ 0 & -\dfrac{(L_{\mathrm{m}} m_{\mathrm{w}} - 2L_{\mathrm{a}} m_{\mathrm{f}})g}{m_{\mathrm{w}} L_{\mathrm{w}}^2 + 2m_{\mathrm{f}} L_{\mathrm{h}}^2 + 2m_{\mathrm{f}} L_{\mathrm{a}}^2} & 0 & 0 & 0 & 0 \end{bmatrix}$$

$$\boldsymbol{B} = \begin{bmatrix} 0 & 0 \\ 0 & 0 \\ 0 & 0 \\ \dfrac{L_{\mathrm{a}} K_{\mathrm{f}}}{2m_{\mathrm{f}} L_{\mathrm{a}}^2 + m_{\mathrm{w}} L_{\mathrm{w}}^2} & \dfrac{L_{\mathrm{a}} K_{\mathrm{f}}}{2m_{\mathrm{f}} L_{\mathrm{a}}^2 + m_{\mathrm{w}} L_{\mathrm{w}}^2} \\ \dfrac{1}{2} \dfrac{K_{\mathrm{f}}}{m_{\mathrm{f}} L_{\mathrm{f}}} & -\dfrac{1}{2} \dfrac{K_{\mathrm{f}}}{m_{\mathrm{f}} L_{\mathrm{f}}} \\ 0 & 0 \end{bmatrix}$$

于是得到状态方程的系数为

$$\boldsymbol{A} = \begin{bmatrix} 0 & 0 & 0 & 1 & 0 & 0 \\ 0 & 0 & 0 & 0 & 1 & 0 \\ 0 & 0 & 0 & 0 & 0 & 1 \\ 0 & 0 & 0 & 0 & 0 & 0 \\ 0 & 0 & 0 & 0 & 0 & 0 \\ 0 & -1.2304 & 0 & 0 & 0 & 0 \end{bmatrix}$$

$$\boldsymbol{B} = \begin{bmatrix} 0 & 0 \\ 0 & 0 \\ 0 & 0 \\ 0.0858 & 0.0858 \\ 0.5810 & -0.5810 \\ 0 & 0 \end{bmatrix}$$

$$C=\begin{bmatrix}1&0&0&0&0&0\\0&1&0&0&0&0\\0&0&1&0&0&0\end{bmatrix}\quad D=\begin{bmatrix}0&0\\0&0\\0&0\end{bmatrix}$$

9.2 三自由度直升机 PID 控制器设计

本节通过 PID 控制器调节高度角和旋转角使其达到设定值，PID 的控制增益通过线性二次规划(Linear-Quadratic Regulation，LQR)算法计算得到。通过分别控制作用到前后电机上的电压，达到控制直升机姿态的目的。作用到前后电机上的电压 V_f、V_b 分别为

$$\begin{bmatrix}V_f\\V_b\end{bmatrix}=K_{PD}(x_d-x)+V_i+\begin{bmatrix}V_{op}\\V_{op}\end{bmatrix}$$

其中，

$K_{PD}=\begin{bmatrix}K_{1,1}&K_{1,2}&K_{1,3}&K_{1,4}&K_{1,5}&K_{1,6}\\K_{2,1}&K_{2,2}&K_{2,3}&K_{2,4}&K_{2,5}&K_{2,6}\end{bmatrix}$是比例微分控制增益；

$x_d^T=[\varepsilon_d\quad p_d\quad r_d\quad 0\quad 0\quad 0]$是设定状态，$x$ 是状态变量；

$V_i=\begin{bmatrix}\int k_{1,7}(x_{d,1}-X_1)dt+\int k_{1,8}(x_{d,3}-X_3)dt\\\int k_{2,7}(x_{d,1}-X_1)dt+\int k_{2,8}(x_{d,3}-X_3)dt\end{bmatrix}$是积分控制；

V_{op}是操作点电压，定义为

$$V_{op}=\frac{1}{2}\frac{g(L_w m_w-L_a m_f-L_a m_b)}{L_a K_f}\tag{9-4}$$

ε_d、p_d、λ_d 是高度角、俯仰角和旋转角的设定值。在控制中，俯仰角被设为 0，即 $p_d=0$。$k_{1,1}\sim k_{1,3}$是前电机的比例控制增益，$k_{2,1}\sim k_{2,3}$是后电机的比例控制增益。同样，$k_{1,4}\sim k_{1,6}$是前电机的微分控制增益，$k_{2,4}\sim k_{2,6}$是后电机的微分控制增益，$k_{1,7}$和 $k_{1,8}$是前电机的积分控制增益，$k_{2,7}$和 $k_{2,8}$是后电机的积分控制增益。

PID 控制增益由线性二次规划算法得到。将系统的状态增广，加入高度和旋转状态的积分，得到增广的状态变量：

$$x_i^T=\left[\varepsilon,p,r,\dot{\varepsilon},\dot{p},\dot{r},\int\varepsilon dt,\int r dt\right]$$

使用反馈控制律：

$$u=-Kx_i$$

取权重矩阵：$Q=\text{diag}([100\ 1\ 10\ 0\ 0\ 2])$，$R=0.025*\text{diag}([1\ 1])$。由以上参数以及最小代价函数 $J=\int_0^\infty x_i^T Q x_i+u_i^T R u\,dt$，通过 MATLAB LQR 命令计算得到

$$K=\begin{bmatrix}51.9211&16.1899&-16.1293&24.6004&5.2787&-21.2682&14.1421&-1.4142\\51.9211&-16.1899&16.1293&24.6004&-5.2787&21.2682&14.1421&1.4142\end{bmatrix}\tag{9-5}$$

9.3 三自由度直升机 PID 控制数值仿真

数值仿真是将理论付诸实践的前提，只有在仿真情况下验证理论的可行性、可实践性，才有进一步做实验的可能和必要。仿真使人对系统结构及原理有更深一步的了解，为之后的实验做了必要的准备和铺垫。

图 9.2 为直升机闭环响应的仿真模型，它主要由 4 个模块组成，从左向右分别为期望角度模块(Desired Angle from Program)、控制器模块(3-DOF HELI：LQR+I Controller)、三自由度直升机模型(3-DOF Helicopter Model)以及示波器模块(Scopes)。

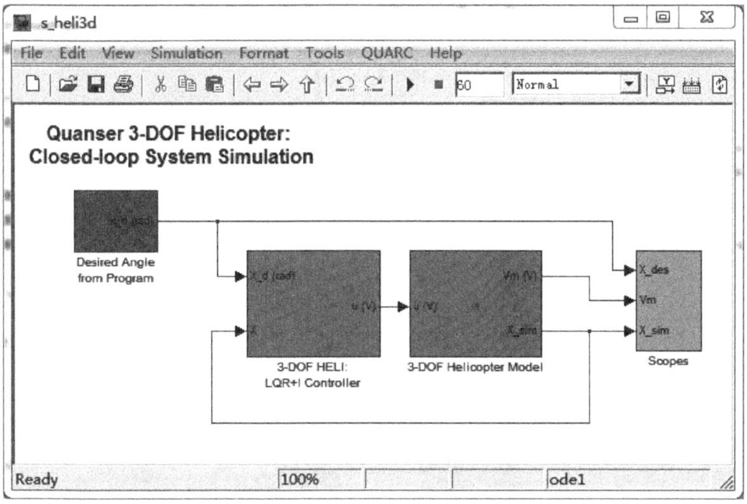

图 9.2 直升机闭环响应的仿真模型

期望角度模块由程序设置希望得到的角度，或需要跟踪的轨迹，一方面给控制器模块用于计算，另一方面给示波器模块用于对比输出。控制器模块有两个输入：一个为期望角度；另一个为反馈回来的状态变量。通过 LQR+I 控制器计算得到控制电压，输出给三自由度直升机模型，一方面控制直升机更新角度，更新后的测量角度用于反馈给控制器进行下一步计算；另一方面用于输出。输出给示波器模块，与角度的期望值进行对比。

图 9.3 为期望角度模块，此模块产生期望的角度值，以向量形式输出。从图 9.3 可以看出高度角信号为两个信号的叠加：一个是幅值为 7.5°的方波；另一个是定值 10°。所以，高度角信号是以 10°为原点，幅值为 7.5°的正弦信号。这里是仿真，但在实际实验中还是以接近水平的角度为原点比较合适，因为角度较小时螺旋桨离基座支撑物较近，空气阻力较大。旋转角的幅值为 30°。由图 9.4 和图 9.5 可以看出，高度角期望值是频率为 0.04Hz 的方波，而旋转角的期望值是频率为 0.03Hz 的方波。角度的变化率为−0.7854～0.7854rad/s。

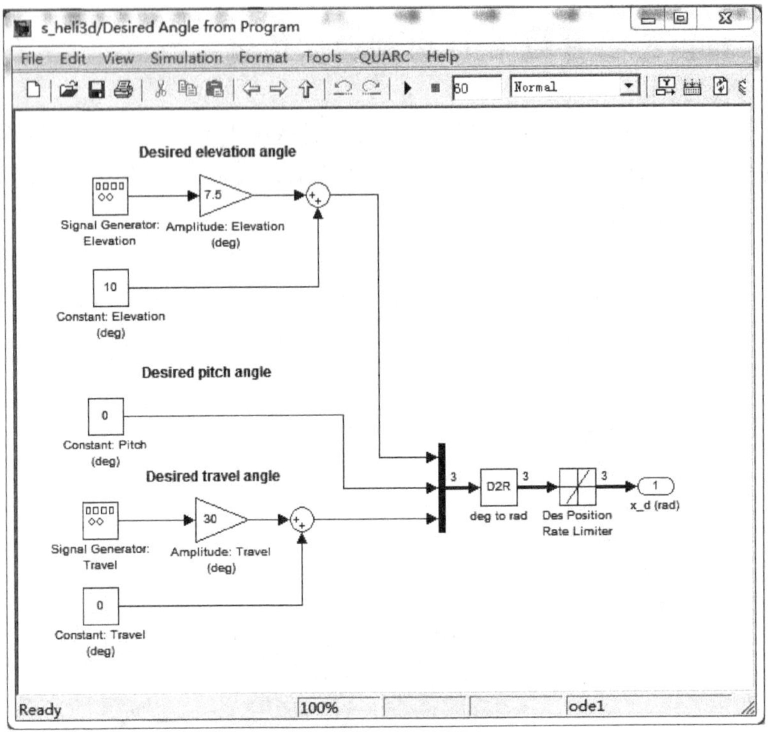

图 9.3 期望角度模块

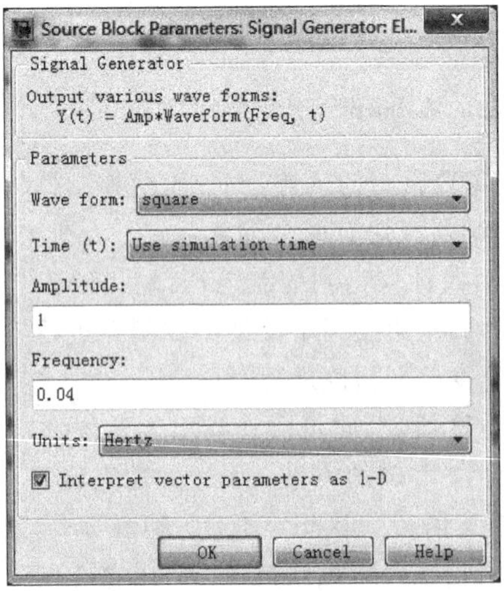

图 9.4 高度角信号

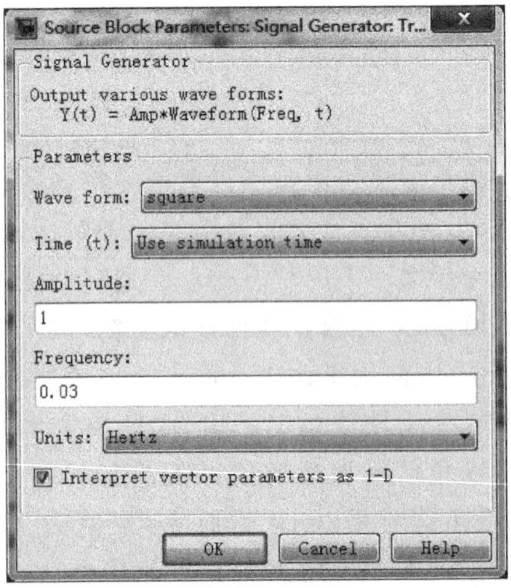

图 9.5 旋转角信号

图 9.6 为图 9.2 中控制器模块(3-DOF HELI：LQR+I Controller)的展开图，输入为角度的期望值和仿真反馈回来的当前状态变量，输出为前后电机的控制电压。期望的角度值

与状态变量负反馈的前三位相加得到三自由度角度的差值，包含在向量内。向量与式(9-5) K 的表达式中的比例微分项相乘得到比例微分电压向量。高度角误差和旋转角误差通过乘以 K 表达式中的积分项得到积分电压，具体如图 9.7 所示。

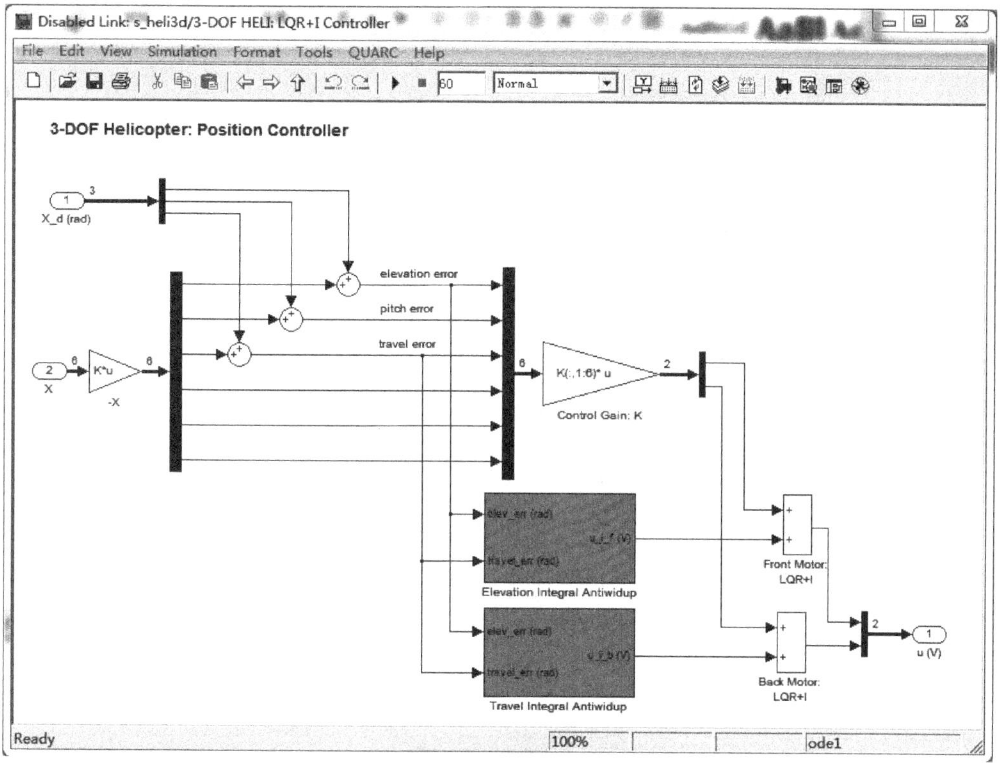

图 9.6 控制器模块

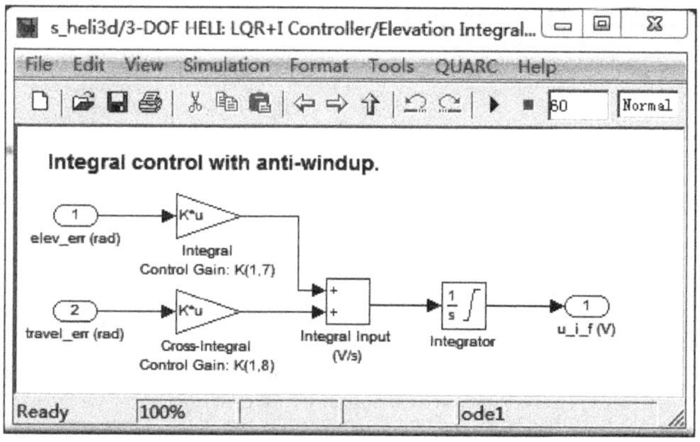

图 9.7 高度角和旋转角的积分电压

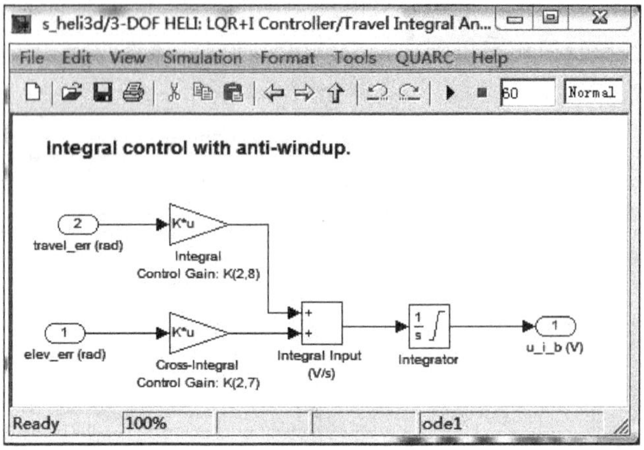

图 9.7 （续）

图 9.8 为图 9.2 中三自由度直升机模型(3-DOF Helicopter Model)的展开图。输入为控制器计算得到的前后电机控制电压,该电压值为经功率放大器放大后的电压值,因此该控制电压必须在功率放大器的电压限制(VMAX_AMP)内,即－24～24V。该控制电压除以功率放大器的放大倍数(K_AMP)之后要在数据采集卡的电压限制(VMAX_DAC)内,即－10～10V。这时候得到的控制电压再乘以放大倍数就可以放心使用了。控制电压一方面作为状态空间模型的输入,用于更新系统状态,另一方面输出为 V_m,用于在示波器中显示。这里的状态空间模型是连续的。

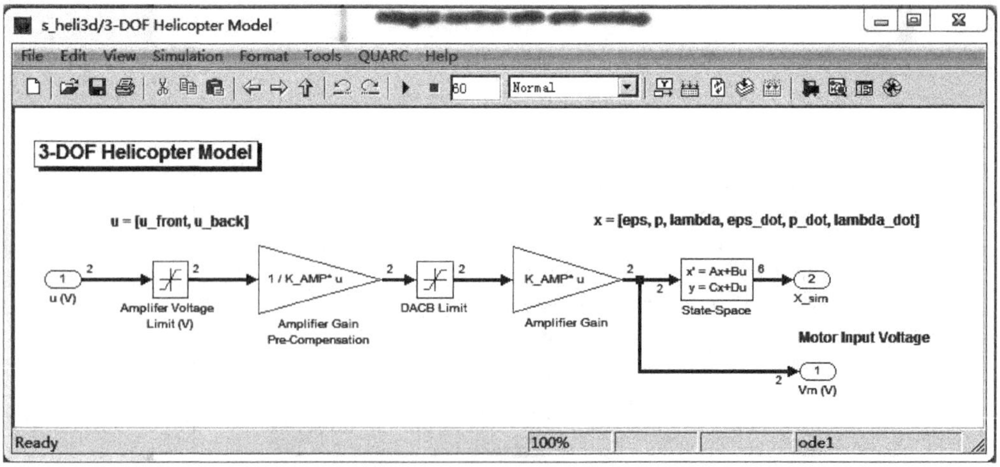

图 9.8 三自由度直升机模型

图 9.9 为图 9.2 中示波器模块(Scopes)的展开图。从图 9.9 中可见最后显示的是 4 个波形图,分别为 3 个自由度角度的波形图,以期望值和仿真值的对比形式给出,以及控制电

压的波形图。图 9.10 为最后得到的仿真图形。

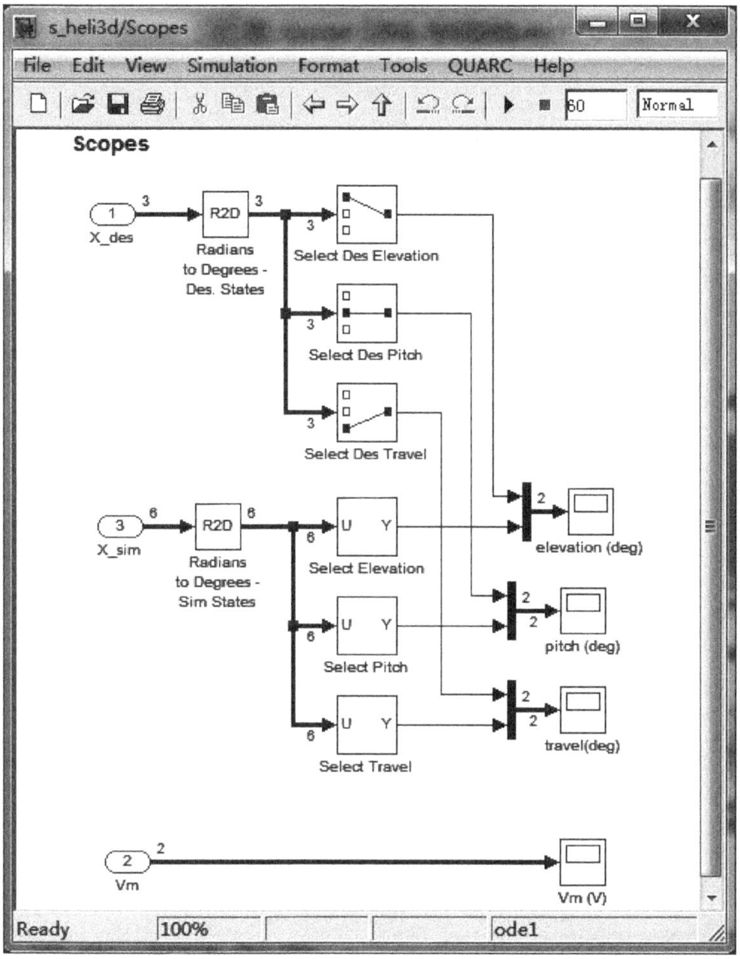

图 9.9 示波器模块

图 9.10 为直升机高度角跟踪幅值为 7.5°，频率为 0.04Hz 的矩形波，旋转角跟踪幅值为 30°，频率为 0.03Hz 的仿真效果图。由图 9.10 可见，高度角的跟踪上并没有明显的时延，在上升沿和下降沿上超调量只有 2°左右。相对地，旋转角有 1.8s 的时延，但超调量不大，大约为 7°。值得注意的是俯仰角，它的期望值为 0，可是却有形似正弦的变化，这与 travel 的原理有关。由式(9-3)可知，直升机之所以会做旋转运动，是因为直升机在做俯仰运动时产生的水平推力推动直升机旋转。所以，尽管俯仰角的期望值是 0，但测量值却按照正弦信号变化。最后一个是前后电机的控制电压变化情况。可以看到，前后电机只有在进行旋转运动时，才不重合。也就是说，前后电机控制电压不一样大时，直升机会做俯仰运动。

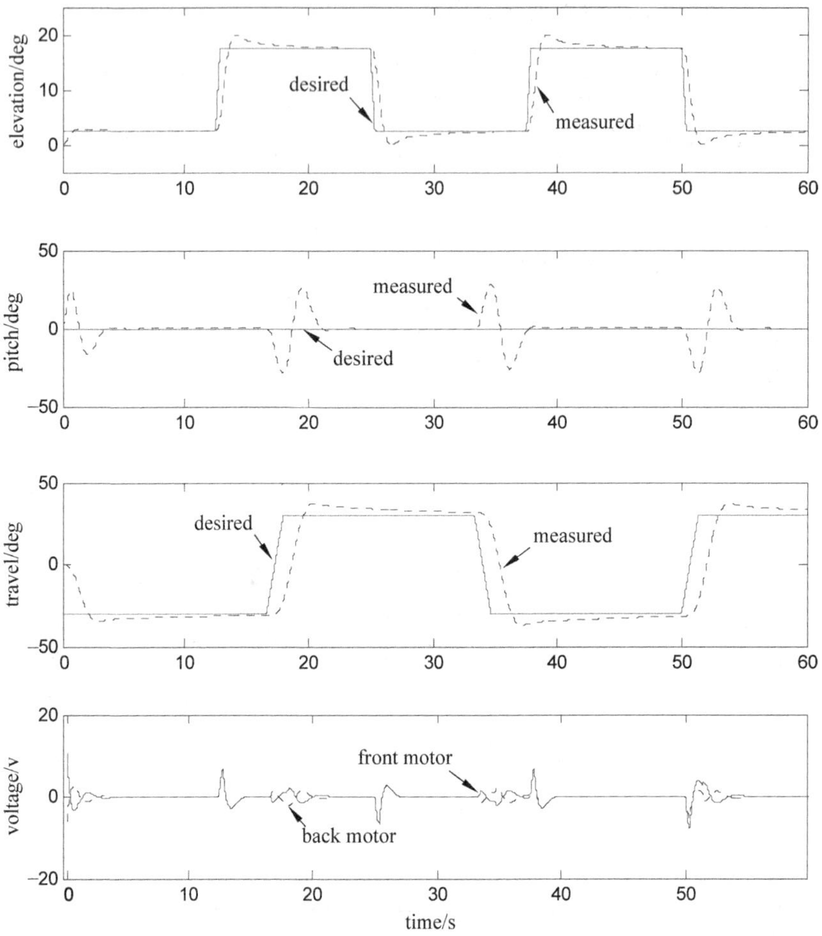

图 9.10 三自由度直升机控制仿真图形

9.4 三自由度直升机控制半实物仿真与实时控制

9.4.1 半实物仿真系统

在工程领域内，半实物仿真实验技术被广泛应用，其通过在计算机的仿真回路中接入被控对象的实物进行实验，因而更加接近实际情况。这种实验首先将对象实体的动态特性通过数学建模、编程，然后在计算机上计算得到控制信号，这是很多工业制造过程都必须进行的实验。

半实物仿真实验技术又称为硬件在回路(Hardware In the Loop，HIL)仿真实验，系统模型误差和外界干扰均被考虑在内，因为这种实验是用实物取代仿真系统中对应的数学模型，因此半实物仿真实验更接近实际情况。通过半实物仿真实验能够得到的结论更具有说服力，也能促进控制器更为稳定和安全。半实物仿真实验平台系统框图如图 9.11 所示，由于回路中接入了实物，因此 HIL 仿真实验系统必须实时运行、实时控制。

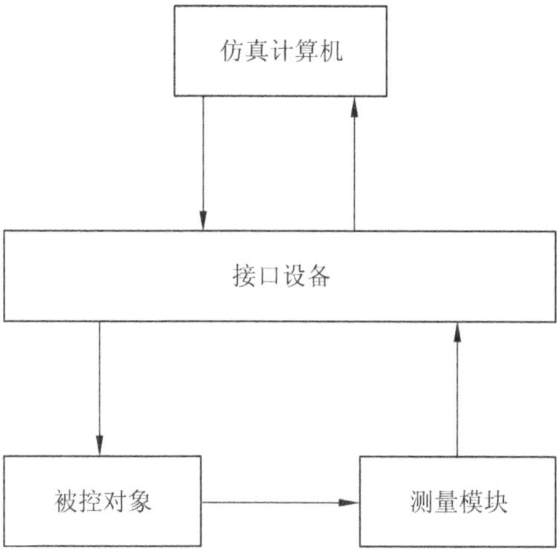

图 9.11　半实物仿真实验平台系统框图

本书采用的半实物仿真实验平台使用计算机作为控制器，而被控对象即三自由度直升机（在 9.1 节已详细介绍），作为实物直接放置在仿真回路中，构成半实物仿真实验平台。

三自由度直升机的半实物仿真实验系统如图 9.12 所示。半实物仿真实验平台可以分解为以下 4 部分：仿真计算机、接口设备、被控对象实物和状态测量模块。

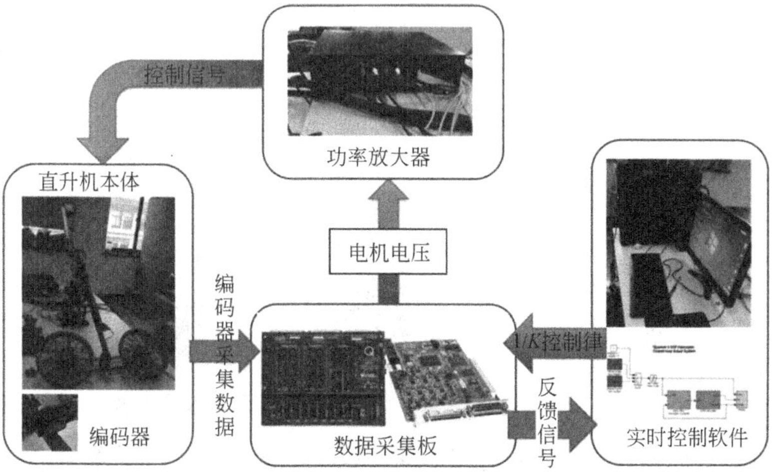

图 9.12　三自由度直升机的半实物仿真实验系统

（1）仿真计算机。

仿真实验平台最核心的部分是仿真计算机，它运行实体对象和仿真环境的数学模型和控制程序。本次实验用的仿真计算机为 Acer Aspire M1860,机箱内装有数据采集卡 QPID-0 的板卡,它和外部的数据采集卡相连。软件则是 MATLAB/Simulink。当然,Quanser 公司开发的 Quarc 软件是必不可少的,它提供了很多软件的应用程序接口,如 C、C++ 、Active-X、.NET、LabVIEW 和 MATLAB。

(2) 接口设备。

接口设备即数据采集卡和功率放大器,是连接实物和仿真计算机的桥梁。数据采集卡接收控制信号,经过功率放大器后作用到被控对象,采集到的数据通过数据采集卡传递给仿真计算机用于控制率的计算。

(3) 被控对象实物。

被控对象为直升机本体。通过三自由度直升机模型姿态的控制,模拟纵列式双旋翼直升机的飞行状况。

(4) 状态测量模块。

状态测量模块可以得到系统的状态变量值,直升机三个自由度的角度值可以通过各个轴上的编码器读取到。

如前所述,半实物仿真实验是对数值仿真的验证,或者说是一个控制器产品在流入市场前必须进行的重要一环。

图 9.12 展示的是整个实时控制过程的实现过程以及信息的流动过程。由图 9.12 可见,计算机得到采样回来的角度信息,计算得到前后电机的控制电压,然后写入数据采集卡,经功率放大器放大对直升机进行控制。编码器测量得到的直升机状态信号经数据采集卡传送回计算机,供计算机计算得到下一步控制律。图 9.13 为三自由度直升机的半实物仿真系统实物图和结构示意图,由该图可见,该系统主要由直升机模型、数据采集卡、功率放大器以及计算机主机构成。控制手柄可用来操控直升机在三个自由度上的运动,急停开关用于紧急情况下断电。

图 9.13　三自由度直升机的半实物仿真系统实物图和结构示意图

9.4.2　不含主动干扰系统情况

分析三自由度直升机的半实物仿真系统实物图和结构示意图,得到三自由度直升机的

PID 控制 Simulink 框图,如图 9.14 所示。

实验可采用两种形式进行,既可以由程序调节设定值进行控制,也可以由外接的手柄进行操控,只需设置框图 9.14 左上角的常数,设置为 1,表示用程序控制,设置为 2,表示用手柄控制。若选择了 1,则可以通过点击期望角(Desired Angle from Program)模块设定高度角或旋转角,展开后和图 9.3 一样。设置角速度的范围(Desired Position Rate Limiter)设置了最大角速度,只有小于或等于最大角速度,才能安全得用来控制直升机,这也是手柄操控时值得注意的。

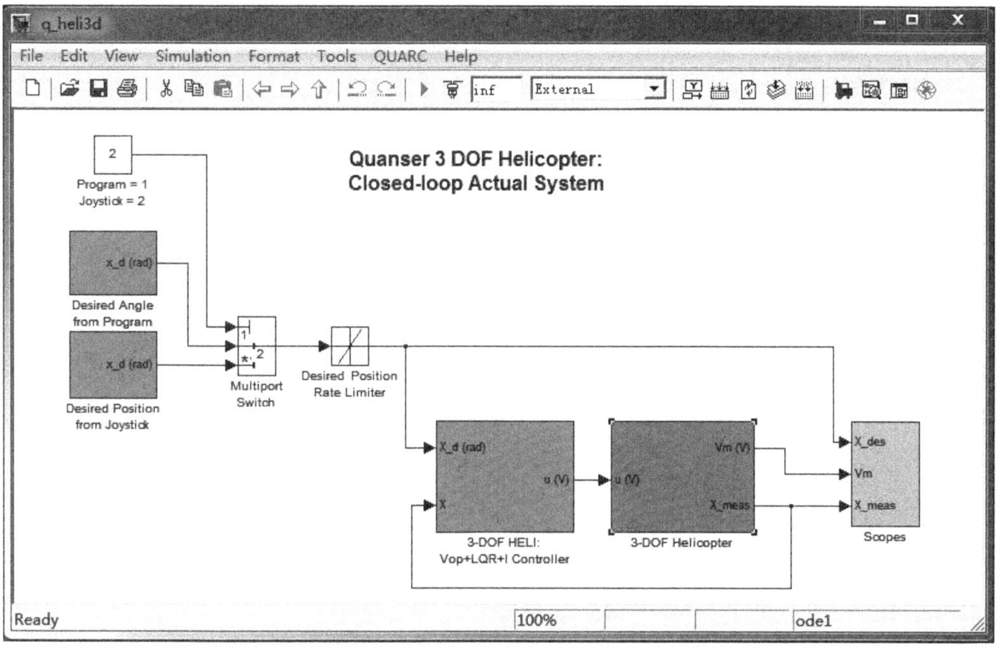

图 9.14 三自由度直升机的 PID 控制 Simulink 框图(无 ADS)

实验用的手柄如图 9.15 所示,它的一些参数也已经给出。手柄控制得到期望角(Desired Position from Joystick)模块的展开,如图 9.16 所示。控制器(3-DOF HELI: Vop+LQR+I Controller)模块如图 9.17 所示,通过 PID 控制计算得到控制增益 K,进而得到前后电机的控制电压。三自由度直升机模型(3-DOF Helicopter)模块打开如图 9.18 所示。这个模块的主要功能有两块:一是对控制器(3-DOF HELI: Vop+LQR+I Controller)模块输入的前后电机控制电压进行安全上的限幅,功率放大器的输出电压要求同前,为 $-24\sim24$V,数据采集卡的输出电压要求为 $-10\sim10$V;二是将测量得到的 3 个编码器上的

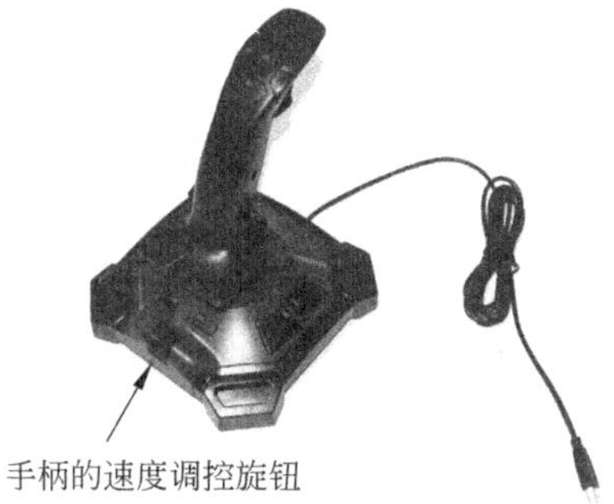

图 9.15 罗技 ATTACK-3 USB 手柄

信号转换3个自由度上转过的角度，并通过二阶低通滤波器求其相应的角速度，这样就得到了状态变量 $\boldsymbol{x}$，用于反馈给控制器(3-DOF HELI: Vop+LQR+I Controller)模块。示波器模块展开同图9.9。

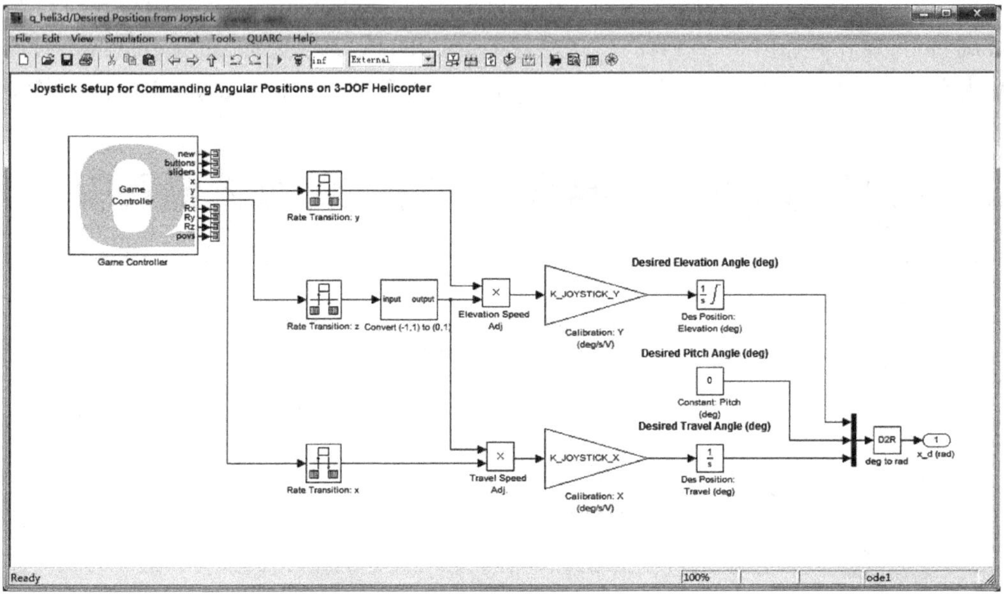

图9.16 手柄控制展开

图9.15中手柄的速度调控旋钮相当于调节分辨率。当旋钮向着手柄转到底时，速度最大；反之，向外调到最大，此时转动手柄获得的速度相对最小。

使用罗技ATTACK-3 USB手柄系统需要具备以下条件。

① Windows 98、Windows 2000、Windows Me、Windows XP、Windows Vista、Windows 7。

② Intel奔腾处理器。

③ 64MB RAM。

④ 20MB硬盘空间。

⑤ CD-ROM驱动。

⑥ USB接口。

图9.16为手柄控制得到期望角模块的展开图。罗技ATTACK-3 USB手柄有11个可编程的按钮。各方向拉动手柄，通过计算手柄X、Y、Z方向的速度，得到期望的角度值。将手柄如图9.16设置，向后拉动高度角就会正向增大，向前则负向增大；向左拉动手柄，直升机的俯仰角会正向增大，反之，向右拉则负向增大。需要注意的是，拉动手柄时，幅度不能过大，因为手柄的灵敏度比较大，X方向灵敏度(K_JOYSTICK_X)为40.0deg/s/V，Y方向灵敏度(K_JOYSTICK_Y)为45.0deg/s/V。

图9.17是图9.14中控制器模块的展开图，它与图9.6大体一致，唯一的不同是，将测

量值和期望值通过 PID 算法计算得到的前后电机控制电压分别再加上一个电压 V_{op}。因为前后电机在各自由度上产生的推力是根据静态电压(quiescent voltage)或称为操作点(operation point)定义或者产生的，所以 V_{op} 的定义见式(9-4)。

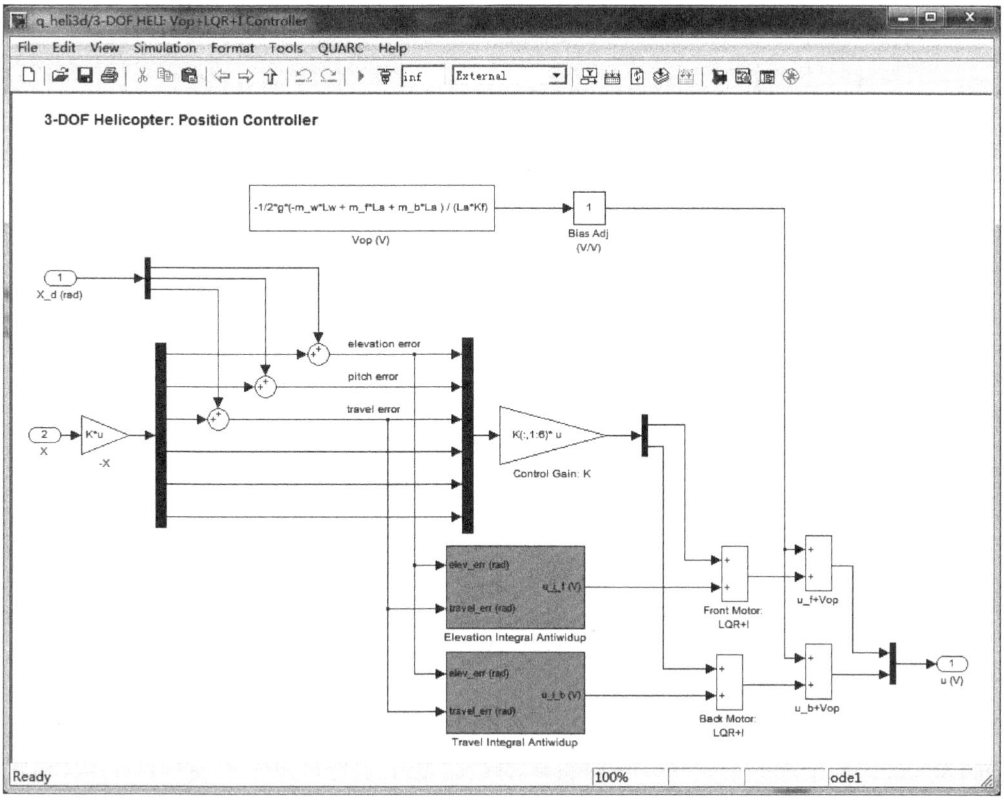

图 9.17　控制器模块

图 9.18 为三自由度直升机(3-DOF Helicopter)模型模块，它与数值仿真中的模型结构(图 9.8)有很大的不同，因为它还涉及了硬件的读写。测量值也是实时采样得到，而不是简单地更新一下状态空间 Simulink 模块。从图 9.18 中可以看到 3 个标有 HIL(Hardware In Loop)的模块。HIL 硬件在环仿真测试系统以实时处理器运行仿真模型模拟受控对象的运行状态，是软件开发的一种状态，也是半实物仿真的写照。安装了 Quarc 软件之后，搜索 Simulink 库会得到如图 9.19 所示的这些结构。图 9.18 中 3 个标有 HIL 的模块从左到右分别为时基编码器模块读取(HIL Read Encoder Timebase)、写模拟输入模块(HIL Write Analog)、写数字输入模块(HIL Write Digital)。

直升机模块的输入为控制器模块(3-DOF HELI：Vop＋LQR＋I Controller)计算得到的前后电机控制电压，输出为状态变量的测量值和前后电机的控制电压。控制器模块输入控制电压为最后功率放大器提供给直升机的电压，因此必须满足功放最大输出电压(VMAX

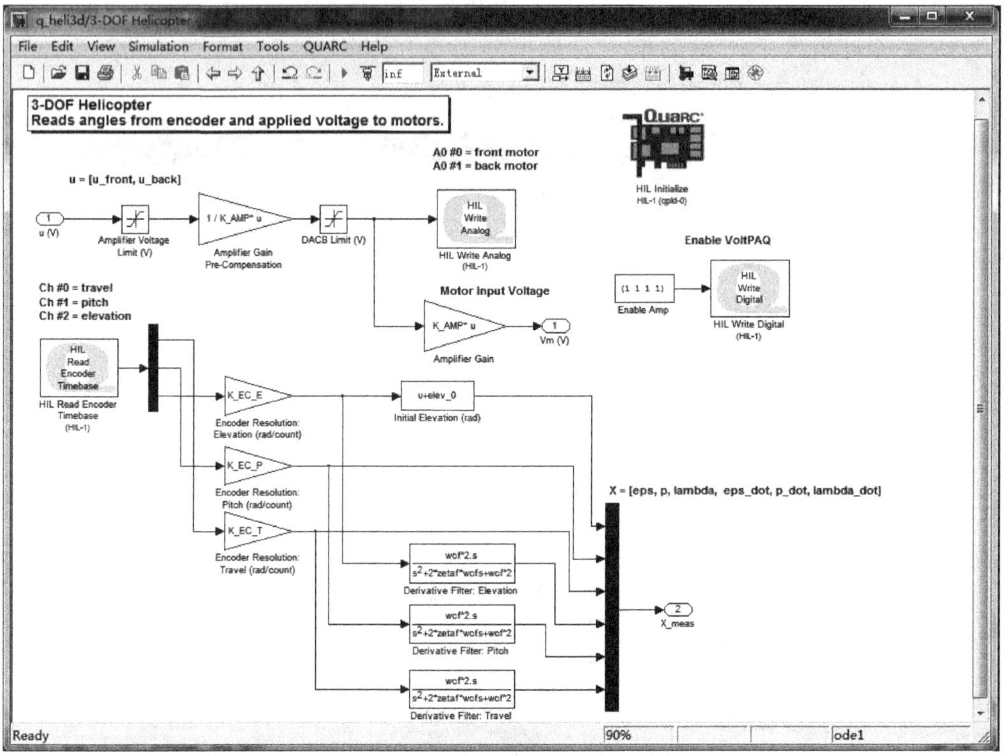

图 9.18 用作硬件接口的三自由度直升机子系统

_AMP)小于或等于 24V,除以放大倍数(1 / K_AMP)后必须满足数据采集卡最大输出电压(VMAX_DAC)小于或等于 10V。这样得到的控制电压才是可以放心使用的电压,将它写入写模拟输入模块(HIL Write Analog)并作为本模块输出。时基编码器模块读取(HIL Read Encoder Timebase)得到三个自由度上的编码器的计数次数,乘以相应的分辨率就得到角度,对三个角度分别作微分处理得到三个自由度上的角速度,六个量以向量形式输出,作为状态变量的测量值。

但是,要进行实验,还需要进行一些硬件设置,如初始化板卡(HIL Initialize)和功放使能(Enable VoltPAQ)。初始化板卡设置如图 9.20,功放使能模块只要将板卡数字输入接口的前 4 位置 1,前 4 位就为功放的 4 个放大通道。事实上,本实验最多用三个通道,即前后电机电压,以及 ADS 系统的电压(可不接入)。后四位不是人为设置的,而是根据功放工作情况自动设置的,如果有哪个通道坏了,相应的位置就为 0,否则为 1。

图 9.20 主要选择数据采集卡,本实验用的板卡为 qpid,分为两部分:一部分为外置的终端;一部分为内置于机箱的板卡。所以,在 main 选项卡下选择 qpid。

图 9.21 是在数字输入选项卡下选择设置数字输入通道为[4:7]。此 4 位用于反映功率放大器的 4 个放大通道是否工作正常,为 1 的工作正常,为 0 的没有正常工作。

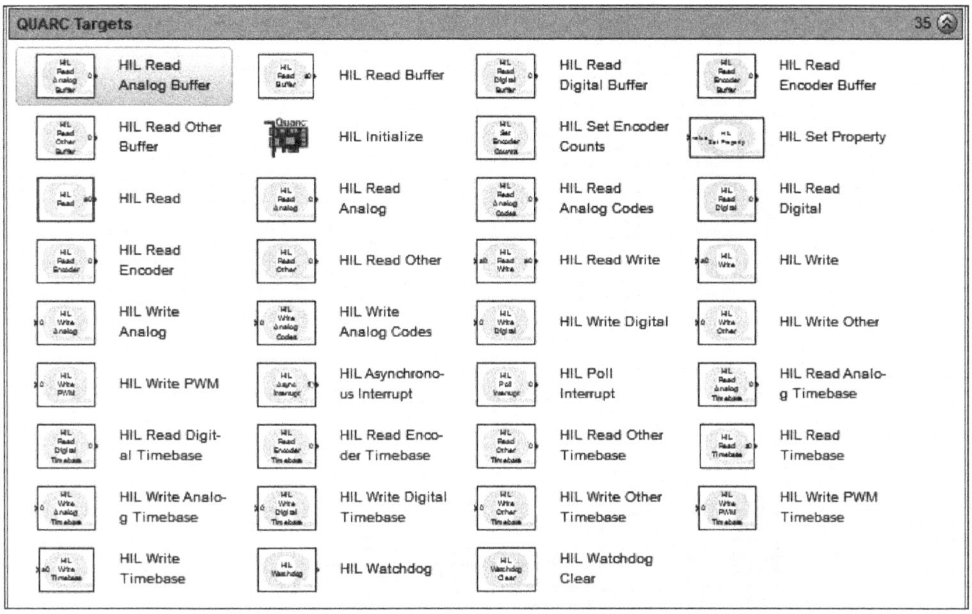

图 9.19　Simulink 元件库中 HIL 的搜索结果

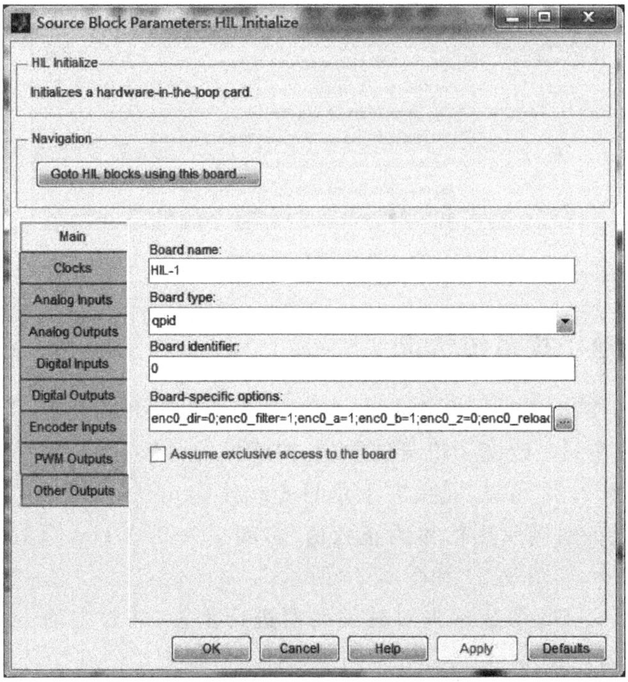

图 9.20　初始化板卡设置

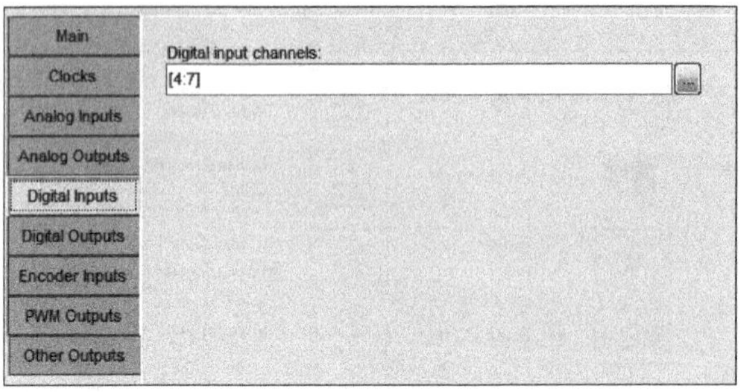

图 9.21　选择设置数字输入通道

图 9.22 是在数字输出选项卡下选择设置数字输出通道为[0：3]。此 4 位用于使能功率放大器的 4 个放大通道。

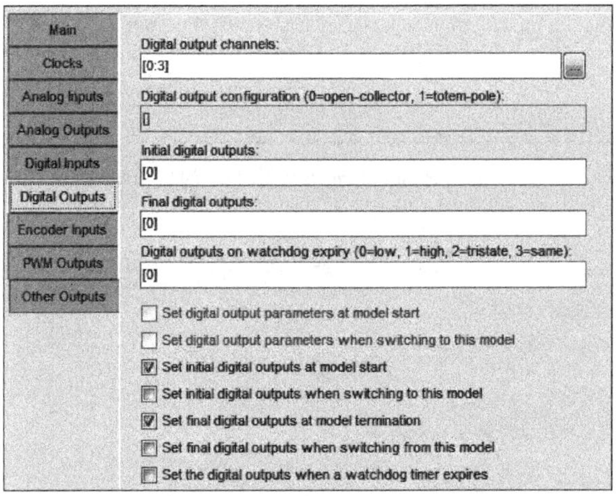

图 9.22　选择设置数字输出通道

9.4.3　含主动干扰系统情况

ADS 的系统具体结构参见图 9.1(b)。ADS 是一个可拆卸的装置，为了便于实验，一直安装有 ADS，它的存在只是改变了机身的质量，在建模的时候就已经将它的质量考虑在内。ADS 的干扰信号由图 9.23 可见，是由左上角的 Signal Generator 模块产生的信号并乘以一个幅值得到的。提供的示例所用信号为正弦信号，频率为 0.05Hz，幅值为 0.10963m，其中幅值必须小于 0.132m，如图 9.24 和图 9.25 所示。

模块开始运行后，ADS 系统首先对其编码器进行重置，并对主动干扰质量块进行回零操作，之后给 3-DOF Helicopter System 一个使能信号，螺旋桨便开始转动了。

图 9.26 为 ADS 的框图结构。由图 9.26 可见主动干扰质量块的工作分两步：第一步从上一次停止的位置移至最左边(靠近基座)，然后再回到中点，即主动干扰质量块移动的真正

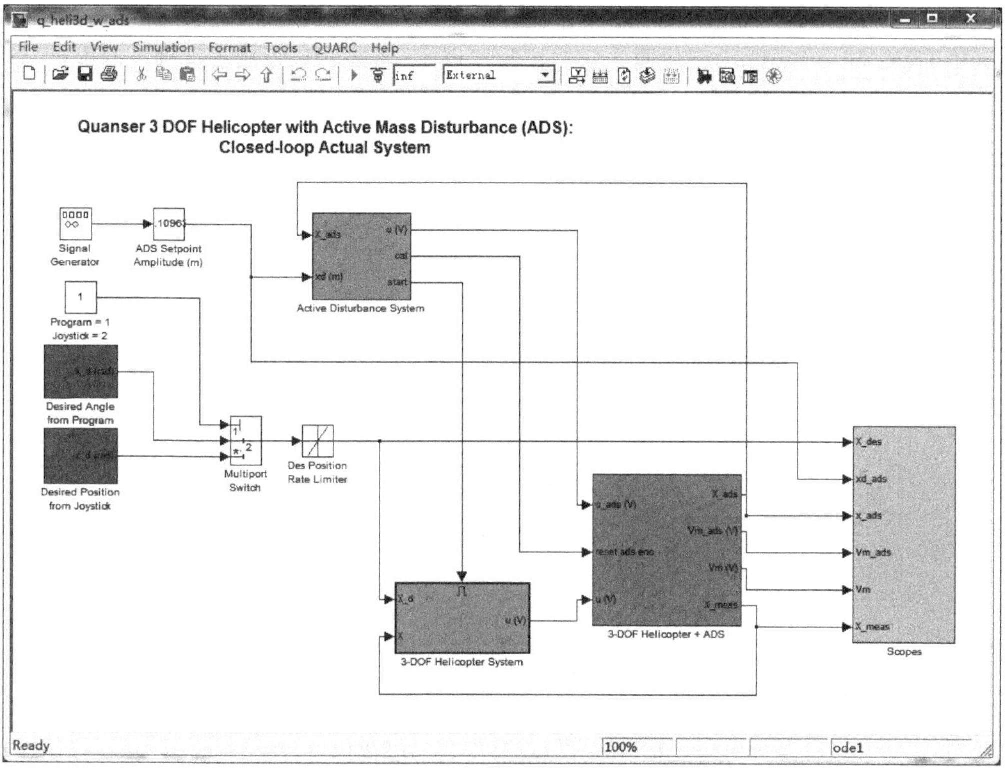

图 9.23　三自由度直升机的 PID 控制 Simulink 框图(含 ADS)

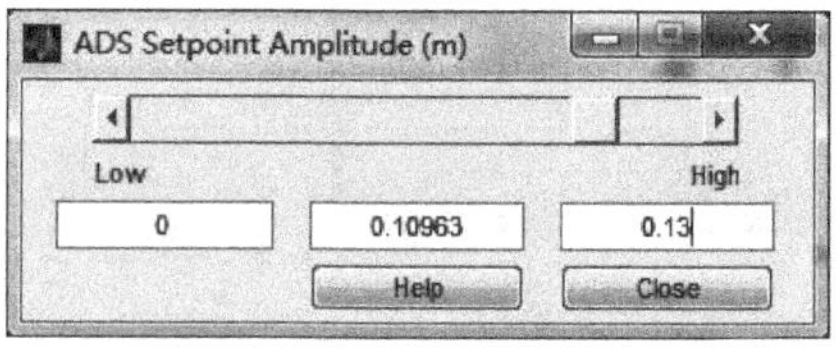

图 9.24　ADS 干扰信号幅值

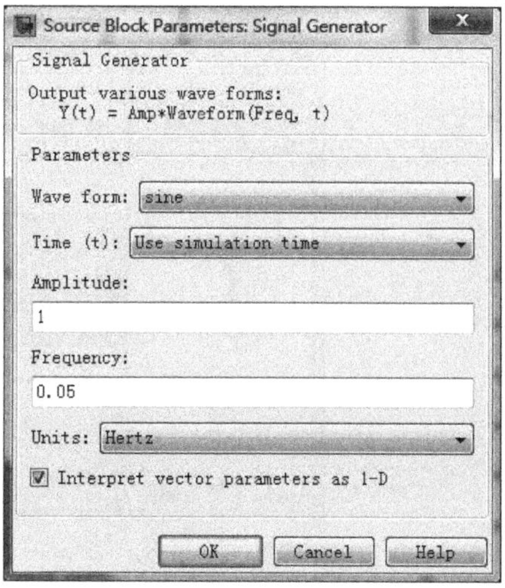

图 9.25　ADS 干扰信号类型

起始点。螺旋桨开始转动后，其余的工作与不含 ADS 的系统一样。含 ADS 直升机模型(3-DOF Helicopter + ADS)模块读取各个编码器的值，得到状态变量 $\boldsymbol{x}$，三自由度直升机系统(3-DOF Helicopter System)模块同之前的控制器模块，通过 PID 控制器得到控制电压，输出给含 ADS 的直升机模型模块。

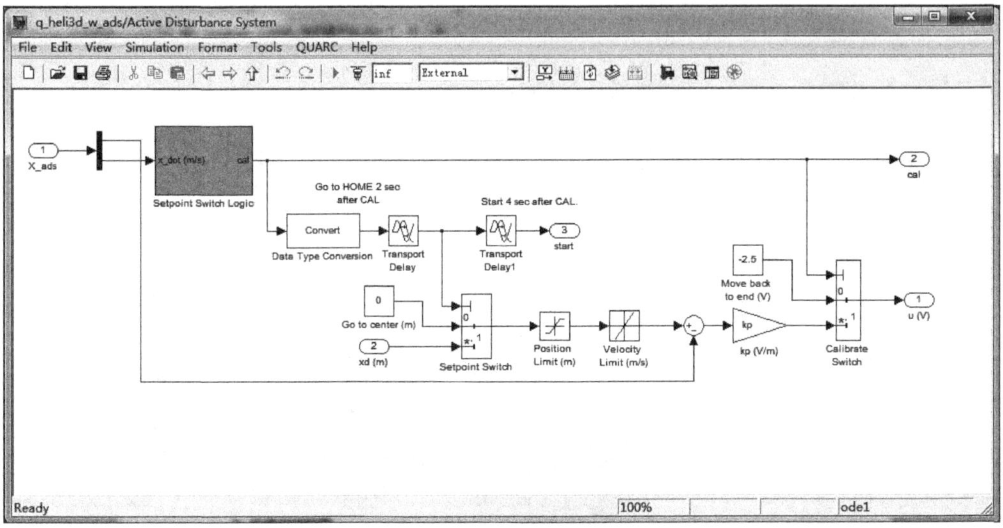

图 9.26　ADS 的框图结构

三自由度直升机系统(3-DOF Helicopter System)模块展开图如图 9.27 所示，它由一个使能模块和一个控制器模块组成，当 ADS 回零之后，三自由度直升机系统发来一个使能信号，电机就开始工作了。控制器(Vop+LQR+I Controller)模块展开同图 9.17。

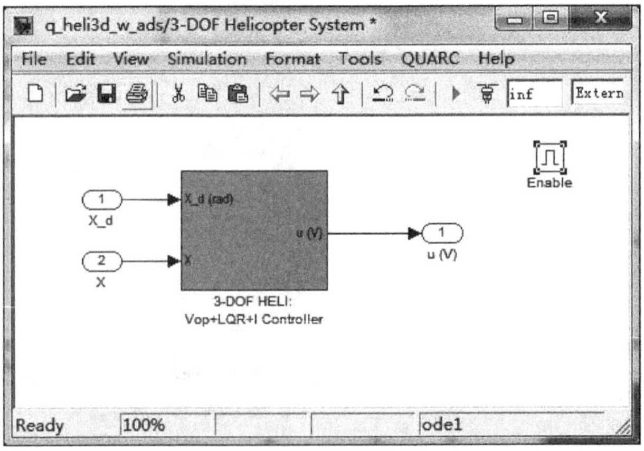

图 9.27　三自由度直升机系统模块展开图

图 9.28 为图 9.23 中含 ADS 三自由度直升机系统(3-DOF Helicopter + ADS)模块的

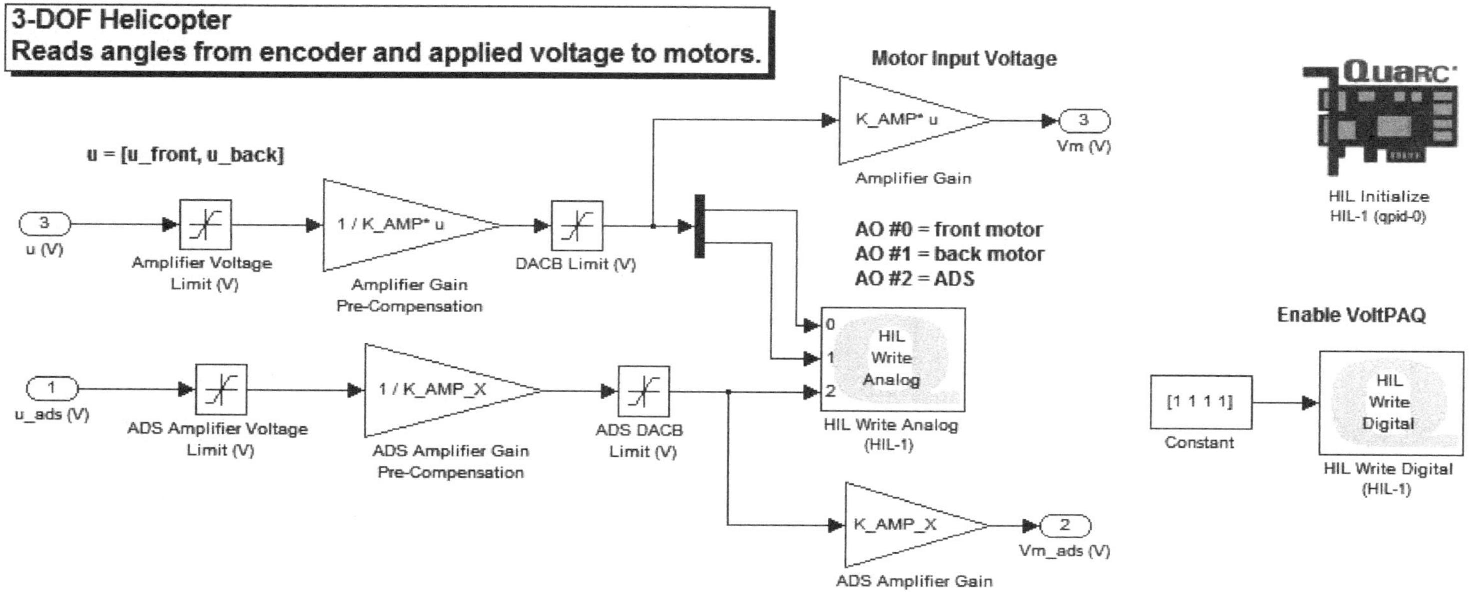

图 9.28　含 ADS 三自由度直升机系统

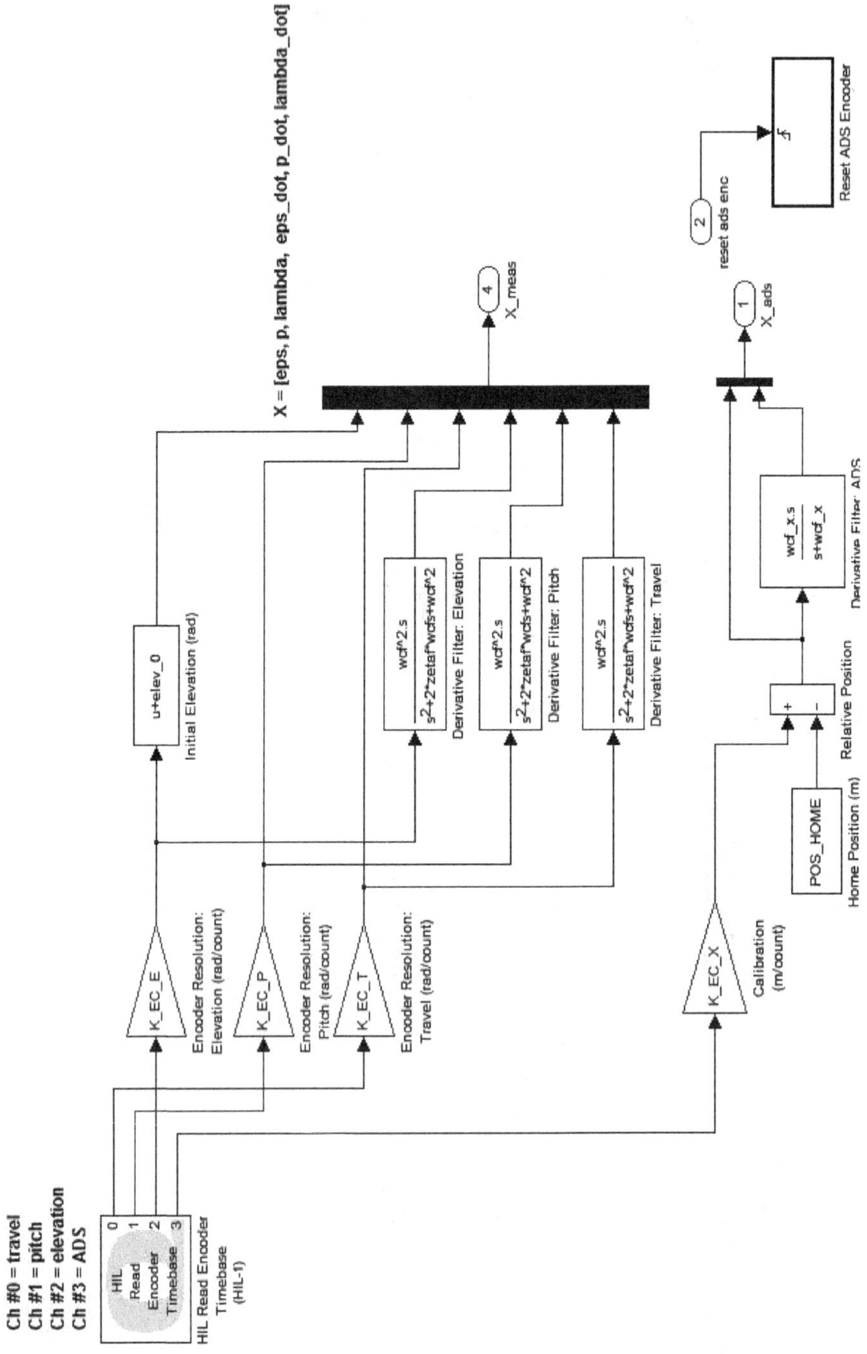
Ch #0 = travel
Ch #1 = pitch
Ch #2 = elevation
Ch #3 = ADS
HIL Read Encoder Timebase
HIL Read Encoder Timebase (HIL-1)
K_EC_E
Encoder Resolution: Elevation (rad/count)
K_EC_P
Encoder Resolution: Pitch (rad/count)
K_EC_T
Encoder Resolution: Travel (rad/count)
K_EC_X
Calibration (m/count)
u+elev_0
Initial Elevation (rad)
Derivative Filter: Elevation
Derivative Filter: Pitch
Derivative Filter: Travel
POS_HOME
Home Position (m)
Relative Position
wcf_x.s / s+wcf_x
Derivative Filter: ADS
X = [eps, p, lambda, eps_dot, p_dot, lambda_dot]
4 X_meas
1 X_ads
2 reset ads enc
Reset ADS Encoder

图 9.28（续）

展开图。由图 9.28 可见，它与图 9.18 很相似，不同之处在于，除了控制前后螺旋桨的电机，还要控制 ADS 的电机，所以时基编码器模块读取(HIL Read Encoder Timebase)多了 ADS 编码器的读取通道，写模拟输入模块(HIL Write Analog)多了一个 ADS 控制电压设置通道。当然，在系统上电的瞬间还需要重置 ADS，输入口 2 就起到了这个作用。

图 9.29 为示波器模块展开图，它与图 9.9 相比多了 ADS 位移示波器和控制电压示波器。

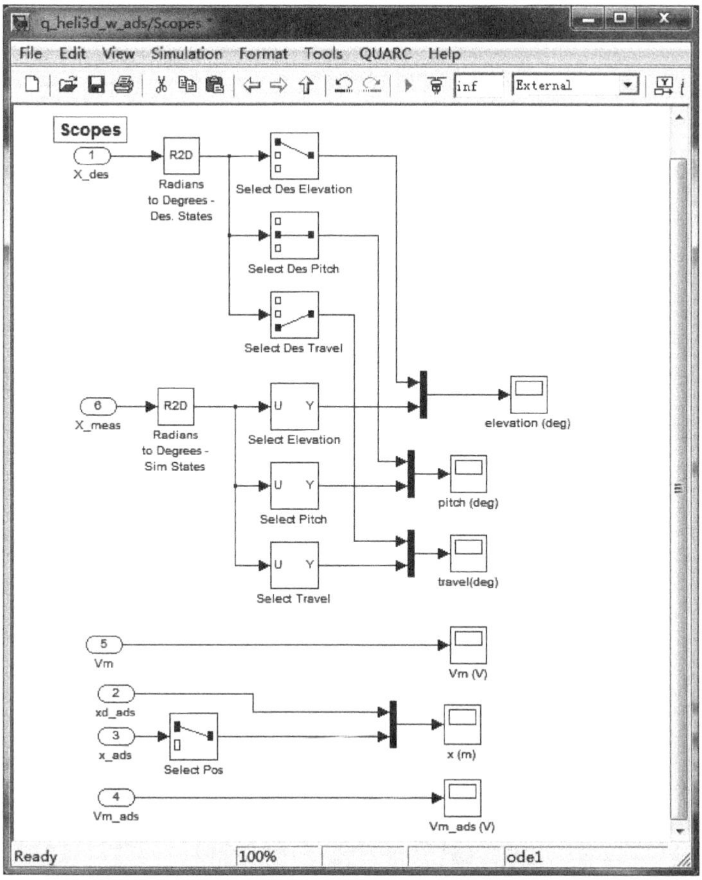

图 9.29　示波器模块展开图

9.5　三自由度直升机半实物仿真 PID 控制实验结果

9.5.1　不含主动干扰系统情况

1. 程序控制

图 9.30 为直升机高度角和旋转角分别跟踪矩形波的结果图。高度角跟踪幅值为 7.5°，

频率为 0.03Hz 的矩形波，旋转角跟踪幅值为 30°，频率为 0.04Hz 的矩形波。由图 9.30 可见，高度角几乎没有稳态误差，正向超出 2.11°，负向超出 2.666°，时延小，约为 0.14s；旋转角也几乎无稳态误差，只是调节时间相比高度角长了很多。同样，幅值上超调量也大了很多，正向超出 14.74°，负向超出 13.33°，延时约 0.61s。从上往下第二组图是俯仰角的变化情况，旋转角的变化是由俯仰角带动的（参见式(9-3)），俯仰角的变化能大致反映旋转角的变化规律。

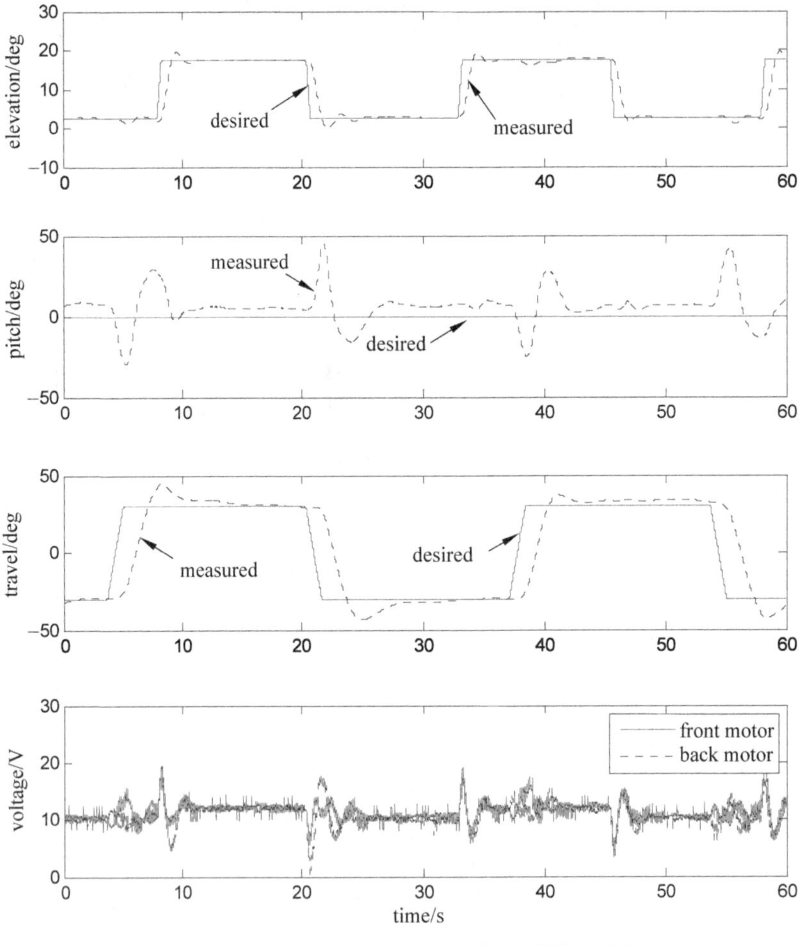

图 9.30　直升机系统典型的闭环响应（跟踪矩形波）

图 9.31 为直升机高度角和旋转角分别跟踪正弦波的结果图。高度角跟踪幅值为 7.5°，频率为 0.1Hz 的正弦波，旋转角跟踪幅值为 20°，频率为 0.1Hz 的正弦波。由图 9.31 可见高度角的跟踪，幅值上略不到位，波峰偏小，约为 0.283°，波谷偏小，约为 0.742°，时延约为 0.482s。俯仰角此时按一定的规律变化，并且与旋转角有相似的变化规律。同前，由图 9.1(c) 旋转角的力学分析图和式(9-3)旋转角的表达式可知，旋转角和俯仰角呈现一定的比例关

系，因此变化规律相似，旋转角是由俯仰角的水平分立推动的。与高度角不同，旋转角的跟踪在幅值上偏大，波峰超出约 6°，波谷大于期望值约 5.58°；时域上效果不及高度角，约延时 1.81s。

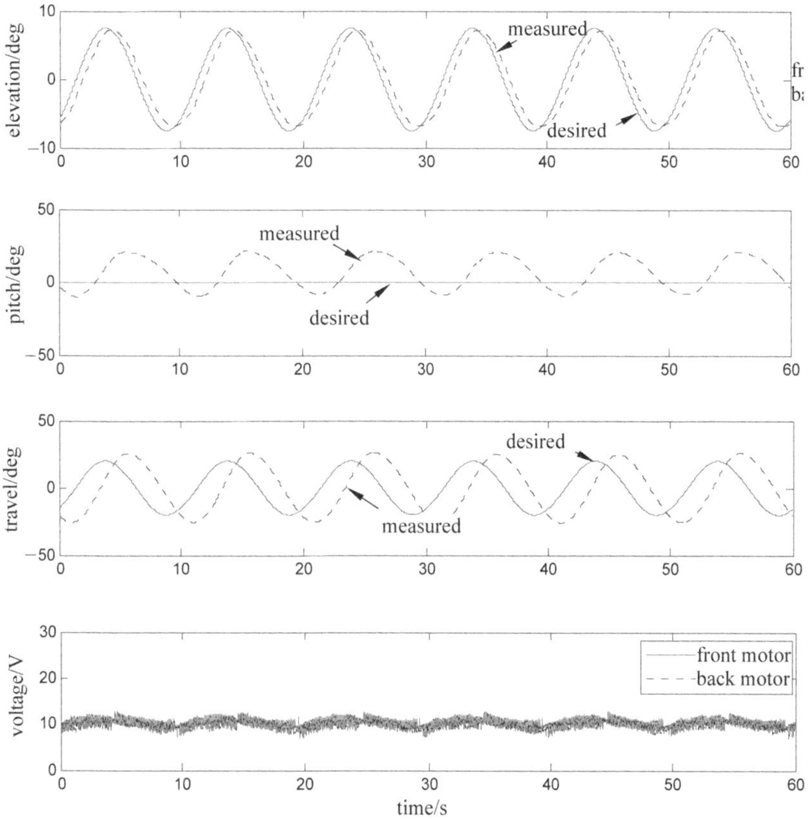

图 9.31　直升机系统典型的闭环响应（跟踪正弦波）

2. 手柄控制

如图 9.14 半实物仿真实验的 Simulink 框图（无 ADS），手柄控制就是通过操控罗技 ATTACK-3 USB 手柄获得期望值。由于是手动操作，所以难免会有抖动，在跟踪高度角的时候，难免也会使旋转角发生变化，因此产生的期望值没有程序得到的期望值那么完美。手柄控制跟踪高度角和旋转角如图 9.32 所示。

图 9.32 为手柄操控的直升机跟踪实验效果图，分别进行了高度角和旋转角的跟踪。因为手柄的灵敏度较高，所以实验时需要慢慢移动手柄，角度变化的幅值不能太大。在跟踪高度角时，无稳态误差，几乎无超调，时延约为 0.3s；俯仰角有平均 5°的偏差，俯仰角相比程序控制时抖动较大；在跟踪旋转角时，有略微的稳态误差，时延较大，约为 1s。

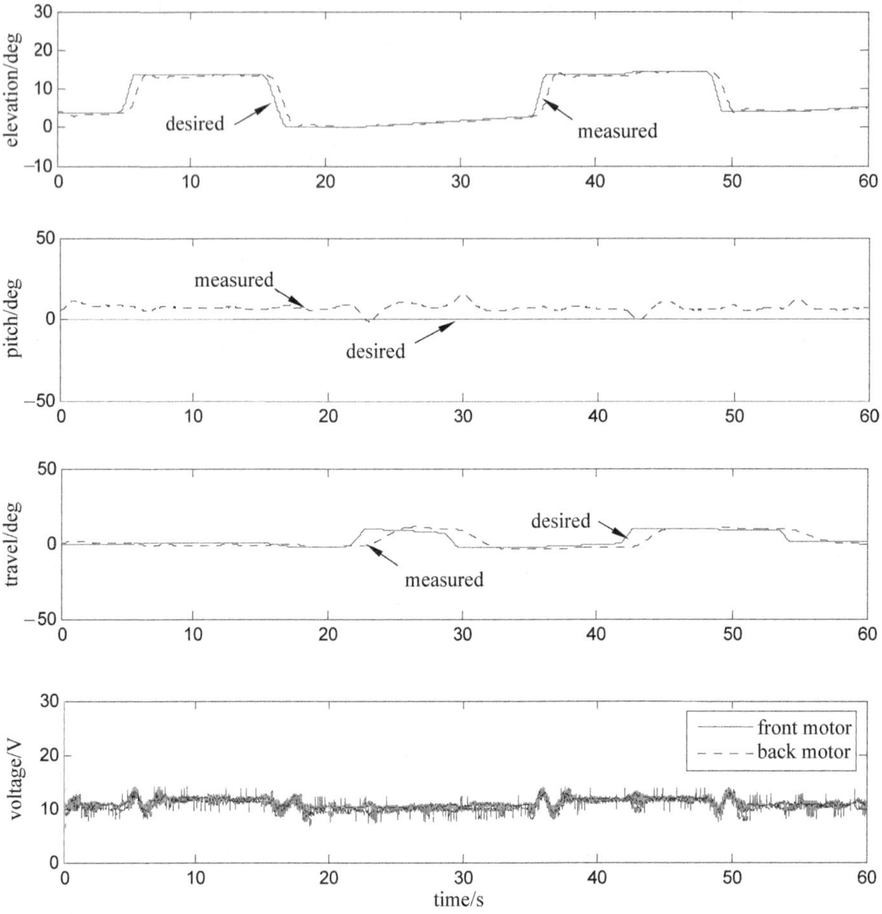

图 9.32　手柄控制下的直升机系统典型的闭环响应

9.5.2　含主动干扰系统情况

9.5.1 节介绍的是不含 ADS(Active Disturbance System)的系统，实际上建模的时候已经将它的质量考虑在内，只是没有让它动起来。ADS 的实物图如图 9.1(b)所示，它是由一个来回运动的金属块、螺杆、电机、编码器等组成的干扰系统，螺杆转动带动金属块的转动。螺杆总长 0.264m，螺距为 1/3 in/rev。这里给的干扰信号是幅值为 0.10963m，频率为 0.05Hz 的正弦信号。

含 ADS 的 Simulink 框图如图 9.23 所示，模块运行后，ADS 首先对其编码器进行重置，并对主动干扰质量块进行回零操作，即先向左边移动，直到碰到设置的顶端，然后再回到中点。回零后，图 9.23 中的直升机系统模块(3-DOF Helicopter System)收到一个使能信号，螺旋桨便开始转动，实验便得以继续。

下面分别对含 ADS 的三自由度直升机系统进行程序控制和手柄控制的跟踪实验。

1. 程序控制

图 9.33 是含 ADS 直升机高度角跟踪的实验效果图。跟踪的信号是幅值为 7.5°，频率为 0.1Hz 的正弦信号。如图 9.33 所示，对于高度角的跟踪，幅值上测量值整体略有下移，波峰偏小约 2°，波谷偏小约 1°；时域上约延时 1s。旋转角约有 5°的偏差，且抖动不大。

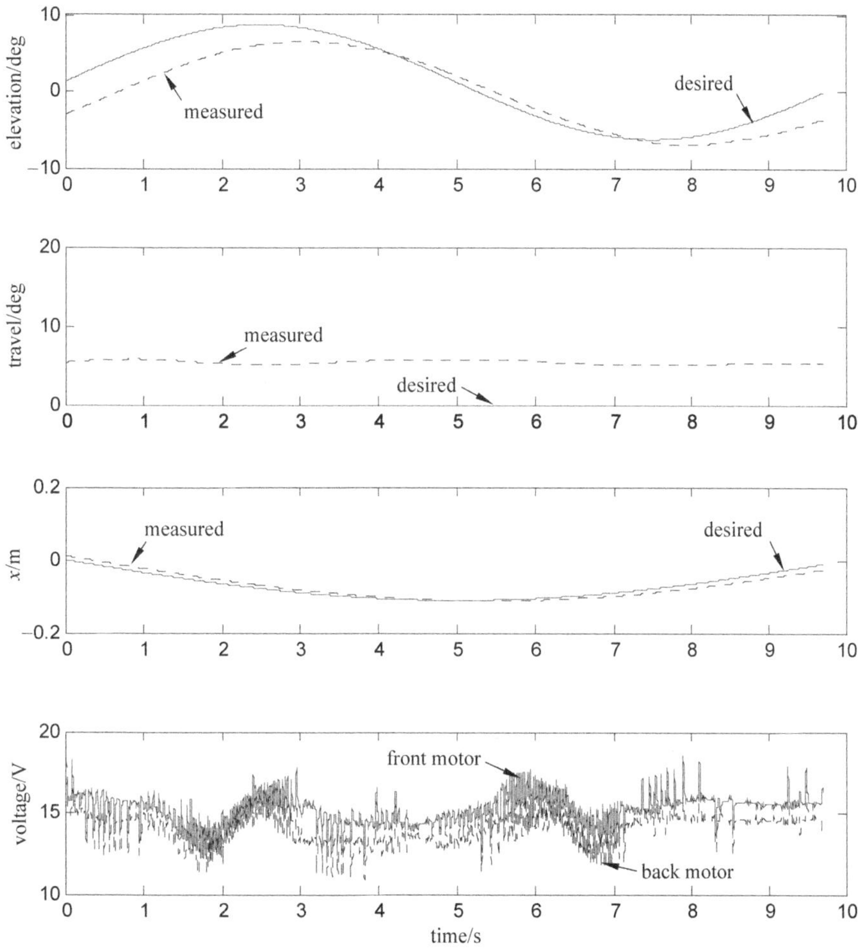

图 9.33 直升机系统典型的闭环响应(高度角以正弦变化)

图 9.34 是含 ADS 直升机旋转角跟踪的实验效果图。跟踪的信号是幅值为 20°，频率为 0.1Hz 的正弦信号。如图 9.34 所示，高度角略有偏差，约为 1.7°，对于旋转角的跟踪，幅值上测量值整体略有上移，波峰偏大约 3°，波谷偏大约 8°；时域上约延时 1s。第三张图为 ADS 的位移图，由于周期长，所以只显示了一部分。

2. 手柄控制

图 9.35 是手柄控制下，含 ADS 直升机高度角跟踪的实验效果图。测量得到的高度角

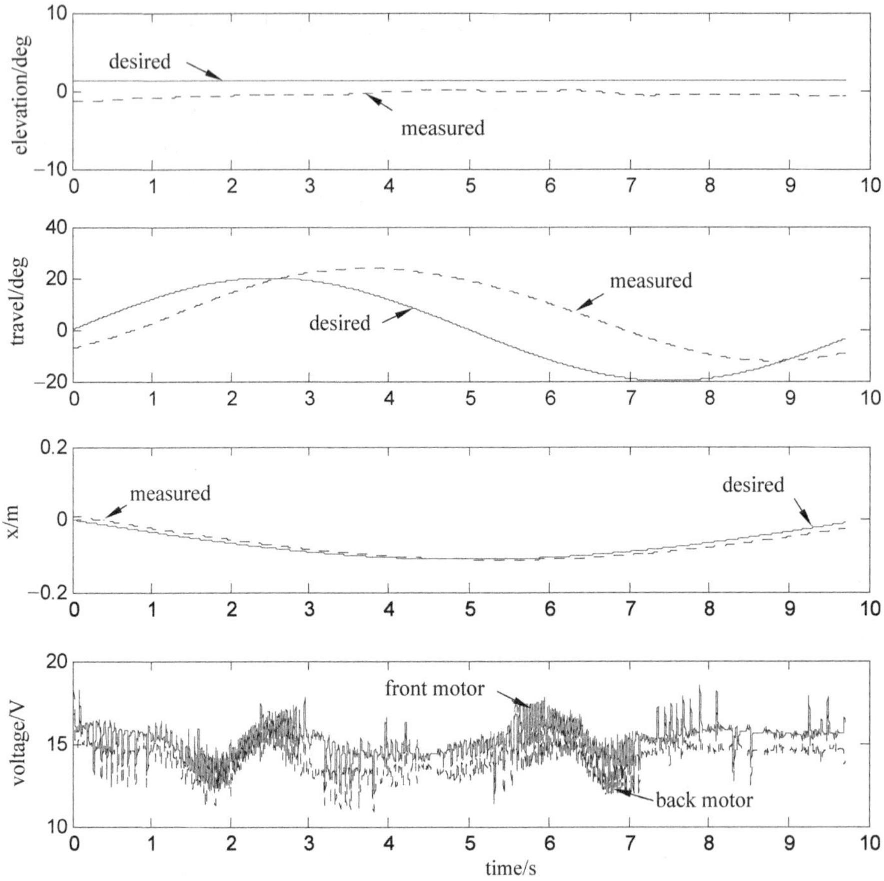

图 9.34 直升机系统典型的闭环响应(旋转角以正弦变化)

整体略有下移,约 1.7°,波峰偏小约 2°,波谷偏小约 2°;时域约延时 1s;旋转角约有 5°的偏差。

图 9.36 为手柄控制下,含 ADS 直升机跟踪旋转角实验效果图。高度角略有偏差,为 5°。旋转角的跟踪效果不理想,测量得到的图形有些走样,偏差与不含 ADS 的系统的旋转角跟踪效果差不多。整体有上移,偏差大约 5°;时域上有 1s 的时延。

比较图 9.31 和图 9.33、图 9.34,图 9.32 和图 9.35、图 9.36 可得,无论是从辐值上,还是从时域上,直升机在 ADS 的影响下,跟踪高度角时,超调略有增大,时延也略有增大;相比来说,对旋转角影响较小。但是,影响都在正常范围内,且直升机能够保持稳定,说明直升机的抗干扰能力较好。

通过比较仿真和半实物仿真实验的实验结果,发现半实物仿真实验中,旋转角偏差略大,且时延也有所增大,无超调,跟踪效果不到位。半实物仿真实验是在现实环境中进行的,受外界因素的影响,得到的实验数据更真实。半实物仿真实验是理论付诸实践之前至关重要的一步。

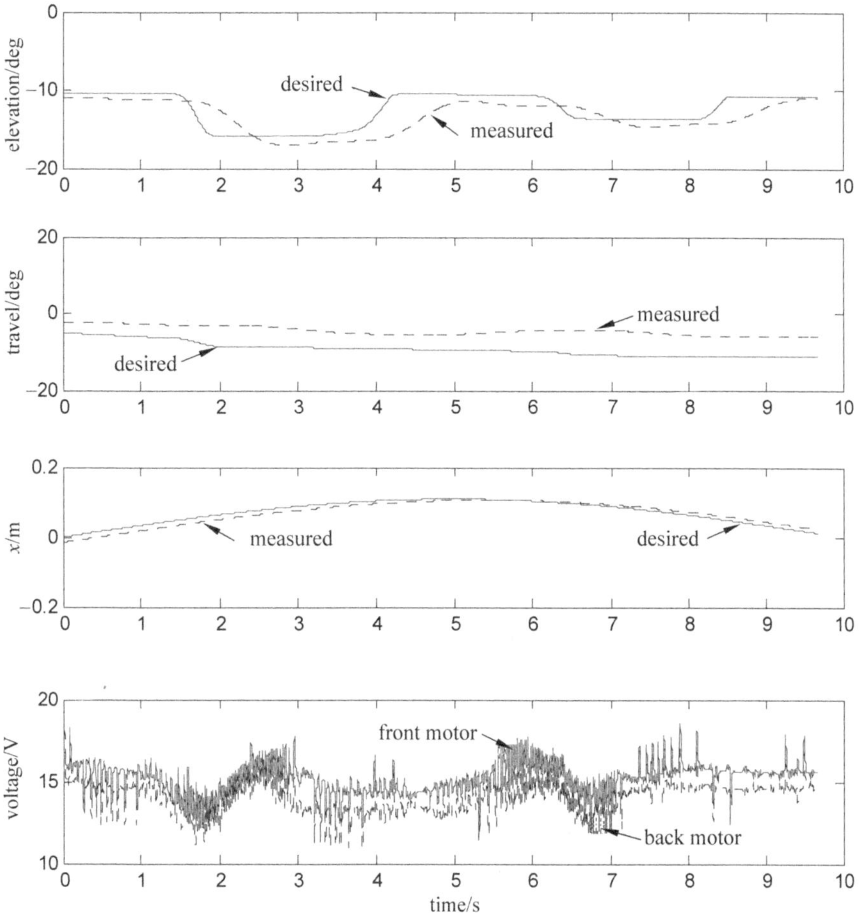

图 9.35　直升机系统典型的闭环响应(高度角变化)

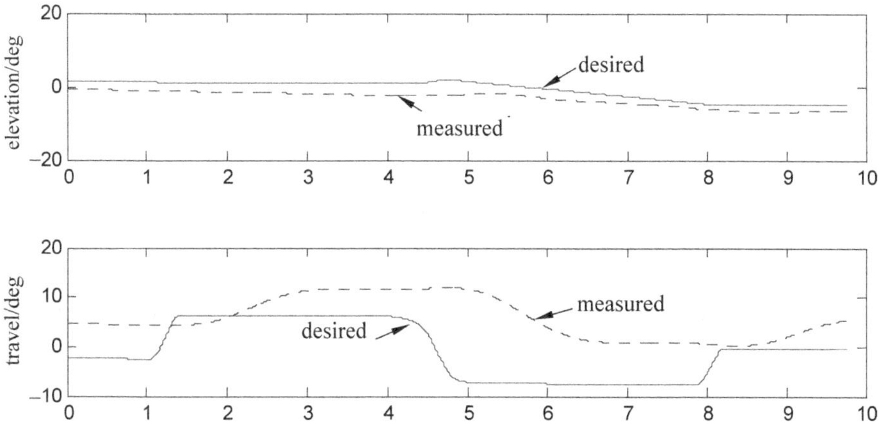

图 9.36　直升机系统典型的闭环响应(旋转角变化)

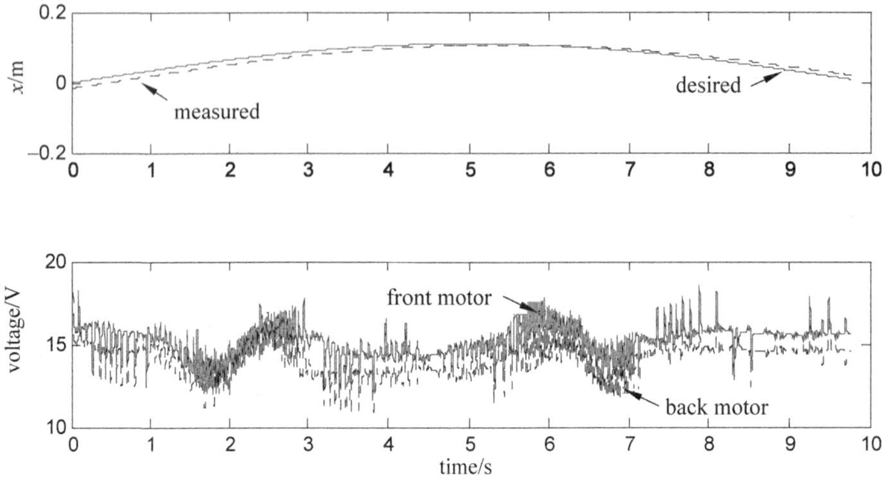

图 9.36 （续）

9.6 三自由度直升机 H_2/H_∞ 控制器设计

三自由度直升机是较复杂的多输入多输出(Multi Input Multi Output，MIMO)系统，经典的控制方法在设计时计算量大且有时不能保证控制效果，因此，本章考虑使用现代控制理论中的 H_2 控制理论设计 H_2 控制器使得闭环系统具有较好的动态性能，使用 H_∞ 控制理论设计 H_∞ 控制器使得闭环系统具有一定的鲁棒性能，最后综合两者优点，设计多目标 *mixed* H_2/H_∞ 控制器对本文研究对象进行实时控制，并运用 Simulink 进行数值仿真验证控制器的有效性。

9.6.1 H_2 控制器设计及仿真

1. 选用 H_2 控制器的原因

H_2 最优控制就是设计一个控制器，使得得到的闭环系统是内稳定的，并且同时能够使我们设计的 H_2 性能指标到达最优值。性能指标的具体体现形式要根据不同的对象以及不同的控制目标确定。

例如，考虑式(9-5)所示误差平方积分准则函数：

$$J = \int_0^\infty e^2(t)\mathrm{d}t \tag{9-5}$$

其中 $e(t)=y_0(t)-y(t)$ 为系统误差。式(9-5)是经典控制理论中系统的瞬态性能及稳态性能的综合评价指标。对该准则做相应的修改，即可得到最优控制理论中赫赫有名的线性二次型性能指标，如式(9-6)所示。

$$J=\int_0^{\infty}[x^{\mathrm{T}}(t)\boldsymbol{Q}x(t)+u^{\mathrm{T}}(t)\boldsymbol{R}u(t)]\mathrm{d}t \tag{9-6}$$

其中，$x(t)$为系统状态的偏差信号；$u(t)$为控制输入；$\boldsymbol{Q}$、$\boldsymbol{R}$ 为相应的权函数矩阵。控制变量二次型 $u^{\mathrm{T}}(t)\boldsymbol{R}u(t)$表示对控制能量的一种限制。如果在被控过程的数学模型描述时使用随机过程模型，且干扰信号是有限谱信号，即高斯白噪声，那么我们称相应的最优控制问题为线性二次高斯控制或者 LQG 控制，这是一种特殊的 H_2 最优控制，其性能指标为

$$J=\lim\frac{1}{T}E\left\{\int_0^{T}[x^{\mathrm{T}}(t)\boldsymbol{Q}x(t)+u^{\mathrm{T}}(t)\boldsymbol{R}u(t)]\mathrm{d}t\right\} \tag{9-7}$$

其中，E 表示均值，即数学期望。LQG 性能指标与从随机扰动到被控输出的传递函数的 H_2 范数相等。标准 H_2 最优控制问题的基本结构如图 9.37 所示。

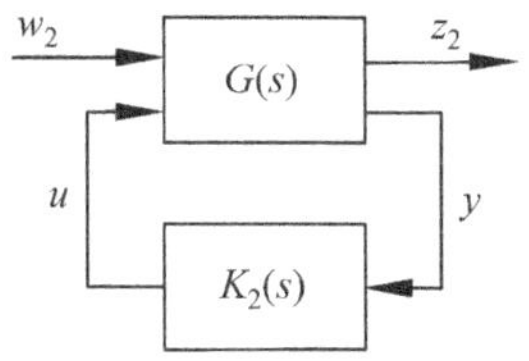

图 9.37　标准 H_2 最优控制问题的基本结构

其中，$K_2(s)$是需要我们设计的 H_2 控制器；G 称为广义被控对象；w_2 是外部干扰信号；z_2 是评价信号；y 是输出信号测量值；u 是控制信号输出值。基于图 9.37 可以描述 H_2 最优控制问题为：设计控制器 K_2，使得图 9.37 所示闭环系统稳定的前提下 w_2 到 z_2 的闭环传递函数 $T_{z_2w_2}(s)$的 H_2 范数达到极小值，即

$$\min\|T_{z_2w_2}(s)\|_2=\gamma_0 \tag{9-8}$$

因为上述最优控制问题求解时比较困难，所以在工程上常常退而求其次，选择求次优控制器解决实际问题。

定理 1　H_2 次优控制问题可以描述为：寻找一个正则有理的控制器 K_2，确保图 9.37 所示系统内部稳定，且使得 $\|T_{z_2w_2}(s)\|_2<\gamma_1$，其中 $\gamma_1>\gamma_0$。

在我们的三自由度直升机跟踪与调节控制系统的设计中，系统动态响应过程，即过渡过程的响应是一个极重要的指标，信号的 H_2 范数表示的是它的平方面积，因此，信号的 H_2 范数小就可以说明它的跟踪速度快，系统响应时间短。也就是说，H_2 范数非常适合表示我们研究的三自由度直升机跟踪与调节问题中动态响应环节的优劣。由于干扰信号和参考输入可以看作其动态特性的脉冲响应，所以，如果把这个动态特性作为加权函数与闭环传递函数串联起来，干扰和参考输入的输出响应就可以被看作带加权函数的闭环传递函数脉冲响应。同时，已有理论证明传递函数脉冲响应的 H_2 范数与传递函数本身的 H_2 范数是等价的。因此，为了改善干扰信号和参考输入的响应特性，设计控制器时，应使闭环传递函数的 H_2 范数尽量小。

2. H_2 控制器的线性矩阵不等式(Linear Matrix Inequality, LMI)表述

基于本章建立的三自由度直升机模型和图 9.37 所示框图，我们考虑广义被控对象的矩阵描述如下所示。

$$\begin{cases}\dot{\boldsymbol{x}}=\boldsymbol{A}x+\boldsymbol{B}_2w_2+\boldsymbol{B}u\\ z_2=\boldsymbol{C}_2x+\boldsymbol{D}_{20}u\\ y=\boldsymbol{C}x\end{cases} \tag{9-9}$$

其中 $\boldsymbol{x}$ 是直升机的状态向量；u 是控制信号；z_2 为被调输出；w_2 是外部扰动（如气流变化、手动干扰等），其余为已知的适当维数的实数矩阵。

我们设计的 H_2 控制器所需优化的性能目标准则函数如下所示。

$$T_{z_2 w_2} = \int_0^{\infty} (x^{\mathrm{T}} \boldsymbol{Q} x + u^{\mathrm{T}} \boldsymbol{R} u) \mathrm{d}t \tag{9-10}$$

其中 $\boldsymbol{Q}^{\mathrm{T}} = \boldsymbol{Q} \geqslant 0, \boldsymbol{R}^{\mathrm{T}} = \boldsymbol{R} > 0$ 是相应信号的权重函数。定义图 9.37 中的被调输出 z_2 为如下形式。

$$z_2 = \begin{bmatrix} \boldsymbol{Q}^{1/2} \\ 0 \end{bmatrix} x + \begin{bmatrix} 0 \\ \boldsymbol{R}^{1/2} \end{bmatrix} u \tag{9-11}$$

则我们的性能目标准则函数式(9-10)可以改写成如下形式。

$$T_{z_2 w_2} = \int_0^{\infty} z_2^{\mathrm{T}} z_2 \mathrm{d}t = \int \| z_2 \|^2 \tag{9-12}$$

因为我们使用的 Quanser 公司的三自由度直升机系统的状态变量都是很容易通过编码器测量得到的，因此优先考虑使用状态反馈 H_2 控制器完成我们的目标。

定理 2 对于给定的标量 $\gamma_1 > 0$，式(9-9)所示系统存在状态反馈控制器 K_2，满足 $u = K_2 x$，当且仅当存在对称正定矩阵 $\boldsymbol{X}$、$\boldsymbol{Z}$ 和矩阵 $\boldsymbol{W}$，使得以下线性矩阵不等式组(LMIs)成立。

$$\boldsymbol{AX} + \boldsymbol{BW} + (\boldsymbol{AX} + \boldsymbol{BW})^{\mathrm{T}} + \boldsymbol{B}_2 \boldsymbol{B}_2^{\mathrm{T}} < 0 \tag{9-13}$$

$$\begin{bmatrix} -\boldsymbol{Z} & \boldsymbol{CX} + \boldsymbol{D}_{20} \boldsymbol{W} \\ (\boldsymbol{CX} + \boldsymbol{D}_{20} \boldsymbol{W})^{\mathrm{T}} & -\boldsymbol{X} \end{bmatrix} < 0 \tag{9-14}$$

$$Trace(\boldsymbol{Z}) < \gamma_1^2 \tag{9-15}$$

如果矩阵不等式(9-13)～式(9-15)存在一个可行解 $\boldsymbol{X}^*$、$\boldsymbol{W}^*$、$\boldsymbol{Z}^*$，则 $u = \boldsymbol{W}^* (\boldsymbol{X}^*)^{-1} x$ 是式(9-9)所示系统的一个状态反馈 H_2 控制律，所以 $K_2 = \boldsymbol{W}^* (\boldsymbol{X}^*)^{-1}$。

证明：式(9-9)所示闭环系统渐近稳定且满足 $\| T_{z_2 w_2} \|_2 < \gamma_1$ 的一个充要条件是存在正定矩阵 $\boldsymbol{X}$，使得不等式(9-16)和不等式(9-17)成立。

$$\boldsymbol{AX} + \boldsymbol{BK}_2 + (\boldsymbol{AX} + \boldsymbol{BK}_2)^{\mathrm{T}} + \boldsymbol{B}_2 \boldsymbol{B}_2^{\mathrm{T}} < 0 \tag{9-16}$$

$$Trace[(\boldsymbol{C} + \boldsymbol{D}_{20} \boldsymbol{K}_2) \boldsymbol{X} (\boldsymbol{C} + \boldsymbol{D}_{20} \boldsymbol{K}_2)^{\mathrm{T}}] < \gamma_1^2 \tag{9-17}$$

对于满足 $\boldsymbol{M}_1 < \boldsymbol{M}_2$ 的矩阵 $\boldsymbol{M}_1$ 和 $\boldsymbol{M}_2$，有 $Trace(\boldsymbol{M}_1) < Trace(\boldsymbol{M}_2)$，所以，引进一个对称矩阵 $\boldsymbol{Z}$，可得矩阵不等式(9-17)等价于式(9-18)和式(9-19)。

$$(\boldsymbol{C} + \boldsymbol{D}_{20} \boldsymbol{K}_2) \boldsymbol{X} (\boldsymbol{C} + \boldsymbol{D}_{20} \boldsymbol{K}_2)^{\mathrm{T}} < \boldsymbol{Z} \tag{9-18}$$

$$Trace(\boldsymbol{Z}) < \gamma_1^2 \tag{9-19}$$

利用 LMI 的 Schur 定理，可知矩阵不等式(9-18)能够改写成不等式(9-20)所示的形式。

$$\begin{bmatrix} -\boldsymbol{Z} & (\boldsymbol{C} + \boldsymbol{DK}_2) \boldsymbol{X} \\ \boldsymbol{X} (\boldsymbol{C} + \boldsymbol{DK}_2)^{\mathrm{T}} & -\boldsymbol{X} \end{bmatrix} < 0 \tag{9-20}$$

定义 $\boldsymbol{W} = \boldsymbol{K}_2 \boldsymbol{X}$，结合式(9-16)、式(9-19)和式(9-20)可得定理结论，至此定理得证。

基于定理 2，我们成功地把 H_2 控制器设计求解问题转换成了一组线性矩阵不等式的求解问题，而我们知道，这个凸优化问题可以借助数学运算工具 MATLAB 中的 LMI 工具箱计算得到稳定可行解。

3. H_2 控制器求解

基于我们的三自由度直升机系统和上述 LMI 问题描述，经过调试与仿真，最终选择如下参数进行控制器求解。

$$\gamma_1 = 1,\quad R = 0.05 * eye(2)$$
$$Q = diag(100,1,10,0,0,2)$$
$$B_2 = diag(-0.02,-0.03,-0.01,0.02,0.03,0.01)$$
$$\boldsymbol{C}_2 = \begin{bmatrix} \boldsymbol{Q}^{1/2} \\ 0 \end{bmatrix},\quad \boldsymbol{D}_{20} = \begin{bmatrix} 0 \\ \boldsymbol{R}^{1/2} \end{bmatrix}$$

最后通过 MATLAB LMI 工具箱求得的 H_2 控制器的控制参数如下。

$$\boldsymbol{K}_2 = \begin{bmatrix} -24.9478 & -7.8625 & 4.6121 & -15.5014 & -2.9971 & 8.1915 \\ -25.8112 & 6.2757 & -4.8308 & -14.9694 & 2.8578 & -8.5122 \end{bmatrix}$$

4. 三自由度直升机 H_2 控制数值仿真结果与分析

为验证上述控制器的有效性，首先在 MATLAB 上进行数值仿真。图 9.38 为三自由度直升机 H_2 控制系统框图。

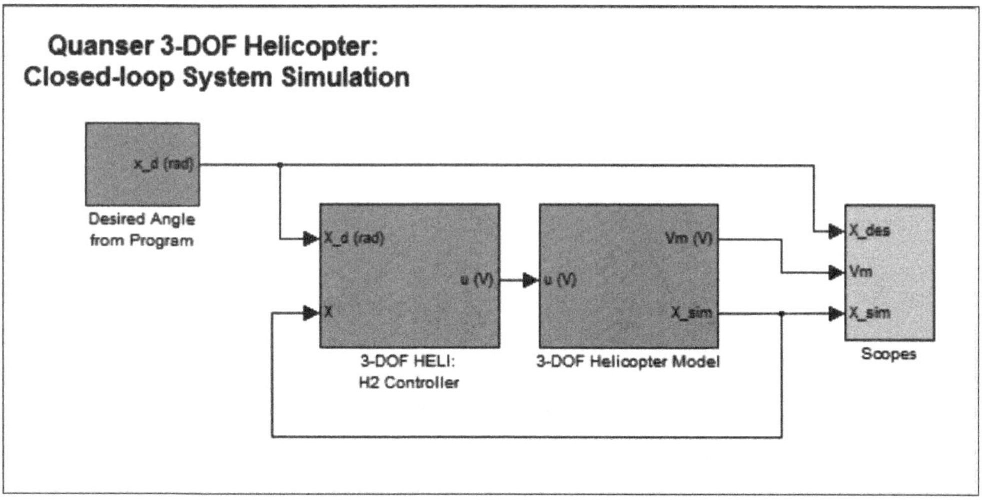

图 9.38　三自由度直升机 H_2 控制系统框图

在图 9.38 中，Desired Angle from Program 模块为参考输入模块，3-DOF HELI：H2 Controller 模块为控制器模块（该模块在做不同控制算法仿真时，要更换相应的控制器），3-DOF Helicopter Model 模块为前面建立的系统模型模块，Scopes 模块为示波器模块。图 9.38 中，各个模块的具体细节及设置将在本节中一一说明。

图 9.39 为参考信号输入模块内部结构图，其中 Signal Generator Elevation 模块用来产生频率为 0.04Hz，幅值为 1 的方波信号，该信号经过 Amplitude Elevation 模块后变为本次

数值仿真的高度角参考输入：频率为 0.04Hz，幅值为 7.5°的方波信号。同样，Signal Generator Travel 和 Amplitude Travel 两个模块串联后的模块为频率为 0.06Hz，幅值为 30°的方波信号。Constant Travel 模块可以给 3 个自由度添加固定的常量输入，这里均取 0。

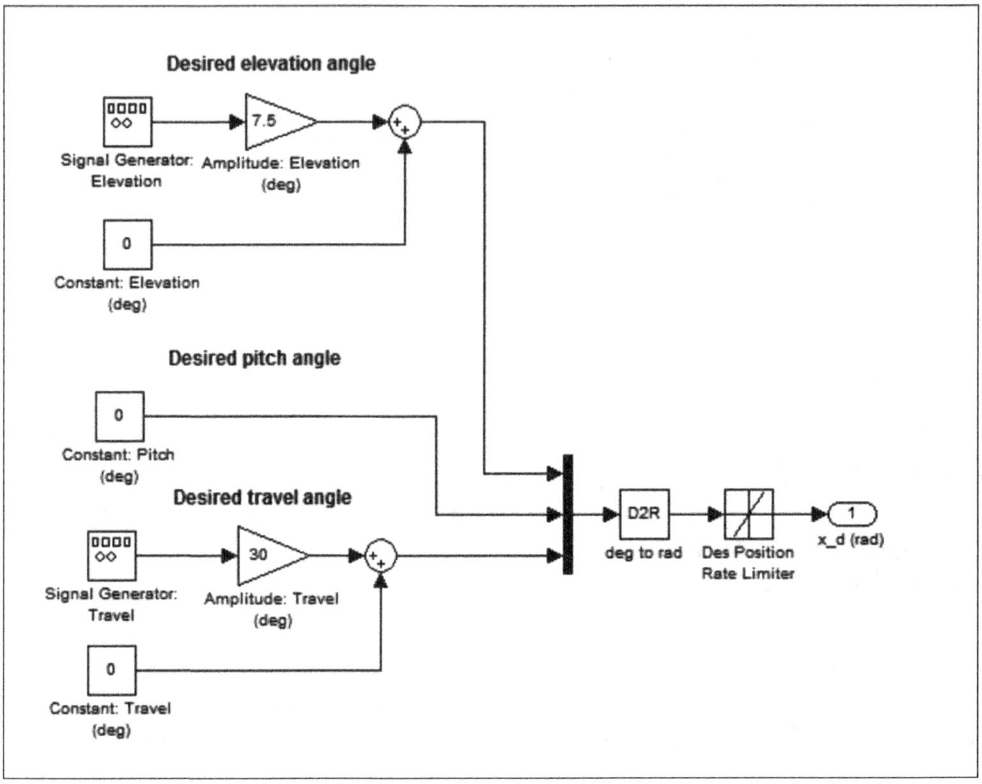

图 9.39　参考信号输入模块内部结构图

图 9.40 为本节设计控制器的内部结构图。可以看出，图 9.40 中端口 2 输入的是 3 个编码器测量得到的系统状态量，1 号输入端口为参考输入信号，两者经过 signal processing 模块得到控制器输入量，最后经过本节设计的 H_2 控制器控制后输出给输出端口 1。

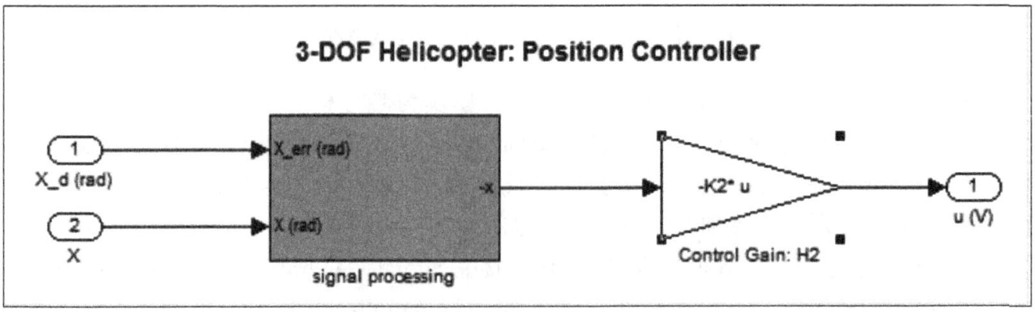

图 9.40　H_2 控制器内部结构图

图 9.41 为三自由度直升机仿真模型内部结构图，核心模块为 State-Space，其参数 A、B、C、D 见前面所述。输入为控制器输出 u，考虑到实际模型中输入电压是有幅值限制的，所以在输入后加入了幅值限制模块。最后输出给示波器模块用于显示和记录仿真结果。

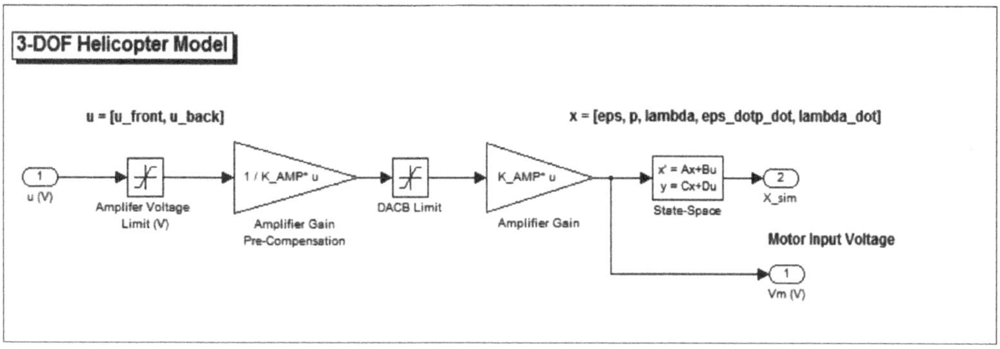

图 9.41　三自由度直升机仿真模型内部结构图

图 9.42 为示波器模块，elevation、pitch 和 travel 模块分别记录高度角、俯仰角与旋转角的参考输入信号和控制后的各个自由度输出信号。Vm 模块记录了前后电机的电压变化情

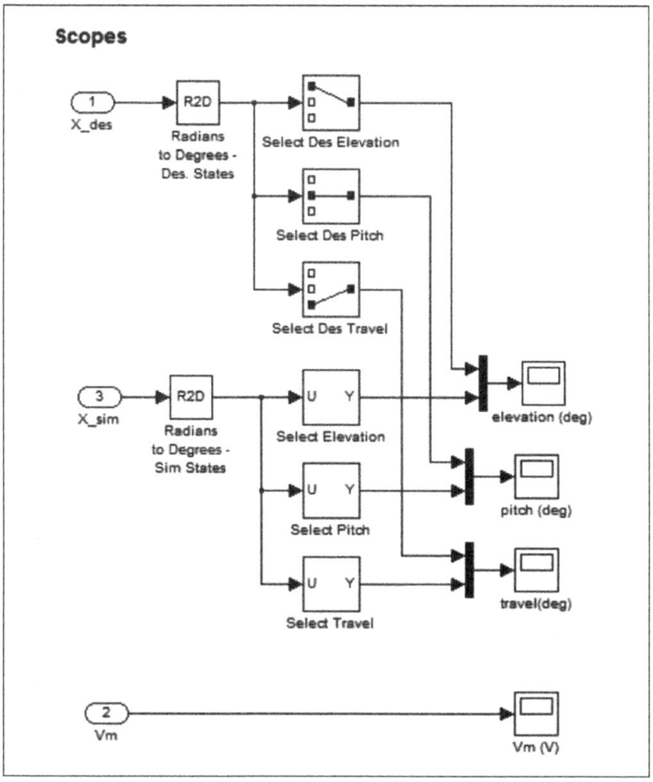

图 9.42　示波器模块内部结构图

况。这些数据最后都会自动被4个示波器记录下来，以便绘制结果图。

根据以上设置，仿真后得到如图9.43所示的基于H_2控制器的MATLAB数值仿真结果图。图9.43从上到下依次显示了高度角、俯仰角、旋转角和前后电机电压的变化情况，本章中的仿真图均为如此排序。表9.3为基于H_2控制器的矩形波跟踪数值仿真效果汇总表。

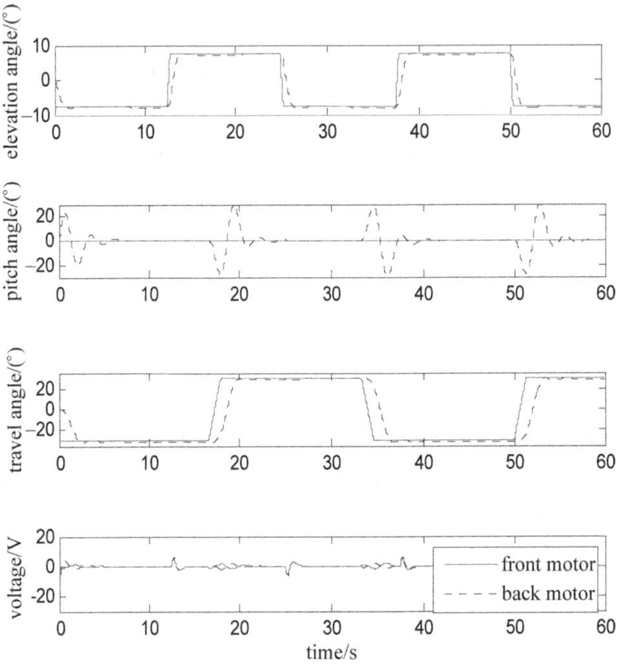

图9.43　基于H_2控制器的MATLAB数值仿真结果图

表9.3　基于H_2控制器的矩形波跟踪数值仿真效果汇总

关键统计参数	三自由度直升机系统	
	高度角/(°)	旋转角/(°)
上升时间/s	1.10	3.10
最大超调量/%	0.00	0.00
调节时间/s	1.20	3.30
延时/s	0.00	1.30
稳态误差/deg	0.02	0.01

从表9.3中可知，高度角得到非常有效的控制，其上升时间短，超调量几乎为零，调节时间在可接受范围内，响应几乎没有延时，稳态误差在误差范围内也可以忽略。对于旋转角的控制结果，从表9.3中可知其稳态误差与高度角基本相同，稳态误差在可接受范围内，超调量为零，这在现实中体现在飞机在转向时机身几乎不存在晃动，乘客能有较好的乘坐体验，

但是若存在比较大的延时和较长的调节时间，这可能影响飞机在遇到突发问题时的响应速度，进而影响安全等。

表 9.3 中没有统计俯仰角的关键数据，因为在数值仿真测试中，该角度的参考信号恒定设为 0。但是我们发现它的变化还是比较剧烈的，这是因为在 9.1 节建模的过程中，飞机旋转角的改变通过前后电机提供的升力不等时，机身发生俯仰运动，俯仰角改变，两电机与重力形成的合力就不再垂直，自然而然在水平方向会产生一个分力，推动机体旋转。所以，我们可以看到，俯仰角的变化和旋转角的变化是高度重合的，因为虽然在建模过程中做了线性化处理，但是这两个自由度在物理上还是高度耦合的。在接下来的数值仿真及半实物仿真实验时同样会出现这个现象，后面将不做多余的解释。

9.6.2　H_∞控制器设计及仿真

1. 选用 H_∞控制器的原因

上述 H_2 控制器在没有干扰的情况下控制性能良好，但是由于 H_2 控制器设计的基础是采用 H_2 范数描述的积分判据，而且采用白噪声表示过程的不确定性。但是，在实际系统中，白噪声的假设是不符合常理的，且 H_2 最优控制器的设计必须基于比较精确的数学模型。而在实际的系统中，外部干扰、数学模型的建模误差、测量误差等干扰无法避免，精确的数学模型的建立还是比较困难的。基于以上原因可知，H_2 控制对系统的鲁棒性是不能保障的。Doyle 证明了在输出反馈的 H_2 最优控制中，即使很小的增益摄动，也有可能使得闭环系统发散，所以从 20 世纪 80 年代开始，一门新的现代控制理论——H_∞ 鲁棒控制理论诞生了。

H_∞ 鲁棒控制器设计是在 Hardy 空间上，用特定评价函数的 H_∞ 范数作为其性能指标，应用凸优化的方法优化该指标，从而得到 H_∞ 鲁棒控制器。该方法为 MIMO 系统和拥有扰动的系统展示了基于频域的鲁棒控制器设计思路。

由于传递函数的 H_∞ 范数可以表示为有限能量输入到输出的最大增益，因此用上述不确定性的传递函数的 H_∞ 范数作为目标函数进行控制器的优化和设计，就可以使得拥有有限功率频谱的干扰对系统的期望输出的影响达到最小。并且 H_∞ 范数属于诱导二范数，拥有乘法特性，从而使研究对象在有不确定性的前提下设计鲁棒稳定控制器的问题非常容易得到解决。

三自由度直升机系统的不确定性有多个方面，其中比较主要的是外界干扰信号和系统建模误差。H_∞ 控制器的设计将采用相关不确定性因素的 H_∞ 范数作为度量。

标准 H_∞ 控制框图如图 9.44 所示。

如图 9.44 所示，$G(s)$为广义被控对象；w_1 为外部输入（涵盖评价系统性能的参考输入和代表模型不确定性的外部干扰）；z_∞ 表示评价系统控制性能及其模型摄动的输出向量，称为被控输出；y 是控制器输入，表示编码器测量所得信号；$K_\infty(s)$表示所要设计的 H_∞ 控制器。

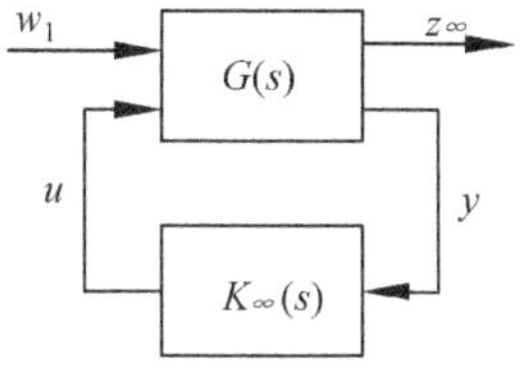

图 9.44　标准 H_∞ 控制框图

假设广义被控对象 $G(s)$ 具有如式(9-21)所示的传递函数矩阵：

$$G(s) \stackrel{s}{=} \begin{bmatrix} G_{11} & G_{12} \\ G_{21} & G_{22} \end{bmatrix} = \begin{bmatrix} \boldsymbol{A} & \boldsymbol{B}_1 & \boldsymbol{B} \\ \boldsymbol{C}_1 & \boldsymbol{D}_{11} & \boldsymbol{D}_{10} \\ \boldsymbol{C} & \boldsymbol{D}_{21} & \boldsymbol{D}_{22} \end{bmatrix} \tag{9-21}$$

外部的干扰 w_1 到被控输出 z_∞ 的传递函数矩阵为

$$T_{z_\infty w_1}(s) = G_{11}(s) + G_{12}(s)K_\infty(s)[1 - G_{22}(s)K_\infty(s)]^{-1}G_{21}(s) \tag{9-22}$$

H_∞ 控制问题等价于求解控制器 K_∞，使其满足如下两个条件：一是使图 9.44 所示的闭环系统稳定；二是使 $\| T_{z_\infty w_1}(s) \|_\infty$ 达到极小值。同 H_2 控制一样，H_∞ 控制也分为 H_∞ 最优控制问题和 H_∞ 次优控制问题，其区别是 H_∞ 最优控制问题必须使得 $\| T_{z_\infty w_1}(s) \|_\infty$ 取得极小值，而 H_∞ 次优控制问题则是求一正则有理控制器，使得闭环系统内稳定，且使得 $\| T_{z_\infty w_1}(s) \|_\infty = \gamma$，其中 $\gamma > \min \| T_{z_\infty w_1}(s) \|_\infty$。

2. H_∞ 控制器的 LMI 表述

基于 9.1 节建立的三自由度直升机模型和图 9.44 所示框图，我们考虑广义被控对象的矩阵描述如下所示。

$$\begin{bmatrix} \dot{x} \\ z_\infty \\ y \end{bmatrix} \begin{bmatrix} \boldsymbol{A} & \boldsymbol{B}_1 & \boldsymbol{B} \\ \boldsymbol{C}_1 & \boldsymbol{D}_{11} & \boldsymbol{D}_{10} \\ \boldsymbol{C} & \boldsymbol{D}_{21} & 0 \end{bmatrix} \begin{bmatrix} x \\ w_1 \\ u \end{bmatrix} \tag{9-23}$$

其中，$\boldsymbol{x}$ 为状态向量；w_1 为外部输入信号（包含干扰信号，至此主要考虑三自由度直升机上自带的 Active Mass Disturbance System（ADS）系统，即主动干扰系统）；u 为控制器输出信号；z_∞ 为被控输出信号（反映系统的鲁棒性能）；y 为测量信号；其余为已知的常数矩阵。

本节依旧考虑使用状态反馈控制器完成控制器设计。

定理 3 对于给定的标量 $\gamma_2 > 0$，式(9-23)所示系统存在状态反馈控制器 K_∞，满足 $u = K_\infty x$，当且仅当存在对称正定矩阵 $\boldsymbol{X}$ 和矩阵 $\boldsymbol{W}$，使得如下线性矩阵不等式组（LMIs）成立。

$$\begin{bmatrix} \boldsymbol{AX} + \boldsymbol{BW} + (\boldsymbol{AX} + \boldsymbol{BW})^{\mathrm{T}} & \boldsymbol{B}_1 & (\boldsymbol{C}_1\boldsymbol{X} + \boldsymbol{D}_{10}\boldsymbol{W})^{\mathrm{T}} \\ \boldsymbol{B}_1^{\mathrm{T}} & -\gamma_2\boldsymbol{I} & \boldsymbol{D}_{11}^{\mathrm{T}} \\ \boldsymbol{C}_1\boldsymbol{X} + \boldsymbol{D}_{10}\boldsymbol{W} & \boldsymbol{D}_{11} & -\gamma_2\boldsymbol{I} \end{bmatrix} < 0 \tag{9-24}$$

如果矩阵不等式(9-24)存在一个可行解 $\boldsymbol{X}^*$、$\boldsymbol{W}^*$，则 $u = \boldsymbol{W}^*(\boldsymbol{X}^*)^{-1}x$ 是式(9-23)所示系统的一个 H_∞ 状态反馈控制律，所以 $K_\infty = \boldsymbol{W}^*(\boldsymbol{X}^*)^{-1}$。

证明：式(9-23)所示闭环系统渐近稳定而且满足 $\| T_{z_\infty w_1}(s) \|_\infty < 1$ 的一个充分必要条件是存在一个对称正定矩阵 $\boldsymbol{P}$，使得以下矩阵不等式成立。

$$\begin{bmatrix} (\boldsymbol{AX} + \boldsymbol{B}K_\infty)^{\mathrm{T}}\boldsymbol{P} + \boldsymbol{P}(\boldsymbol{AX} + \boldsymbol{B}K_\infty)^{\mathrm{T}} & \boldsymbol{PB}_1 & (\boldsymbol{C}_1\boldsymbol{X} + \boldsymbol{D}_{10}K_\infty)^{\mathrm{T}} \\ \boldsymbol{B}_1^{\mathrm{T}}\boldsymbol{P} & -\boldsymbol{I} & \boldsymbol{D}_{11}^{\mathrm{T}} \\ \boldsymbol{C}_1\boldsymbol{X} + \boldsymbol{D}_{10}K_\infty & \boldsymbol{D}_{11} & -\boldsymbol{I} \end{bmatrix} < 0 \tag{9-25}$$

其中，矩阵变量 K_∞ 和 $\boldsymbol{P}$ 在不等式(9-25)中是未知的。不难看出，K_∞ 和 $\boldsymbol{P}$ 在不等式(9-25)中出现的形式是非线性的，所以，想直接求解以上矩阵不等式，得到解 K_∞ 和 P 非常具有挑战性。

但是，通过一些适当的变换，可以将非线性的矩阵不等式(9-25)转换成一个与其等价的只包含新的矩阵变量的线性矩阵不等式。

对不等式(9-25)左边的矩阵分别左乘及右乘对角矩阵 $diag\{\boldsymbol{P}^{-1},\boldsymbol{I},\boldsymbol{I}\}$，可得与其等价的不等式(9-26)。

$$\begin{bmatrix} (\boldsymbol{AP}^{-1}+\boldsymbol{B}K_\infty\boldsymbol{P}^{-1})+(\boldsymbol{AP}^{-1}+\boldsymbol{B}K_\infty\boldsymbol{P}^{-1})^{\mathrm{T}} & \boldsymbol{B}_1 & (\boldsymbol{C}_1\boldsymbol{P}^{-1}+\boldsymbol{D}_{10}K_\infty\boldsymbol{P}^{-1})^{\mathrm{T}} \\ \boldsymbol{B}_1^{\mathrm{T}} & -\boldsymbol{I} & \boldsymbol{D}_{11}^{\mathrm{T}} \\ \boldsymbol{C}_1\boldsymbol{P}^{-1}+\boldsymbol{D}_{10}K_\infty\boldsymbol{P}^{-1} & \boldsymbol{D}_{11} & -I \end{bmatrix}<0 \tag{9-26}$$

定义 $\boldsymbol{X}=\boldsymbol{P}^{-1}$ 和 $\boldsymbol{W}=\boldsymbol{KX}$，可将式(9-26)转换成式(9-27)。

$$\begin{bmatrix} (\boldsymbol{AX}+\boldsymbol{BW})+(\boldsymbol{AX}+\boldsymbol{BW})^{\mathrm{T}} & \boldsymbol{B}_1 & (\boldsymbol{C}_1\boldsymbol{X}+\boldsymbol{D}_{10}\boldsymbol{W})^{\mathrm{T}} \\ \boldsymbol{B}_1^{\mathrm{T}} & -\boldsymbol{I} & \boldsymbol{D}_{11}^{\mathrm{T}} \\ \boldsymbol{C}_1\boldsymbol{X}+\boldsymbol{D}_{10}\boldsymbol{W} & \boldsymbol{D}_{11} & \boldsymbol{I} \end{bmatrix}<0 \tag{9-27}$$

矩阵不等式(9-27)是矩阵变量 $\boldsymbol{X}$ 和 $\boldsymbol{W}$ 的一个线性矩阵不等式，且提供关于这两个变量的一个凸约束，因此，式(9-27)给出了式(9-23)所示系统的所有状态反馈 H_∞ 控制律的一个凸约束刻画。

对给定的标量 $\gamma_2>0$，为了求得系统的状态反馈 H_∞ 次优控制器，考虑到

$$\|T_{z_\infty w_1}(s)\|_\infty<\gamma_2 \Leftrightarrow \|\gamma_2^{-1}T_{z_\infty w_1}(s)\|_\infty<1 \tag{9-28}$$

故可以通过 $\gamma_2^{-1}C_1$、$\gamma_2^{-1}D_{11}$ 和 $\gamma_2^{-1}D_{12}$ 代替式(9-27)所示系统中的矩阵 $\boldsymbol{C}_1$、$\boldsymbol{D}_{11}$ 和 $\boldsymbol{D}_{12}$，对得到的新系统模型设计标准 H_∞ 次优控制器，此时相应的矩阵不等式为式(9-29)。

$$\begin{bmatrix} \boldsymbol{AX}+\boldsymbol{BW}+(\boldsymbol{AX}+\boldsymbol{BW})^{\mathrm{T}} & \boldsymbol{B}_1 & \gamma_2^{-1}(\boldsymbol{C}_1\boldsymbol{X}+\boldsymbol{D}_{10}\boldsymbol{W})^{\mathrm{T}} \\ \boldsymbol{B}_1^{\mathrm{T}} & -\boldsymbol{I} & \gamma_2^{-1}\boldsymbol{D}_{11}^{\mathrm{T}} \\ \gamma_2^{-1}(\boldsymbol{C}_1\boldsymbol{X}+\boldsymbol{D}_{10}\boldsymbol{W}) & \gamma_2^{-1}\boldsymbol{D}_{11} & -\boldsymbol{I} \end{bmatrix}<0 \tag{9-29}$$

对式(9-29)两边分别左乘和右乘 $diag\{I,I,\gamma I\}$，可得与式(9-29)等价的矩阵不等式(9-30)。

$$\begin{bmatrix} \boldsymbol{AX}+\boldsymbol{BW}+(\boldsymbol{AX}+\boldsymbol{BW})^{\mathrm{T}} & \boldsymbol{B}_1 & (\boldsymbol{C}_1\boldsymbol{X}+\boldsymbol{D}_{10}\boldsymbol{W})^{\mathrm{T}} \\ \boldsymbol{B}_1^{\mathrm{T}} & -\boldsymbol{I} & \boldsymbol{D}_{11}^{\mathrm{T}} \\ \boldsymbol{C}_1\boldsymbol{X}+\boldsymbol{D}_{10}\boldsymbol{W} & \boldsymbol{D}_{11} & -\gamma_2^2\boldsymbol{I} \end{bmatrix}<0 \tag{9-30}$$

至此，定理得证。

基于定理 3，可以把 H_∞ 控制器的设计问题转换成一组线性矩阵不等式的求解问题，不仅如此，该凸优化问题与 H_2 控制一样，可以借助数学运算工具 MATLAB 中的 LMI 工具箱计算得到稳定可行解。

3. H_∞ 控制器求解

结合三自由度直升机模型和定理 3，可以建立以下基于状态反馈次优 H_∞ 控制器的最优化条件。

$$\begin{cases}\min p \\ \text{s.t.}\begin{bmatrix} AX+BW+(AX+BW)^{\mathrm{T}} & B_1 & (C_1X+D_{10}W)^{\mathrm{T}} \\ B_1^{\mathrm{T}} & -I & D_{11}^{\mathrm{T}} \\ C_1X+D_{10}W & D_{11} & -\rho I\end{bmatrix}<0 \\ X>0\end{cases} \tag{9-31}$$

经过测试和仿真,取如下参数,可得一个稳定的 H_∞ 控制器。

$$\rho=\gamma_2^2=1$$

$$B_1=diag(0.08,0.4,0.1,0.1,0.05,0.02)C_1=-eye(6)$$

$$D_{11}=diag(0.01,0.02,0.05,0.03,0.01,0.08)$$

$$D_{12}=\begin{bmatrix}diag(0.01,0.02)\\ diag(0.02,0.01)\\ 0\end{bmatrix},\quad D_{21}=0$$

最后通过 MATLAB LMI 工具箱求得的 H_∞ 控制器的控制参数如下。

$$K_\infty=\begin{bmatrix}2.3488 & 21.4725 & 19.6362 & -0.2130 & -0.3245 & 0.3696\\ 12.6603 & 20.3527 & 16.3963 & 0.1089 & -0.3014 & 0.3803\end{bmatrix}$$

该控制器的设计是针对平衡状态时的 ADS 扰动。在跟踪信号过程中效果不是很理想,不宜单独使用,为使得该控制器能使用,在动态响应阶段加入了 LQR 控制器,后面提到的 H_∞ 控制器即这种混合控制器。

4. 三自由度直升机 H_∞ 控制数值仿真结果与分析

在本节的数值仿真中,相关参数设置与上节一致,这里不再赘述。控制器模块中的 K_2 换成 K_∞ 即可,仿真结果如图 9.45 所示。

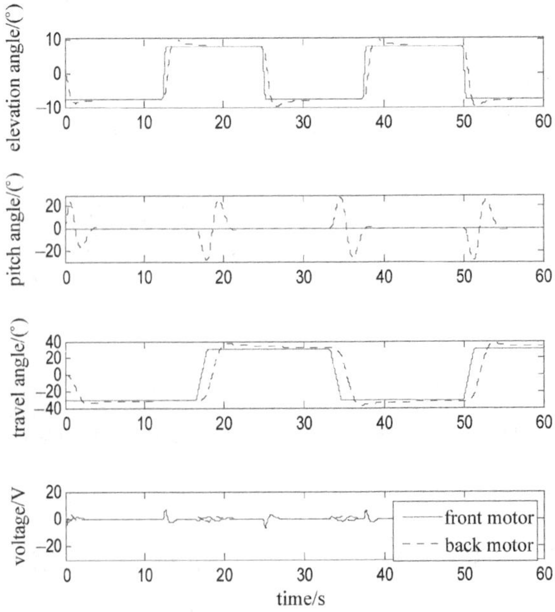

图 9.45 基于 H_∞ 控制器的 MATLAB 数值仿真结果图

从表9.4中可以看到，系统的响应速度迅速，上升时间短，调节时间在可接受范围内，响应几乎无延时，稳态误差在误差范围内也可以忽略。但是，最大超调量高达33%，显然不符合设计要求，这种程度的超调对于飞行器来说，不仅浪费能源，而且还很危险。至于旋转角，上升时间1.8s，延时1.20s，都在可接受范围内，稳态误差很小，但是调节时间过久，这在现实中体现在飞机在转向时机身反应过慢，对飞机的安全是致命的。与高度角一样，旋转角的超调量过大。数值仿真结果说明了控制器设计是有效的，但是很明显，H_∞控制器牺牲动态响应的一些优良特性换取了系统的鲁棒特性，9.7节的比较实验中将具体比较3种控制器的性能，并引入PID控制效果进行对比。

表9.4 基于H_∞控制器的矩形波跟踪数值仿真效果汇总

关键统计参数	三自由度直升机系统	
	高度角/(°)	旋转角/(°)
上升时间/s	0.8	1.8
最大超调量/%	33	30
调节时间/s	3.80	16.5
延时/s	0.00	1.20
稳态误差/deg	0.00	0.05

9.6.3 mixed H_2/H_∞控制器设计及仿真

1. 选用mixed H_2/H_∞控制器的原因

H_2控制理论和H_∞控制理论都是现代控制理论中不可或缺的方法，基于前面9.6.1节和9.6.2节的分析，可以看出H_2控制可以拥有很好的动态和稳态性能指标，但是不能保证系统的鲁棒性。H_2控制理论能在时域上表示有界能量输入到输出峰值关系的度量。然而，在系统存在一些不确定性因素时，H_2控制将不再具有稳定性及鲁棒性。H_∞控制理论是一种保证系统鲁棒性的控制理论。在设计控制器时，H_∞引入了系统的不确定性，使得系统具备较好的抗扰动能力，但这是以牺牲系统的其他性能(如动态性能、稳态误差等)为代价的。前者的良好表现必须建立在精确的数学模型之上，而后者又难以在跟踪问题上单独取得良好的性能指标。所以，将两者结合起来的想法就自然而然地产生了。mixed H_2/H_∞控制理论能够非常好地将H_2控制理论和H_∞控制理论结合起来，同时考虑了系统的鲁棒性与系统性能综合的问题，并且已经取得了一定的成果。本节采用mixed H_2/H_∞控制方法，即将H_2和H_∞的性能指标结合起来应用于三自由度直升机系统的多目标控制器的设计，从而使系统同时具有鲁棒稳定性和较好的控制性能。本文的设计目标为在最大超调量不超过10%，调节时间小于5s的前提下使闭环系统具有尽可能好的鲁棒性。

由于三自由度直升机研究对象的内部状态x是可以以较低的代价和较高的精确性得到

的，所以，mixed H_2/H_∞ 控制器设计依然选择状态作为反馈信号，即选择 $u=K_{mix}x$。其控制框图如图 9.46 所示。

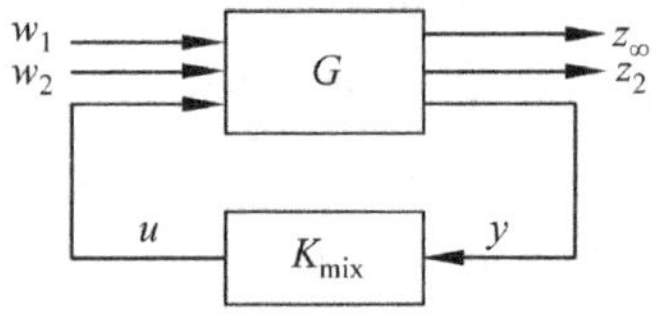

图 9.46　mixed H_2/H_∞ 控制框图

图 9.46 中，G 是线性时不变系统，K_{mix} 是所要求的 mixed H_2/H_∞ 状态反馈控制器，y 是测量输出。注意：如果是在状态反馈控制器中，y 会是状态向量，图 9.46 中的 y 需变成 x。其中 G 可以描述为式(9-32)所示的线性时不变系统。

$$\begin{cases}\dot{\boldsymbol{x}} = \boldsymbol{Ax} + \boldsymbol{Bu} + \boldsymbol{B}_1\boldsymbol{w}_1 + \boldsymbol{B}_2\boldsymbol{w}_2 \\ \boldsymbol{z}_\infty = \boldsymbol{C}_1\boldsymbol{x} + \boldsymbol{D}_{10}\boldsymbol{u} + \boldsymbol{D}_{11}\boldsymbol{w}_1 \\ \boldsymbol{z}_2 = \boldsymbol{C}_2\boldsymbol{x} + \boldsymbol{D}_{20}\boldsymbol{u} + \boldsymbol{D}_{22}\boldsymbol{w}_2 \\ \boldsymbol{y} = \boldsymbol{Cx}\end{cases} \tag{9-32}$$

其中各个矩阵表示的意义已在 9.6.1 节和 9.6.2 节中表述，这里不再赘述。

由外部干扰输入 w_1 和 w_2 到输出 $z=[z_2, z_\infty]^T$ 的闭环传递函数 $T_{zw}=[T_{z_2w_2}\ T_{z_\infty w_1}]^T$。对于被控对象(9-32)，设计状态反馈控制器为 $u=K_{mix}x$，则该控制器设计要求如下。

① 闭环系统内部稳定。

② 闭环传递函数 $T_{z_\infty w_1}$ 的 H_∞ 范数即从干扰输入到性能输出 z_∞ 的 H_∞ 范数满足式(9-33)。

$$\| T_{z_\infty w_1} \|_\infty < \gamma \tag{9-33}$$

③ 闭环传递函数 $T_{z_2w_2}$ 的 H_2 范数满足式(9-34)。

$$\min \| T_{z_2w_2} \|_2 \tag{9-34}$$

2. *mixed* H_2/H_∞ 控制器的 LMI 表述

mixed H_2/H_∞ 控制器的设计比单独控制器的设计难度大得多，所以要求取这样难度的控制器，本节还是借助 MATLAB 的 LMI 工具箱，把混合控制器求解问题转化成线性不等式的形式。

对于式(9-32)描述的系统，H_2 控制和 H_∞ 控制的矩阵不等式分别表示如下。

(1) H_∞ 性能：对给定的正常数 γ_2，$\| T_{z_\infty w_1} \|_\infty < \gamma_2$。

从定理 3 中可以推断出满足 H_∞ 性能成立的充分必要条件是存在一个对称正定矩阵 $\boldsymbol{X}_\infty$，使得：

$$\begin{bmatrix}(\boldsymbol{A}+\boldsymbol{BK})\boldsymbol{X}_\infty + \boldsymbol{X}_\infty(\boldsymbol{A}+\boldsymbol{BK})^T & \boldsymbol{B}_1 & \boldsymbol{X}_\infty(\boldsymbol{C}_1+\boldsymbol{D}_{10}K)^T \\ \boldsymbol{B}_1^T & -\gamma_2\boldsymbol{I} & \boldsymbol{D}_{11}^T \\ (\boldsymbol{C}_1+\boldsymbol{D}_{10}\boldsymbol{K})\boldsymbol{X}_\infty & \boldsymbol{D}_{11} & -\gamma_2\boldsymbol{I}\end{bmatrix} < 0 \tag{9-35}$$

(2) H_2 性能：对给定的正常数 γ_1，$\| T_{z_2w_2} \|_2 < \gamma_1$。

从定理 2 中可以推断出满足 H_2 性能成立的充分必要条件是存在一个对称正定矩阵 $\boldsymbol{X}_2$，使得：

$$(\boldsymbol{A}+\boldsymbol{BK})\boldsymbol{X}_2 + \boldsymbol{X}_2(\boldsymbol{A}+\boldsymbol{BK})^T + \boldsymbol{B}_2\boldsymbol{B}_2^T < 0 \tag{9-36}$$

$$\begin{bmatrix} -\boldsymbol{Z} & (\boldsymbol{C}_2+\boldsymbol{D}_{20}\boldsymbol{K})\boldsymbol{X}_2 \\ \boldsymbol{X}_2(\boldsymbol{C}_2+\boldsymbol{D}_{20}\boldsymbol{K})^{\mathrm{T}} & -\boldsymbol{X}_2 \end{bmatrix}<0 \tag{9-37}$$

$$\boldsymbol{D}_{22}=0,\quad Trace(\boldsymbol{Z})<\gamma_1 \tag{9-38}$$

可以看出，在 H_2 性能和 H_∞ 性能中两个不同的李雅普诺夫矩阵 $\boldsymbol{X}_2$ 和 $\boldsymbol{X}_\infty$ 耦合在一起，因此不能按之前的变量替换的方法将式(9-35)～式(9-38)组成的矩阵不等式转变成一个线性矩阵不等式。为简化计算，这里取：

$$\boldsymbol{X}=\boldsymbol{X}_2=\boldsymbol{X}_\infty \tag{9-39}$$

这样，将两者的李雅普诺夫矩阵取成相同，在简化计算的同时会给控制结果带来一定的保守性。但是，这样可以使用变量替换法得到 *mixed* H_2/H_∞ 状态反馈控制器的 LMI 描述。

定理 4 对系统式(9-32)和一个给定的 $\gamma_2>0$，取 $\boldsymbol{D}_{22}=0$，将 *mixed* H_2/H_∞ 状态反馈控制器的 LMI 描述如下。

$$\min\gamma_1 \tag{9-40}$$

$$\begin{bmatrix} \boldsymbol{AX}+\boldsymbol{BW}+(\boldsymbol{AX}+\boldsymbol{BW})^{\mathrm{T}} & \boldsymbol{B}_1 & (\boldsymbol{C}_1\boldsymbol{X}+\boldsymbol{D}_{10}\boldsymbol{W}) \\ \boldsymbol{B}_1^{\mathrm{T}} & -\gamma_2\boldsymbol{I} & \boldsymbol{D}_{11}^{\mathrm{T}} \\ \boldsymbol{C}_{1X}+\boldsymbol{D}_{12}\boldsymbol{W}_1 & \boldsymbol{D}_{11} & -\gamma_2\boldsymbol{I} \end{bmatrix}<0 \tag{9-41}$$

$$\begin{cases} \boldsymbol{AX}+\boldsymbol{BW}+(\boldsymbol{AX}+\boldsymbol{BW})^{\mathrm{T}}+\boldsymbol{B}_2\boldsymbol{B}_2^{\mathrm{T}}<0 \\ \begin{bmatrix} -\boldsymbol{Z} & \boldsymbol{CX}+\boldsymbol{D}_{20}\boldsymbol{W} \\ (\boldsymbol{C}_2\boldsymbol{X}+\boldsymbol{D}_{20}\boldsymbol{W})^{\mathrm{T}} & -\boldsymbol{X} \end{bmatrix}<0 \\ Trace(\boldsymbol{Z})<\gamma_1 \end{cases} \tag{9-42}$$

若式(9-40)～式(9-42)组成的 LMI 优化问题存在可行解 $\boldsymbol{X}^*$、$\boldsymbol{W}^*$ 和 $\boldsymbol{Z}^*$，则系统的 *mixed* H_2/H_∞ 状态反馈控制器可解，且 $K_{\mathrm{mix}}=\boldsymbol{W}^*(\boldsymbol{X}^*)^{-1}$。

本节所用平台可输出电压区间 u 为[−25V 25V]，所以可以在约束条件中加入该约束条件。

3. *mixed* H_2/H_∞ 控制器求解

定理 4 描述的问题是一个具有线性矩阵不等式约束和线性目标函数的凸优化问题，在此使用 MATLAB LMI 工具箱直接获得 K_{mix}(相应参数选取参见 9.6.1 节和 9.6.2 节，本节所用矩阵符号均已统一，其意义贯穿全文可用)。

$$K_{\mathrm{mix}}=\begin{bmatrix} -56.197 & -19.43 & 12.298 & -33.570 & -6.220 & 22.015 \\ -56.615 & 16.42 & -11.684 & -31.827 & 5.865 & -18.334 \end{bmatrix}$$

4. 三自由度直升机 *mixed* H_2/H_∞ 控制数值仿真结果与分析

在本节的数值仿真中，相关参数设置与前面章节一致，这里不再赘述。控制器模块中的 K_2 换成 K_{mix} 即可，仿真结果如图 9.47 所示。

从表 9.5 中可以看到，*mixed* H_2/H_∞ 控制的数值仿真结果符合设计目标，在加入 H_2 的控制性能指标后，对比 H_∞ 控制，改善最大的就是最大超调量，高度角和旋转角的最大超调量均从原来超过 30%有所降低，降低到 5.3%和 2.8%。除此之外的其余性能也都在可接受

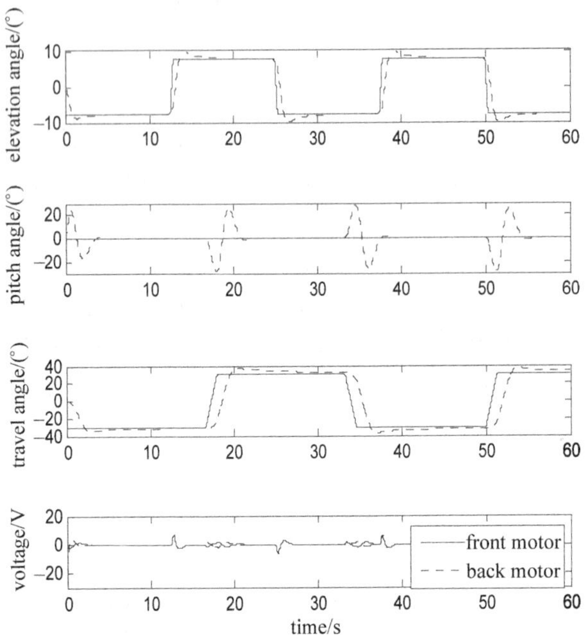

图 9.47　基于 *mixed* H_2/H_∞ 控制器的 MATLAB 数值仿真结果图

范围内。

表 9.5　基于 *mixed* H_2/H_∞ 控制器的矩形波跟踪数值仿真效果汇总

关键统计参数	三自由度直升机系统	
	高度角	旋转角
上升时间/s	0.80	1.80
最大超调量/%	5.3	2.8
调节时间/s	2.10	2.50
延时/s	0.00	0.80
稳态误差/deg	0.10	0.00

表 9.6 为本节设计控制器的 3 种跟踪仿真效果汇总表。从表 9.6 中不难看出，*mixed* H_2/H_∞ 控制成功吸取了前两种控制算法的优点，达到了所需的控制目标。

表 9.6　基于 H_2/H_∞ 控制器的矩形波跟踪数值仿真效果汇总

关键统计参数	H_2 控制		H_∞ 控制		*mixed* H_2/H_∞ 控制	
	高度角	旋转角	高度角	旋转角	高度角	旋转角
上升时间/s	1.10	3.10	0.8	1.8	0.80	1.80

续表

关键统计参数	H_2 控制		H_∞ 控制		mixed H_2/H_∞ 控制	
	高度角	旋转角	高度角	旋转角	高度角	旋转角
最大超调量/%	0.00	0.00	33	30	5.3	2.8
调节时间/s	1.20	3.30	3.80	16.5	2.10	2.50
延时/s	0.00	1.30	0.00	1.20	0.00	0.80
稳态误差/deg	0.02	0.01	0.00	0.05	0.10	0.00

为验证 mixed H_2/H_∞ 控制算法的控制鲁棒性能，给出如图 9.48～图 9.51 所示的鲁棒性能曲线图。其中，图 9.48 所用的干扰信号为单位阶跃信号；图 9.49 所用的干扰信号为幅值为 1，周期为 20s 的正弦信号；图 9.50 所用的干扰信号为幅值为 5，周期为 20s 的正弦信号；图 9.51 所用的干扰信号为高斯白噪声。

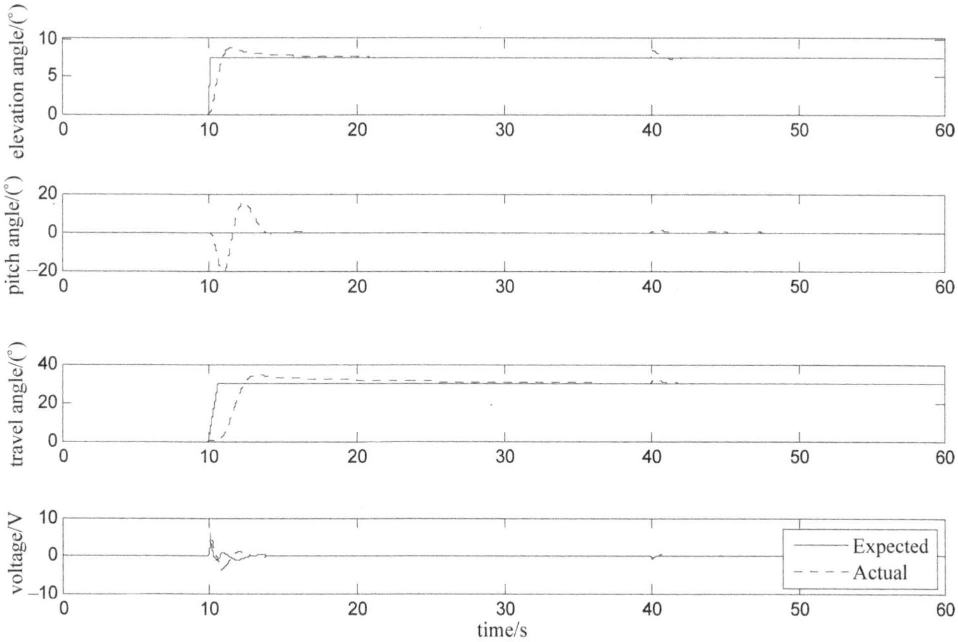

图 9.48　单位阶跃信号干扰下的系统响应图

如图 9.48 所示，在单位阶跃信号的干扰下，闭环系统的高度角经过 2s 就恢复稳态，俯仰角和旋转角仅有轻微波动，未出现大的偏移量。由此可见，本算法对单位阶跃信号的干扰抑制效果显著。

由图 9.49 可以看出，幅值为 1 的正弦干扰信号出现在第 40s。但是，高度角、俯仰角、旋转角均未偏离平衡位置，所以，本节又加大了干扰力度，把幅值设为 5，得到图 9.50。由

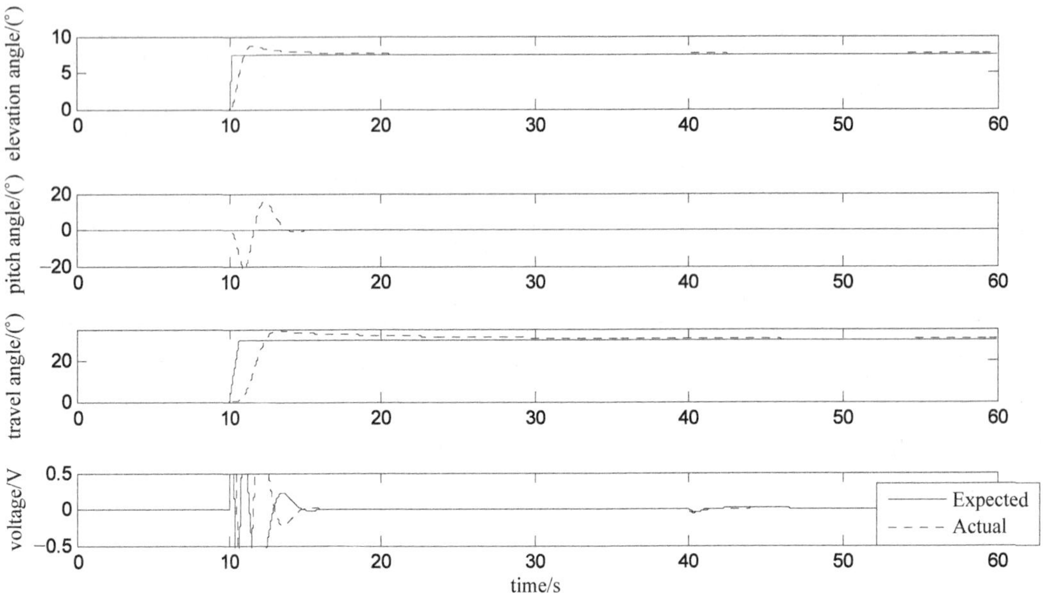

图 9.49　幅值为 1 的正弦信号干扰下的系统响应图

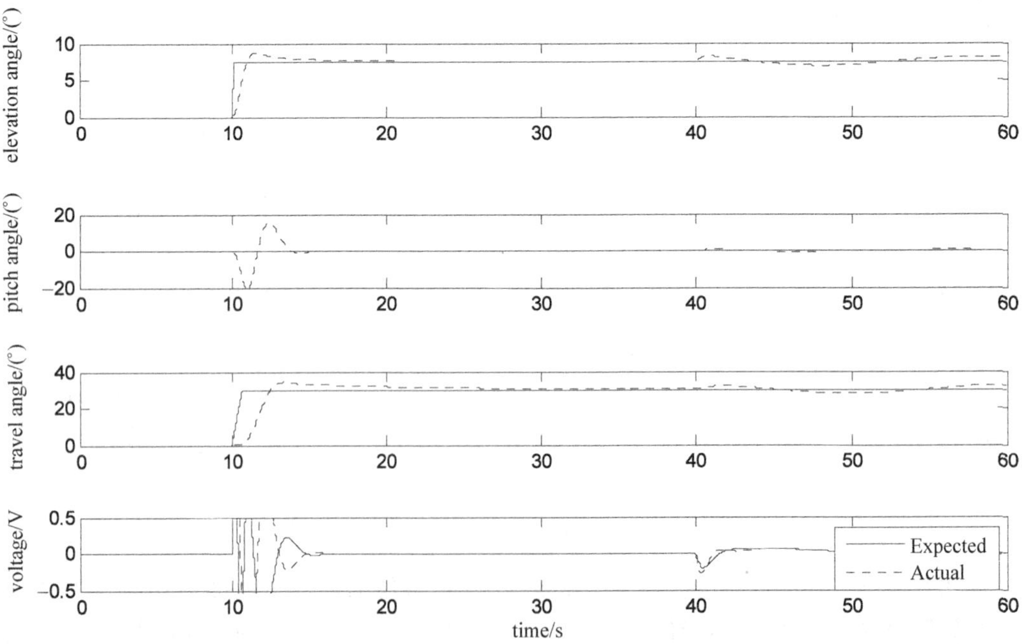

图 9.50　幅值为 5 的正弦信号干扰下的系统响应图

图 9.50 可见，高度角出现了约为 2°的最大偏移量，俯仰角依旧平稳，旋转角的最大偏移量也约为 2°。由此可见，本算法对正弦信号的抑制效果也非常理想。

如图 9.51 所示，在高斯白噪声的干扰下，系统依旧能保持稳定，除高度角有 1°左右的偏移量外，俯仰角和旋转角几乎不受影响。以上数值仿真结果说明了算法的有效性，并说明系统在具有鲁棒性能的情况下保证了合理的时域性能。

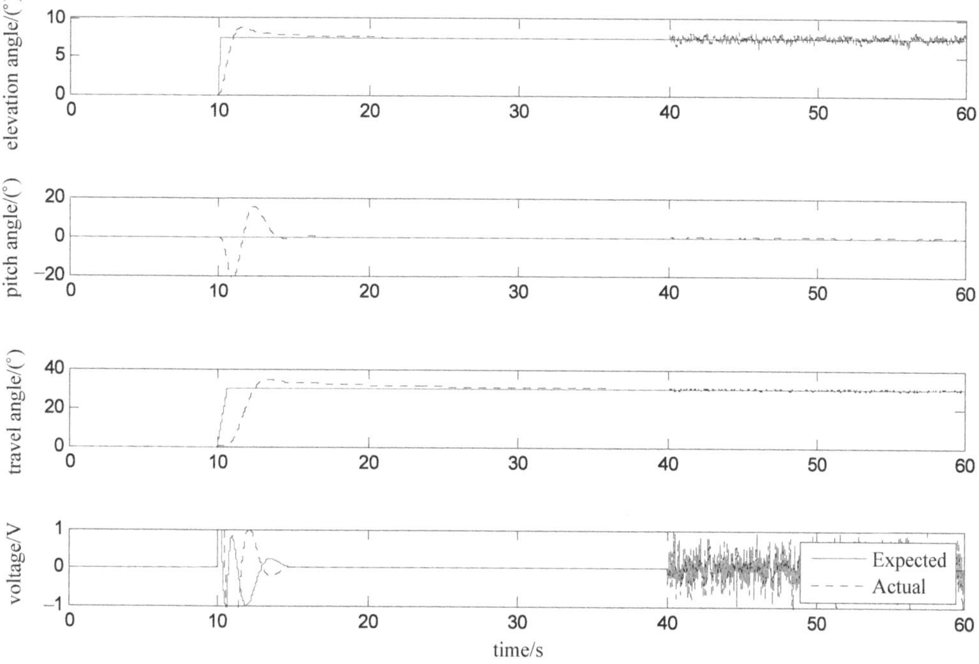

图 9.51　高斯白噪声干扰下的系统响应图

9.7　三自由度直升机 H_2/H_∞ 控制半实物实验

本节将 9.6 节设计的控制器和传统 PID 控制器均运用于 Quanser 公司生产的半实物仿真实验平台上进行实验对比，验证控制器的有效性。

半实物仿真实验的最大优势是实验结果验证的直观性，所以采用半实物仿真实验可以大幅缩短产品的开发周期，大大提高产品的可靠性。

为了检验设计的控制器的控制效果，本节将在调节和跟踪实验中对比 3 种控制器的控制性能，并且引入传统的 PID 控制器和先进的 EMPC 控制器，比较本节设计的控制器与 PID 控制器和 EMPC 之间的优点与劣势。

9.7.1　三自由度直升机 H_2/H_∞ 调节控制实验

1. 不带 ADS 的调节实验

调节实验是先将直升机偏移到某一姿态，再让其返回平衡位置的实验，可以很好地反映各个控制器的控制效果。本次调节实验的系统框图如图 9.52 所示。

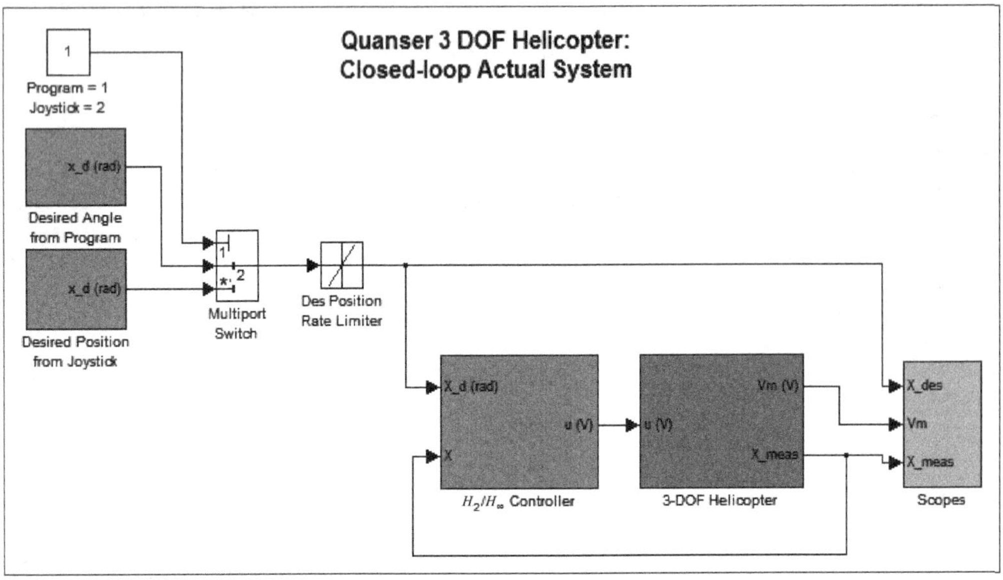

图 9.52　不带 ADS 的调节实验系统 Simulink 框图

可以看出，图 9.52 所示系统框图与 9.6 节仿真系统框图有点类似，两者均有 Desired Angle from Program 和 Scopes 模块。控制器模块和直升机模型模块则不同，多出的模块为 Desired Position from Joystick，该模块为模拟飞行手柄模块，但是本节不使用，所以不予介绍。图 9.53 为 H_2/H_∞ 控制器模块。图 9.54 为三自由度直升机模型模块。

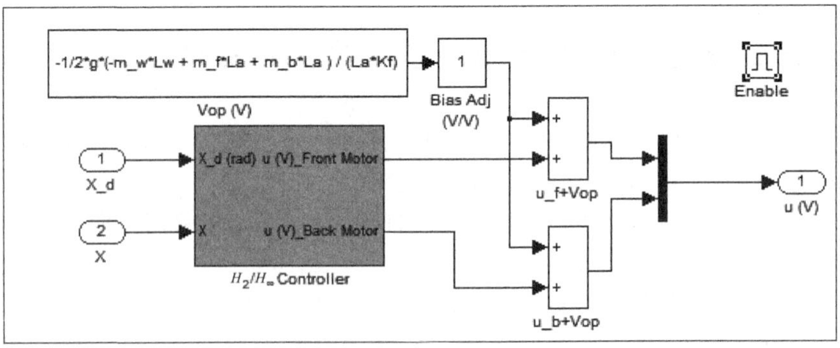

图 9.53　H_2/H_∞ 控制器模块

在图 9.53 所示 H_2/H_∞ Controller 模块中的电压 V_{op} 部分，V_{op} 也称操作点电压，实际意义是直升机保持水平稳定时电机的输出电压。由本章 9.1 节的高度角建模过程可以看出，有效重力矩和操作点电压 V_{op} 都被省略了，这样简化控制器设计，也不影响仿真。但是，在实际的真机实验时，这部分电压是不可忽略的，反映在结果图中就是仿真图的平衡电压是 0V，而实验的平衡电压一定是非零的，这也符合常识。所以，真正的实验中必须将它考虑在内。所以，在控制器中求得的控制电压的基础上，再各自加上 V_{op} 才是真正的输出电压。本章中引入的 PID 控制器在进行 PID 控制实验时，PID 控制模块将取代图 9.53 中的 H_2/H_∞ Controller 模块。

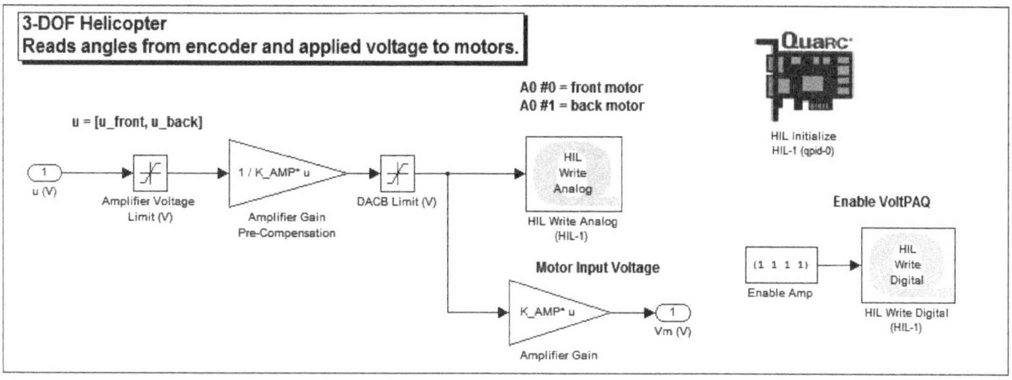

(a) 三自由度直升机模型控制电压处理模块

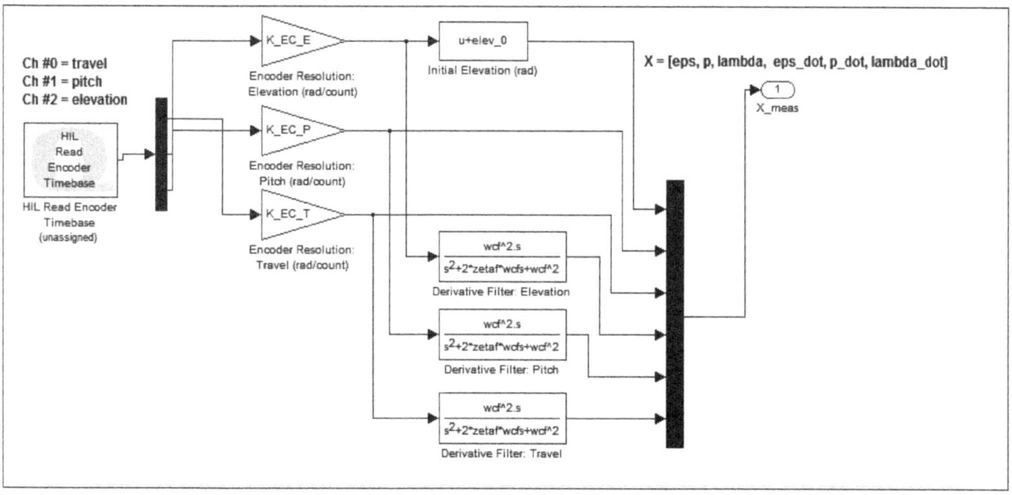

(b) 三自由度直升机模型状态变量模块

图 9.54　三自由度直升机模块

图 9.54(a)中的 $u(V)$ 已经包含操作点电压 V_{op}，该电压在经过响应电压饱和保护环节后输出给功率放大器，然后再输出给直升机控制飞机飞行。

图 9.54(b)为 6 个状态变量的处理过程，处理完成后分两路信号：一路作为状态反馈信号作用于控制器形成闭环回路；另一路输出给示波器模块用以显示和记录数据。

由图 9.54(a)可知，本节中实验使用的板卡型号为 qpid-0，每次实验必须保证板卡在开机过程中启动成功。若出现图 9.55 所示情况，需检查保险丝是否熔断，若保险丝完好，则重启计算机，直到警示灯不亮即可开始实验，否则输出信号无法传递到直升机，直升机将没有任何反应。

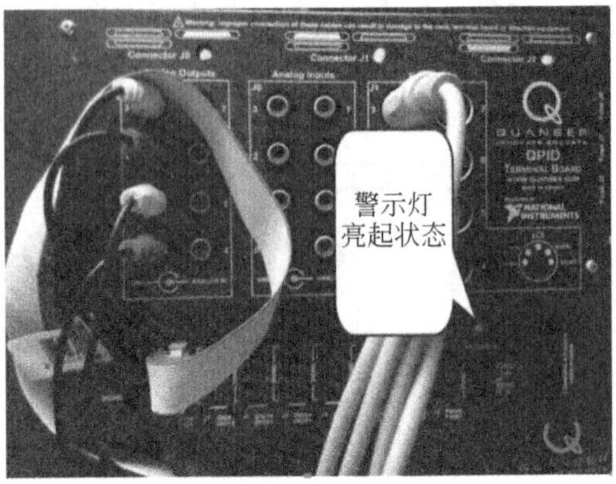

图 9.55　板卡状态警示灯

本节的调节实验中，三自由度直升机调节的初始值都为 $x_0=[-7.5;0;-27.5;0;0;0]$。每次实验结束都保存最后 30000 点实验数据，时长为 60s，得到的实验结果如图 9.56～图 9.58 所示（实线代表参考输入信号，点线表示由 H_2 控制器控制所得的输出信号，虚线表示由 H_∞ 控制器控制所得的输出信号，点画线表示由 *mixed* H_2/H_∞ 控制器控制所得的输出信号，以下类似不再赘述）。

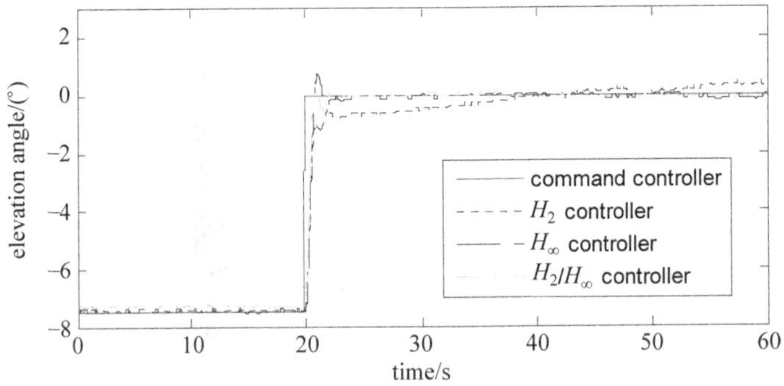

图 9.56　控制实验比较—不带 ADS 的高度角调节实验图

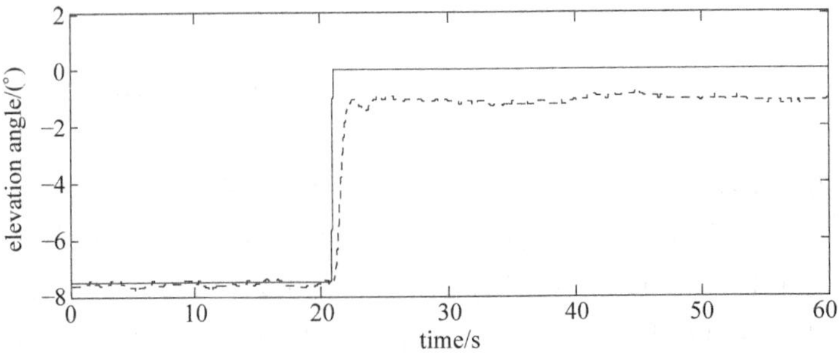

图 9.57　PID 控制器—不带 ADS 的高度角调节实验图

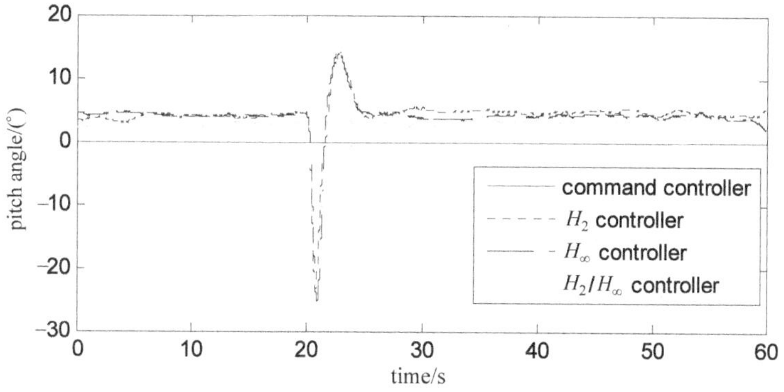

图 9.58 控制实验比较—不带 ADS 的俯仰角调节实验图

本节所用 PID 控制器具体数值如下。

$$K_{\mathrm{PID}}=\begin{bmatrix}37.67 & 13.21 & -11.50 & 20.95 & 4.769 & -16.10\\ 37.67 & -13.21 & 11.50 & 20.95 & -4.769 & 16.10\end{bmatrix}$$

从图 9.56 中可以看出，上升阶段，在 H_∞ 控制器控制下的最大超调量为 10.6%，第一次达到零值的时间为 1s，调节时间为 2.8s，之后，直升机处于零值稳态，稳态误差小于 2%。在 H_2 控制器控制下的最大超调量为 0，第一次达到零值的时间大于 15s，因为 H_2 控制器的设计依赖精确的数学模型，而本文的数学模型在线性化的过程中忽略了很多参量且在仅讨论在高度角改变较小的情况下做了一些三角函数的近似，简化了模型的同时也让设计出的 H_2 控制器在控制性能上不是太理想。在 mixed H_2/H_∞ 作用下的最大超调量为 5.3%，基本满足设计需要，机身几乎无晃动，并且调节时间为 2.7s，稳态误差小于 5%。

从图 9.57 中可以看出，PID 控制器在高度角调节实验中不能达到 0°，与设定目标有 1°左右的稳态误差，虽然动态响应速度极快，没有延时，没有超调，但是稳态误差过大。

从图 9.58 和图 9.59 可以看到，在实验过程中不论是 PID 控制器，还是本文设计的 H_2 控制器、H_∞ 控制器和 mixed H_2/H_∞ 控制器，其俯仰角都存在一定的稳态误差，这是由于建模误差导致的。本节在建模时假设前后电机质量相同，但是本次实验用的设备中前电机比后电机略重一些，在电机不动的情况下，机头会逆时针旋转。显而易见，在实验中，俯仰角在参考信号始终为 0 的情况下有近 20°的震荡幅值，在本节的建模过程中可以得知这两个自由

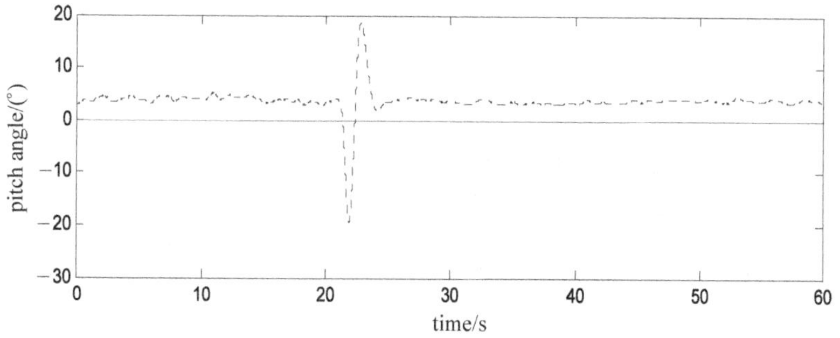

图 9.59 PID 控制器—不带 ADS 的俯仰角调节实验图

度是高度耦合的，因此俯仰角的变化与旋转角的变化是紧密相关的。

从图 9.60 中可以看出，在 H_2 控制作用下，实验结果存在 0.5°的稳态误差，震荡次数为2(这会导致机体明显晃动，影响乘坐舒适性)，20s 才能达到稳态，效果不理想，最大偏移量为2.4°。在 H_∞ 控制作用下，最大偏移量为 4.2°，稳态误差最大达 2.2°，经过 12s 后能够达到稳态。在 mixed H_2/H_∞ 的控制作用下没有偏移量，2.2s 即可达稳态，反应快速且没有稳态误差和震荡。从图 9.61 中可以看到，PID 控制器在旋转角的调节实验中与高度角一样，存在2.3°的稳态误差(本节所用模型在简化过程中减小了这种精确性)，最大超调量为 8.3%，上升时间为 2.3s。可以看出，在时域上，4 种控制器的控制效果均有 1°左右的延时，这是由飞机的惯性导致的，电机得到控制信号加大输出功率，但反映到 4 种控制器的上升斜率几乎是一样的，这是由于在实验中前后电机是有电压幅值限制的(可输出电压区间为－25V 25V)。控制效果统计参数汇总见表 9.7。

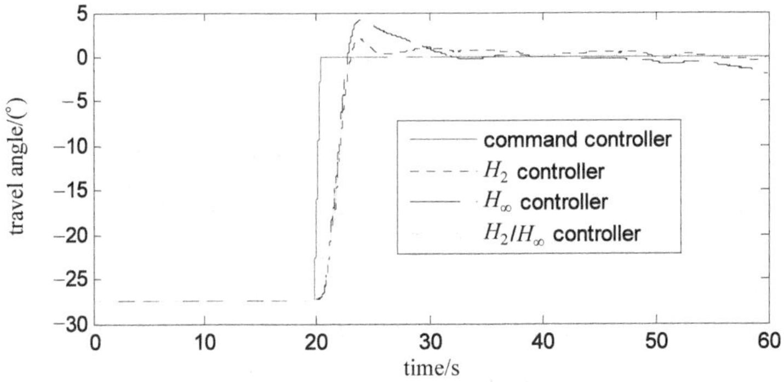

图 9.60 控制实验比较—不带 ADS 的旋转角调节实验图

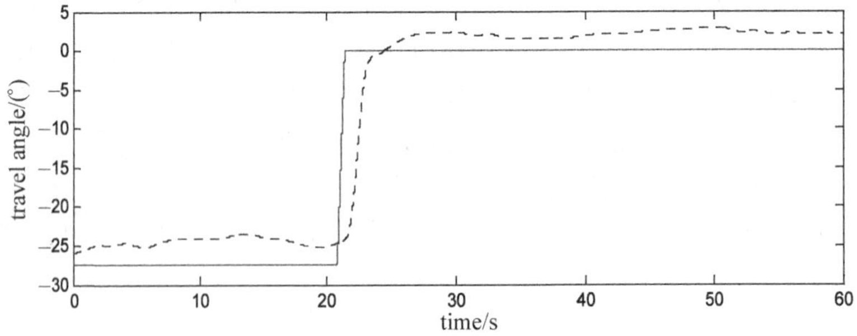

图 9.61 PID 控制器—不带 ADS 的旋转角调节实验图

表 9.7 三自由度直升机不带 ADS 调节实验效果汇总

关键统计参数	H_2 控制		H_∞ 控制		mixed H_2/H_∞ 控制		PID 控制	
	高度角	旋转角	高度角	旋转角	高度角	旋转角	高度角	旋转角
上升时间/s	10.0	2.0	0.9	2.0	0.9	2.0	—	2.3

续表

关键统计参数	H_2 控制		H_∞ 控制		mixed H_2/H_∞ 控制		PID 控制	
	高度角	旋转角	高度角	旋转角	高度角	旋转角	高度角	旋转角
最大超调量/%	—	8.7	10.6	15.3	5.3	—	—	8.3
调节时间/s	16.8	20	2.8	12	2.7	2.2	2.5	—
稳态误差/deg	0.5	0.5	<0.2	2.2	<0.2	—	1.0	2.3

综合表 9.7 所述，在不带 ADS 的调节实验中，mixed H_2/H_∞ 控制具有明显的优势，在高度角上，在 5.3%的超调量下具有最快的响应速度和最好的稳态误差，在俯仰角上具有最小的稳态误差，在旋转角方面不论是最大超调量、上升时间，还是调节时间，均优于其他 3 种方法。

2. 带 ADS 的调节实验

Quanser 公司的三自由度直升机可以配置主动干扰系统(Active Disturbance System，ADS)，通过开启 ADS 验证本节涉及的相关鲁棒控制器在持续干扰下的抗干扰能力，即系统的鲁棒性能。

图 9.62 为本节调节实验的 Simulink 框图，主要包括控制器模块、三自由度直升机+ADS 模块、参考输入模块以及示波器模块。将 3-DOF Helicopter+ADS 模块展开，得到内部结构，详见图 9.63(a)和图 9.63(b)。

图 9.63(a)为 3-DOF Helicopter+ADS 模块的控制电压模块展开图，其中有 3 个 QPID

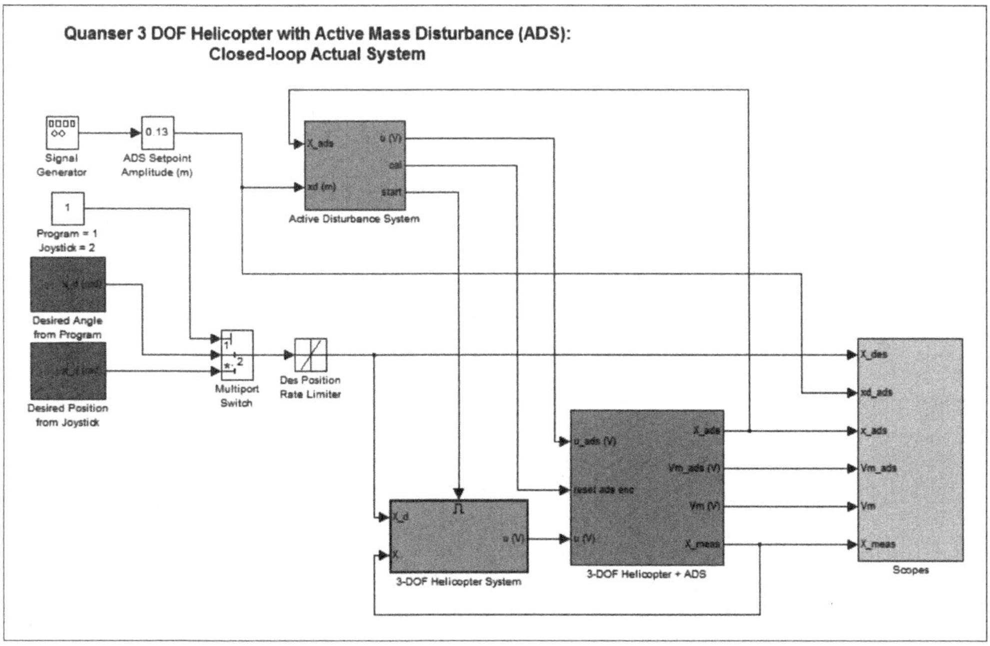

图 9.62 带 ADS 的调节实验系统 Simulink 框图

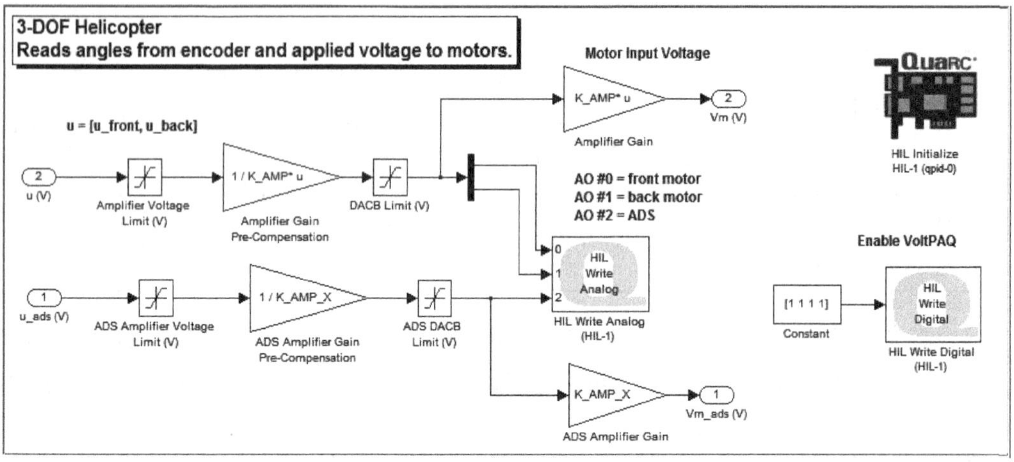

(a) 3-DOF Helicopter+ADS 模块展开图——控制电压

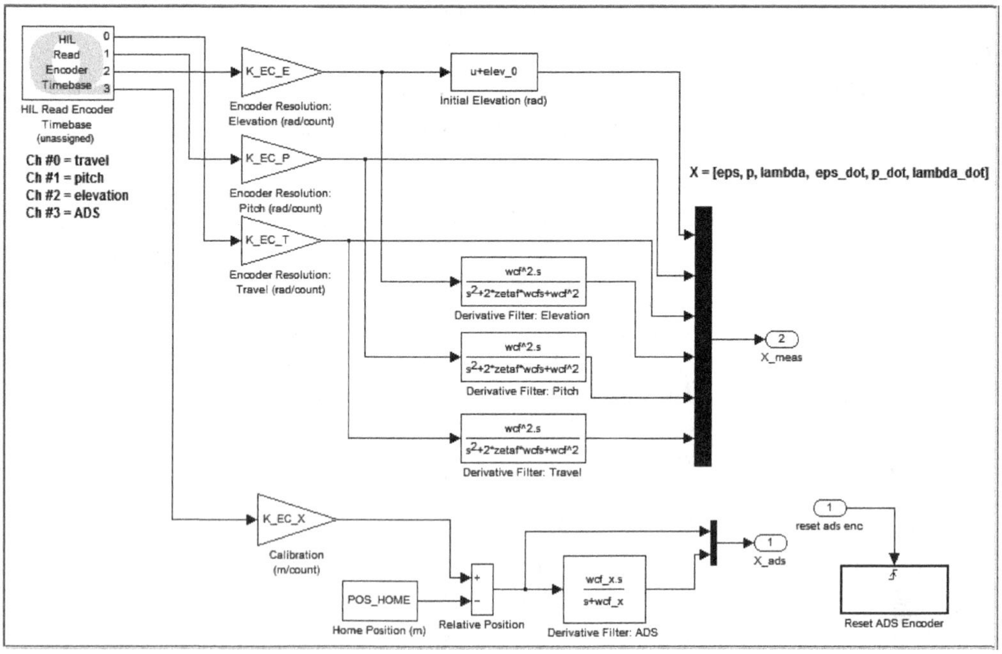

(b) 3-DOF Helicopter+ADS 模块展开图——状态变量

图 9.63　3-DOF Helicopter+ADS 模块展开图

控制板卡所控制的重要组件，具体介绍如下。

(1) HIL Initialze(初始化数据采集卡)

HIL Initialze 用于选择数据采集卡以及设置数据采集卡上的读写通道。启动 MATLAB R2011a，双击 setup_lab_heli_3d.m 文件，该 m 文件可以生成 Simulink 模块所需的变量，将其放在工作空间中实验时直接调用。打开对应的 Simulink 实验模型，选择外部仿真模式，手动初始化数据采集卡，然后编译该 m 文件，在 Command 窗口中会出现对应的编译信息。单击 connect，连接模型，成功连接后若单击“开始”按钮，即可进行实时控制。无论是实验，还是数值仿真，无论是调节，还是跟踪，俯仰角都是恒值(0deg)控制，因为旋转角的控制效果能体现俯仰角的控制效果。

(2) HIL Write Digital(数字写模块)。

HIL Write Digital 用于功率放大器的使能。功率放大器有四路放大通道，只有通道被置 1，即在使能的情况下功率放大器才能工作。

(3) HIL Write Analog(模拟写模块)。

HIL Write Analog 用于对前后电机和控制 ADS 的电机施加电压。需要注意的是，写入的电压并非直接为控制器得到的电压，而是在该基础上除以功率放大器相应的倍数(这里为 3 倍)之后得到的电压。此外，电压必须满足以下条件：功率放大器最大输出电压 24V，输入数据采集卡的电压最高为 10V。

图 9.63(b)为 3-DOF Helicopter＋ADS 模块状态变量展开图，其中也有一个 QPID 板卡核心模块，为 HIL Read Encoder Timebase(时基编码器读模块)，用于读取编码器的关于各个自由度角度的计数值。计数值乘以编码器的分辨率即各自由度的角度，角度再经过微分模块微分得到角速度，这样也就得到了完整的状态变量。

ADS 实物图如图 9.64 所示，主要由一个电机、一根螺杆和一块纯铜制造的可移动的金属块组成。螺杆的可达总长为 0.26m，螺距为 1/3 in/rev。控制信号控制直流电机转动，电机带动螺杆转动，使得金属块随给定的参考信号沿螺杆前后规律运动，从而对直升机运动造成持续干扰。

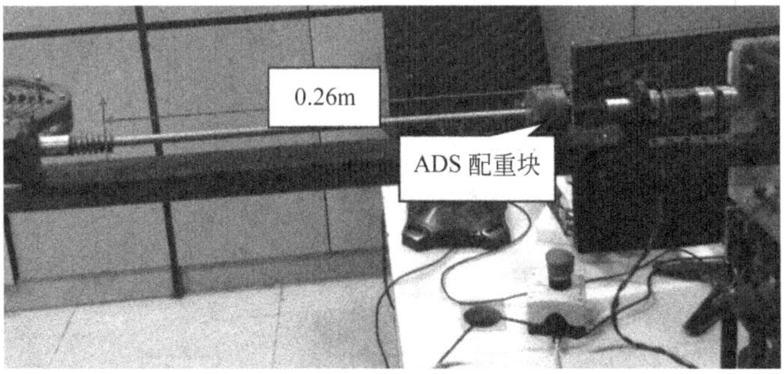

图 9.64　ADS 实物图

ADS 的干扰信号由图 9.62 左上角的 Signal Generator 模块产生的正弦信号(频率为 0.05Hz，幅值为 1)乘以一个可调节幅值(本节取 0.13，见图 9.65)得到。调节至平衡位置后启动 ADS。ADS 的 Simulink 结构如图 9.66 所示。

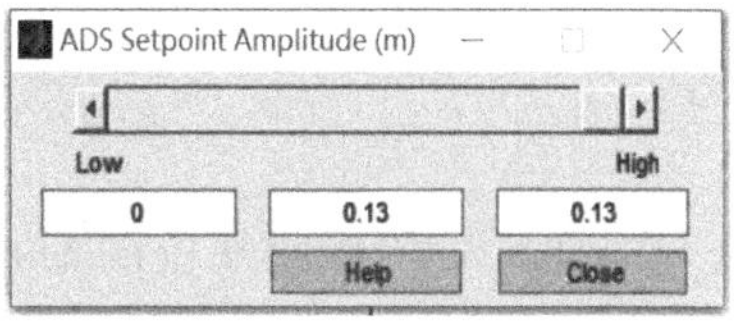

图 9.65　ADS 干扰信号幅值

图 9.66 为 ADS Set-point Amplitude 模块展开图，本节为了体现各控制器控制下闭环系统的鲁棒性能，选

择了最大的扰动行程，且大胆地选用 ADS 扰动波形为矩形波。该扰动可模拟飞机上的人员走动，导弹发射，燃油质量改变，气流变化等情况。该模块可以在实验中检验所用控制器的抗持续干扰能力，配合手动干扰检验所用控制器的抗突发干扰能力，可以提前发现在数值仿真中无法发现的一些问题，这些问题在实际飞行中也会产生，这样就能够为直升机在真机飞行中增加一份安全的保障。

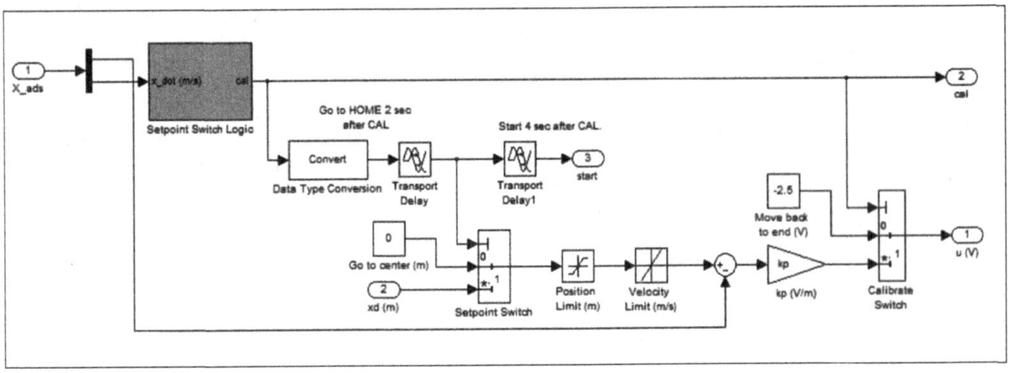

图 9.66　Active Disturbance System 结构框图

图 9.66 为 Active Disturbance System 的 Simulink 系统内部框图，该模块产生图 9.68 所示的干扰信号，用于验证系统鲁棒性，该模块在试验中最早运行，先将图 9.64 中所述的 ADS 配重块调节到平衡位置(即螺旋杆的中点位置)，然后开始产生如图 9.68 所示的主动干扰信号，通过改变 ADS 配重块的位置引入系统的模型不确定性。同时，前后电机开始工作，直升机开始飞行(在带 ADS 的实验中，必须 ADS 初始化成功后，飞行器才会真正启动)。

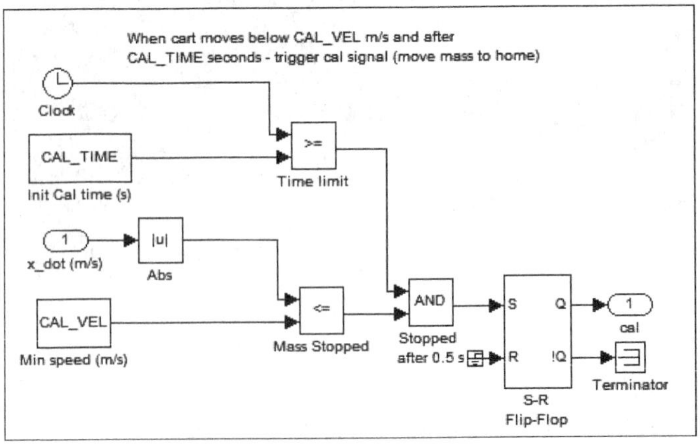

图 9.67　Setpoint Switch Logic 模块内部图

图 9.67 为 ADS 模块中的 Setpoint Switch Logic 的 Simulink 结构框图，是 ADS 的逻辑选择模块，内有时钟模块，提供系统时钟信号。

图 9.68 所示为本节实验采用的 ADS 信号波形图，实线为预期波形，虚线为实际波形，其纵坐标为 ADS 配置块距离平衡点的距离，其改变会影响真实系统的 A、B、C、D，从而影响控制效果。因为 ADS 主要影响系统的高度角，所以，在 ADS 干扰下，本节主要关注其高度角的变化。图 9.69 和图 9.70 为各控制器在系统调节到平衡状态（0deg）的情况下，系统在如图 9.68 所示干扰影响的实验结果。

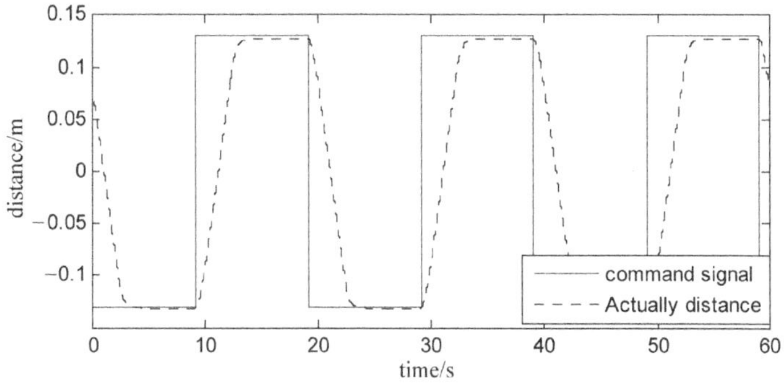

图 9.68 ADS 信号波形图

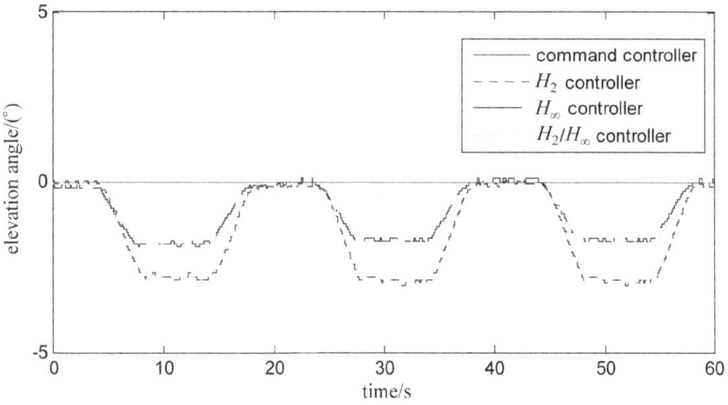

图 9.69 控制实验比较——带 ADS 的高度角调节实验图

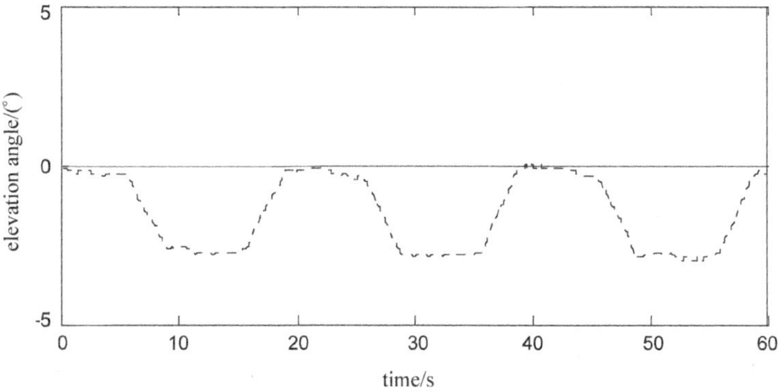

图 9.70 PID 控制器——带 ADS 的高度角调节实验图

图 9.69 和图 9.70 分别为本章设计的控制器和 PID 控制器在 ADS 影响下的高度角调节实验图，从中不难看到，H_∞ 控制器和 *mixed* H_2/H_∞ 控制器具有较好的抗干扰能力，两者的最大偏移量均为 1.7°，反观 H_2 控制器和 PID 控制器，两者的最大偏移量均为 3.0°左右，这反映到实际飞机中，就是当飞机中的人或导弹增加或减少时飞机机体的反应情况。显然，H_∞ 控制方法具有更好的鲁棒性。PID 控制器还存在稳态误差。综上所述，在 ADS 的干扰下，在高度角的抗干扰性上，H_∞ 控制器和 *mixed* H_2/H_∞ 控制器比 H_2 控制器和 PID 控制器的控制性能要好。

3. 人为干扰下的调节实验

9.6 节中的实验反映了系统内部持续扰动情况下各个控制器鲁棒性的好坏，且只针对高度角，这是受 ADS 位置影响，那么其他自由度对扰动的抵抗能力如何呢？为搞清楚这个问题，设计了本次实验。

在系统调节到平衡状态稳定后，通过人为施加干扰，给飞行器施加人为干扰，同时改变高度角和旋转角验证本章设计的控制器和 PID 控制器在突发情况下的抗干扰能力。

如图 9.71 所示，在人为干扰下，应用 H_2 控制器，高度角的最大偏移量为 6.5°，调节时间为 3.9s，稳态误差为 0；旋转角的最大偏移量为 17.5°，调节时间为 4.2s，稳态误差为 4.5°。

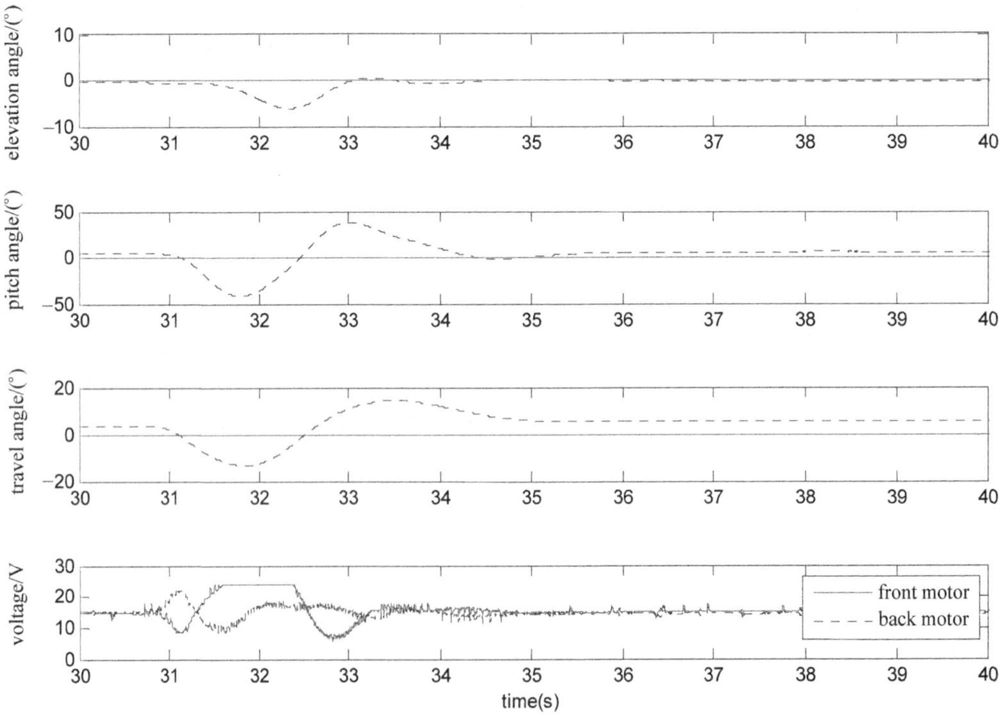

图 9.71　在人为干扰下的 H_2 控制器调节实验图

如图 9.72 所示，在人为干扰下，应用 H_∞ 控制器，高度角的最大偏移量为 7.8°，调节时间为 3.4s，稳态误差为 1°；旋转角的最大偏移量为 16.5°，调节时间为 4.0s，稳态误差为 4°。

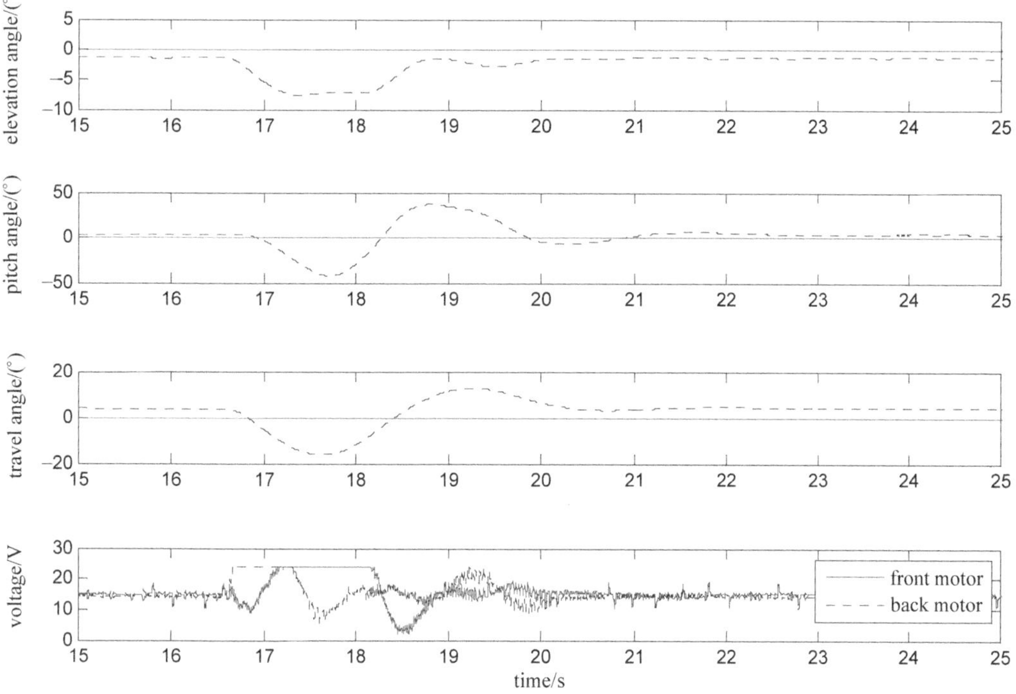

图 9.72 在人为干扰下的 H_∞ 控制器调节实验图

如图 9.73 所示，在人为干扰下，mixed H_2/H_∞ 控制器控制下高度角的最大偏移量为 10°，调节时间为 2.0s，稳态误差为 1°；旋转角的最大偏移量为 22.5°，调节时间为 2.8s，稳态误差为 4°。

如图 9.74 所示，在人为干扰下，PID 控制器控制下高度角的最大偏移量为 7.0°，调节时间为 2.5s，稳态误差为 1.2°；旋转角的最大偏移量为 14.5°，调节时间为 4.4s，稳态误差为 3.9°。人为干扰情况下控制实验结果的相关统计参数见表 9.8。

表 9.8 人为干扰情况下控制实验结果的相关统计参数

关键统计参数	H_2 控制		H_∞ 控制		mixed H_2/H_∞ 控制		PID 控制	
	高度角	旋转角	高度角	旋转角	高度角	旋转角	高度角	旋转角
最大偏移量/deg	6.5	17.5	7.8	16.5	10.0	22.5	7.0	14.5
调节时间/s	3.9	4.2	3.4	4.0	2.0	2.8	2.5	4.4
稳态误差/deg	0.0	4.5	1.0	4.0	1.0	4.0	1.2	3.9

由表 9.8 可知，在抵抗人为干扰的能力上，mixed H_2/H_∞ 控制器相比其他 3 种控制器，表现出了更优越的抗干扰性能。在实验中，mixed H_2/H_∞ 受到的扰动最大（高度角和旋转

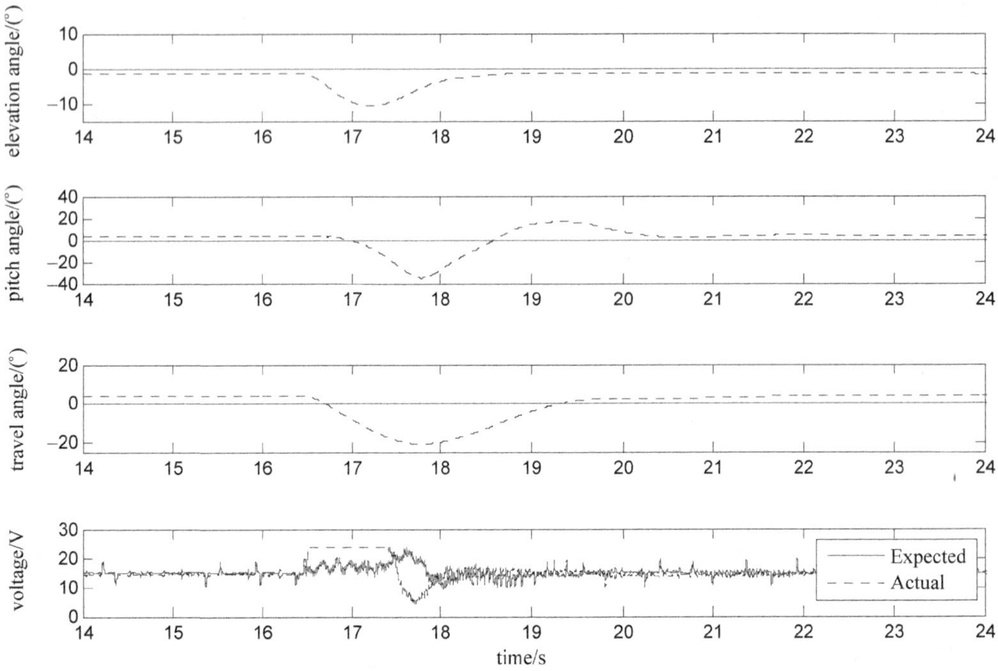

图 9.73　在人为干扰下的 *mixed* H_2/H_∞ 控制器调节实验图

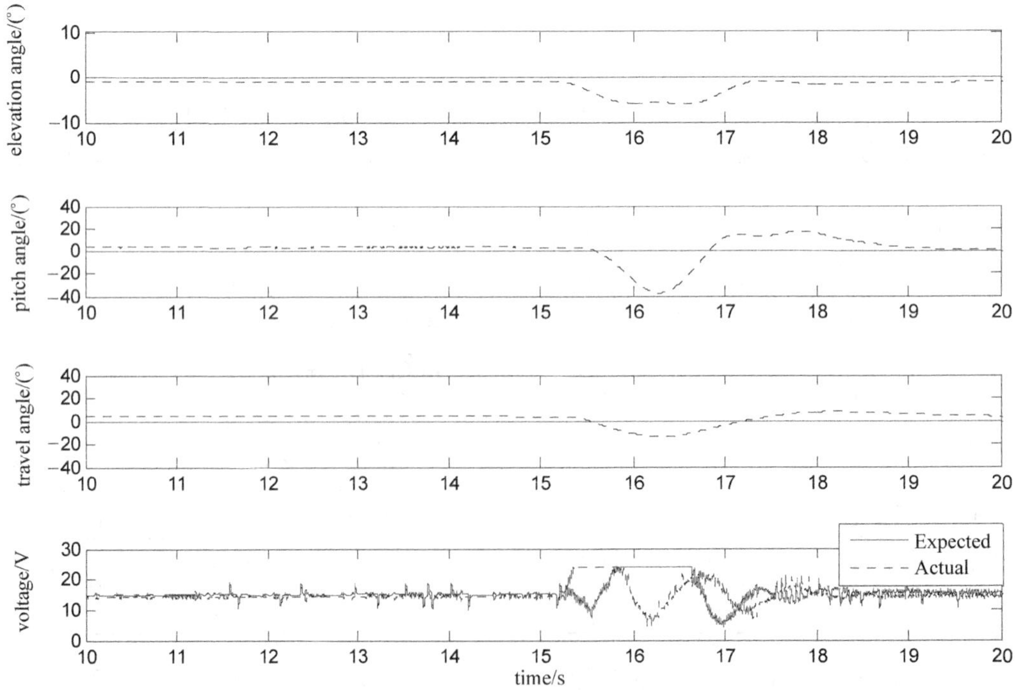

图 9.74　在人为干扰下的 PID 控制器调节实验图

角的最大偏移量最大)，但是它用的调节时间却最短，所以，可以看出，*mixed* H_2/H_∞ 具有较强的鲁棒性和动态性能。

9.7.2　三自由度直升机 H_2/H_∞ 跟踪控制实验

仅仅是调节实验不能很好地反映飞机在实际飞行中的问题，飞行器的自动控制自然是希望飞行器能够自主地按照预定的航线在无人为操作的情况下稳定、安全地完成任务。为模拟这样的应用场景，本节加入了跟踪实验，同样引入 PID 控制器与本章所设计控制器的控制效果进行比较。

1. 不带 ADS 的跟踪实验

本节中进行的是不带 ADS 的跟踪实验，为涵盖多种飞行情况，跟踪信号分别选取为方波和正弦波。与调节实验情况相比，跟踪实验的 Simulink 框图改变的仅是 Desired Angle from Program 模块中的参考信号。在跟踪实验中，高度角的跟踪信号是幅值为 7.5°，频率为 0.4Hz 的方波信号。具体实验结果如图 9.75 和图 9.76 所示。

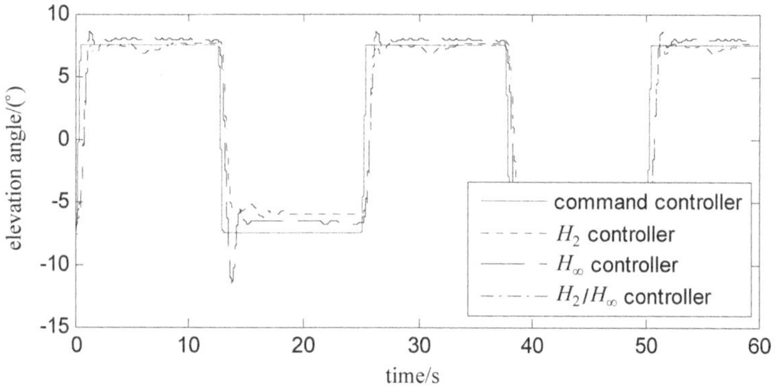

图 9.75　控制实验比较——不带 ADS 的高度角跟踪实验图——跟踪方波

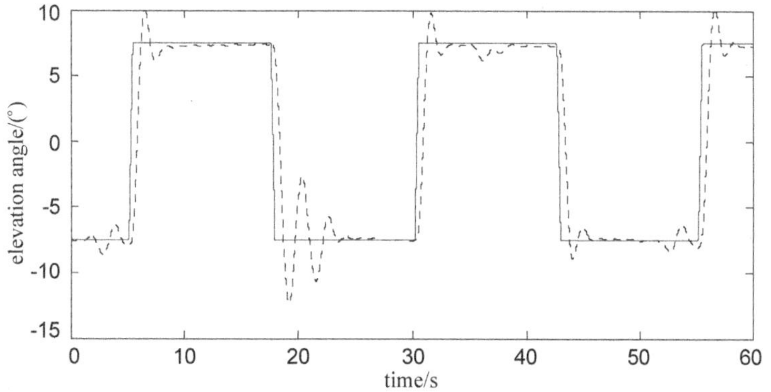

图 9.76　PID 控制器——不带 ADS 的高度角跟踪实验图——跟踪方波

图 9.75 和图 9.76 分别为应用本章设计的控制器和应用 PID 控制器，在没有 ADS 的情况下跟踪方波的实验结果图。在 H_2 控制器作用下，上升沿没有超调量，在误差允许范围内稳态误差为 0，上升时间为 1s，调节时间为 8s；在下降沿，同样没有超调量，但是具有 2.5°的稳态误差，调节时间为 4.6s。在 H_∞ 控制器作用下，上升沿最大超调量为 16%，稳态误差为 0.5°，上升时间为 1s，调节时间为 3s；在下降沿，最大超调量为 60%，具有 1.5°的稳态误差，调节时间为 3.2s。在 mixed H_2/H_∞ 控制器作用下，上升沿最大超调量为 6.6%，在误差允许范围内稳态误差为 0，上升时间为 1s，调节时间为 1.8s；在下降沿，没有超调量，但是具有 1.8°的稳态误差，调节时间为 2.6s。在 PID 控制器作用下，上升沿最大超调量为 33.33%，稳态误差为 0.3°，上升时间为 1s，调节时间为 6.8s；在下降沿，最大超调量为 66.66%，但是在误差范围内没有稳态误差，调节时间为 7.6s。可以看出，在上升沿和下降沿表现的控制结果并不一样，此现象为重力因素所致，下降时重力相当于动力，而上升时重力相当于阻力，所以下降沿产生的最大超调量比上升沿大，震荡也比较明显，与常理相符。

无 ADS 的旋转角的参考跟踪信号幅值为 30°，频率为 0.3Hz。本章设计控制器的实验结果图如图 9.77 所示，PID 控制器的实验结果图如图 9.78 所示。

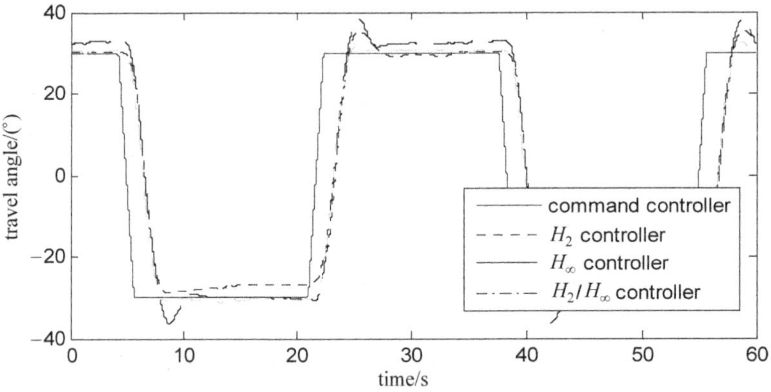

图 9.77 控制实验比较——不带 ADS 的旋转角跟踪实验图——跟踪方波

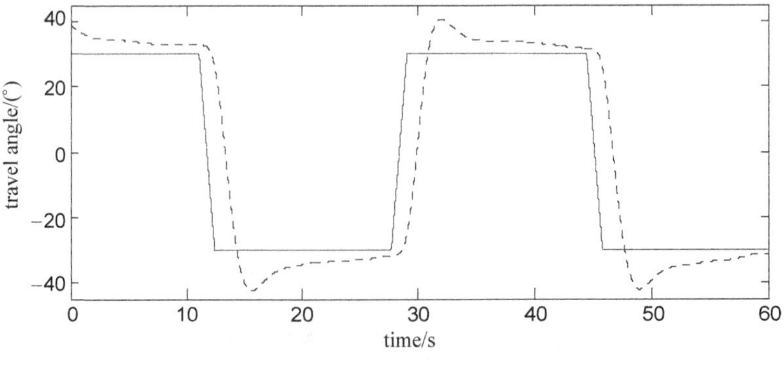

图 9.78 PID 控制器——不带 ADS 的旋转角跟踪实验图——跟踪方波

由图 9.77 可以看出，本章所用算法仍然能够取得不错的跟踪效果。在不带 ADS 的旋转角跟踪实验中，*mixed* H_2/H_∞ 控制器具有最好的表现，它的最大超调量仅为 6.66%，远小于图 9.78 中的 PID 控制器，而 H_2 控制器的最大超调量为 16.7%，H_∞ 控制器的最大超调量为 28%；H_2 控制器的稳态误差最小，为 0.3°，*mixed* H_2/H_∞ 控制器的稳态误差仅次于 H_2 控制器，为 1°，也在接受范围内，而 PID 的稳态误差为 3°，H_∞ 为 2.8°。

不带 ADS 的矩形波跟踪实验效果汇总见表 9.9(统计数据为上升沿相关数据)。

表 9.9　不带 ADS 的矩形波跟踪实验效果汇总

关键统计参数	H_2 控制		H_∞ 控制		*mixed* H_2/H_∞ 控制		PID 控制	
	高度角	旋转角	高度角	旋转角	高度角	旋转角	高度角	旋转角
上升时间/s	1.0	3.0	1.0	3.0	1.0	3.0	1.0	2.2
最大超调量/%	0.0	16.7	16.0	6.6	6.6	6.7	33.3	31.7
调节时间/s	8.0	8.0	3.0	6.5	1.8	5.0	6.8	—
稳态误差/deg	0.0	0.3	0.5	2.8	0.0	1.0	0.3	3.0

由表 9.9 可以看出，在不带 ADS 的矩形波跟踪实验中，在高度角的跟踪上，*mixed* H_2/H_∞ 控制器和 H_2 控制器具有最小的稳态误差；在旋转角的跟踪上，H_2 控制器具有最小的稳态误差。PID 控制器的超调量在两个自由度上均大于 30% 且无法达到稳态，没有达到实际使用的性能要求。

高度角正弦波跟踪的参考信号幅值为 7.5°，频率为 0.4Hz。图 9.79 和图 9.80 为三自由度直升机系统在不启动 ADS 的情况下，高度角跟踪正弦波的情况，其中图 9.79 为本章设计控制器实验结果，图 9.80 为 PID 控制结果。

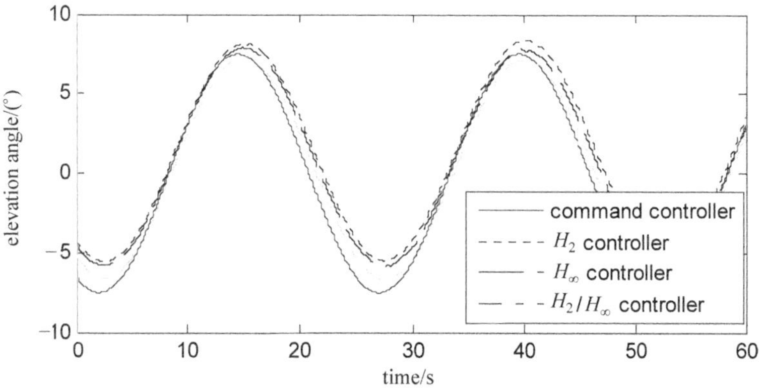

图 9.79　控制实验比较——不带 ADS 的高度角跟踪实验图——跟踪正弦波

从图 9.79 中可以看到，本章设计的控制器在正弦波上升的时候具有较好的跟踪性能，但是在其下降时具有明显的延时，而图 9.80 中，PID 控制器则正好相反，在正弦波下降的时

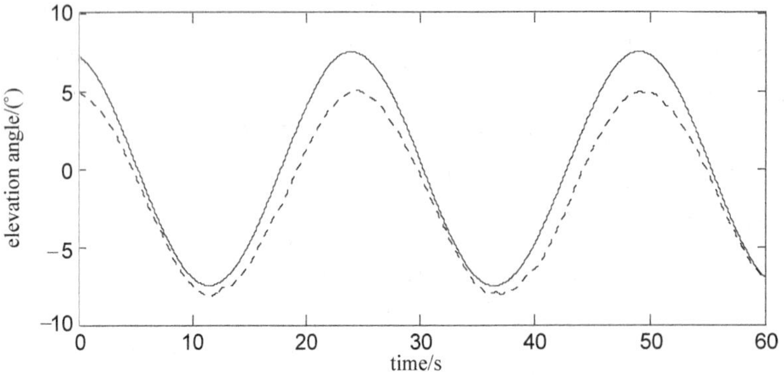

图 9.80　PID 控制器——不带 ADS 的高度角跟踪实验图——跟踪正弦波

候具有较好的跟踪性能，而在其上升时具有明显的延时。其中，mixed H_2/H_∞ 控制的延时最小，大约为 0.5s，H_∞ 控制的延时时间为 1s，H_2 控制和 PID 控制的延时时间均为 1.5s。

除延时时间外，本节为对比 4 种控制器跟踪性能，取其波峰或波谷处的最大偏移量作为控制性能指标，以下简称最大偏移量。由图 9.79 可知，H_2 控制、H_∞ 控制、mixed H_2/H_∞ 控制的最大偏移量分别为 2.3°、1.8°和 0.8°。而图 9.80 显示 PID 控制的最大偏移量为 2.5°。

综上所述，在高度角的正弦波跟踪上，mixed H_2/H_∞ 具有最小的最大偏移量，和最小的延时时间，所以 mixed H_2/H_∞ 比 PID 有更好的跟踪效果。

旋转角正弦波跟踪的参考信号幅值为 30°，频率为 0.3Hz。图 9.81 和图 9.82 为三自由度直升机系统在不启动 ADS 的情况下，旋转角跟踪正弦波的情况。其中，图 9.81 为本章设计控制器实验结果，图 9.82 为 PID 控制器实验结果。

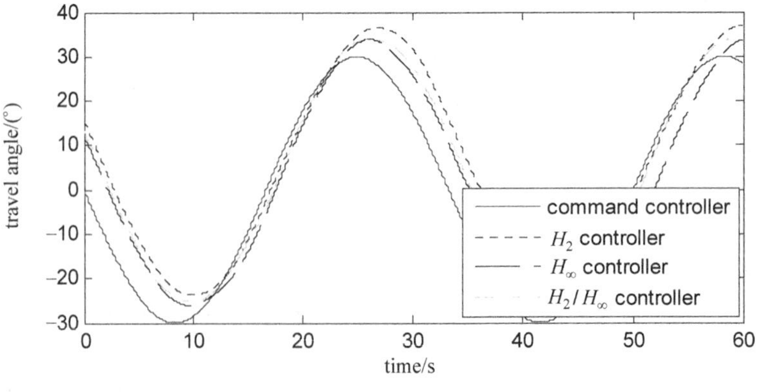

图 9.81　控制实验比较——不带 ADS 的旋转角跟踪实验图——跟踪正弦波

由图 9.81 和图 9.82 可以看出，4 种控制器作用下，实验结果都具有正弦波上升时跟踪效果好，下降时出现明显延时的情况，所以本节在分析旋转角跟踪正弦波时分为上升时跟踪效果和下降时跟踪效果，以下简称上升沿和下降沿。

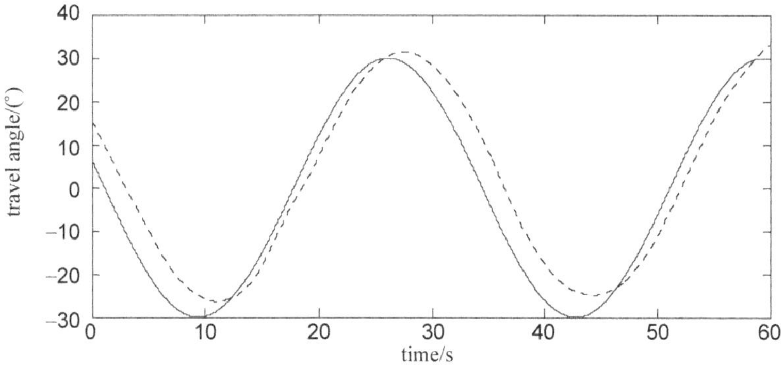

图 9.82　PID 控制器——不带 ADS 的旋转角跟踪实验图——跟踪正弦波

在上升沿，H_2 控制器具有最小的延时时间，约为 0.3s，PID 控制器和 *mixed* H_2/H_∞ 控制器的延时时间约为 0.6s，H_∞ 控制器的延时时间为 1s；在下降沿，PID 控制器和 H_∞ 控制器具有最小的延时时间，约为 2.2s，*mixed* H_2/H_∞ 控制器的延时时间为 2.5s，H_2 控制器的延时时间为 3.2s。在最大偏移量上，PID 控制器为 2.4°，H_∞ 和 *mixed* H_2/H_∞ 控制器为 4.5°，H_2 控制器为 7.5°。可以看出，PID 控制器以 1.4s 的最小平均延时时间和 2.4°的最小偏移量获得在旋转角跟踪控制上的最佳控制效果，*mixed* H_2/H_∞ 次之。

2. 带 ADS 的跟踪实验

为了更真实地模拟飞机飞行时的人员走动，货物搬运等情况，本节以带 ADS 的跟踪实验对比本节设计的 3 种控制器和 PID 控制器的控制效果，仅对高度角进行带 ADS 的实验。带 ADS 高度角矩形波跟踪的参考信号的幅值为 7.5°，频率为 0.4Hz。图 9.83 和图 9.84 为三自由度直升机系统在启动 ADS 的情况下，高度角跟踪矩形波的情况。其中，图 9.83 为本章设计的 3 种控制器所得到的实验结果图。图 9.84 为 PID 控制器的实验结果图。

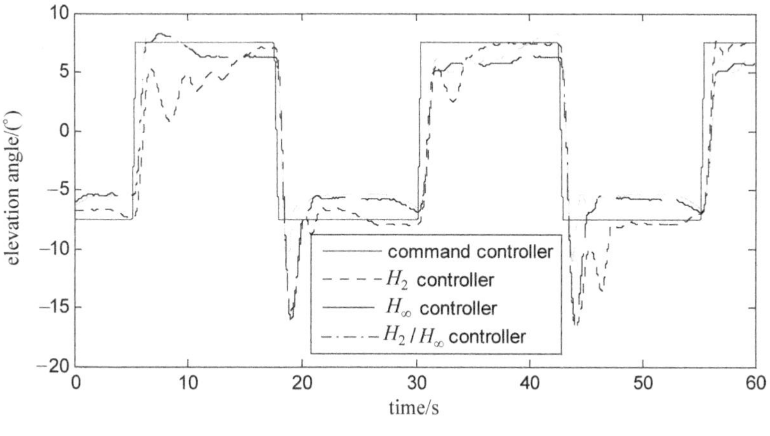

图 9.83　控制实验比较——带 ADS 的高度角跟踪实验图——跟踪方波

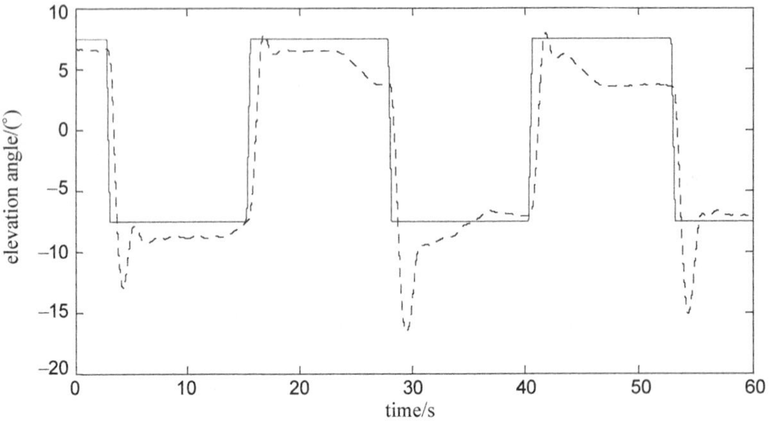

图 9.84　PID 控制器——带 ADS 的高度角跟踪实验图——跟踪方波

由图 9.83 和图 9.84 可以看出，在带 ADS 的方波跟踪实验中，各控制器在其上升沿和下降沿都具有完全不一样的波形控制效果，这同样是重力的影响造成的。在上升沿，H_∞ 控制器、mixed H_2/H_∞ 控制器和 PID 控制器均有不错的表现，最大超调量均不大于 5.0%，且明显的震荡均只有一个周期，而 H_2 控制器平均有 2.2 个震荡周期，震荡周期多会导致飞机上的人不舒服，感觉颠簸，同时也严重影响安全性。

在下降沿，mixed H_2/H_∞ 具有最小的最大偏移量，平均约为 5.0°，PID 次之，平均为 7.5°，其他两者均超过 10°。同上升沿一样，H_2 控制器的震荡周期最多，约为 2 个，其他均为一个，这也说明了 H_2 控制器的鲁棒性比较差，差于 PID。综上，mixed H_2/H_∞ 控制器的综合鲁棒性是最好的。图 9.83 和图 9.84 的相关统计参数见表 9.10（由于 ADS 的影响，本节实验每个周期的波形差别较大，以下参数尽可能取均值）。

表 9.10　带 ADS 的矩形波跟踪实验效果汇总

关键统计参数	H_2 控制	H_∞ 控制	mixed H_2/H_∞ 控制	PID 控制
上升时间/s	1.3	0.8	0.8	0.7
最大偏移量/deg	10.5	10	5.0	7.5
调节时间/s	—	4.5	4.5	2.3
稳态误差/deg	—	3.0	2.2	2.8
震荡收敛次数	2.2	1.0	1.0	1.0

参考文献

[1] 于海生,等.微型计算机控制技术[M].3版.北京:清华大学出版社,2017.

[2] 于海生,等.微型计算机控制技术[M].2版.北京:清华大学出版社,2009.

[3] 于海生,等.微型计算机控制技术[M].北京:清华大学出版社,1999.

[4] 范立南,李雪飞.计算机控制技术[M].2版.北京:机械工业出版社,2015.

[5] 范立南,李雪飞.计算机控制技术[M].北京:机械工业出版社,2009.

[6] 范立南,等.单片微型计算机控制系统设计[M].北京:人民邮电出版社,2004.

[7] 丁建强,等.计算机控制技术及其应用[M].2版.北京:清华大学出版社,2017.

[8] 丁建强,等.计算机控制技术及其应用[M].北京:清华大学出版社,2012.

[9] 刘川来,等.计算机控制技术[M].北京:机械工业出版社,2007.

[10] 高金源,夏洁.计算机控制系统[M].北京:清华大学出版社,2007.

[11] 方红,等.计算机控制技术[M].北京:电子工业出版社,2014.

[12] 杨根科,谢剑英.微型计算机控制技术[M].4版.北京:国防工业出版社,2016.

[13] 谢剑英.微型计算机控制技术[M].北京:国防工业出版社,2001.

[14] 蓝益鹏.计算机控制技术[M].北京:清华大学出版社,2016.

[15] 周俊,甘亚辉.计算机控制技术[M].南京:东南大学出版社,2016.

[16] 罗文广,等.计算机控制技术[M].北京:机械工业出版社,2016.

[17] 孙增圻.计算机控制理论及应用[M].北京:清华大学出版社,1989.

[18] 谢剑英,贾青.微型计算机控制技术[M].北京:国防工业出版社,2001.

[19] 潘新民,王艳芳.微型计算机控制技术实用教程[M].北京:电子工业出版社,2006.

[20] 李华,等.MCS-51系列单片机实用接口技术[M].北京:北京航空航天大学出版社,2002.

[21] 李玉梅.基于MCS-51系列单片机原理的应用设计[M].北京:国防工业出版社,2006.

[22] 席爱民.计算机控制系统[M].北京:高等教育出版社,2004.

[23] 翟天嵩.计算机控制技术与系统仿真[M].北京:清华大学出版社,2012.

[24] 李群芳,肖看.单片机原理、接口及应用——嵌入式系统技术基础[M].北京:清华大学出版社,2005.

[25] ÀstrÖm K J, Wittenmark B. Computer controlled systems and design[M]. 3rd ed. New Jersey: Prentice Hall, 1998.

[26] 李正军.现场总线及其应用技术[M].北京:机械工业出版社,2006.

[27] 张聚.显示模型预测控制理论与应用[M].北京:电子工业出版社,2015.

[28] 席裕庚.预测控制[M].2版.北京:国防工业出版社,2014.

[29] 俞立.鲁棒控制——线性矩阵不等式方法[M].北京:清华大学出版社,2002.

[30] 薛定宇.控制系统计算机辅助设计——MATLAB语言与应用[M].3版.北京:清华大学出版社,2012.

图书资源支持

感谢您一直以来对清华版图书的支持和爱护。为了配合本书的使用，本书提供配套的资源，有需求的读者请扫描下方的“书圈”微信公众号二维码，在图书专区下载，也可以拨打电话或发送电子邮件咨询。

如果您在使用本书的过程中遇到了什么问题，或者有相关图书出版计划，也请您发邮件告诉我们，以便我们更好地为您服务。

我们的联系方式：

地　　址：北京市海淀区双清路学研大厦 A 座 701

邮　　编：100084

电　　话：010－62770175－4608

资源下载：http://www.tup.com.cn

客服邮箱：tupjsj@vip.163.com

QQ：2301891038（请写明您的单位和姓名）

资源下载、样书申请

书圈

扫一扫，获取最新目录

用微信扫一扫右边的二维码，即可关注清华大学出版社公众号“书圈”。